黑龙江省林口县耕地地力评价

李品著　李品隽　刘小钰　主编

中国农业出版社

图书在版编目（CIP）数据

黑龙江省林口县耕地地力评价 / 李品著，李品隽，刘小钰主编 . —北京：中国农业出版社，2018.4
ISBN 978-7-109-23941-8

Ⅰ.①黑… Ⅱ.①李… ②李… ③刘… Ⅲ.①耕作土壤－土壤肥力－土壤调查－林口县②耕作土壤－评价－林口县 Ⅳ.①S159.235.4②S158

中国版本图书馆 CIP 数据核字（2018）第 038119 号

中国农业出版社出版
（北京市朝阳区麦子店街 18 号楼）
（邮政编码 100125）
责任编辑　杨桂华　廖　宁

中国农业出版社印刷厂印刷　　新华书店北京发行所发行
2018 年 4 月第 1 版　　2018 年 4 月北京第 1 次印刷

开本：787mm×1092mm 1/16　印张：17.25　插页：9
字数：430 千字
定价：108.00 元
（凡本版图书出现印刷、装订错误，请向出版社发行部调换）

内 容 提 要

　　本书是对黑龙江省林口县耕地地力调查与评价成果的集中反映。在充分应用耕地信息大数据智能互联技术与多维空间要素信息综合处理技术并应用模糊数学方法进行成果评价的基础上，首次对林口县耕地资源历史、现状及问题进行了分析和探讨。它不仅客观地反映了林口县土壤资源的类型、面积、分布、理化性质、养分状况和影响农业生产持续发展的障碍性因素，揭示了土壤质量的时空变化规律，而且详细介绍了测土配方施肥大数据的采集和管理、空间数据库的建立、属性数据库的建立、数据提取、数据质量控制、县域耕地资源管理信息系统的建立与应用等方法和程序。此外，还确定了参评因素的权重，并通过利用模糊数学模型，结合层次分析法，计算了林口县耕地地力综合指数。这些不仅为今后如何改良利用土壤、定向培育土壤、提高土壤综合肥力提供了路径、措施和科学依据；而且也为建立更为客观、全面的黑龙江省耕地地力定量评价体系，实现耕地资源大数据信息采集分析评价互联网络智能化管理提供参考。

　　全书共7章。第一章：自然与农业生产概况；第二章：耕地土壤立地条件与农田基础设施；第三章：耕地地力评价技术路线；第四章：耕地土壤属性；第五章：耕地地力评价；第六章：耕地区域配方施肥；第七章：耕地土壤改良利用途径。书末附5个附录供参考。

　　该书理论与实践相结合、学术与科普融为一体，是黑龙江省农林牧业、国土资源、水利、环保等领域各级领导干部、科技工作者、大中专院校教师和农民群众掌握及应用土壤科学技术的良师益友，是指导农业生产必备的工具书。

编写人员名单

总 策 划：王国良　辛洪生

主　　编：李品著　李品隽　刘小钰
副 主 编：孙万才　赵国发
编写人员（按姓氏笔画排序）：

<table>
<tr><td>万国伟</td><td>于春玲</td><td>于晓凤</td><td>于福明</td><td>王凤文</td></tr>
<tr><td>王凤玲</td><td>王春鹏</td><td>王堪舜</td><td>卢静斌</td><td>石佩君</td></tr>
<tr><td>刘小钰</td><td>刘玉芬</td><td>刘玉波</td><td>刘玉峰</td><td>孙万才</td></tr>
<tr><td>孙加利</td><td>孙丽萍</td><td>纪　成</td><td>张立文</td><td>张丽凤</td></tr>
<tr><td>张录焱</td><td>张英秋</td><td>李宏伟</td><td>李玮丽</td><td>李品隽</td></tr>
<tr><td>李品著</td><td>李洪良</td><td>邹本东</td><td>尚君富</td><td>罗立新</td></tr>
<tr><td>姜　帆</td><td>赵文琦</td><td>赵书山</td><td>赵国发</td><td>赵淑丽</td></tr>
<tr><td>唐晓瑜</td><td>徐茂财</td><td>郭艳翠</td><td>郭鸿军</td><td>顾彩艳</td></tr>
<tr><td>梁伟臣</td><td>彭　峰</td><td>董宝龙</td><td>董宝丽</td><td>韩兴华</td></tr>
<tr><td>韩福成</td><td>潘玉芳</td><td>冀连英</td><td></td><td></td></tr>
</table>

序

　　农业是国民经济的基础；耕地是农业生产的基础，也是社会稳定的基础。中共黑龙江省委、省政府高度重视耕地保护工作，并做了重要部署。为适应新时期农业发展的需要、促进农业结构战略性调整、促进农业增效和农民增收，针对当前耕地土壤现状确定科学的土壤评价体系，摸清耕地的基础地力并分析预测其变化趋势，从而提出耕地利用与改良的措施和路径，为政府决策和农业生产提供依据，乃当务之急。

　　2009年，林口县结合测土配方施肥项目实施，及时开展了耕地地力调查与评价工作。在黑龙江省土壤肥料管理站、黑龙江省农业科学院、东北农业大学、中国科学院东北地理与农业生态研究所、黑龙江大学、哈尔滨万图信息技术开发有限公司及林口县农业科技人员的共同努力下，林口县耕地地力调查与评价工作于2010年顺利完成，并通过了农业部组织的专家验收。通过耕地地力调查与评价的工作，摸清了林口县耕地地力状况，查清了影响当地农业生产持续发展的主要制约因素，建立了林口县耕地土壤属性、空间数据库和耕地地力评价体系，提出了林口县耕地资源合理配置及耕地适宜种植、科学施肥及中低产田改造的路径和措施，初步构建了耕地资源信息管理系统。这些成果为全面提高农业生产水平，实现耕地质量计算机动态监控管理，适时提供辖区内各个耕地基础管理单元土、水、肥、气、热状况及调节措施提供了基础数据平台和管理依据。同时，也为各级政府制定农业发展规划、调整农业产业结构、保证粮食生产安全以及促进农业现代化建设提供了最基础的科学评价体系和最直接的理论、方法依据。另外，为今后全面开展耕地地力普查工作，实施耕地综合生产能力建设，发展旱作节水农业、测土配方施肥及其他农业新技术的普及工作提供了技术支撑。

　　《黑龙江省林口县耕地地力评价》一书，集理论基础性、技术指导性和实际应用性为一体，系统介绍了耕地资源评价的方法与内容，应用大量的调查分析资料，分析研究了林口县耕地资源的利用现状及存在问题，提出了合理利用的对策和建议。该书既是一本值得推荐的实用技术读物，又是林口县各级农业工作者必备的一本工具书。该书的出版，将对林口县耕地的保护与利用、分区施肥指导、耕地资源合理配置、农业结构调整及提高农业综合生产能力起到积极的推动和指导作用。

2017 年 1 月

前言

　　耕地作为农业生产的基本要素，是人类获取粮食及其他农产品最重要、无法替代的不可再生资源，也是农业发展必不可少的根本保证。中华人民共和国成立以来，我国先后进行了两次土壤普查，为国土资源的综合利用、施肥制度改革和粮食生产做出了重要贡献。然而，现代农业的发展对耕地资源的基础性数据提出了更高的要求，面对耕地数量锐减、土壤退化污染严重、水土流失等问题，从 2005 年开始，农业部启动了测土配方施肥项目，对促进农民节本增收、合理利用耕地资源、减少面源污染具有长远的战略意义。

　　黑龙江省林口县是全国第三批测土配方施肥财政补贴项目试点县，2007—2009 年项目实施 3 年来，产生了大量的田间调查、农户调查、土壤和植物样品分析测试及田间试验的观测记载数据。对这些数据的质量进行控制、建立标准化的数据库和信息管理系统，是保证测土配方施肥项目成功的关键。同时，充分利用这些数据并结合全国第二次土壤普查以来的历史资料，开展耕地地力评价工作，是测土配方施肥财政补贴项目的具体要求。

　　林口县耕地地力工作，是根据农业部、财政部和黑龙江省的有关文件精神，以及《黑龙江省 2007 年测土配方施肥工作方案》的要求开展工作，并认真执行《耕地地力调查与质量评价技术规程》（NY/T 1634）的有关规定。

　　3 年来，按照黑龙江省土壤肥料管理站的相关方案，通过对 1 302 个耕地地力采样点的调查地块化验分析，对林口县耕地地力进行了质量评价分级，基本摸清了县域内耕地肥力与生产潜力状况，为各级领导进行宏观决策提供可靠依据，为指导农业生产提供科学数据。本次耕地地力评价，林口县测土配方实施面积 120 600 公顷，野外采集土壤农化样 8 023 个，测试化验分析数据 40 115 项次，制作了大量的图、文、表说明材料，整理汇编了 14.8 万字的技术专题工作报告。构建了测土配方施肥宏观决策和动态管理基础平台，建立了规范的林口县测土配方施肥数据库、区域土地资源空间数据库、属性数据库和耕地质量管理信息系统。并对耕地地力进行了质量评价分级，基本摸清了区域内耕地肥力与生产潜力状况，为宏观决策提供了可靠依据，为指导农业生产提供了科学数据，为农民增产增收提供科学保障。

为了将评价成果更好地应用于生产实践，我们对黑龙江省林口县耕地地力评价成果进行了全面总结，并在专家指导下编写了《黑龙江省林口县耕地地力评价》一书。首次全面系统地阐述了林口县耕地资源类型、分布、地力基础和利用现状；并在 GIS 支持下，利用土壤图、土地利用现状图叠置划分法确定了区域耕地地力评价单元；建立了林口县耕地地力评价指标体系及其模型；运用层次分析法和模糊数学方法对耕地地力进行了综合评价；最后，就评价成果和地区现状提出种植业布局、中低产田改良和科学施肥的对策与建议等。

在本书的编写过程中，参阅了《林口县志》《林口县1990—2009 年年鉴》《林口县土壤》《林口县农业区域综合开发规划》《乡镇中低产农田定位调查汇编》《黑龙江省土壤肥料学会成立 50 周年论文集》，并借鉴了黑龙江省土壤肥料管理站下发有关省、县的耕地地力评价材料。同时，得到了林口县委、县政府的高度重视，林口县相关单位和有关专家也给予了大力配合与帮助，在此对他们的帮助表示衷心的感谢。

由于编者水平所限，书中难免存在不当之处，敬请读者批评指正。

编　者

2017 年 1 月

目录

序
前言

第一章　自然与农业生产概况

第一节　地理位置与行政区划

林口县位于黑龙江省东南部，牡丹江市北部，地处张广才岭、老爷岭和完达山脉交接处，地理坐标为北纬 44°38′~45°58′，东经 129°17′~130°46′。县境东西横距 113 千米，南北纵距 140 千米，周长 520 千米。东与鸡东县、鸡西市毗邻，西与方正县、海林市相连，南与牡丹江市、穆棱市交界，北与依兰县、勃利县接壤。县城林口镇位于县域中心，距省城哈尔滨 428 千米，距牡丹江市城区 110 千米。林口县辖 8 个镇，3 个乡，176 个行政村，8 个县属国有林场，6 个县属国有农牧场，3 个森工局。总面积为 218 472.77 公顷，总耕地面积为 168 628.83 公顷，县属 11 个乡（镇）耕地面积 107 464.73 公顷。主要是旱地、灌溉水田、菜地、苗圃等。

林口县地处交通要冲，公路、铁路四通八达，是黑龙江省通往东部边境以及俄罗斯、朝鲜的交通枢纽。牡佳铁路从南到北纵贯全境，林密铁路从东部穿过县内 3 个乡（镇）。县城林口镇位于牡佳线和林密线的交汇点上。公路交通以鹤大公路、方虎公路为骨干，从北到南，由西至东，把全县各条公路联络成网，交通十分方便。

据 2009 年统计资料，黑龙江省林口县总人口 43.50 万人。其中，农业人口 30.90 万人，非农业人口 12.60 万人。人均占有耕地面积 0.38 公顷，每个农业人口占有耕地 0.45 公顷。粮食总产 46.70 万吨，地区生产总值 50.90 亿元，农村居民人均纯收入 7 240 元（此数据包括原五林镇，2010 年 5 月其行政完全归属牡丹江市，林口县所辖 9 个镇变为 8 个镇）。

第二节　自然与农村经济概况

一、土地资源概况

按照黑龙江省国土资源局最新统计数据（2010 年包括五林镇），黑龙江省林口县土地资源总面积为 718 472.77 公顷。

（一）农用地

林口县共有农用地为 679 706.33 公顷，占土地总面积的 94.6%。

1. 耕地　林口县耕地面积为 168 628.83 公顷，占农用地面积的 24.81%，人均耕地 0.38 公顷。全县旱田面积为 160 210.97 公顷，占总耕地面积的 94.97%，旱田大部分由岗地白浆土和暗棕壤组成，土质中下等。全县水田面积为 8 300.24 公顷，占总耕地面积的 4.96%，全县 11 个乡（镇）均有水田种植，面积较大的有刁翎镇、建堂乡、古城镇、龙爪镇、朱家镇等乡（镇）。中部和北部水田区靠乌斯浑河流域自流灌溉，西南部水田区靠五虎林河流域自流灌溉，中部和西南部部分水田靠 12 座小型水库灌溉。全县永久性菜田面积为 117.62 公顷，占总耕地面积的 0.07%，主要集中在林口镇镇东、镇西、友谊 3 个蔬菜村。

2. 园地　林口县园地面积为 962.19 公顷，占农用地面积的 0.14%。主要以果园和参园为主，分布较分散。

3. 林地　林口县现有林地面积为 480 355.57 公顷，占农用地面积的 70.67%。其中，有林地 452 292.78 公顷，占林地面积的 93.79%；灌木林地 16 177.71 公顷，占林地面积的 3.74%；疏林地 3 344.77 公顷，占林地面积的 0.68%；未成林造林地 8 051.43 公顷，占林地面积的 1.69%；迹地 89.85 公顷，占林地面积的 0.02%；苗圃用地 399.03 公顷，占林地面积的 0.08%。

4. 牧草地　林口县牧草地面积为 25 294.23 公顷，占农用地面积的 3.72%。主要分布在青山乡（原亚河）、三道通镇、柳树镇等乡（镇）。县域天然牧草地可食性牧草比例低，季节性强，很大部分牧草地利用率低。

5. 其他　林口县其他农用地面积为 25 294.23 公顷，占农用地面积的 0.66%。其中，农路用地 3 918 公顷，占其他农用地的 87.74%；坑塘水面（包括鱼池）378.56 公顷，占其他农用地面积的 8.48%；农田水利 168.1 公顷，占其他农用地面积的 3.76%；畜禽饲养用地 0.85 公顷，占其他农用地面积的 0.02%。

（二）建设用地

林口县共有建设用地面积为 14 116.41 公顷，占土地总面积的 1.96%。

1. 居民点工矿用地　林口县居民点及工矿用地面积为 11 123.31 公顷，占建设用地面积的 78.8%，比 1992 年的 11 204.87 公顷减少 81.56 公顷。

2. 交通用地　林口县交通用地面积为 2 060.03 公顷，占建设用地面积的 14.6%。其中，铁路用地 1 071.44 公顷，占交通用地面积的 52.01%；公路用地 988.59 公顷，占交通用地面积的 47.99%。

3. 水利设施用地　林口县水利设施用地面积为 933.07 公顷，占建设用地面积的 6.6%。其中，水库水面 711.96 公顷，占水利设施用地面积的 76.3%；水工建筑物 221.11 公顷，占水利设施用地面积的 23.7%。

（三）未利用土地

林口县未利用土地面积 24 650.03 公顷，占土地总面积 3.44%。其中，荒草地 17 034.07 公顷，占未利用土地面积的 69.1%；河流面积 4 828.51 公顷，占未利用土地面积的 19.6%；沼泽地面积 110.95 公顷，占未利用土地面积的 0.4%；裸岩石砾地面积 54.03 公顷，占未利用土地面积的 0.2%；滩涂面积 311.58 公顷，占未利用土地面积的 1.3%；其他未利用土地面积 2 310.89 公顷，占未利用土地面积的 9.4%。见表 1 - 1。

表 1 - 1　林口县各类土地面积及构成

土地利用类型	面积（公顷）	占总面积（%）
（一）农用地	679 706.33	94.60
耕地	168 628.83	23.47

（续）

土地利用类型	面积（公顷）	占总面积（%）
园地	962.19	0.13
林地	480 355.57	66.86
牧草地	25 294.23	3.52
其他农用地	4 465.51	0.62
（二）建设用地	14 116.41	1.96
居民点工矿用地	11 123.31	1.55
交通用地	2 060.03	0.29
水利设施用地	933.07	0.13
（三）未利用土地	24 650.03	3.43
荒草地	17 034.07	2.37
河流	4 828.51	0.67
沼泽地	110.95	0.02
裸岩石砾地	54.03	0.01
滩涂	311.58	0.04
其他未利用土地	2 310.89	0.32
合　计	718 472.77	100

二、气候资源

林口县属寒温带大陆性季风气候，处于西风环流控制下，季风显著，四季分明。春秋季短，气候多变；夏季温热多雨；冬季漫长，寒冷干燥。由于全县属中低山丘陵漫岗地带，地势复杂，山区局部小气候比较明显。

林口县的热量、水分、日照等气候条件，能够满足一年一熟农作物生长需要。牡丹江、乌斯浑河下游河谷平原地区，热量较高，雨量较多，无霜期长，最适宜农作物生长，被称为"林口小江南"。县域中部和南部丘陵漫岗坡地一带，一般年景都能获得较好收成；中低山区，高寒冷凉，气候条件较差，但一般年景农作物也能成熟。

春季始于4月，终于5月。春季气温回升快，县域气旋活动频繁，受气旋和反气旋追逐式移动影响，气温忽高忽低，冷暖交替变化大。前次降温与后次升温的温差值10～20℃，形成明显的"三寒四温"气候周期现象。同时，风多风大，六级以上大风平均10天左右一次。春季大风天数占全年大风天数的50%以上。由于降水少，加之风多风大蒸发强烈，易发生春旱，素有"十年九春旱"之说。

夏季始于6月，终于8月。夏季在副热带太平洋高压控制下，盛行东南季风，气候温热，水气充足，气温和年降水量在全年最高。6～8月平均降水量占全年的60%～65%以上，由于降水量大、集中，易发生暴雨、洪涝。有些年份受阴雨天气影响，气温低，光照不足，致使农作物贪青晚熟减产；有些年份受高压北进影响，日照时间长，气温高，降水少，蒸发量大，易发生伏旱或春夏连旱。

秋季始于 9 月，终于 10 月。秋季副热带太平洋高压南撤，西伯利亚大陆性冷高压开始增强。在北方冷空气逐渐控制下，降温快，降水少，多秋高气爽天气。昼夜温差大，秋凉明显，往往是"一场秋雨一场寒"。一般初霜出现在 9 月中、下旬，高寒冷凉地区更早些。秋霜冻为该季主要灾害。有些年份受南来暖湿气流影响，易发生秋涝。

冬季始于 11 月，终于翌年 3 月。冬季在西伯利亚大陆冷空气控制下，严寒干燥，盛行偏西风。四季中冬季持续时间最长，降水量在各季中最少。有些年份遇强冷空气入侵，往往发生剧烈降温，出现大风雪天气。最大积雪深度 38 厘米，个别地方达 50 厘米以上。最大冻土深度 212 厘米。

（一）气温与地温

林口县 1958—2009 年年平均温度 3℃；2007 年最高为 4.70℃，1969 年最低为 1.40℃。一年中气温变化幅度很大，7 月最热，1958—2009 年平均为 21.30℃，极端最高温度为 37.70℃（2000 年 7 月 10 日）；1 月最冷，1958—2009 年年平均为 −18.70℃，极端最低温度为 −39.70℃（1959 年 1 月 16 日）（表 1 - 2、图 1 - 1）。

表 1 - 2　1958—2009 年月平均气温

月份	1	2	3	4	5	6	7	8	9	10	11	12	平均
温度（℃）	−18.70	−14.30	−4.90	5.50	12.90	18.00	21.30	19.80	13.00	4.70	−5.90	−16.30	3.00

林口县 ≥10℃ 活动积温为 2 500~2 880℃，按 80% 保证率为 2 100~2 300℃。无霜期一般在 105~135 天，最短的 1967 年为 71 天（6 月 30 日至 9 月 10 日），最长的 2007 年为 153 天（图 1 - 2）。

林口县一般年份 ≥10℃ 年活动积温为 2 000~2 600℃，其中 6~9 月常量除 1961 年和 1963 年受自然灾害等因素影响外，均为丰收年景。当积温不足 2 100℃ 时，粮食生产没有一年丰收。积温在 2 100℃ 左右的低温年，有记载的有 12 次，均为粮食歉收年景。

1958—2009 年，地表年平均温度为 4.60℃；7 月最高为 24.60℃；1 月最低为 −20.10℃。地面极端最高温度为 61.50℃（1958 年 7 月 12 日），最低为 −44.10℃（1959 年 1 月 4 日）。初冻在 10 月下旬，封冻在 11 月中旬；全年土壤冻结期 150 天左右。冻土平均深度 172 厘米。4 月初土壤开始解冻，4 月中旬末可解冻 30 厘米；一般 5 月中、下旬化透，有些年份 6 月初化透（表 1 - 3、图 1 - 3、图 1 - 4）。

表 1 - 3　1979—1982 年月平均地温（地表）

月份	1	2	3	4	5	6	7	8	9	10	11	12	平均
温度（℃）	−19.20	−13.80	−3.40	6.50	15.70	22.60	25.90	23.50	14.80	5.50	−6.20	−14.20	4.80

（二）降水与蒸发

林口县 1958—2009 年平均年降水量 533 毫米。年际变化较大，1960 年最高为 720.60 毫米，1975 年最低为 316.60 毫米。一年中各季降水变化差异悬殊，夏季雨量充沛，占全年降水量的 60%~65%。1958—2009 年平均夏季降水为 339.70 毫米，占年均降水量的

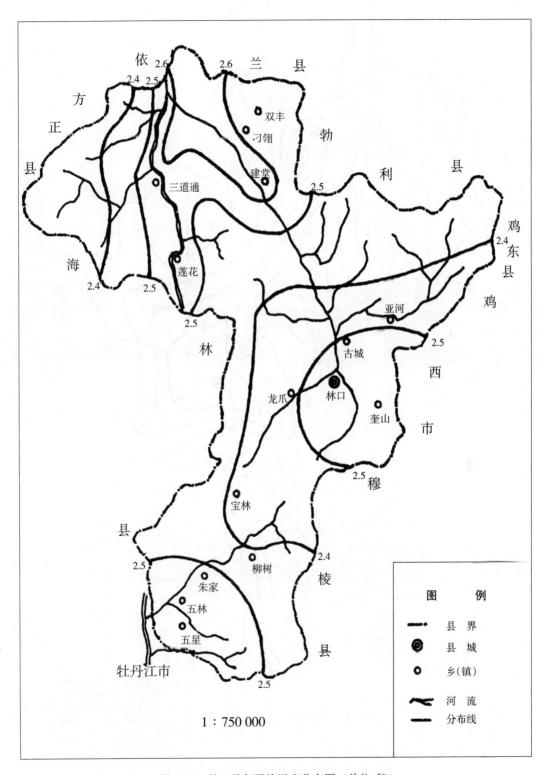

图1-1　林口县年平均温度分布图（单位：℃）

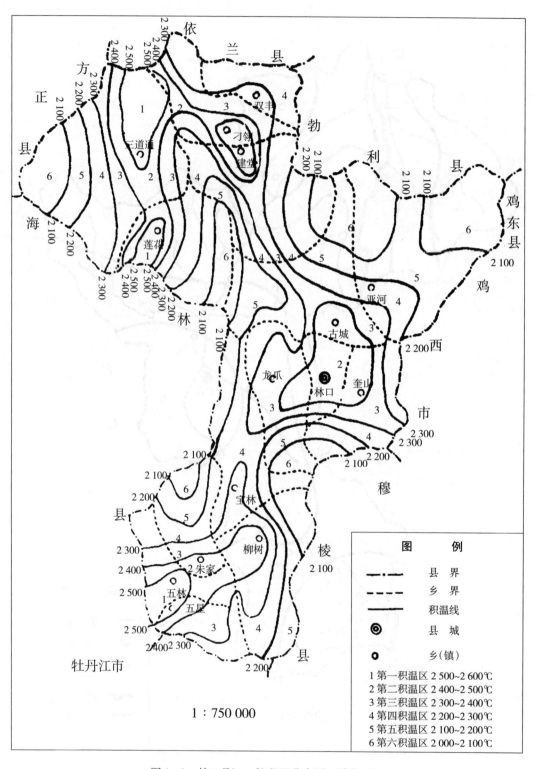

图 1-2　林口县≥10℃积温分布图（单位：℃）

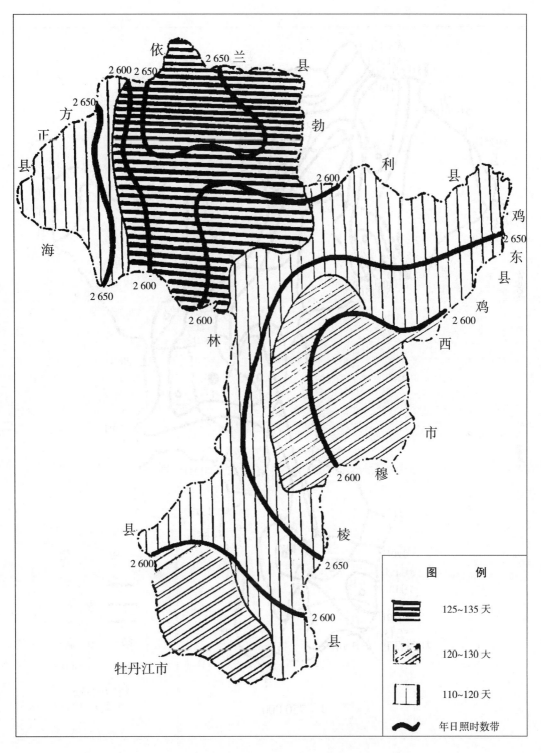

图1-3　林口县无霜期年日照对比分布图（单位：小时）

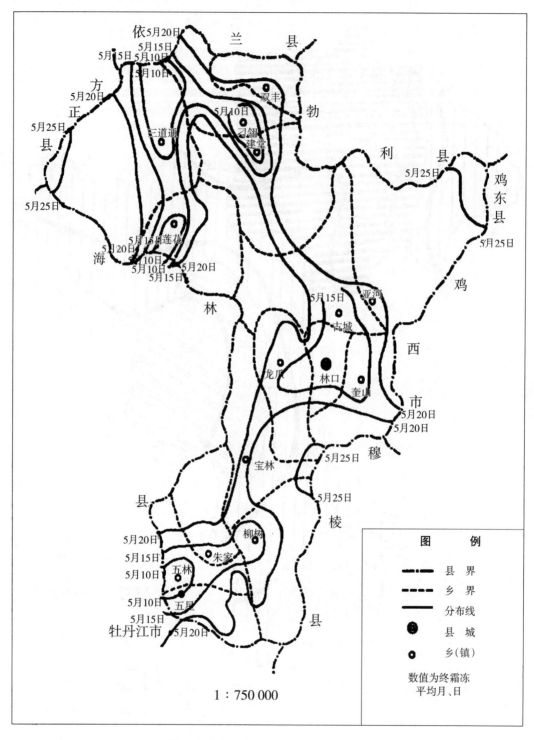

图 1-4　林口县终霜冻日期平均分布图

63.70%；冬季降水 34.50 毫米，占 6.50%；春季降水 70 毫米，占 13.10%；秋季降水 88.70 毫米，占 16.60%。此期间，日降水量最大时达 114.30 毫米（1960 年 8 月 23 日）（表 1-4、表 1-5）。

表 1-4 1958—2009 年月平均降水量

月份	1	2	3	4	5	6	7	8	9	10	11	12	年均降水量
降水量（毫米）	4.10	3.70	7.90	20.40	49.60	89.70	122.20	127.80	56.40	32.30	12.60	6.40	533.10

表 1-5 1957—2009 年降水量统计

年份	降水量（毫米）	年份	降水量（毫米）	年份	降水量（毫米）
1957	660.20	1975	316.60	1993	532.50
1958	461.80	1976	462.60	1994	685.00
1959	635.70	1977	396.50	1995	435.80
1960	720.60	1978	511.60	1996	487.70
1961	478.00	1979	316.90	1997	512.20
1962	502.80	1980	487.10	1998	506.20
1963	548.40	1981	668.80	1999	400.50
1964	593.40	1982	379.10	2000	651.30
1965	657.90	1983	549.30	2001	415.70
1966	457.20	1984	552.50	2002	651.00
1967	355.60	1985	559.40	2003	426.20
1968	681.30	1986	559.90	2004	473.10
1969	452.30	1987	521.40	2005	572.20
1970	361.10	1988	454.50	2006	627.10
1971	592.10	1989	626.30	2007	481.00
1972	528.70	1990	676.30	2008	521.60
1973	623.40	1991	683.00	2009	644.00
1974	679.60	1992	528.90		

　　降水量分布由东南向西北逐渐增多。西北部三道通、莲花、刁翎和建堂 4 个乡（镇），降水较多，是林口县降水中心，年均 540～570 毫米。中部和南部地区年均降水 520 毫米。

　　林口县 1957—1990 年平均蒸发量 1 246.20 毫米。1982 年蒸发量最大为 1 540.70 毫米，1966 年蒸发量最小为 1 068.80 毫米。一年之中，春季蒸发量最大，4～5 月平均蒸发 191.40 毫米，其中 5 月蒸发量最大时达 229.60 毫米；冬季蒸发量最小，11 月至翌年 3 月平均蒸发量 32.70 毫米；6～8 月平均蒸发量为 105.40 毫米（图 1-5）。

　　根据可能蒸发量（$0.16 \sum Tt > 10℃$）与降水量的比值，可以算出表示气温干湿程度的干燥度，计算结果为 1.02，大于 1，林口县属于半湿润区。

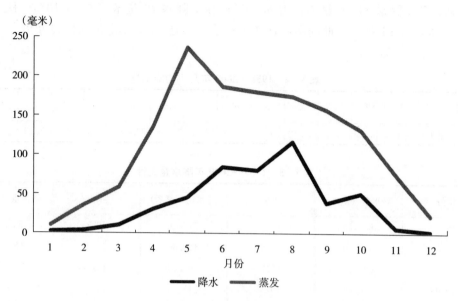

图 1-5　降水与蒸发比较

（三）风

林口县受西南气流影响较大，历年盛行西风和西南风。春季多西南风和西风，冬季多偏西北风。1957—2009 年年平均风速 2.50 米/秒，1984 年、1989 年、2002 年均为最低年，平均 1.80 米/秒。3～5 月出现大风次数最多，刮风期一般延续 14 天左右。1963 年最长为 24 天，风速最高为 36 米/秒。由于林口县处于山区，风灾的发生相对较少（表 1-6、图 1-6）。

表 1-6　历年各月大风次数

月份	1	2	3	4	5	6	7	8	9	10	11	12	年平均
风次（六级）	6.20	6.70	12.70	15.90	16.00	7.20	3.70	3.30	6.10	10.70	9.50	5.70	8.60

（四）日照

林口县日照时间较长，强度较大。1958—2009 年平均年日照为 2 590.30 小时，日照率 58%，1967 年最高为 2 879.10 小时，1962 年最低为 1 981.80 小时。日照时数春季最多，5 月达到 256.90 小时，夏季次之，秋季多于冬季。夏季昼长夜短，夏至日白昼日照时数 15 小时，太阳总辐射量为 273 千焦/平方厘米，接近长江中下游地区日照时数，可为农作物生长提供充足的光照条件。

表 1-7　1958—2009 年各月日照平均数

月份	1	2	3	4	5	6	7	8	9	10	11	12	年总量
日照时数（小时）	182.30	201.70	248.40	243.00	256.90	240.00	230.70	214.70	221.30	212.50	178.20	160.60	2 590.30
日照率（%）	64.00	69.00	68.00	60.00	56.00	52.00	49.00	50.00	59.00	63.00	63.00	60.00	58.00

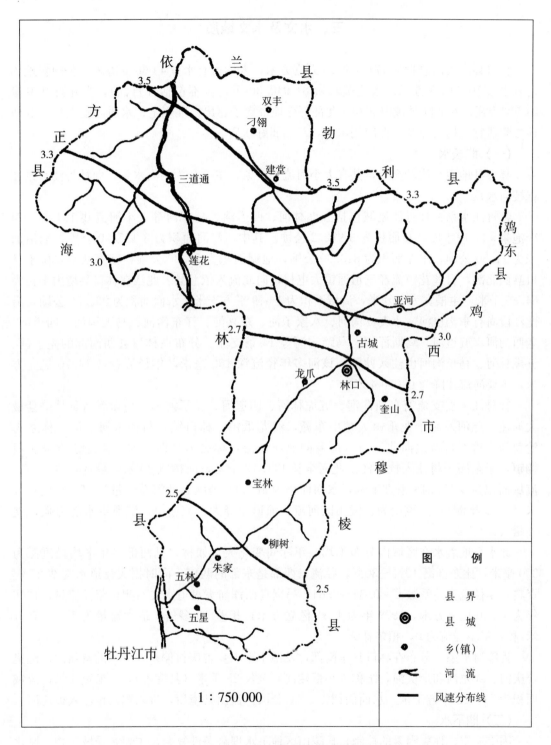

图 1-6 林口县年平均风速分布图（单位：米/秒）

三、水文及水文地质

林口县水资源总量为 171 819.20 万立方米，人均占有水量 4 066 立方米，公顷耕地均占有水量 10 200 立方米；水能蕴藏量 81 940.30 千瓦（不包括牡丹江），实际可开发量 24 582 千瓦。水质除县域中部和东北部部分地带离子超出标准规定、水质硬度大外，其他地方都适宜饮用与灌溉。在应用水中，75%属好水质。

（一）地表水

林口县地表水比较充足，共有大小河流 108 条，主要分为两大水系，即牡丹江水系和穆棱河水系。

牡丹江水系：牡丹江流域包括五虎林河、四道河、亮子河等大小河流共 104 条，74 个泡泉，25 座水库，总面积为 3 972.2 公顷。其中，江河面积为 3 125.50 公顷，泡沼面积为 11.50 公顷，水库面积为 813.90 公顷，池塘面积为 21.30 公顷。牡丹江主要位于林口县西北部，自莲花镇流经三道通镇大屯村，向北流入依兰县。此江在林口县境内全长为 64.80 千米，主槽宽为 210 米，流域面积为 1 649 平方千米，水面面积为 965.50 公顷，沿此江段尚有东沟里河、小夹皮沟河、八家子河、东兴河、江东沟河、马大沟河、四道河、老西沟河、五道河、乌斯浑河、马蹄沟河等 14 条支流。分布在林口县西南部的亮子河、五虎林河、马长沟河也注入此江。该河多年径流深 160 毫米，年径流总量 14.70 亿立方米，主要河流比降为 0.000 4 米。

牡丹江主要支流有乌斯浑河、五虎林河、四道河、亮子河等。乌斯浑河是林口县最大河流，此河发源于龙爪镇大楚山东麓，经龙爪镇、林口镇，与杨木河汇流，称之为鲶鱼河，再经古城镇向北流与青山乡的亚河汇流，称之为乌斯浑河。流经建堂乡、刁翎镇，于东岗子村注入牡丹江。此河全长 141.12 千米，河槽宽 20 米，最宽处达 70 米，流域面积为 4 176.18 平方千米，水面面积为 482.20 公顷。此河总流量为 12.40 亿立方米（1960 年测得）。该河为丘陵山区河流，河道比降大，流速快，渲泄洪水能力强，夹沙量大。

此水系地表水在区域内分布不均，年际间变化大。如林口县西部多年平均径流深为 300 毫米，比东部高 10%～30%，径流量西部是东部的两倍。同时据大盘道水文站 27 年资料，年径流变差系数 $C=0.35～0.64$。另据乌斯浑河大盘道水文站测得年径流量，1966 年为 12.40 亿立方米，1977 年为 1.31 亿立方米，相差 10 多倍。最大流量为 1 630 立方米/秒，最小径流为 0，相差悬殊。

穆棱河水系：分布在林口县东南部，发源于奎山乡吉庆村偏东 6 千米的寨新山，汇集吉庆河、双龙河和余庆河，统称为小穆棱河，全长 28 千米（县境内），河槽宽 4 米，流域面积为 117.22 平方千米，水面面积为 9.20 公顷，流出县境后，进入鸡西市注入穆棱河。

（二）地下水

因受地质、地貌因素的控制，丘陵山区地下水埋藏条件复杂，主要是受坡积物、风化层厚度与裂隙的影响，含水带点线状分布。勘探、开采都极其困难。在丘陵漫岗地区，地下水埋藏较深，又因地形起伏不平，常在坡角处有过湿或充水地段，有时出现泥炭堆积。

埋藏水深为 10～50 米，一般在 0～40 米，单井出水量为 0～50 立方米/日。河谷地带，地下水较为丰富，深度为 1～7 米，牡丹江沿岸，地下水埋藏深，一般在 6～7 米，在乌斯浑河与五虎林河上游，地下水主要受降水控制，因长时间冲刷，表层土壤较薄，下部呈弱透水状态，故潜水埋藏较浅，地下水位较高，一般在 0.50～10.00 米，在雨季可与地表水相连。主要河流特征见表 1-8。

表 1-8　主要河流特征

河流名称	流域面积（平方千米）	主干长（千米）	平均比降	弯曲系数	平槽泄量（立方米/秒）	年径流量（毫米）
乌斯浑河	4 176.18	141.12	0.000 8	楚山河 1 219 鲶鱼河 1 367	230.00	71 001.37
五虎林河	1 356.48	52.10	0.000 4	1 241	115.00	21 433.49
四道河	675.00	44.60	0.000 6	1 211	180.00	22 391.37
五道河	237.00	27.50	0.001 2		140.00	6 491.8
亚　河	955.00	81.20	0.000 8		170.00	15 760.95
大马当河	394.00	33.00	0.000 8	1 434	190.00	17 362.36
西北楞河	317.00	36.80	0.001 2	1 559	78.00	5 024.16

林口县水资源丰富，满足全县经济发展和人民生活需求有余。但是由于水资源在区域分布、年内时间分配上不均衡，漫岗坡地区域水资源相对较少，而全县的工业企业和人口又集中分布在这里，因此，枯水期用水紧张。林口县政府在河流上游兴建了一批蓄水工程，特别是向用水矛盾突出的县城所在地林口镇引水，解决水资源时间分配上的不均匀，改善了饮用水水质。

四、植　被

林口县自然植被以森林植被和草甸植被为主，在分布上没有明显的区域性差异，但有明显的垂直分布层次。中低山区以森林植被为主，丘陵漫岗区以疏林草甸植被为主，山间沟谷与河流沿岸开阔地区以草甸植被为主，低洼地带分布着沼泽植被。

（一）森林植被

林口县系属肯特阿岭和张广才岭交界口处，故称森林之口。境内山峦起伏，森林茂密。森林植被是林口县面积最大的植被（图 1-7），西北部张广才岭一带，森林覆盖率达 67%。树种多为红松、云杉、冷杉、椴树、白桦、水曲柳、榆树等；而东南部肯特阿岭一带，森林覆盖率为 34%，以次生阔叶林为主，树种有柞树、椴树、白桦等杂木林，生长繁茂。林下草本植物生长茂盛，其庞大的根系在微生物作用下，进行大量的腐殖质积累。土壤盐积饱和度较高，促使弱酸性淋溶，构成了暗棕壤的主要成土条件。全县暗棕壤多数分布在这种植被下，是林业生产的基地。

（二）疏林草甸植被

森林植被向草甸植被过渡的地带，有稀疏的阔叶杂木林和灌木林生长，林下是草

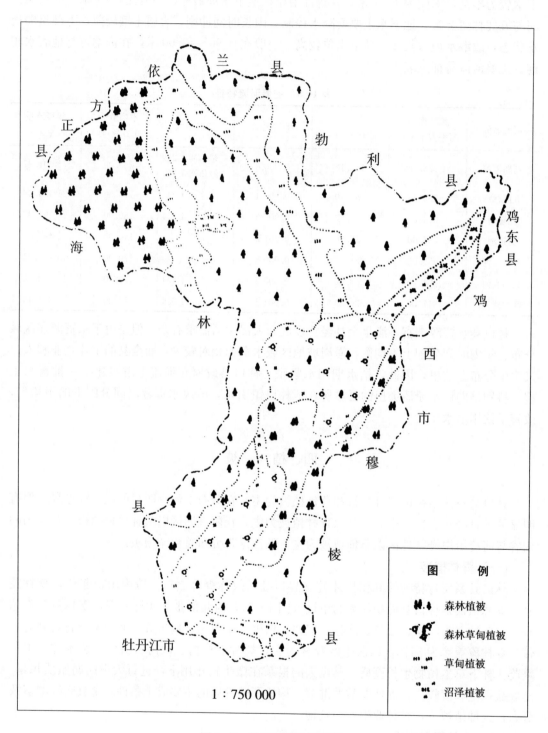

图 1-7　林口县植被类型图

甸植物，称为森林草甸植被。主要植物种类有红松、云杉、冷杉、椴树、水曲柳、榆树、柞树、山杨、白桦等喜温性阔叶树，其次为胡枝子、榛柴、杜鹃等，下垫草本植物，为中生性草类，重点分布在林口县中部与西部低山漫岗上。如古城镇、奎山乡、林口镇、龙爪镇、朱家镇等乡（镇）的山前漫岗地带。该区因母质黏重，湿度大，坡度较小，植物生长繁茂，有机质积累过程明显，是白浆土和白浆化暗棕壤分布区。

（三）草甸植被

在山间沟谷的开阔地，主要以草甸植被生长繁茂，植物种类有丛桦、沼柳、小叶樟、地榆、野燕麦、狗尾草、山黧豆、草藤、金莲花、薹草等杂草类。重点分布在乌斯浑河和牡丹江沿岸的开阔地，土壤为潜育化程度不同的白浆土和草甸土，是林口县重点产粮区之一，目前开垦率已达 33.05%。

（四）沼泽植被

该植被在林口县分布面积较小，总面积仅为 47 940.50 公顷，但分布区域较广，全县除林口镇、刁翎镇以外，其余各乡（镇）均有零星分布。沼泽植被主要是薹草群落，如乌拉薹草、修氏薹草、漂筏薹草、塔头薹草、毛果薹草等。此外，还有小狸藻、三棱草、香蒲、臭蒲、毒芹等。沼泽植物的成长对沼泽土和泥炭土的形成和发育有着重要影响作用，主要是加强了泥炭化过程。

（五）耕地田间杂草

由于人类长期的生产活动，大量自然杂草及森林植被已被破坏，农作物取代了天然植被，但在开垦的耕地上，还有一些稀疏的野生杂草存在。

目前，林口县耕地中主要的田间杂草有禾本科：旱稗、水稗、狗尾草、毒麦；菊科：苍耳、苣荬菜、青蒿、刺儿菜、大蓟、苦菜、蒲公英、黄花蒿；藜科：藜、猪毛菜；蓼科：皱叶酸模、水红蓼、红蓼；苋科：反枝苋；马齿苋科：马齿苋；唇形科：香薷、益母草；豆科：野大豆、鸡眼草；十字花科：荠菜、葶苈、独行菜；木贼科：问荆；莎草科：沼莎草等。

五、农村经济概况

林口县是典型的农业县。2009 年统计局统计结果，全县总人口 43.50 万人。其中，城镇居民 12.60 万人，占总人口的 28.97%，农业人口 30.90 万人，占总人口的 71.03%；农村劳动力 15.30 万人，占农业人口的 49.8%；财政总收入 30 600 万元；农业总产值 195 362 万元。其中，农业产值 162 325 万元，占农业总产值的 83.08%；林业产值 5 601 万元，占农业总产值 2.87%；牧业产值 23 712 万元，占农业总产值的 12.14%；渔业产值 1 343 万元，占农业总产值的 0.69%；农、林、牧、渔服务业 2 381 万元，占农业总值的 1.22%。地区生产总值 509 181 万元，其中，第一产业增加值 195 362 万元，占地区生产总值的 38.37%；第二产业增加值 124 918 万元，占地区生产总值的 24.5%；第三产业增加值 188 901 万元，占地区生产总值的 37.1%；农村人均纯收入 7 240 元。第一产业增加值占总产值统计见表 1-9。

表 1 - 9 2009 年第一产业增加值占总产值统计

产值类型	产值（万元）	占地区生产总值（%）	占农业总产值（%）
农业	162 325	31.88	83.08
林业	5 601	1.10	2.87
牧业	23 712	4.66	12.14
渔业	1 343	0.26	0.69
农、林、牧、渔服业	2 381	0.47	1.22
第一产业增加值	195 362	38.37	100.0
地区生产总值	509 181		

林口县交通十分便利，乡乡通公路。村村通水泥路工程至 2009 年底已经完成 90%，100%的村通公交车。通信十分发达，全县安装程控电话 70 769 户。其中，农村用户 40 336 户，移动电话达到 139 606 户。拥有 50 马力*以上大中型拖拉机 2 474 台，农业机械总动力达到 22.55 万千瓦。

第三节　农业生产概况

一、农业生产情况

四五千年前，林口县开始有原始种植业。从史书记载情况看，境内牡丹江沿岸在唐代已有人开荒种地，生产粮食。1858 年以后，清政府逐步实行"移民实边"的政策。清光绪年间，设立"招垦局"，放荒开垦，种植业发展起来。

民国时期，土地开发日盛，县域农作物种植面积达 6 700 多公顷，分布在今龙爪、刁翎、柳树、古城、朱家、奎山和青山的亚河一带。主要粮食作物有玉米、大豆、谷子、小麦、大麦和高粱。

20 世纪 30 年代以后，随着铁路、公路交通事业的发展，大量移民涌入，县域种植业进一步扩大。定居境内的朝鲜族移民发展了水稻生产，使水稻成为县域粮食作物中的一个主要品种。

中华人民共和国成立后，政府鼓励农民开发土地，发展生产。1949 年，林口县耕地播种面积 61 333 公顷。其中，粮食作物播种面积 58 100 公顷，占总播种面积的 94.73%；粮豆总产量 6.09 万吨。由于生产力低下，农作物耕作粗放，粮豆作物平均公顷产量仅 1 050 千克。1950 年以后，在计划经济体制下，林口县粮食生产有较大发展。1978 年，全县耕地播种面积为 72 600 公顷，其中粮豆播种面积 642 047 公顷，占总播种面积的 88.44%；粮豆总产 15.65 万吨，平均公顷产量 2 436 千克。与 1949 年相比，总播种面积增加 18.37%，粮豆播种面积增加 11%，粮豆总产增加 1.57 倍，平均单产增加 1.32 倍。此时期，蔬菜和经济作物的生产发展十分缓慢。20 世纪 80 年代前作物种植比例见图 1 - 8。

---

　*　马力为非法定计量单位。1 马力=735.40 瓦。——编者注

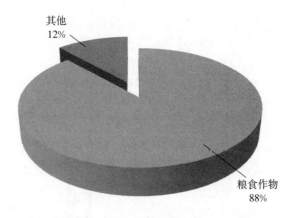

图 1-8 20 世纪 80 年代前作物种植比例

中共十一届三中全会后，通过农村经济体制改革，逐步实行家庭承包经营，农作物种植基本做到从实际出发。在保证完成粮食征购任务前提下，农民可根据市场需求自行安排生产，使农村的自然经济逐步向商品经济发展，蔬菜和经济作物的种植因此获得长足发展。20 世纪 80 年代后半期开始，以种植蔬菜、瓜果为主的庭院经济兴起。1992 年，蔬菜作物播种面积达 2 762 公顷，公顷产量 14 263.50 千克，总产 39 394 吨。与 1978 年相比，播种面积增加 17%，单产增加 33%，总产增加 80%。1992 年，经济作物播种面积达 5 545 公顷，比 1978 年增加 1.30 倍。在科学种田实践推动下，绝大部分经济作物单产比 1978 年有大幅度提高。其中，油料作物公顷产量 1 848 千克，麻类作物公顷产量 1 500 千克，甜菜公顷产量 12 393 千克，分别比 1978 年增长 2.40 倍、3.50 倍、2.80 倍。

粮豆作物种植面积达 677 330 公顷，总产达 23.60 万吨，公顷产量 3 480 千克，分别比 1978 年增长 5.50%、50.80%、42.86%；种植业总产值 21 489 万元，比 1978 年增长 3.50 倍。进入 2000 年后种植比例再次变化，经济作物达到 18 613 公顷，占作物播种面积的 14%。2009 年作物种植比例见图 1-9。

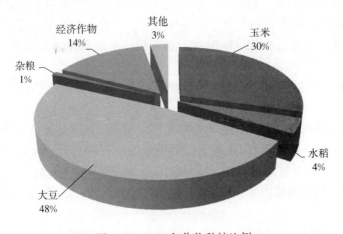

图 1-9 2009 年作物种植比例

  1979 年后,粮豆生产迅速发展,产量大幅度提高。1949 年,林口县粮豆总产仅 6.06 万吨;1959 年,10 年平均达到 10.03 万吨;1959—1969 年,粮食生产出现滑坡,1969 年年产量仅 8.11 万吨;1969—1979 年,10 年产量增长了 5.29 万吨;1979 年以后,粮豆总产连年跃上新台阶;1989 年,粮食总产达到 21.23 万吨;1999 年,粮食总产达到 31.80 万吨;2009 年,突破了 46.70 万吨大关,是 1949 年的 7.71 倍,公顷单产达到 4 207 千克,是 1949 年(公顷单产 1 050 千克)的 4.01 倍(图 1 - 10)。

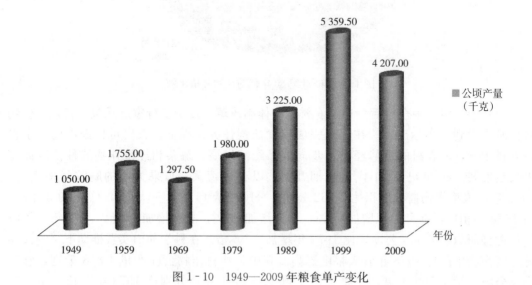

图 1 - 10　1949—2009 年粮食单产变化

二、目前农业生产存在的主要问题

  1. 单位面积产出低　林口县有比较丰富的农业生产资源,但中低产田占 63.40%,粮豆公顷产量只有 4 207 千克(2009 年),还有相当大的潜力可挖。

  2. 农业生态有失衡趋势　据调查,20 世纪 80 年代后,化肥用量不断增加,单产、总产大幅度提高。同时,农作物种类单一、品种单一,不能合理轮作,也是导致土壤养分失衡的另一重要因素。另外,农药、化肥的大量应用,不同程度地造成了农业生产环境的污染。

  3. 优良品种少　目前,粮豆没有革新性品种,产量、质量在国际市场上都没有竞争力。

  4. 农田基础设施薄弱　排涝抗旱能力降低,水蚀比较严重,坡地冲刷沟处处可见。

  5. 机械化水平低　虽然拥有 50 马力以上大型农机具很多,但是配套农机具还不足,高质量农田作业和土地整理面积很小,秸秆还田能力还没有完全具备。

  6. 农业整体应对市场能力差　农产品数量、质量、信息以及市场组织能力等方面都很落后。

  7. 农技服务能力低　农业科技力量、服务手段以及管理都满足不了生产的需要。

  8. 农民科技素质、法律意识和市场意识有待提高和加强。

第四节　耕地利用与生产现状

一、耕地利用情况

耕地是人类赖以生存的基本资源和条件。从第二次土壤普查以来，人口不断增多，耕地逐渐减少，人民生活水平不断提高，保持农业可持续发展首先要确保耕地的数量和质量。林口县现有耕地总面积为 168 628.83（包括五林镇）公顷，人均耕地 0.38 公顷。土地政策稳定，进一步加大了政策扶持力度和资金投入，提高了农民的生产积极性，使耕地利用情况日趋合理。表现在以下几个方面：一是耕地产出率高。人均粮食产量 1 073 千克，比国际公认的人均粮食安全警戒线高出 703 千克。二是耕地利用率高。随着新品种的不断推广，间作、套作等耕作方式的合理运用，大棚生产快速发展，耕地复种指数不断提高。三是产业结构日趋合理。2009 年，林口县粮经比由 20 世纪 90 年代的 92∶8 调整为 86∶14。四是基础设施进一步改善、水利化程度提高。中低产田改造 1 330 公顷。耕地利用现状见图 1-11。

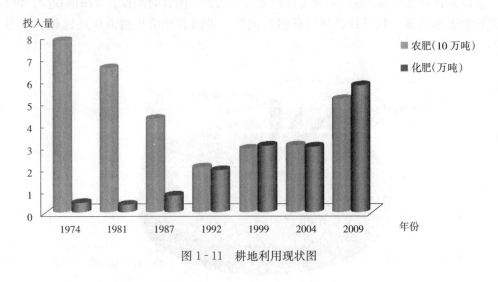

图 1-11　耕地利用现状图

二、耕地土壤投入产出情况

1974 年，林口县的化肥投入量仅有 0.40 万吨，粮食产量为 8.32 万吨，投入 1 千克肥可产出 20.80 千克的粮食。1992 年，下降为 12.40 千克。2009 年，只有 8.10 千克。目前，林口县农业生产中的化肥投入量在逐渐增多。2009 年，农用化肥施用量达到 1.60 万吨（折纯量），比上年增长 16.70%，在农业生产上起到一定作用。据统计，玉米肥粮比为 1.00∶6.10，水稻肥粮比为 1.00∶11.60，大豆肥粮比 1.00∶7.80，杂粮肥粮比 1.00∶13.60。其他肥粮比为 1.00∶8.30，平均为 1.00∶9.10（表 1-10）。

表 1-10　耕地土壤化肥投入产出明细表

作物名称	合计(元)	化肥投入									粮食产出			肥粮比
		N			P₂O₅			K₂O			单产(千克/公顷)	单价(元)	金额(元)	
		用量(千克/公顷)	单价(元)	金额(元)	用量(千克/公顷)	单价(元)	金额(元)	用量(千克/公顷)	单价(元)	金额(元)				
玉米	1 325.18	133.00	4.35	578.55	75.90	5.25	398.48	55.00	6.33	348.15	7 300.00	1.10	8 030	1.00:6.10
水稻	1 285.35	137.00	4.35	595.95	65.00	5.25	341.25	55.00	6.33	348.15	7 450.00	2.00	14 900	1.00:11.60
大豆	1 043.85	60.00	4.35	261.00	82.80	5.25	434.70	55.00	6.33	348.15	2 250.00	3.60	8 100	1.00:7.80
杂粮	670.65	55.00	4.35	239.25	46.00	5.25	241.50	30.00	6.33	189.90	4 550.00	2.00	9 100	1.00:13.60
其他	1 013.10	95.00	4.35	413.25	60.00	5.25	315.00	45.00	6.33	284.85	5 250.00	1.60	8 400	1.00:8.30
合计	5 338.13												48 530	1.00:9.10

三、耕地利用存在问题

林口县在耕地利用存在的问题是作物复种指数低，闲置时间长。水田面积少，没有充分发挥地表水资源（牡丹江、乌斯浑河）优势，果园和经济作物面积还比较少（图 1-12）。

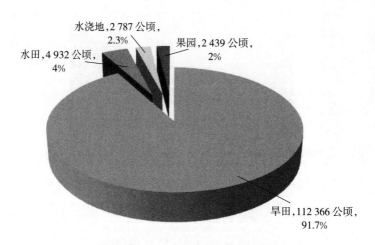

水浇地,2 787 公顷,2.3%
果园,2 439 公顷,2%
水田,4 932 公顷,4%
旱田,112 366 公顷,91.7%

图 1-12　农肥与化肥投入变化情况

第五节　耕地保养与管理

一、垦种回顾

在新石器时代晚期，林口县开始有土地开发。唐代开始，县域内牡丹江、乌斯浑河两岸人烟逐渐稠密，土地开发大增。清代初期，县域满族人随军入关，大片土地荒芜。此后，清王朝在东北地区长期推行"封禁"政策，致使县域大部分地区荒无人烟。清代末期，开禁放垦，关内流民入境，土地重获开发。民国初期，垦荒日盛，大片土地获得开发。20 世纪 30 年代，在日本侵略者的殖民统治下，境内土地虽然获得进一步开发，但发展不平衡，偏远地区土地撂荒较多。中华人民共和国成立后，县政府采取优待、扶持、奖励垦荒政策，调动了农民开垦利用土地的积极性。1949—1957 年，共垦荒 4 321.70 公顷。1958 年，在人民公社化运动推动下，由于机械化程度不断提高，垦荒事业发展加快。1959 年，林口县耕地面积 68 421.20 公顷，比 1949 年增长 10％。1979 年，耕地面积 767 483.50公顷，比 1969 年增长 12％。与此同时，县政府对合理利用土地采取适当措施，不断提高土地利用率，促进了农业生产。中共十一届三中全会后，土地开发、利用和管理工作日趋合理化。

二、耕地保养

　　早期农田多为新开垦土地，土质肥沃，主要靠自然肥力发展农业生产，均不施肥。多年耕种后，地力减弱，施少量农家肥即能保持农作物连续增产。1956 年以前，公顷施农肥量不超过 7 500 千克。20 世纪 70 年代，开垦二三十年的农田土壤有机质明显下降，林口县土壤有机质含量普遍在 3％以下，严重影响粮食产量。为提高粮食产量，林口县各公社改进积肥制度，确定施肥指标，大力开展积肥造肥活动，增加农肥施用量，此时期公顷施肥达到了 15 吨以上。20 世纪 80～90 年代初，因种植面积扩大，农家肥不足，施肥量下降，林口县施农肥量公顷均在 9 750 千克左右。到 1992 年，林口县的农肥投入量降到最低谷，但在此 5 年前化肥的投入量在逐年增加，从而达到了提高粮食单产与总产目的。1999—2004 年的 5 年间林口县的粮食始终保持在一个水平线上，使县政府和全县农民明显感受到了地力下降和土壤养分在走向失衡的危机。与此同时，林口县开始了培肥地力与测土配方技术的研究与推广。2004—2009 年，农肥投入量在加大，作物施肥也在走向科学化，粮食产量开始逐年提高，使林口县的粮食产量再次步入一个新的台阶。

第二章　耕地土壤立地条件与农田基础设施

第一节　成土条件

一、气候条件

林口县属寒温带大陆性季风气候区，冬季受极地大陆性气团影响，寒冷而干燥，夏季受东南海洋季风控制，温暖而多雨，春旱秋涝，气候多变，加之地形复杂，山间小气候十分明显。

春季（3～6月）由于气团活动频繁，冷暖交替变化大，气温回升快，前次降温与后次升温可相差10～20℃，又加大风次数多，历年平均在10天左右，占全年大风天数的50%以上。

夏季（6～8月），受副热带高压控制，温度偏高，多盛行东南季风，水分充足，雨量多集中此期，易发生暴雨和洪涝，此期的气温是农作物的敏感期，如遇低温，光照不足，就会造成贪青晚熟而减产。

秋季（9～10月），因副高压南撤，大陆性冷高压气流不断入侵，使境内温度迅速下降，9月中下旬，在高寒山区和丘陵漫岗区便会出现初霜。

冬季（11～12月），本季在干冷极地气团控制下，气候干燥寒冷，时间漫长，降水量少，遇强冷空气入侵，则往往发生剧烈降温，而出现大风雪天气，最大积雪量达38厘米（1968年11月11日），冻土层深达212厘米。

（一）气温与地温

林口县自1958—2009年平均温度3℃；2007年最高4.70℃，1969年最低1.40℃。一年中气温变化幅度很大，7月最热，1958—2009年平均21.30℃，极端最高温度37.70℃（2000年7月10日）；1月最冷，1958—2009年平均－18.70℃，极端最低温度－39.70℃（1959年1月16日）。

日照强度甚大，日照时间较长，年日照时数达2 590小时，太阳总辐射量为273千焦/平方厘米，相当于长江中下游水平。因此，农业条件很优越，也反映了增产潜力之大。

据测定，林口县平均地表温度为4.60℃，稍高于年平均气温，通常在10月开始结冻，延续到翌年5月上旬，历经7个月之多（表2-1、表2-2）。甸子地因地下水位较高冻土深达1米左右，而且冻土迟，解冻晚。平川漫岗地下水位较低，冻层厚，解冻早。土壤冻层的存在，对土壤水分运动，土壤形成和发展有着重要作用。如土壤结冻时，受温度梯度的影响，深层土壤水向上移动，并凝结在冻层底部。春季受气温影响，从地表向下融化时，则冻土层为临时托水，不利于表水下渗，易形成返浆和地表径流而产生水土流失。

（二）降水与蒸发

林口县历年平均降水量为533毫米，最多的1960年为720.60毫米，最少的1975年为 316.60 毫米，说明年际间降水量变化幅度大。夏季降水集中，冬季降水稀少，秋季降水多于春季的特点，是受大陆性季风气候影响的结果。因此，使林口县土壤历年处于干湿交替的环境之中，影响到土壤中物质的氧化-还原作用的进行和转移过程。

林口县最早降雪始于 10 月 15～21 日，终雪期 4 月 8～24 日，全年积雪日数为 170～180 天，多年统计最早降雪日为 1979 年 9 月 21 日，最晚是 1959 年 10 月 29 日，终雪日最早 1981 年 3 月 30 日，最晚为 5 月 10 日。林口县积雪受地形影响，可分为 3 个积雪区，由于积雪全部融化过程，土壤冻结水分不能下渗。因此，随融化、随蒸发，对春播作用不大，而在积雪较厚年份，融雪会形成地表径流，造成水土流失或低洼地积水而延误播种期。

蒸发：据多年统计，林口县平均蒸发为 1 246.20 毫米，最高年达 1 540.70 毫米（1982 年）。最低达 1 068.80 毫米（1966 年）。在一年四季中，以 12 月和 1 月为最低，仅 13.80（1 月）～15.60 毫米（12 月），最大是 5 月，平均达 236.70 毫米，总的来说，春季降水少，而蒸发量大，易发生春旱；秋季降水多，而蒸发量少，会造成秋涝。

（三）风

林口县盛行西风和西南风，平均风速 2.50 米/秒，最高年份平均 3.40 米/秒（1970 年），最低年平均为 1.80 米/秒（1959 年），大风可延续 14 天，最多年份达 24 天（1963 年），最大风速达 36 米/秒。因此，对农业生产和土壤的侵蚀有很大影响。

总之，林口县气温较高，雨水充沛，太阳辐射能量较大，而且气温和降水变化出现高峰同期，集中在 6 月、7 月、8 月这 3 个月，使土壤水、气、热条件很适于作物生长需要，是农业增产的有利自然因素。但是，低温冷害、春旱秋涝、早霜等是造成作物产量不高不稳的主要原因。

二、地　　形

地形地貌是形成土壤的重要因素，它可直接影响到土壤水、热及其养分的再分配，以及各种物质转化和转移。一般来说，地势越高，水分越少，温度越低，养分含量越少。因此，土壤的分布与地形地貌类型有明显的规律性。根据地形地貌形态特征、成因、物质组成及人为生产活动影响，可分为 4 种地形地貌区（图 2-1）。

（一）低山丘陵区

低山丘陵属老爷岭和张广才岭的余脉及残山，峰谷相间，十分陡峻。张广才岭余脉在林口县的高峰海拔为 1 100 多米，如鹰嘴子、五虎嘴子、烟筒砬子、小锅盔、老黑顶海拔在 600～800 米，属肯特阿岭山系的老虎山、三兴砬子、老猪山等海拔在 700～900 米，一般山地绝对高程在 400～600 米。林口县内山地面积大，总面积为 574 020 公顷（1984 年），占全县土壤总面积的 80.68%。在山地坡角处及比较平缓地带，开垦大片农田，面积为 51 157 公顷，占耕地总面积的 41.75%，主要分布在林口县的东南部和西北部，包括龙爪镇、莲花镇、三道通镇、青山乡、柳树镇等乡（镇）山区。一般岩石出露，覆土较薄，岩石多为花岗岩及其变质岩。植被茂密，母质较粗，渗透良好，氧化条件占优势，属剥蚀成因类型，土壤发育主要以暗棕壤为主，是发展林业的良好基地。

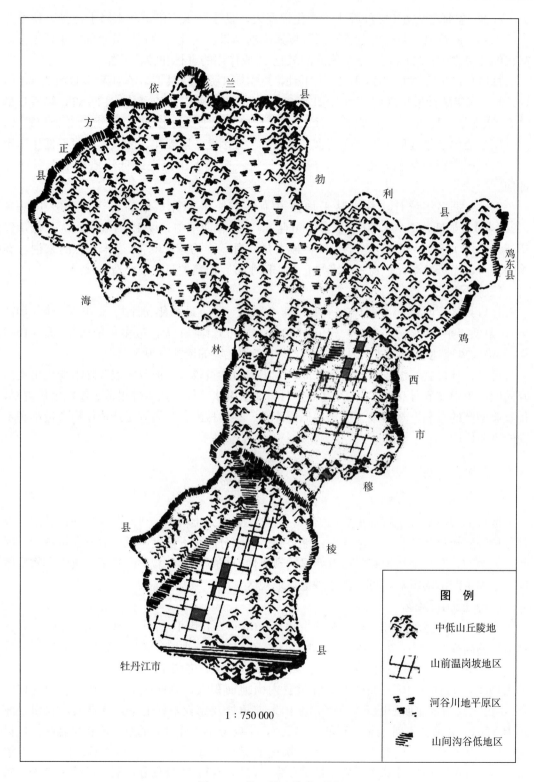

图 2-1 林口县地貌类型图

(二) 山前漫岗坡地

低山丘陵残山的周围，较缓的斜坡，海拔为 200～400 米，它是剥蚀冲积或洪积起伏的山麓台地，由沉积物质所组成，相对高程较小，只有 20～40 米，形成波状起伏的岗地，主要分布在奎山乡、古城镇、林口镇、朱家镇、龙爪镇等地区，面积为 53 189 公顷，其中耕地面积为 11 106 公顷，组成物质以次生黏土矿物为主，也有黏土灰石，或煤层出现。因此，属剥蚀堆积类型，在起伏较大的地带发育成白浆化暗棕壤，较平缓地带为岗地白浆土。因质地黏重透水性差，水土流失严重，黑土层较薄，是林口县旱作农业区。

(三) 河谷平原

牡丹江与乌斯浑河的冲积平地或阶地，地势平坦，面积为 49 574 公顷，其中耕地为 41 199公顷，该区三道通镇大屯村，为林口县海拔最低处，标高为 145 米，一般高度为 150～240 米，重点分布在建堂乡、刁翎镇、三道通镇、莲花镇等。主要成因类型是冲积和堆积，物质组成为黄黏土，细沙和卵石等，是草甸土和新积土（又称冲积土）分布区，因地形平坦，水源充足，土质肥沃，是林口县重点产粮区。

(四) 山间沟谷低洼地 (甸子地)

山间沟谷低洼地，指河谷两岸受到季节性或常年积水影响，成土母质类型为堆积物，组成物质为亚黏土、沙，主要形成沼泽土和泥炭土，可以发展牧业。不同地形单元面积统计见表 2-1。

表 2-1　不同地形单元面积统计（1984 年）

地形	面积 （公顷）	占百分比 （%）	其中耕地面积 （公顷）	占本土壤 （%）	占总耕地面积 （%）
山地	574 020	80.68	51 157.20	8.91	43.35
岗地	53 189	7.48	11 105.90	20.88	9.41
平川地	49 574	6.97	41 198.60	83.11	34.92
洼地	34 683	4.87	14 533.50	41.90	12.32

三、地表水和地下水

(一) 地表水

林口县地表水比较充足，共有大小河流 108 条，主要分为两大水系，即牡丹江水系和穆棱河水系。

(二) 地下水

因受地质、地貌因素的控制，丘陵山区地下水埋藏条件复杂，主要是受坡积物、风化层厚度与裂隙的影响，含水带点线状分布。勘探、开采都极其困难。在丘陵漫岗地区，地下水埋藏较深，又因地形起伏不平，常在坡角处有过湿或充水地段，有时出现泥炭堆积。埋藏水深为 10～50 米，一般在 0～40 米，单井出水量为 0～50 立方米/日。河谷地带，地下水较为丰富，深度为 1～7 米，牡丹江沿岸，地下水埋藏深，一般在 6～7 米，在乌斯浑河与五虎林河上游，地下水主要受降水控制，因长时间冲刷，表层土壤较薄，下部呈弱透水状态，故潜水埋藏较浅，地下水位较高，一般在 0.50～10.00 米，在雨季可与地表水相连。

四、植　被

植被是土壤形成诸因素中的主导因素。植物从土壤中选择吸收各种养分富集于地表，所以在不同植物的影响下，所形成的土壤有不同的属性，形成不同类型的土壤，不同类型的土壤，又影响各种植物的生长发育，所以土壤和植物之间有密切的相依关系。

五、成土母质

林口县成土母质主要有残积物、坡积物、洪积物、冲积物及各种沉积物（图 2-2）。

残积物和坡积物母质，主要分布在县内山区。其母质主要有花岗岩、片麻岩，流纹岩和安山岩等。这类岩石风化后的残积物和坡积物，pH 为 5.50～5.70，矿物组成以二氧化硅（SiO_2）为主，占 70%～80%，三氧化物含量很少，土壤颗粒以表层为粗，多沙粒，其下为半风化的酥石，再下为基岩。

在漫岗平地区，成土母质主要是第四纪以来各种黏土沉积物，厚 2～7 米，下部为基岩。该母质容重多在 1.16～1.38 克/立方厘米，总孔隙度为 48.48%～54.90%。物理黏粒平均为 62.35%～59.16%，含沙粒 30% 左右，田间持水量在 29.50%～33.00%。因此，在本区多发育成白浆化暗棕壤和白浆土。

在河谷平地分布区，成土母质多为江河沉积洪积物，沉积十分深厚，一般在 10～20 米，质地为中壤或轻壤，含沙粒可达 35% 以上，物理黏粒平均占 60%～70%，黏重的母质湿时透水性较差，下层含沙量较大，多数可见沙层。富含无定形的石英和云母。在黏土矿物中含有高岭石和蒙脱石。此层内含水量较大、冷凉，因此，有草甸土和泥炭土分布。

河流冲积母质，主要分布在牡丹江与乌斯浑河的两岸。该成土母质层次性明显，但排列无规则，沙粒粗细随河流远近而变化，在河流的近处，受风力搬运而再次沉积，形成沙丘，后被植物所固定，如植被破坏，便形成流动的沙丘。

六、人类生产活动对土壤的影响

土壤是人类赖以生存的基本条件，反过来又直接影响着土壤的发生与发展。人类影响土壤有积极的一面，也有消极的一面，林口县人为活动也不例外。中华人民共和国成立后，随着土地的开发，大搞农田基本建设，修筑大量的水利工程，使一些沙砾质暗棕壤和泥炭沼泽土得到改良利用，促使一些土壤脱离了原来的轨道，薄土变厚土，瘦田变肥田。中华人民共和国成立以来，林口县共修水库 18 座，修堤坝 138.35 千米，万亩灌区 8 处，水土保持面积 53 222 公顷，农田基本建设面积 12 860 公顷，影响到各类土壤面积 320 700 公顷，占总耕地面积的 43.44%，其中属于保护性工程（如防洪、除涝、水土保持等）约占影响面积的 17.20%，使土壤流失的程度减轻了，沼泽化面积减少了。森林对涵养水

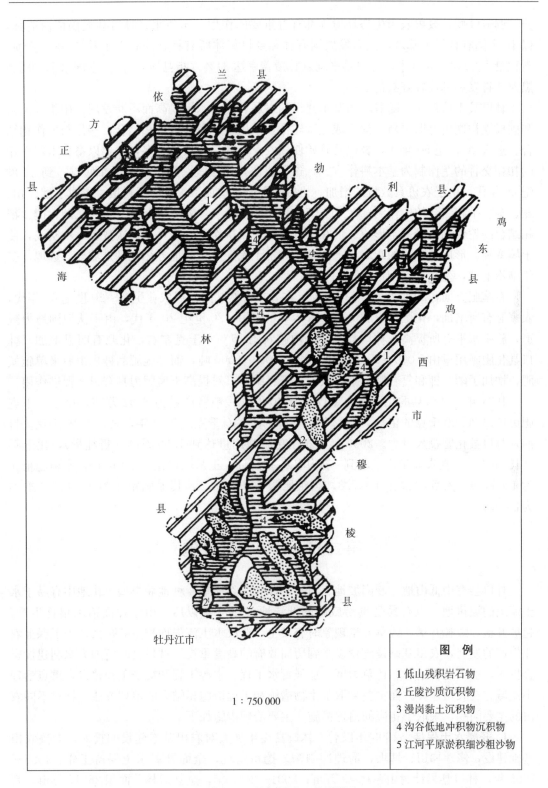

1 ∶ 750 000

图 2-2　林口县成土母质图

图　例

1 低山残积岩石物
2 丘陵沙质沉积物
3 漫岗黏土沉积物
4 沟谷低地冲积物沉积物
5 江河平原淤积细沙粗沙物

分、调节气候,改善农田生态环境等都有着重要的作用。历年来,林口县大搞植树造林,以 10 个国有林场为基地,大力发展国有林和乡村集体所有林,现有人工林 68 000 公顷,蓄积量为 29 321 立方米。林口县平均森林覆盖率达 34%(指县属),高于全国水平,成为黑龙江省发展林业较好县份之一。

林口县土壤耕作,随着农田基本建设的发展和生产水平提高而不断发展。中华人民共和国成立初期由弃旧更新,演变成熟荒轮作,采用了木犁与铁犁相结合,垄作与平作相结合。进入 20 世纪 50 年代,林口县开始使用农业机械,但数量不多,主要以畜力木犁作业的扣糇交替的垄作制为基本耕作方式。这种耕法,耕层浅,形成三角形犁底层;到 20 世纪 60 年代,由于农机具数量的增加,机械平翻面积增加了,加深了耕层,形成了翻、扣、糇、垄、平相结合的轮作制;20 世纪 70 年代的中期,以深松改土为主的松、翻、搅、耙相结合的轮作制,已基本形成。但在部分乡村,因耕作不合理,作业次数多,耕层浅,使土壤变硬,形成了坚硬的犁底层。特别是在水土流失严重的地方往往又是坡地、远地,多年施不上肥,变成了"钢板田""卫生田"。

在施肥方面,20 世纪 50 年代以前,主要靠自然肥力发展农业生产。20 世纪 60 年代,农家肥有所增加,化肥以氮肥为主,开始少量施用。20 世纪 70 年代,由于认识到地力减退,施肥水平有所提高,林口县平均公顷施农肥 15 000 千克左右,化肥有明显增加,林口县化肥施用量由 5 000~6 000 吨增加到 7 000~8 000 吨,而且施肥品种也由原来单施氮肥,增加了磷、钾和复合肥,基本改善了肥料结构,对提高土壤肥力具有很大促进作用。

1974 年,林口县的化肥投入量仅有 0.40 万吨,粮食产量为 8.32 万吨,投入 1 千克肥可产出 20.80 千克的粮食。1992 年,下降为 12.40 千克。2009 年,只有 8.10 千克。目前,林口县化肥投入量大。2009 年,农用化肥施用量达到 1.60 万吨(折纯量),比上年增长 16.7%,在农业生产上起到一定作用。据统计,玉米肥粮比为 1:6.10,水稻肥粮比为 1:11.6,大豆肥粮比 1:7.8,杂粮肥粮比 1:13.6,其他肥粮比为 1:8.3,平均为 1:9.1。

第二节　农田基础设施

林口县有中低山地、漫岗坡地、河谷平原和沟谷洼地 4 种地貌类型。耕地中有易于水土流失的坡耕地,也有易受洪涝威胁的低洼地。1993 年以后,由于片面追求粮食生产,超坡开垦,毁林开垦、毁草开垦现象时有发生,造成水土流失面积不断扩大。为了保证农业生产的发展,农田基础设施建设受到历届政府的高度重视。林口县政府加大水利建设资金投入,加大退耕还林、还草力度,加强蓄水工程、水源工程和堤防工程建设,重点治理小流域。在农田建设方面主要采取了生物措施和工程措施相结合的治理方法,针对不同农田的主要问题,采取了相应的治理措施。主要治理措施如下:

1. 开展水土保持　1993 年以后,林口县逐年加大对农田基本建设的投入,大搞农田基础建设,修建梯田、塘坝,治理冲刷沟,挖鱼鳞坑,全面开展水土保持工作。1997—2005 年,林口县累计封山育林 48 万亩;2001—2005 年,全县造林总面积 26.17 万亩;其中,常规造林 1.85 万亩,退耕还林 23.8 万亩,营造经济林 0.52 万亩,修建塘坝 16 道。

至 2005 年，水土流失严重现象得到缓解。

2. 兴修水利工程　林口县万亩以上引水灌溉工程有 8 处。坝引水灌溉工程 4 处，分别是刁翎灌区、建堂灌区、四道灌区和五双灌区；水库引水灌溉工程 4 处，分别是小龙爪灌区、万寿灌区、亮子河灌区和中三阳灌区。1996 年兴修建大型莲花电站蓄水区一座。林口县建有 45.55 千米乌斯浑河堤防和 22.4 千米牡丹江堤防工程。堤防达到 30 年一遇洪水标准，基本上解除了洪涝威胁。

与此同时，对一些瘠薄地采取了客土改良、深耕和施肥相结合的配套措施，使这些瘠薄地在一定程度内也得到了治理。

这些农田基础设施建设对于提高林口县耕地的综合生产能力，起到了积极的作用，促进了林口县产量的提高和农业生产的发展。

林口县的农田基础设施建设虽然取得了显著的成绩，但同农业生产发展相比，农田基础设施还比较薄弱，抵御各种自然灾害的能力还不强，特别是近些年来，农田基础建设相对滞后，林口县的旱田基本上没有灌溉条件，仍然处于靠天降水的状态。春旱发生年份，仅有少部分地块可以做到催芽坐水种，大多数旱田要常受天气旱灾的危害，影响了农作物产量的继续提高。水田和菜田虽能解决排灌问题，但灌溉方式落后。水田基本上仍采用土渠的输入方式，采用管道输水的基本上没有，防渗渠道极少，所以在输水过程中，渗漏严重，水分利用率不高；菜田基本上是靠机井灌溉，方式多数是沟灌，滴灌、微灌等设备和技术尚未引进。水田、菜田发展节水灌溉，引进先进设施，推广先进节水技术；旱田实行水浇，特别是逐步引进大型的农田机械，推行深松节水技术，是林口县今后农业中必须解决的重大问题。

第三节　成土过程

土壤是在气候、地形、生物和时间等自然因素及人为生产活动的综合作用下，通过一定的成土过程形成的。土壤的形成是受成土诸因素互相制约、互相作用的结果。因此，土壤的发生层次，是土壤发育形成的主要标志。依据土壤剖面中物质累积、迁移和转化的特点，一个发育完全的土壤剖面，从上到下可划出 3 个最基本的发生层次，即 A、B、C 层，组成典型的土体构型。森林土壤，A 层的上面为枯枝落叶层所覆盖，传统上称覆盖层，或有机层 O，以 A_{oo} 来表示枯枝落叶层，以 A_o 来表示粗有机质层，以 A 表示腐殖质层。

林口县土壤的发生层次及代表符号如下：

A_{oo}：枯枝落叶层

A_o：半分解的枯枝落叶层

A_1：腐殖质黑土层

A_p：耕作层

A_{pp}：犁底层

A_w：白浆层

A_B：过渡层

B：淀积层

C：母质层

D：基岩层

G：潜育层

A_T：泥炭层

A_b：埋藏层

P：渗育层（水稻土）

W：潴育层（水稻土）

以上各层次的形成，是在长期的成土过程中产生的。也是各种矛盾运动包括分解与合成，淋溶与淀积，氧化与还原，冲刷与堆积的过程，4个过程主要受土壤水分的影响，当土壤水分饱和时，在重力作用下向下渗漏，使上层物质向下移动，对上层来说，发生了淋溶，对下层来说，发生了淀积。由于各种物质的溶解和活性不同，淋溶和淀积有先后之分，先淋溶的淀积深，后淋溶的淀积浅，从而使各种物质在剖面上发生分异。在某些土壤上，当土壤水分充足时，就会出现还原状态，使一些铁、锰等金属被还原而发生淋溶，当干燥时又被氧化而淀积，在土体上产生铁锰结核等新生体。根据新生体形态、颜色、硬度和出现的部位等，可以判断出土壤水分动态、发生层次和形成过程。冲刷和堆积在林口县尤为明显。降水较大时，地表径流就会带去各种溶解的养分和土粒，并在低处沉积或流入江河。冲击和堆积的结果，造成各地形部位土层的厚薄不一，使养分含量有多有少。在江河泛滥的地方，上游冲刷的泥沙在下游平原地区淤积，这一过程在林口县北部乡（镇）分布的新积土中十分明显。

合成与分解在各种土壤腐殖质的形成过程中均有发生，生物的分解与有机质的合成，产生了生物小循环，这一点十分重要，不仅影响到土壤的表层，而且也会影响到亚表层和底层。因此，土壤有机质的分解和腐殖质的合成作用，决定着土壤养分含量和供肥能力的大小。总之，土壤的形成过程，决定了林口县土壤的地域性特色和各种土壤类型。

林口县因成土条件复杂，所以形成土壤过程较多，主要有以下几个成土过程：

一、暗棕壤化过程

暗棕壤化过程是温暖湿润、半湿润地区的森林植被下进行的成土过程。它包括森林腐殖质化、黏化和棕化作用3个方面。

森林腐殖质化作用。林口县森林植被多为阔叶混交林或柞树、白桦等阔叶林，每年有大量凋落物积聚地面，在地表形成1～5厘米厚的A层。进行缓慢的腐殖质作用，使土体表层腐殖质不断积累，且以胡敏酸为主。同时，凋落物中灰分以及钙镁为主的盐基含量丰富，使淋溶的元素得到不断补充，使土壤保持微酸性至中性反应和较高的盐基饱和度，不致发生明显的灰化。

黏化作用。黏化作用是指成土母质中原生矿物不断变质，次生矿物不断形成，土壤颗粒由粗变细的过程。林口县暗棕壤分布区的母岩多为花岗岩，一般土体中仅发生就地黏化并伴随轻度的黏粒淋溶淀积现象，以变质黏化作用为主，不致发生破坏性淋溶作用。

棕化作用。棕化作用是指在腐殖质里土层以下土体形成棕色的过程，因县内多为丘陵山地，坡度较大，母质较粗，加上森林植被的生物排水作用强，使土体内外排水状况良好，因而土体内氧化条件较好，下移的铁、锰可随时氧化淀积，以棕色或红棕色的胶膜包被于结构体表面，使土体形成棕色或暗棕色。

总之，以上的作用过程，为暗棕壤的成土过程——暗棕壤化过程。

二、白浆化过程

白浆化过程是土壤在潴育条件下，亚表层有色的铁、锰物质经还原、流失、漂洗成灰白色的过程，在林口县低山丘陵的边缘和岗坡平缓地带，地势较为平缓，心土和底土质地黏重，透水不良，加之本地气候湿润多雨，喜湿性森林草甸植被生长繁茂。生物排水作用减弱，使土壤经常处于湿润状态。每当融冻或集中降雨之际，土壤上层带水，还原过程占优势，在腐殖质化作用的同时，亚表层的土壤黏粒及低价铁、锰随水下移，且在下渗过程中，使心土或底土的核状结构表面被铁锰胶膜包被。在滞水消失后，氧化过程占优势，伴随着黏粒淀积作用，铁、锰被氧化而活性降低，与土壤中的胶体相胶结，并聚集形成结核。总之，这样周期性的干湿交替以及氧化还原过程，使亚表层脱色，形成片状结构的白浆层和相应富集的淀积层。淀积层的形成，又进一步加强了土体滞水作用，使白浆层进一步粉沙化和酸化，剖面黏粒与矿物分布发生了变化，出现明显的双层性剖面。表层和亚表层大量黏粒被淋失，粉沙含量增高，而淀积层黏粒相对增加。

在潴育过程中，硅酸活性提高，可随水下渗，当水分蒸发时，使溶胶状的硅脱水而变成无定形的二氧化硅，故在结构面上或缝隙中可见到白色粉末。

三、草甸化过程

在林口县内山间河谷的开阔地，地势较平坦，地下水位较高，一般为1～2米，母质为冲积物和坡积物在草甸植被和地下水影响下，土壤呈现明显的潴育过程和有机质的积累过程。另外，由于地下水直接湿润下层，并能沿毛细管孔隙上升至土体上层。由于季节变化，地下水也随着升降，使土壤氧化还原过程交替进行，促进了土壤中物质的溶解、移动和积聚，特别是在还原状态时，铁锰化合物在有机质的参与下，被还原成低价的铁锰化合物随水移动；在氧化状态时，铁锰又被氧化成锈纹锈斑，胶膜或结核。由于草甸植物生长繁茂，根系密集，积累大量的腐殖质，形成良好的团粒结构，这是草甸化成土过程的另一特征。

林口县草甸土形成的自然条件和人为因素比较复杂，特别在低洼地区，有时地下水接近地面，甚至地表有积水，这类草甸土潴育现象比较严重，形成潴育草甸土。也有其他条件参与成土过程，使草甸土向着其他新的土壤类型过渡。如草甸土开垦后种水稻，因受地表水和地下水双重作用，使锈纹锈斑在剖面出现部位不同，水位升高，锈纹锈斑部位高，而且潜育斑增多，从而演变成水稻土。但由于在形态上与草甸土相似，所以称草甸土型水稻土。

四、沼泽化过程

沼泽化过程是在积水条件下，表层植物富积泥炭化和下层土壤潜育化过程。

林口县山间河谷低洼地长期积水，生长繁茂的沼泽植物积累大量的有机质。漂筏薹草群落，草根层厚 20～30 厘米，最厚可达 3 米以上，这些有机质在厌氧条件下，得不到充分分解，而在土体上层形成厚度不等的泥炭，此为泥炭化过程。潜育过程是由于水分过多，使铁氧化成亚铁，呈灰蓝色，俗称"狼屎泥"，部分亚铁随毛管水上升，在土体上层被氧化成锈纹锈斑。因此，在野外可根据锈纹锈斑在剖面出现深度，判断其沼泽化程度。

五、生草化过程

林口县生草化过程形成的土壤重点分布在江河两岸，土壤形成时间较晚，属幼年土，这种土壤是在淤积母质上生长着稀少的草本植物，形成很薄的生草层，其层次分化不明显，养分贫瘠，淤积特征非常清楚，因此称为生草化过程。

第四节 土壤分布规律

1984 年第二次土壤普查，林口县土壤共分 7 个土类，17 个亚类，22 个土属和 37 个土种。本次调查按照国家分类统一标准，分成新的土壤类型：5 个土纲、6 个亚纲、7 个土类、13 个亚类、22 个土属、32 个土种（表 2-2）。

表 2-2 林口县土壤分类系统

土纲	亚纲	土类		亚类		土属		新土种（本次地力评价）		原土种（第二次土壤普查）	
		代码	名称	代码	名称	代码	名称	新代码	名称	原代码	原名称
淋溶土	湿温淋溶土	3	暗棕壤	301	暗棕壤	30103	暗矿质暗棕壤	3010301	暗矿质暗棕壤	1	暗矿质暗棕壤
						30106	沙砾质暗棕壤	3010601	沙砾质暗棕壤	2	沙砾质暗棕壤
						30107	泥沙质暗棕壤	3010701	泥沙质暗棕壤	3	沙质暗棕壤
						30108	泥质暗棕壤	3010801	泥质暗棕壤	4	壤质暗棕壤
				303	白浆化暗棕壤	30303	沙砾质白浆化暗棕壤	3030301	沙砾质白浆化暗棕壤	5	白浆化暗棕壤
				304	草甸暗棕壤	30403	砾沙质草甸暗棕壤	3040301	砾沙质草甸暗棕壤	6	沙质草甸暗棕壤
		4	白浆土	401	白浆土	40102	黄土质白浆土	4010203	薄层黄土质白浆土	7	薄层白浆土
								4010202	中层黄土质白浆土	8	中层白浆土
								4010201	厚层黄土质白浆土	9	厚层白浆土
				402	草甸白浆土	40201	沙底草甸白浆土	4020103	薄层沙底草甸白浆土	10	薄层草甸白浆土
								4020102	中层沙底草甸白浆土	11	中层草甸白浆土

（续）

土纲	亚纲	土类代码	土类名称	亚类代码	亚类名称	土属代码	土属名称	新代码	新土种（本次地力评价）名称	原代码	原土种（第二次土壤普查）原名称
半水成土	暗半水成土	8	草甸土	801	草甸土	80104	黏壤质草甸土	8010403	薄层黏壤质草甸土	12	薄层草甸土
								8010402	中层黏壤质草甸土	13	中层草甸土
								8010401	厚层黏壤质草甸土	14	厚层草甸土
				804	潜育草甸土	80402	黏壤质潜育草甸土	8040203	薄层黏壤质潜育草甸土	15	薄层潜育草甸土
								8040202	中层黏壤质潜育草甸土	16	中层潜育草甸土
								8040201	厚层黏壤质潜育草甸土	17	厚层潜育草甸土
水成土	矿质水成土	9	沼泽土	903	草甸沼泽土	90302	黏质草甸沼泽土	9030201	厚层黏质草甸沼泽土	18	草甸沼泽土
				902	泥炭沼泽土	90202	泥炭腐殖质沼泽土	9020203	薄层泥炭腐殖质沼泽土	19	泥炭腐殖质沼泽土
						90201	泥炭沼泽土	9020103	薄层泥炭沼泽土	20	泥炭沼泽土
				901	沼泽土	90102	埋藏型沼泽土	9010201	浅埋藏型沼泽土	21	埋藏型泥炭沼泽土
	有机水成土	10	泥炭土	1003	低位泥炭土	100301	芦苇薹草低位泥炭土	10030103	薄层芦苇薹草低位泥炭土	22	薄层芦苇薹草低位泥炭土
								10030102	中层芦苇薹草低位泥炭土	23	中层芦苇薹草低位泥炭土
								10030101	厚层芦苇薹草低位泥炭土	24	厚层芦苇薹草低位泥炭土
初育土	土质初育土	15	新积土	1501	冲积土	150103	沙质冲积土	15010303	薄层沙质冲积土	25	沙质粒状生草河淤土
						150102	砾质冲积土	15010203	薄层砾质冲积土	27	壤质砾石底生草河淤土
										29	壤质砾石底草甸河淤土
						150104	层状冲积土	15010402	中层状冲积土	26	壤质层状生草河淤土
										28	壤质层状草甸河淤土
人为土	人为水成土	17	水稻土	1701	淹育水稻土	170101	白浆土型淹育水稻土	17010101	白浆土型淹育水稻土	30	灰色草甸白浆土型水稻土
										31	黑色草甸白浆土型水稻土
						170102	草甸土型淹育水稻土	17010202	中层草甸土型淹育水稻土	32	中层草甸土型水稻土
								17010203	厚层草甸土型淹育水稻土	33	厚层草甸土型水稻土
						170107	冲积土型淹育水稻土	17010702	中层冲积土型淹育水稻土	36	壤质生草河淤土型水稻土
										37	壤质草甸河淤土型水稻土

（续）

土纲	亚纲	土类		亚类		土属		新土种（本次地力评价）		原土种(第二次土壤普查)	
		代码	名称	代码	名称	代码	名称	新代码	名称	原代码	原名称
人为土	人为水成土	17	水稻土	1702	潜育水稻土	170201	沼泽土型潜育水稻土	17020101	厚层沼泽土型潜育水稻土	34	草甸沼泽土型水稻土
										35	泥炭腐殖质沼泽土型水稻土

林口县属低山丘陵区，自然条件复杂，土壤类型繁多。土地的分布规律受地形、母质、气候、人类活动等条件的影响，土壤的分布比较复杂，现将林口县土壤的总体分布和特点阐述如下：

一、土壤的水平分布

林口县是个四面环山的低山丘陵区，具有典型寒温带生物气候特征，属全国土壤区划中针阔叶混交林暗棕壤地带，暗棕壤占主导地位，与其他土壤呈网状分布。牡丹江水系和穆棱河水系所分布的108条河溪组成全县水系网。地势低平，湿冷植被占优势，是土壤分布的主脉，成为河淤土、草甸土、泥炭土、沼泽土分布区。而在低山丘陵山区，地势高寒、山势险峻，森林植被十分茂盛，分布在江河水系之中，组成暗棕壤水平分布地带。处于两者之间，为平川漫岗过渡地带，因母质黏重，草木植被占优势，坡度平缓，有白浆化暗棕壤和白浆土水平分布。林口县中部与西部两大白浆土分布区，现已全部开垦利用，是旱作农业区。

二、土壤的垂直分布

土壤垂直分布是林口县土壤分布的主要特征。受高程、植被的影响，各种土壤亚类间呈阶梯式分布。低山丘陵区，海拔在400米以上，为暗矿质暗棕壤垂直分布带。该类土壤分布面积很大，占林口县各类土壤的80%，森林植被繁茂，以针阔叶混交林为主，覆被率北部高于中部和南部，是林口县林木生产基地。

在暗矿质暗棕壤的下限，以及山体的裙部和草甸暗棕壤的上限，海拔在200～400米，属沙砾质暗棕壤、沙质暗棕壤和壤质暗棕壤的分布带。由高到低，坡度渐缓，母质由粗变细，黏性逐渐增大，由森林植被向草甸植被过渡，表土层不断加厚，现已多数开垦利用，垦殖率达63.52%。

林口县中部平川漫岗区，海拔在200～300米，受气候、植被、母质的影响，形成白浆土各个亚类垂直分布带，地势由高到低，湿冷性逐渐加重，使白浆化暗棕壤演变为岗地白浆土和平地白浆土。

海拔在200米以下，为林口县河谷平原区，因地势低，草甸化及沼泽化不断加重，形成半水成土壤的分布带；在地势较高，山间开阔地上，分布着草甸土亚类；处于季节性或临时性积水的地方，分布着沼泽土和泥炭土。

三、土壤的组合规律

由于林口县气候、地形、地貌、水文地质条件变化多样，构成了土壤不同的组合。这对揭示土壤的演变，便于土壤分类中对基层单元的划分以及因土种植、因土培肥，具有实际意义。

（一）山区土壤的组合

山区土壤的组合，重点反映在石质性和表土腐殖层的厚度变化。林口县暗棕壤的组合关系，表现在各土属间的土体变化，受水土流失、人为因素的影响较大，越接近丘陵漫岗越严重，造成表土层变薄，有机质含量缺乏，土质变劣，土壤个体差异性明显。

（二）山前漫岗地的土壤组合

林口县丘陵漫岗地坡度较大，植被覆盖率小，水土流失严重，表层土壤有机质含量较低，黑土层较薄，土壤受地形和人为因素的影响差异性较大。该区土壤因母质黏重，渗育、侧洗、淀积作用明显，属白浆土分布区。薄、中、厚3种土壤的分布，由高到低依次排列。但它们之间的界线不十分清楚，出现不十分典型的过渡类型，特别是人类生产活动对土壤的影响较大。特别离村较远，坡度大的地块，因长年不施肥径流水切割十分严重，表土层越来越薄，颜色逐渐变浅。反之，靠近村屯，施肥方便，黑土层不断加厚，成为群众的保本田、"烟火地"，土地越种越肥，使薄土向厚土过渡。

（三）河谷低洼地的土壤组合

山间河谷低洼地因受地下水埋藏深度、植被类型的影响，使土壤差异性较大。

在乌斯浑河下游和牡丹江沿岸地形低平的开阔地，相对部位较高，多分布草甸土和新积土。乌斯浑河上游地段，因为母质黏重，滞水层较浅，草甸植被和水生草甸植被占优势，腐殖质积累较大，潜育化程度较强，为泥炭土和沼泽土分布。下游地段，多为新积土分布，薄、中、厚3种泥炭土分布无明显规律；沼泽土分布比较复杂，草甸沼泽土分布在该类土壤的上位，随着地下水位升高，泥炭化和潜育化程度逐渐加重，因而过渡到泥炭沼泽土，在此基础上，因腐殖化程度强，在草炭层下部形成一层厚度不等的腐殖质层，称之为泥炭腐殖质沼泽土。因受外来土覆盖在土壤的表面上而形成的土壤称之为埋藏型泥炭沼泽土，此土分布面积不等，规律不一（表2-3至表2-5）。

表2-3　各乡（镇）土壤面积统计

单位：公顷

乡（镇）	合计	暗棕壤	白浆土	草甸土	沼泽土	泥炭土	河淤土	水稻土
莲花镇	3 956	1 288	133	120	233	471	1 687	22
刁翎镇	16 867	10 704	1 290	1 204	1 094	406	1 926	245
三道通镇	16 994	10 364	127	1 805	1 272	0	3 395	34
青山乡	47 316	34 863	3 778	4 193	3 514	0	890	78
柳树镇	49 360	39 950	2 674	1 121	4 109	1 499	0	7
朱家镇	36 895	31 634	885	63	2 964	649	337	363
龙爪镇	55 526	43 582	3 405	275	4 646	2 618	463	538

（续）

乡（镇）	合计	暗棕壤	白浆土	草甸土	沼泽土	泥炭土	河淤土	水稻土
林口镇	15 836	8 765	5 359	1 071	0	110	350	183
古城镇	22 279	13 566	4 337	824	705	1 133	1 213	501
建堂乡	12 462	8 288	500	583	575	153	1 969	394
奎山乡	32 788	24 842	4 367	633	2 683	134	30	99
五林镇	49 696	38 495	5 725	1 769	1 289	453	555	1 410
林 业	351 491	322 285	1 820	6 296	12 486	4 748	3 856	0
合 计	711 466	589 194	34 400	19 387	35 568	12 373	16 670	3 875

注：1984 年土壤普查数据。

表 2-4 土壤类型及面积统计

序号	土类名称	亚类数量（个）	土属数量（个）	土种数量（个）	总面积[1]（公顷）	占总面积[2]（%）	耕地面积（公顷）	占总耕地（%）
1	暗棕壤	3	6	6	589 194	82.81	60 148.70	55.96
2	沼泽土	3	4	4	35 568	5.00	10 423.30	9.70
3	草甸土	2	2	6	19 387	2.72	5 809.50	5.41
4	新积土	1	3	3	16 670	2.34	8 531.10	7.94
5	白浆土	2	2	5	34 400	4.84	18 103.00	16.85
6	泥炭土	1	1	3	12 373	1.74	3 140.60	2.92
7	水稻土	2	4	5	3 875	0.54	1 308.50	1.22
合计	7 个	14	22	32	711 466		107 464.70	100.00

[1] 1984 年土壤普查数据。

[2] 本次耕地地力评价数据。

表 2-5 各乡（镇）耕地土类面积统计

单位：公顷

乡（镇）	面积	暗棕壤	沼泽土	草甸土	新积土	白浆土	泥炭土	水稻土
三道通镇	6 016.10	3 426.90	475.60	715.30	1 360.20	38.10	0	0
莲花镇	3 586.00	1 885.50	238.40	190.10	1 166.70	57.50	47.80	0
龙爪镇	15 209.10	9 067.70	1 532.50	0	744.50	2 766.10	785.40	312.90
古城镇	9 929.00	3 845.20	228.90	635.80	1 284.90	3 615.30	80.20	238.70
青山乡	9 562.00	3 627.30	1 837.30	1 712.80	639.20	1 712.40	0	33.00
奎山乡	10 846.10	5 607.50	1 572.90	0	0	3 460.00	53.30	152.40
林口镇	7 190.80	3 170.00	0	447.70	130.40	3 201.10	44.90	196.70
朱家镇	9 801.00	7 135.50	1 182.10	37.80	277.00	615.80	357.90	194.90
柳树镇	10 511.00	6 116.90	1 652.00	591.00	58.10	1 549.20	540.70	3.10
刁翎镇	15 519.10	10 231.50	1 166.70	949.70	1 485.00	771.10	876.90	38.20
建堂乡	9 295.00	6 035.20	536.90	529.30	1 385.10	316.40	353.50	138.60
合 计	107 464.70	60 148.70	10 423.30	5 809.50	8 531.10	18 103.00	3 140.60	1 308.50

注：表中数据为本次耕地地力评价数据。

第五节　土壤类型概述

1984 年第二次土壤普查，查明了林口县共有 7 类土壤，林口县土壤面积统计见表 2-6、表 2-7。

表 2-6　林口县土壤面积统计

土壤编号	土壤名称	面积（公顷）	占总面积（%）	其中.耕地			备注
				面积（公顷）	占本土壤面积（%）	占总耕地面积（%）	
一、暗棕壤类		589 194	82.81	63 672	10.81	53.96	
1	暗矿质暗棕壤	495 706	69.67	758	0.15	0.64	
2	沙砾质暗棕壤	73 845	10.38	46 909	63.52	39.76	
3	泥沙质暗棕壤	2 950	0.41	2 337	79.22	1.98	
4	泥质暗棕壤	1 520	0.21	1 153	75.86	0.98	
5	沙砾质白浆化暗棕壤	13 193	1.85	10 965	83.11	9.29	
6	沙砾质草甸暗棕壤	1 981	0.28	1 550	78.24	1.31	
二、白浆土类		34 400	4.84	28 684	83.38	24.31	
7	薄层黄土质白浆土	7 884	1.11	6 992	88.69	5.93	
8	中层黄土质白浆土	18 019	2.53	14 999	83.24	12.71	
9	厚层黄土质白浆土	8 138	1.14	6 371	78.29	5.4	
10	薄层沙底草甸白浆土	260	0.04	245	94.23	0.21	
11	中层沙底草甸白浆土	99	0.01	77	77.78	0.07	
三、草甸土类		19 387	2.72	6 186	31.91	5.24	
12	薄层黏壤质草甸土	4 007	0.56	719	17.94	0.61	
13	中层黏壤质草甸土	7 677	1.08	3 030	39.47	2.57	
14	厚层黏壤质草甸土	2 987	0.42	997	33.38	0.84	
15	薄层黏壤质潜育草甸土	461	0.06	253	54.88	0.21	
16	中层黏壤质潜育草甸土	2 120	0.3	971	45.80	0.82	
17	厚层黏壤质潜育草甸土	2 135	0.3	217	10.16	0.18	
四、沼泽土类		35 568	5.0	5 515	15.51	4.67	
18	厚层黏质草甸沼泽土	11 830	1.66	2 360	19.95	2.0	
19	薄层泥炭腐殖质沼泽土	9 221	1.3	961	10.42	0.81	
20	薄层泥炭沼泽土	12 751	1.79	1 598	12.53	1.35	
21	浅埋藏型沼泽土	1 765	0.25	596	33.77	0.51	
五、泥炭土类		12 373	1.74	1 389	11.23	1.18	
22	薄层芦苇薹草低位泥炭土	9 100	1.28	896	9.85	0.76	
23	中层芦苇薹草低位泥炭土	3 138	0.44	487	15.52	0.41	
24	厚层芦苇薹草低位泥炭土	135	0.02	5	3.70	—	

（续）

土壤 编号	土壤名称	面积 （公顷）	占总面积 （%）	其中：耕地			备注
				面积 （公顷）	占本土壤 面积（%）	占总耕地 面积（%）	
六、新积土类		16 670	2.34	8 675	52.04	7.36	
25	薄层沙质冲积土	3 540	0.48	2 576	72.77	2.18	
26	薄层砾质冲积土	4 372	1.23	1 864	21.28	1.58	
27	层状冲积土	8 758	0.61	4 235	96.87	3.59	
七、水稻土类		3 875	0.54	3 875	100	3.28	
28	白浆土型淹育水稻土	441	0.06	441	100	0.37	
29	中层草甸土型淹育水稻土	516	0.07	516	100	0.44	
30	厚层草甸土型淹育水稻土	511	0.07	511	100	0.43	
31	厚层沼泽土型潜育水稻土	170	0.02	170	100	0.14	
32	中层冲积土型淹育水稻土	2 237	0.31	2 237	100	1.90	
总计		711 466		117 995			
	水域面积	3 821	—				
	城建面积	884	—				

表 2-7　各乡（镇）不同土种耕地面积统计

单位：公顷

乡（镇）	三道通镇	莲花镇	龙爪镇	古城镇	青山乡	奎山乡	林口镇	朱家镇	柳树镇	刁翎镇	建堂乡
暗矿质暗棕壤	1 467.20	1 272.10	3 226.70	1 870.40	1 687.20	2 166.70	699.00	2 749.50	2 116.90	5 604.10	4 537.10
沙砾质暗棕壤	781.50	226.90	3 887.20	1 795.60	1 793.60	3 209.30	1 362.40	3 175.10	3 312.70	3 553.20	1 030.00
泥沙质暗棕壤	0	0	906.50	67.90	33.10	0	391.90	0	24.40	0	0
泥质暗棕壤	0	10.40	50.40	53.30	0	0	0	0	77.10	377.70	0
沙砾质白浆化暗棕壤	805.00	286.90	956.00	0	81.00	231.60	716.80	1 210.90	585.80	696.40	468.10
砾沙质草甸暗棕壤	373.30	89.20	40.90	58.10	32.40	0	0	0	0	0	0
薄层黄土质白浆土	0	0	757.50	327.80	0	1 582.70	576.80	0	705.30	69.30	0
中层黄土质白浆土	38.10	0	1 073.70	2 389.10	1 288.90	1 029.20	2 388.40	242.30	407.10	597.40	81.00
厚层黄土质白浆土	0	0	934.90	878.80	275.20	848.10	236.00	373.50	436.80	104.40	235.50
薄层沙底草甸白浆土	0	36.50	0	0	148.40	0	0	0	0	0	0
中层沙底草甸白浆土	0	21.00	0	19.70	0	0	0	0	0	0	0
薄层黏壤质草甸土	110.60	57.60	0	187.80	325.20	0	107.70	0.80	71.80	0	58.90
中层黏壤质草甸土	543.10	20.30	0	0	1 173.30	0	0	0	179.90	144.00	0
厚层黏壤质草甸土	61.60	62.40	0	197.30	33.60	0	248.80	33.60	0	683.70	94.60
薄层黏壤质潜育草甸土	0	31.80	0	0	0	0	0	0	0	0	82.40
中层黏壤质潜育草甸土	0	18.10	0	0	180.80	0	82.20	3.50	138.70	64.90	0

（续）

乡（镇）	三道通镇	莲花镇	龙爪镇	古城镇	青山乡	奎山乡	林口镇	朱家镇	柳树镇	刁翎镇	建堂乡
厚层黏壤质潜育草甸土	0	0	0	250.70	0	0	9.10	0	200.60	57.10	293.50
厚层黏质草甸沼泽土	88.10	107.40	41.20	228.90	1 390.70	444.50	0	485.60	836.10	974.80	0
薄层泥炭腐殖质沼泽土	115.30	68.30	359.70	0	106.10	205.80	0	159.70	39.40	191.90	319.20
薄层泥炭沼泽土	41.20	62.80	1 131.60	0	340.60	454.80	0	536.80	776.50	0	217.70
浅埋藏型沼泽土	231.10	0	0	0	0	467.70	0	0	0	0	0
薄层芦苇薹草低位泥炭	0	0	481.50	80.20	0	53.30	44.90	0	446.70	273.50	353.50
中层芦苇薹草低位泥炭	0	47.80	303.90	0	0	0	0	357.90	94.00	603.40	0
薄层沙质冲积土	706.30	479.00	91.50	0	0	0	0	158.70	0	99.90	0
薄层砾质冲积土	142.90	266.50	0	108.80	639.20	0	0	118.30	5.00	820.00	307.10
中层状冲积土	511.00	421.30	653.00	1 176.10	0	0	130.40	0	53.10	565.10	1 078.00
白浆土型淹育水稻土	0	0	0	50.50	33.00	0	0	0	0	0	0
中层草甸土型淹育水稻土	0	0	0	47.10	0	48.70	0	0	0	5.80	6.40
厚层草甸土型淹育水稻土	0	0	19.60	0	0	17.50	70.50	0	0	0	0
中层冲积土型淹育水稻土	0	0	197.00	141.10	0	0	77.50	194.90	3.10	32.40	132.20
厚层沼泽土型潜育水稻土	0	0	96.30	0	0	134.90	0	0	0	0	0

一、暗棕壤

　　暗棕壤土类是林口县分布最广，面积最大的一类土壤。面积为 589 194 公顷，占全县土壤总面积的 82.81%。其中，耕地面积 63 672 公顷，占本类土壤面积的 10.81%。

　　暗棕壤是在暗棕壤化成土的过程下形成的一类土壤，它主要分布在县境北部，东部和西部低山丘陵区，在中南部丘陵台地及岗包也有分布。该土壤母质主要为基岩风化的残积物及坡积、洪积物，土壤质地粗糙，内外排水良好，是此土壤形成的主要原因之一，以植被条件看是以红松、云杉、冷杉、椴树、白桦、山杨为主的针阔叶混交林，凋落物中灰分和盐基性阳离子含量较高，使土壤不至于发生明显的灰化作用，而向着暗棕壤化方向发展。

　　由于成土条件和附加成土过程的差异，林口县暗棕壤土类续分为暗棕壤（典型暗棕壤）、白浆化暗棕壤，草甸暗棕壤 3 个亚类。

（一）暗棕壤亚类

　　暗棕壤亚类土壤是在暗棕壤化成土过程作用下，发育比较典型的一个亚类，不受其他附加成土过程的作用。在林口县内主要分布在柳树镇、青山乡、朱家镇等乡（镇）（表 2-8）。

表2-8　各乡（镇）（典型）暗棕壤面积统计

乡（镇）	面积（公顷）	占本土壤（%）	耕地面积（公顷）	占本耕地（%）
莲花镇	733.00	0.12	468.00	1.00
刁翎镇	9 708.00	1.63	7 670.00	16.32
三道通镇	8 111.00	1.37	1 226.00	2.61
青山乡	33 633.00	5.66	4 455.00	9.48
柳树镇	39 259.00	6.61	2 722.00	5.79
朱家镇	30 258.00	5.09	5 327.00	11.34
龙爪镇	41 635.00	7.01	8 216.00	17.48
林口镇	7 532.00	1.27	1 951.00	4.15
古城镇	13 401.00	2.26	2 094.00	4.46
建堂乡	7 421.00	1.25	2 439.00	5.18
奎山乡	24 679.00	4.15	5 242.00	11.16
五林镇	56 377.00	9.49	4 350.00	9.26
林　业	321 272.00	54.09	830.00	1.77
县　属	252 750.00		46 160.00	
合　计	594 020.00	100.00	46 990.00	100.00

所处地形为山地中上坡，海拔高度在800～1 200米。面积为574 021公顷，占暗棕壤土类面积的97.42%。其中，耕地面积51 157公顷，占本亚类土壤面积的8.91%。根据母质和质地不同，林口县内暗棕壤亚类分为暗矿质暗棕壤、沙砾质暗棕壤、泥沙质暗棕壤、泥质暗棕壤4个土属。

1. 暗矿质暗棕壤土属　暗矿质暗棕壤面积为495 706公顷，占暗棕壤亚类面积的84.13%，占林口县土壤的69.67%。其中，耕地面积758.40公顷，占本土属面积的0.15%，占总耕地面积的0.64%。

暗矿质暗棕壤分布在柳树、青山、朱家、龙爪等乡（镇）的山地较高处。坡度陡，土体薄，全剖面有碎石。地表有3～5厘米厚的枯枝落叶层，其下是黑土层，平均厚（13.30±4.40）厘米（$n=30$），其土体基本构型为 A_0、A_1、B_D、D。其剖面形态特征如下：

A_0：0～3厘米，半分解的枯枝落叶黄灰色，疏松干燥。

A_1：3～12厘米，暗灰色，团粒状结构，疏松湿润，有碎石。

B_D：12～44厘米，暗棕色，块状结构，碎石较多。

D：　44厘米以下，棕色碎石，基岩。

从理化特性看，A_1 层容重较小，一般在1克/立方厘米左右，总孔隙度为50%～60%，通气孔隙大，在20%以上；B_D 层容重增大，总孔隙和通气孔隙都有降低。由农化样分析结果看，土壤养分含量丰富，有机质、全氮、碱解氮和速效钾含量高，有效磷含量偏低（表2-9）。

表 2-9　暗矿质暗棕壤农化样分析统计

土壤养分	最大值	最小值	极　差	平均数（X）	标准差（S）	样本数（n）
有机质（克/千克）	168.70	16.60	152.10	52.10	30.90	35
全氮（克/千克）	8.30	0.80	7.50	2.80	1.47	36
碱解氮（毫克/千克）	490.00	91.00	399.00	254.00	146.00	36
有效磷（毫克/十克）	68.00	2.90	65.10	16.00	13.00	36
速效钾（毫克/千克）	368.00	50.00	318.00	178.00	92.00	34

　　暗矿质暗棕壤因土层薄，发育程度差，养分总储量很少，不能满足一般作物生长发育的需要，再加上所处地形部位较高，坡度大，所以不宜开垦耕种，应以发展林业为主。对少部分已垦耕地应加强水土保持工作，或退耕还林。

　　2. 沙砾质暗棕壤土属　沙砾质暗棕壤面积 73 845 公顷，占暗棕壤亚类面积的12.86％。其中，耕地面积为 46 909 公顷，占本土属面积的 63.52％，占林口县总耕地面积的 39.76％。

　　该土壤分布于青山、龙爪、朱家、三道通、奎山等乡（镇）的山地中坡较平缓处，母质为残积物或坡积物，发育程度较暗矿质暗棕壤为好，黑土层较厚。根据 204 个剖面统计，平均厚度为（16.70±4.50）厘米。心土层较厚，可达 100 厘米以上，再往下为沙砾质基岩。其土体构成为 A、A_1、A_B、B_D、D 或 A_p、B、B_D、D。以柳树镇嘎库西长垅 195号剖面为例，其剖面形态特征如下：

　　A_p：0～20 厘米，暗灰色，粒状结构，质地为轻黏土，松散湿润，多根系。

　　B：　20～55 厘米，暗棕色，块状结构，质地为轻黏土，较紧实，根系少。

　　B_D：55～65 厘米，黄棕色，块状结构，质地为紧沙土，紧实潮湿。

　　D：　65 厘米以下，棕色石砾，基岩层。

　　沙砾质暗棕壤表层质地为轻壤至轻黏土，以下各层砾性增强。各粒级组成以细沙粒（0.25～0.05 毫米）和细粉粒（0.05～0.001 毫米）含量很多，而黏粒（＜0.001 毫米）含量极少。耕层容重为 1.13～1.18 克/立方厘米，总孔隙度为 51.39％～63.27％。其中，通气孔隙度为 25.13％～37.09％，以下各层因较紧实，故容重增大，孔隙度降低。

　　表面有机质含量一般在 12.20～33.90 克/千克，根据 4 个剖面统计平均含量为 23.50克/千克，而心土层有机质含量显著降低，平均为 5.50 克/千克；全氮含量与有机质含量成正相关，故在剖面上的分布与有机质分布规律相同，也都集中在表层，以卜各层都有明显的降低。

　　从农化样分析统计可见，有机质、全氮、碱解氮、速效钾含量均较高，但有效磷含量很低，最低的仅 1.30 毫克/千克（表 2-10）。

　　沙砾质暗棕壤，由于下层沙性强，渗水性强，不保水，易干旱，并且易造成养分流失；同时，因通气透水，土质热潮，有机质分解快，作物生长后期易脱肥。因此，必须在搞好水土保持的基础上注意改土增肥。

表 2-10 沙砾质暗棕壤农化样分析统计

项 目	最大值	最小值	极差	平均数（X）	标准差（S）	样本数（n）
有机质（克/千克）	172.10	9.70	162.40	41.50	28.90	217
全氮（克/千克）	9.60	0.47	9.13	2.14	4.90	217
碱解氮（毫克/千克）	343.00	60.00	283.00	168.00	112.00	216
有效磷（毫克/千克）	40.00	1.30	38.70	11.00	7.00	215
速效钾（毫克/千克）	390.00	20.00	270.00	171.00	120.00	217

3. 泥沙质暗棕壤土属 泥沙质暗棕壤面积 2 950 公顷，占暗棕壤亚类面积的 0.51%。其中，耕地面积为 2 337 公顷，占本土属面积的 79.22%，占总耕地面积的 1.98%。

该土壤主要分布在龙爪镇、林口镇、古城镇、青山乡等乡（镇）的岗坡地，母质为沉积砂。土体构形为 A_p、B、B_c、C。根据 22 个剖面统计，A_p 层平均厚度（18.40±2.40）厘米，B 层厚度一般在 30～60 厘米，平均为（37.30±14.80）厘米，向下过渡不太明显。以龙爪镇山东会 624 号剖面为例，其剖面形态特征如下：

A_p：0～17 厘米，灰色，粒状结构，质地为重壤土，较疏松干燥。

B：17～50 厘米，棕色，团状结构，质地为中壤土、松散，根系少。

C：50～110 厘米，黄棕色，沙质，无根系。

从机械分析结果看，该土壤沙粒（1.00～0.05 毫米）含量较高，表土和心土层在 50%左右，底土增至 80%以上。表土和心土层黏粒含量为 20%左右，底土层降低 2%。全剖面粗沙粒（0.05～0.01 毫米）含量相对较低。各层土壤容重都在 1.30 克/立方厘米以上，总孔隙度偏低，一般在 50%以下，但通气孔隙度在 10%以上，所以通气透水性良好。有机质、全氮、全磷含量多集中在表层，以下各层含量极低。

根据农化样分析统计，除有效磷含量很低以外，其他各养分含量均较高（表 2-11）。

表 2-11 泥沙质暗棕壤农化样分析统计

项 目	最大值	最小值	极差	平均数（X）	标准差（S）	样本数（n）
有机质（克/千克）	115.80	25.90	89.90	50.10	31.40	8
全氮（克/千克）	4.90	1.10	3.80	2.56	1.42	8
碱解氮（毫克/千克）	314.00	93.00	221.00	195.00	75.00	7
有效磷（毫克/千克）	27.00	2.00	25.00	11.00	9.00	8
速效钾（毫克/千克）	352.00	76.00	276.00	199.00	97.00	8

该土壤由于通气透水性强，养分分解快，易于流失，作物生长后期易造成养分贫瘠，导致产量不高。所以，应注意加强水土保持，增施有机质肥料和磷素化肥，并不断加深耕层，促进土壤熟化，以提高单位面积产量。

4. 泥质暗棕壤土属 泥质暗棕壤为土壤图上 4 号土，在林口县山地裙部有零星分布，以刁翎、龙爪镇分布较多，面积为 1 520 公顷，占暗棕壤亚类面积 0.27%。其中，耕地 1 153 公顷，占本土属面积 75.86%，占总耕地面积的 0.98%。

该土壤因地势较低平，土壤潮湿，森林草甸植被生长繁茂，凋落物积累量大，所以剖面发育较好，土层较厚，一般在 100 厘米以上。其中，耕层厚度平均为（19.25±1.54）厘米（$n=12$）。土体构形为 A_p、A_B、B、B_c、C。以柳树镇柳毛村东坡地 736 号剖面为例，其剖面形态特征如下：

A_p：0～16 厘米，灰黑色，粒状结构，质地为中壤土，松散湿润，根系较多，层次过渡不太明显。

A_B：16～29 厘米，灰色，团块结构，质地为中壤土，较紧实，比较潮湿，根系少。

B：29～65 厘米，灰棕色，块状结构，质地为重壤土，潮湿无根系。

B_c：65～96 厘米，为比较紧实的沉积沙，向下过渡到母质层。

C：96～120 厘米，黄棕色沙粒，紧实。

从机械组成上看，粉沙粒（0.05～0.001 毫米）特别是粗沙粒（0.05～0.01 毫米）含量很高，表层高达 40% 以上，以下各层降至 30% 左右，黏粒（＜0.001 毫米）含量低，仅在 10% 左右。耕层容重在 1.05～1.15 克/立方厘米，而心土层增至 1.41 克/立方厘米，总孔隙度和通气孔隙度以耕层较大，分别为 59.25% 和 21.75%，以下各层均有降低，但通气孔隙在 10% 以上，因此，该土壤通气透水性较好。

有机质和全氮、全磷含量多集中在耕层，而心土层有机质和全氮含量急剧下降，据 2 个剖面统计，耕层有机质含量为 28.80 克/千克，全氮 1.65 克/千克，心土层分别降到 6 克/千克和 0.55 克/千克。

以农化样分析结果看，该土壤养分含量较低，低于暗矿质暗棕壤和沙质暗棕壤，尤其是有效磷含量不到 10 毫克/千克（表 2-12）。

表 2-12 泥质暗棕壤农化样分析统计统计

项　　目	最大值	最小值	极　差	平均数（X）	标准差（S）	样本数（n）
有机质（克/千克）	46.90	23.70	23.20	33.60	9.60	7
全氮（克/千克）	2.90	1.10	1.80	1.87	0.61	7
碱解氮（毫克/千克）	186.00	61.00	125.00	142.00	50.00	7
有效磷（毫克/千克）	14.00	4.00	10.00	8.00	4.00	7
速效钾（毫克/千克）	184.00	66.00	118.00	130.00	36.00	7

该土壤所处地势较缓，物理性状较好，属宜农土壤，但养分含量偏低，尤其是有效磷极低，故产量不高。因此，应增施有机肥料培肥土壤，增施磷素化肥调节养分比例，不断提高土壤生产力水平。

（二）白浆化暗棕壤亚类

沙砾质白浆化暗棕壤　白浆化暗棕壤是在暗棕壤化成土过程作用下，附加白浆化过程发育而成。沙砾质白浆化暗棕壤面积 13 193 公顷，占暗棕壤土类面积的 2.24%。其中，耕地面积 10 965 公顷，占本亚类土壤面积的 83.11%，是林口县内垦殖率较高的一类土壤。

该土壤除古城外，其他各乡（镇）的漫岗及地势较平缓的坡地均有分布，但以龙爪、朱家、林口镇、三道通等乡（镇）面积较大（表 2-13），由于成土条件、成土过程及发育比较一致，故林口县白浆化暗棕壤不再续分土属和土种，为土壤图上 5 号土。

表 2 - 13　各乡（镇）沙砾质白浆化暗棕壤面积统计

乡（镇）	面积（公顷）	占本土壤（%）	耕地（公顷）	占本亚类耕地（%）
莲花镇	556	4.21	501	4.57
刁翎镇	995	7.54	928	8.46
三道通镇	1 410	10.69	1 235	11.26
青山乡	1 025	7.77	908	8.28
柳树镇	691	5.24	522	4.76
朱家镇	1 377	10.44	1 303	11.88
龙爪镇	1 930	14.63	1 565	14.27
林口镇	1 231	9.33	1 133	10.33
建堂乡	488	3.70	480	4.38
奎山乡	395	2.99	276	2.52
五林镇	2 319	17.58	2 098	19.13
林业	775	5.87	16	0.16
合计	13 193	100	10 965	100

此土壤母质为沉积物或洪积物，下层有残积物出现，土地较厚，一般 100 厘米左右，耕作层平均厚度为（17.87±3.34）厘米（$n=82$），颜色为灰至暗灰色，粒状或团块结构，质地重壤至轻黏土。亚表层为不太明显的白浆化层，平均厚度为（23.79±9.38）厘米（$n=82$），浅灰或灰白色，不明显的片状结构，质地多为重壤土。再往下为棕色或暗棕色的淀积层，核状结构，层次过渡不明显。以 293 号剖面为例，其剖面形态特征如下：

A_p：0～20 厘米，暗灰色，粒状结构，质地为轻黏土，较疏松，多根系，向下过渡较明显。

A_w：20～66 厘米，灰色，不明显的片状结构，质地为轻黏土，较坚实，少根系。

B：66～112 厘米，暗棕色，核块状结构，质地为重黏土壤，层次向下过渡不太明显。

B_c：112～150 厘米，浅棕色，核块状结构，质地为沙壤土。

以机械组成看，细沙粒（0.25～0.05 毫米）和细粉沙（0.05～0.001 毫米）含量较高，分别为 21.30% 和 24.40%，黏粒（<0.001 毫米）含量在 18% 左右，各粒级含量在剖面分布比较均衡，但 100 厘米以下有紧沙和石块出现，耕层容重平均 1.28 克/立方厘米，白浆化层为 1.34 克/立方厘米。淀积层增至 1.50 克/立方厘米以上，总孔隙度和通气孔隙度以耕层较大，以下各层均小，特别通气孔隙，白浆化层仅有 1%～7%。

有机质含量多集中在耕层，一般为 30～40 克/千克，以下各层明显降低。全氮含量在剖面分布规律与有机质相同。

以农化样分析结果看，有机质和各种养分含量较暗棕壤亚类低，尤其速效养分含量均低，而且极差和标准差较大，可见养分分布很不平稳，特别是全氮和有效磷变异性极大（表 2 - 14）。

该土壤地势平缓，表土较厚，宜耕垦为农田，但土质较黏，又有障碍层——白浆化层，坚实黏重，通气透水不良，故土壤水、肥、气、热不协调，肥力较低，为低产土壤，应逐渐加深耕层，增施有机肥或种绿肥作物，进一步熟化和培肥土壤，以实现高产稳产。

表 2-14 沙砾质白浆化暗棕壤农化样分析结果

项 目	最大值	最小值	极差	平均数（X）	标准差（S）	样本数（n）
有机质（毫克/千克）	81.90	12.60	69.30	31.00	12.30	82
全氮（克/千克）	3.68	0.94	2.74	1.60	3.83	87
碱解氮（毫克/千克）	289.00	61.00	228.00	131.00	47.00	86
有效磷（毫克/千克）	39.00	2.00	37.00	10.00	11.00	86
速效钾（毫克/千克）	368.00	48.00	320.00	143.00	67.00	87

（三）草甸暗棕壤亚类

草甸暗棕壤是在暗棕壤化成土过程作用下，附加草甸化成土过程发育而成，在林口县面积较小，仅有 1 981 公顷，占暗棕壤土面积的 0.34%。其中，耕地面积为 1 550 公顷，占本亚类土壤面积的 78.24%，占总耕地面积的 1.31%。

该土壤仅在三道通、建堂、青山、古城和龙爪 5 个乡（镇）的江河沿岸较高处有所分布（表 2-15）。

表 2-15 各乡（镇）草甸暗棕壤面积统计

乡（镇）	面积（公顷）	占本土壤（%）	耕地面积（公顷）	占本亚类耕地面积（%）
三道通镇	843.00	42.55	762.00	49.16
青山乡	205.00	10.35	195.00	12.58
龙爪镇	17.00	0.86		
古城镇	166.00	8.38	135.00	8.71
建堂乡	379.00	19.13	326.00	21.03
五林镇	133.00	6.71	132.00	8.52
林业	238.00	12.01		
合计	1 981.00	100.00	1 550.00	100.00

自然植被为次生阔叶杂木林及其草甸群落，是暗棕壤化和草甸化成土过程的重要条件。由于成土母质均为江河淤积的粗沙，故林口县内只有沙质草甸暗棕壤 1 个土属，又因发育程度一致，所以不再细分土种。

草甸暗棕壤为土壤图上 6 号土。耕层厚度平均为 20 厘米（$n=5$），暗灰色、粒状或团粒结构，质地为中壤至轻黏土。淀积层厚度平均为（40.60 ± 9.40）厘米（$n=5$），暗棕色、核块状结构。以古城镇河北屯 752 号剖面为例，其剖面形态特征为：

A_p：0～20 厘米，灰色，团粒状结构，质地为轻黏土，较松散湿润，多根系，层次过渡明显。

B：20～63 厘米，暗棕色，核块结构，质地为中壤土，但沙粒（1.00～0.05 毫米）含量高达 57.79%，较湿润，层次过渡明显。

C：63～110 厘米，为黄沙，含石砾。

从机械组成看，各粒级在剖面上的分布很不均衡，变化较大，耕层黏粒（＜0.001 毫米）含量高达 25.83%，沙粒（1.00～0.05 毫米）为 20%，心土层沙粒含量高达51.79%，而黏粒降至 15.54%，底土层粗粉粒（0.05～0.001 毫米）含量很高。100 厘米以下多出现黄色粗沙粒层。容重以耕层较小，在 1.20 克/立方厘米以下，而土心土层增至1.30 克/立方厘米以上。耕层总孔隙度在 51%～55%，通气孔隙度为 20% 左右，以下各层总孔隙度和通气孔隙度在 10% 以上。

有机质和全氮含量比较低，耕层有机质平均含量 28.90 克/千克（n＝2），全氮平均为1.50 克/千克，心土层分别降至 14.60 克/千克和 0.80 克/千克。

从农化样分析结果看，有机质和氮素养分含量较低，而有效磷、速效钾含量较高（表2-16）。

表 2-16 草甸暗棕壤农化样统计

项　　目	最大值	最小值	极　差	平均数（X）	标准差（S）	样本数（n）
有机质（克/千克）	39.50	23.50	16.00	31.10	8.00	3
全氮（克/千克）	1.60	1.30	0.30	1.50	0.20	3
碱解氮（毫克/千克）	154.00	91.00	63.00	119.00	32.00	3
有效磷（毫克/千克）	47.00	5.00	42.00	23.00	22.00	3
速效钾（毫克/千克）	250.00	132.00	118.00	186.00	60.00	3

该土壤因耕层较坚实黏重，而心土层沙性增强，虽然有利于通气透水，但易漏水漏肥，再加之有机质和氮素养分含量较低，所以产量不高，应合理耕作，增施有机肥料，不断培肥和熟化土壤，提高其生产力水平。

二、白　浆　土

白浆土主要分布在林口镇、柳树镇、青山乡、朱家镇、奎山乡、龙爪镇等乡（镇）（表2-17），其他乡（镇）也有少量分布，面积为 34 400 公顷，占林口县土壤总面积的4.84%。其中，耕地面积为 28 683 公顷，占白浆土类面积的 83.38%，占林口县总耕地面积的 24.31%。

表 2-17 各乡（镇）（典型）白浆土面积统计

乡（镇）	面积（公顷）	占本土壤（%）	耕地面积（公顷）	占本耕地（%）
莲花镇	133.00	0.39	0	0
刁翎镇	1 290.00	3.75	1 103.00	3.89
三道通镇	127.00	0.37	109.00	0.38
青山乡	3 228.00	10.98	2 986.00	10.53
柳树镇	2 674.00	7.77	2 114.00	7.45
朱家镇	885.00	2.57	757.00	2.67

（续）

乡（镇）	面积（公顷）	占本土壤（%）	耕地面积（公顷）	占本耕地（%）
龙爪镇	3 405.00	9.90	2 937.00	10.36
林口镇	5 359.00	15.58	4 704.00	16.58
古城镇	4 337.00	12.60	4 137.00	14.59
建堂乡	500.00	1.45	497.00	1.75
奎山乡	4 367.00	12.69	3 930.00	13.86
五林镇	5 725.00	16.64	5 088.00	17.94
林　业	1 820.00	5.29	0	

白浆土是在白浆化成土过程作用下形成的一类土壤，主要分布在林口县内中南部丘陵台地及山地缓坡处。垦前自然植被为柞、桦树杂木林及疏林地草甸植物。成土母质为第四纪沉积物或洪积物。

由于附加成土过程的差异，林口县白浆土类分为白浆土和草甸白浆土2个亚类。

（一）白浆化土亚类

该土壤是白浆化成土过程作用下，发育比较典型的一个亚类，它不受其他附加成土过程的作用。林口县内除莲花镇外，青山乡、林口镇、龙爪镇等乡（镇）面积较大（表2-17）。面积为34 041公顷，占白浆土类面积的98.96%。其中，耕地面积28 362公顷，占本亚类面积的83.32%。

该亚类土壤，林口县均为白浆土土属。根据138个剖面统计，黑土层厚度平均为（19.70±4.84）厘米，最薄仅有7厘米，最厚达40厘米，黑土层之下为灰白色的白浆层，具有明显的片状结构。

较坚实，淀积层为棕色，核状结构，淀积明显，结构体表面有胶膜。以朱家镇531号剖面为例，其剖面形态特征如下：

A_p：0～20厘米，灰色，粒状结构，质地为中壤土，较疏松湿润，根系较多，层次过渡明显。

A_w：20～40厘米，灰白色，明显的片状结构，中壤土，坚实，少根系，层次过渡明显。

B：40～80厘米，棕色，核状结构，质地为轻黏土，紧实，有胶膜及二氧化硅粉末，层次过渡明显。

C：80～113厘米，无结构，质地黏土，紧实。

该土属质地为中壤至轻黏土，黑土层黏粒含量在20%左右，而白浆层由于黏粒被淋溶下移，故含量降至16%左右，相反淀积层增至25%左右。容重以表层为小，一般在1.00～1.30克/立方厘米；白浆层有明显增高，一般在1.30～1.40克/立方厘米；而淀积层溶重略小于白浆层，一般在1.30克/立方厘米左右。孔隙度小，特别通气孔隙度表层稍大于10%，而白浆层和淀积层在10%以下，因此土壤通气不良。

有机质含量一般在30～40克/千克，且大部分集中在表层，以下各层锐减；全氮含量为0.10%～0.20%，在剖面上的分布规律与有机质类似。从农化样分析结果看，除有效磷含量较低以外，其他各养分含量为中等。

该土壤因母质较黏，结构不良，易于板结，以及白浆土层的障碍作用，使之通气透水性不良，春季土温低，易干旱，夏季易涝，加上有机质和其他养分含量较低，特别速效养分难以释放，故此土壤水、肥、气、热不调，为低产土壤。应进行深耕深松，增施有机肥料或种植绿肥，改进白浆层，加厚熟土层，不断地培肥土壤，提高产量。

根据黑土层厚度、颜色和熟化程度不同，此土壤分为薄、中、厚层黄土质白浆土 3 个土种。

1. 薄层黄土质白浆土 为土壤图上 7 号土，面积为 7 884 公顷，占白浆土土属面积的 23.16%。其中，耕地面积为 6 992 公顷，占本土壤面积的 88.69%，占总耕地面积的 5.93%。

薄层黄土质白浆土农化样分析统计见表 2-18，薄层黄土质白浆土物理性状见表 2-19，薄层黄土质白浆土化学性状见表 2-20。

表 2-18 薄层黄土质白浆土农化样分析统计

项　目	最大值	最小值	极　差	平均数（X）	标准差（S）	样本数（n）
有机质（克/千克）	61.50	10.20	51.30	36.50	11.10	97
全　氮（克/千克）	3.20	0.70	2.50	1.81	0.58	97
碱解氮（毫克/千克）	305.00	40.00	265.00	154.00	56.00	95
有效磷（毫克/千克）	62.00	2.00	60.00	11.00	9.00	94
速效钾（毫克/千克）	376.00	48.00	328.00	163.00	60.00	97

表 2-19 薄层黄土质白浆土物理性状

土层号	深度（厘米）	容重（克/立方厘米）	田间持水量（%）	总孔隙度（%）	毛管孔隙度（%）	通气孔隙度（%）	黏粒含量（%）	物理黏粒（%）	物理沙粒（%）	质地名称
A_p	5～15	1.07	28.00	58.64	29.96	28.56	28.26	60.21	39.79	轻黏土
A_w	20～30	1.34		49.73			18.53	60.21	39.78	轻黏土
B	55～65	1.32		50.39			41.10	62.90	37.10	轻黏土

表 2-20 薄层黄土质白浆土化学性状

土层号	取土深度（厘米）	有机质（克/千克）	全氮（克/千克）	全磷（毫克/千克）
A_p	5～10	32.40	1.90	9 000.00
A_w	20～30	13.60	0.80	6 000.00
B	55～65	9.30	0.70	7 000.00

因该土壤分布在丘陵岗地较高处，坡度在 50°～100°，水土流失严重，所以黑土层很薄，一般小于 10 厘米，但有的耕地由于耕翻作用，黑土层大于 10 厘米，颜色较浅，有机质含量较低，所以也划为白浆土。

2. 中层黄土质白浆土 中层黄土质白浆土为土壤图上 8 号土，其面积为 18 019 公顷，占白浆土类面积的 52.38%；耕地面积为 14 999 公顷，占总耕地面积的 12.71%。

该土壤主要分布在丘陵岗地中部，黑土层厚度在 20 厘米左右。中层黄土质白浆土理化性状见表 2-21、表 2-22。

3. 厚层黄土质白浆土 厚层黄土质白浆土为土壤图上 9 号土，其面积为 8 138 公顷，占白浆土类面积的 23.66%。其中，耕地面积为 6 371 公顷，占本土壤面积的 78.29%，占总耕地面积的 5.4%。

表 2-21 中层黄土质白浆土物理性状

上层号	取土深度（厘米）	容重（克/立方厘米）	田间持水量（%）	总孔隙度（%）	毛管孔隙度（%）	通气孔隙度（%）	物理黏粒（%）	物理沙粒（%）	质地名称
A_p	5~15	1.37	28.00	48.74	38.36	10.38	38.60	61.40	中壤土
A_w	30~40	1.45		46.10			42.30	57.70	重壤土
B	50~60	1.44		46.43			53.66	46.34	轻黏土

表 2-22 中层黄土质白浆土化学性状

土层号	取土深度（厘米）	有机质（克/千克）	全氮（克/千克）	全磷（毫克/千克）
A_p	5~15	29.90	1.00	500.00
A_w	30~40	13.10	0.90	400.00
B	50~60	7.40	0.40	300.00

该土壤黑土层较厚，一般在 20~30 厘米，厚层黄土质白浆土理化性状见表 2-23、表 2-24。

表 2-23 厚层黄土质白浆土物理性质

土层号	取土深度（厘米）	容重（克/立方厘米）	田间持水量（%）	总孔隙度（%）	毛管孔隙度（%）	通气孔隙度（%）	物理黏粒（%）	物理沙粒（%）	质地名称
A_p	5~15	1.03	23.00	59.96	23.69	36.27	69.60	30.40	中黏土
A_{pp}	20~25	1.42	26.00	40.09	36.92	10.17	49.30	50.57	重壤土
A_w	30~40	1.49	25.00	44.79	37.25	7.54	49.80	50.20	重壤土

表 2-24 厚层黄土质白浆土化学性状

土层号	取土深度（厘米）	有机质（克/千克）	全氮（克/千克）	全磷（毫克/千克）
A_p	5~15	37.90	2.40	1 300.00
A_{pp}	20~25	13.70	1.80	900.00
A_w	30~40	7.80	0.70	900.00

（二）草甸白浆土亚类

该亚类土壤是在白浆化成土过程作用下，附加草甸化过程发育而成。面积为 358.80 公顷，占白浆土类面积的 10.43%。其中，耕地面积为 322.00 公顷，占草甸白浆土亚类面积的 89.74%。

该土壤主要分布在莲花、青山、古城 3 个乡（镇）地势较高的平地（表 2-25）。

草甸白浆土自然植被为柞、桦树杂木林和小叶樟等杂草群落,母质多数为黏土状洪积物,少数为淤积物,故林口县内只有一个典型的土属,即草甸白浆土土属,其黑土层厚度在 20 厘米左右,向下白浆层厚度 12～20 厘米,淀积层 50～60 厘米厚,各层次过渡比较明显。以古城镇二村 771 号剖面为例,其剖面形态特征为:

表 2 - 25 各乡(镇)草甸白浆土面积分布

乡(镇)	面积(公顷)	占本土壤(%)	耕地面积(公顷)	占本耕地(%)
莲花镇	135.50	37.21	118.30	36.74
青山乡	151.40	41.64	149.40	46.40
古城镇	60.20	16.22	54.30	16.86
林 业	17.72	4.93	—	—
合 计	365	100	322.00	100

A_p:0～20 厘米,黑灰色,粒状结构,质地为轻黏土,较松散湿润,多根系,层次过渡明显。

A_w:20～40 厘米,浅灰色,片状结构,质地为重壤土,层次过渡明显。

B: 40～105 厘米,暗棕色,核状结构,质地为轻黏土。

B_c:105～150 厘米,黄棕色,沙壤土,紧实。

该土壤沙粒(0.05～0.01 毫米)含量很高,据 2 个剖面统计达 68%。黏粒(<0.001 毫米)含量在 20% 以上,但白浆层由于淋溶下移,故含量降至 16% 左右,淀积层黏粒含量在 20% 左右,耕层土壤容重 0.85～1.15 克/立方厘米,以下各层明显增大,孔隙度以耕层较大,以下各层较小。

有机质和全氮含量较高,据 2 个剖面统计,有机质和全氮含量,耕层分别为 39 克/千克、25 克/千克,以下各层锐减。

以农化样分析结果看,有机质和各养分含量均为中等,且稍低于白浆土土属养分含量(表 2 - 26)。

表 2 - 26 草甸白浆土农化样分析结果

项 目	最大值	最小值	极 差	平均数(X)	标准差(S)	样本数(n)
有机质(克/千克)	31.80	16.60	23.20	30.40	12.20	3
全氮(克/千克)	4.50	1.10	3.40	2.60	1.70	3
碱解氮(毫克/千克)	157.00	156.00	1.00	156.00		2
有效磷(毫克/千克)	22.00	13.00	9.00	17.00	4.00	3
速效钾(毫克/千克)	212.00	130.00	80.00	171.00		3

草甸白浆土所处地形较为平缓,土层较厚,有机质和各种养分含量均为中等,物理性质较白浆土土属好,宜种作物,产量较高于白浆土属。但因白浆层的障碍,影响土壤水、气、热的协调性,应进行深翻和深松逐渐打破,以加速通气透水性,协调水、气、热的矛盾。同时,因地势低平,应注意防止内涝。

根据黑土层厚度不同，林口县内草甸白浆土分为薄、中层沙底草甸白浆土 2 个土种。

1. 薄层沙底草甸白浆土 为土壤图上 10 号土，面积为 260 公顷，占草甸白浆土面积的 72.42%。其中，耕地面积为 245 公顷，占本土壤面积有 94.19%。该土壤只莲花镇、青山乡 2 个乡（镇）有所分布。薄层沙底草甸白浆土物理性状见表 2 - 27、表 2 - 28。

表 2 - 27 薄层沙底草甸白浆土物理性状

土层号	取土深度（厘米）	容量（克/立方厘米）	田间持水量（%）	总孔隙度（%）	毛管孔隙度（%）	通气孔隙度（%）	物理黏粒（%）	物理沙粒（%）	质地名称
A_p	10～20	0.96	35.00	62.27	33.60	28.67	67.50	32.50	中黏土
A_w	30～40	1.13		56.66			72.50	27.50	中黏土
B	75～85						60.20	39.80	轻黏土

表 2 - 28 薄层沙底草甸白浆土化学性状

土层号	取土深度（厘米）	有机质（克/千克）	全氮（克/千克）	全磷（毫克/千克）
A_p	10～20	45.60	2.50	500.00
A_w	30～40	11.20	0.50	1 100.00
B	75～85	10.00	0.50	1 000.00

2. 中层沙底草甸白浆土 中层沙底草甸白浆土为土壤图 11 号土，面积为 99 公顷，占草甸白浆土面积的 27.58%。其中，耕地面积为 77 公顷，占本土壤面积的 77.78%。该土壤主要分布于莲花和古城 2 个乡（镇），而且以古城为大。以古城镇二村北 771 号剖面为例，中层沙底草甸白浆土理化性状见表 2 - 29 和表 2 - 30。

表 2 - 29 中层沙底草甸白浆土物理性状

土层号	取土深度（厘米）	容重（克/立方厘米）	田间持水量（%）	总孔隙度（%）	毛管孔隙度（%）	通气孔隙度（%）	物理黏粒（%）	物理沙粒（%）	质地名称
A_p	7～17	1.10	32.00	57.65	35.20	29.80	58.25	41.75	轻黏土
A_w	25～35	1.25	32.00	52.70	40.00	12.70	48.70	51.69	重壤土
B	55～65	1.37	27.00	48.74	36.99	11.75	58.30	41.70	轻黏土

表 2 - 30 中层草甸白浆土化学性状

土层号	取土深度（厘米）	有机质（克/千克）	全氮（克/千克）	全磷（毫克/千克）
A_p	7～17	33.30	1.80	1 370.00
A_w	25～35	30.50	1.70	1 100.00
B	55～65	18.30	1.60	1 020.00

三、草 甸 土

草甸土是林口县最好的土壤，面积为 19 387 公顷，占林口县总面积的 2.72%。其中，耕地面积为 6 186 公顷，占该土类面积的 31.91%。草甸土在林口县分布较广，各乡（镇）均有分布，但以青山乡面积最大，占全县草甸土面积的 21.63%，其次三道通和刁翎面积较大。从地形地貌看。草甸土主要分布在沟谷低平地。地下水位较高，一般在 1～3 米，常受地下潜水的影响，母质多为河流冲积、沉积或洪积物。植被为湿生性小叶樟、沼柳、丛桦、地榆、三棱草，生长繁茂，每年积累大量有机物，形成深厚的腐殖质层。由于土壤水分的干湿交替，剖面常见锈色斑纹和灰蓝色潜育斑点。

由于地形和地下水等成土条件不同，以及附加成土过程的作用，林口县草甸土类分为草甸土（典型草甸土亚类）和潜育草甸土 2 个亚类。

（一）草甸土亚类

该亚类土壤草甸化成土过程非常明显，不受其他附加成土过程的作用。主要分布在谷平地较高的部位，以青山、三道通面积较大，其他乡（镇）有少量分布。面积为 14 671 公顷，占草甸土类面积的 75.67%。其中，耕地面积为 4 746 公顷，占本亚类面积的 32.35%。各乡（镇）草甸土亚类面积统计见表 2-31。

表 2-31　各乡（镇）草甸土亚类面积统计

乡（镇）	面积（公顷）	占本土壤（%）	耕地面积（公顷）	占本耕地（%）
莲花镇	98	0.67	44	0.93
刁翎镇	912	6.22	951	20.03
三道通镇	1 703	11.60	105	2.21
青山乡	3 264	22.25	1 963	41.36
柳树镇	42	0.28	3	0.08
朱家镇	52	0.36	60	1.26
龙爪镇	275	1.87	90	1.89
林口镇	833	5.68	145	3.05
古城镇	720	4.91	424	8.94
建堂乡	509	3.47	343	7.23
奎山乡	16	0.11	19	0.39
五林镇	1 496	10.20	599	12.63
林业	4 751	32.38	—	—
合计	14 671	100.00	4 746	100

林口县草甸土亚类土壤的成土母质为洪积物，质地均较黏重，故只分 1 个土属，即草甸土土属。其土体结构为 A_1、A_B、B_c、C 或 A_p、A_B、B_c、C。主要特征是黑土层较厚，据 40 个剖面统计，平均厚度为（42.75±25.13）厘米，最厚达 105 厘米，粒状或团粒状结构较多，有锈色斑纹和铁锰结核出现。以青山乡河口村 313 号剖面为例，其剖面形态特征如下：

A_1：0～40 厘米，灰黑色，团粒状结构，质地为重壤土，疏松，湿润，铁锰结核和锈纹较多，多根系。

A_B：40～70 厘米，灰色，粒状结构，质地为轻黏土，较紧实，锈纹较多。

B_C：75～100厘米，灰白色，块状结构，质地为中黏土，紧实，湿润。

从机械组成看，各粒级含量比例较均衡，而且在剖面分布比较均匀，黏粒稍有淀积。据5个剖面统计，黑土层容重平均为（1.07±0.15）克/立方厘米，亚表层和淀积层增至1.32克/立方厘米以上。黑土层至淀积层总孔隙度由58.64%降至50.39%，通气孔隙度黑土层高达24.40%，而淀积层仅有7.50%。

有机质和全氮含量均高，据8个剖面统计，黑土层有机质平均含量为70.20克/千克，最高达120.60克/千克，全氮平均含量4.20克/千克，最高达6.30克/千克，以下各层明显降低。

由农化样分析结果看，除有效磷含量偏低外，有机质和其他养分含量较高，但由极差和标准差可见，各地含量很不平衡，变异性较大（表2-32）。

表2-32　草甸土农化样分析结果

项　　目	最大值	最小值	极　　差	平均数（X）	标准差（S）	样本数（n）
有机质（克/千克）	133.10	20.10	112.00	56.60	25.50	29
全氮（克/千克）	6.50	0.90	5.60	2.80	1.46	29
碱解氮（毫克/千克）	501.00	71.00	430.00	224.00	98.00	29
有效磷（毫克/千克）	64.00	5.00	59.00	17.00	12.00	29
速效钾（毫克/千克）	266.00	66.00	200.00	169.00	56.00	29

该土壤理化性质较好，土层厚养分总储量很高，水肥气热比较协调，适种各种作物，产量较高。但应适当增施磷素化肥，调节养分比例，进一步提高产量。

根据黑土层厚度不同，草甸土可分为薄、中、厚层黏壤质草甸土。

1. 薄层黏壤质草甸土　薄层黏壤质草甸土为土壤图上12号土，以三道通、青山等乡（镇）分布面积较大，总面积为4 007公顷，占草甸土土属面积的27.33%。其中，耕地面积为719公顷，占本土壤面积地17.94%，占总耕地面积的0.61%。薄层黏壤质草甸土理化性状见表2-33、表2-34。

表2-33　薄层黏壤质草甸土物理性状

土层号	取土深度（厘米）	容重（克/立方厘米）	田间持水量（%）	总孔隙度（%）	毛管孔隙度（%）	通气孔隙度（%）	物理黏粒（%）	物理沙粒（%）	质地名称
A_p	5～15	1.15	29.00	56.00	33.35	22.65	33.50	66.50	中壤土
A_B	30～40	1.49	—	44.79	—	—	61.30	38.70	轻黏土
B_c	80～90	—	—	—	—	—	57.60	42.40	轻粒土

表2-34　薄层黏壤质草甸土物理性状

土层号	取土深度（厘米）	有机质（克/千克）	全氮（克/千克）	全磷（毫克/千克）
A_p	5～15	53.30	2.80	2 100.00
A_B	30～40	25.50	1.20	1 900.00
B_c	80～90	2.20	0.11	180.00

2. 中层黏壤质草甸土　中层黏壤质草甸土为土壤图上 13 号土，主要分布于青山、三道通、刁翎，总面积为 7 677 公顷，占草甸土土属面积的 52.33%。其中，耕地面积为 3 030公顷，占本土壤面积的 39.47%，中层黏壤质草甸土理化性状见表 2 - 35、表 2 - 36。

表 2 - 35　中层黏壤质草甸土物理性状

土层号	取土深度（厘米）	容重（克/立方厘米）	田间持水量（%）	总孔隙度（%）	毛管孔隙度（%）	通气孔隙度（%）	物理黏粒（%）	物理沙粒（%）	质地名称
A_1	15～25	0.99	30.00	61.28	29.70	31.58	41.10	58.90	重壤土
A_B	59～66	1.18	—	55.01	—	—	67.06	32.94	中黏土
B_c	95～105	1.32	—	50.39	—	—	20.43	79.57	轻黏土

表 2 - 36　中层黏壤质草甸土化学性状

土层号	取土深度（厘米）	有机质（克/千克）	全氮（克/千克）	全磷（毫克/千克）
A_1	15～25	119.30	4.90	2 900.00
A_B	59～66	88.20	0.70	700.00
B_c	95～105	55.40	0.60	600.00

3. 厚层黏壤质草甸土　厚层黏壤质草甸土为土壤图上 14 号土，面积为 2 987 公顷，占草甸土土属面积的 20.36%。其中，耕地面积为 997 公顷，占本土壤面积的 33.38%。该土壤主要分布在林口镇、古城镇、柳树镇、刁翎镇等乡（镇）。以刁翎镇源发村 60 号剖面为例，其理化性状见表 2 - 37、表 2 - 38。

表 2 - 37　厚层黏壤草甸土物理性状

土层号	取土深度（厘米）	容重（克/立方厘米）	田间持水量（%）	总孔隙度（%）	毛管孔隙度（%）	通气孔隙度（%）	物理黏粒（%）	物理沙粒（%）	质地名称
A_1	10～20	1.23	2.81	53.36	34.56	18.80	74.20	25.80	中黏土
A_B	75～85	1.30	—	51.05	—	—	63.00	36.90	轻黏土
B_c	115～125	1.32	—	50.39	—	—	49.90	50.10	重壤土

表 2 - 38　厚层黏壤质草甸土化学性状

土层号	取土深度（厘米）	有机质（克/千克）	全氮（克/千克）	全磷（毫克/千克）
A	10～20	44.60	2.90	4 400.00
A_B	75～85	18.80	1.40	4 200.00
B_c	115～125	12.90	1.10	4 100.00

（二）潜育草甸土亚类

该亚类土壤是草甸化成土过程作用下，附加潜育化过程发育而成。面积为 4 716 公顷，占草甸土类面积的 24.33%。其中，耕地面积为 1 441 公顷，占该亚类土壤面积的 30.56%。主要分布于柳树、青山、刁翎等乡（镇）。各乡（镇）黏壤质潜育草甸土面积统计见表2 - 39。

表 2-39　各乡（镇）黏壤质潜育草甸土面积统计

乡（镇）	面积（公顷）	占本土壤（%）	耕地面积（公顷）	占本耕地（%）
莲花镇	22.00	0.47	21.00	1.46
刁翎镇	292.00	6.19	208.00	14.43
三道通镇	102.00	2.16	—	—
青山乡	930.00	19.72	370.00	25.68
柳树镇	1 080.00	22.89	467.00	32.41
朱家镇	11.00	0.23	5.00	0.34
林口镇	238.00	5.05	—	—
古城镇	104.00	2.21	21.00	1.46
建堂乡	72.00	1.53	70.00	4.86
奎山乡	47.00	1.00	47.00	3.26
五林镇	273.00	5.79	226.00	15.68
林　业	1 545.00	32.76	6.00	0.42
合计	4 716.00	100	1 441.00	100

　　林口县潜育草甸土，只有1个土属，即黏壤质潜育草甸土土属。由于地形位置处于草甸土地形部位之下，地势低平，地下水长期浸渍的结果，在亚表层或心土层出现灰蓝色潜育现象，其土体构形为 A_1、A_{bg}、B_g、C_g 或 A_p、A_{bg}、B_g、C_g。以柳树镇嘎库村 189 号剖面为例，其剖面形态特征如下：

　　A_1：0～35 厘米，暗灰色，粒状结构，质地为壤土，有锈色斑纹，湿润，多根系。

　　B_g：35～110 厘米，淡灰色，有灰蓝色潜育斑，质地为壤土，较紧实，有锈色斑纹。

　　C_g：110～120 厘米，灰蓝色，含沙粒较多，质地为轻壤土。

　　土壤各粒级组成粗粉粒（0.05～0.01 毫米）含量较多，根据4个剖面统计，平均达55%；特别粗粉粒（0.05～0.01 毫米）含量达 27.50%，黏粒（<0.001 毫米）含量黑土层平均 12.50%，心土层和浮上层稍有增加达 20% 左右。表土层容重（1.12±0.22）克/立方厘米，以下各层增至 1.33 克/立方厘米以上。总孔隙度黑土层平均 56.99%，以下各层降至 50.06% 左右。

　　有机质和全氮以黑土层较高，分别为 7.80 克/千克和 3.50 克/千克，以下各层有明显降低。

　　从农化样分析看，有机质和各养分含量均高于草甸土，特别有机质和全氮含量很高，但变异性除氮以外，均小于草甸土土属。黏壤质潜育草甸土农化样分析结果见表 2-40。

　　潜育草甸土有机质和各种养分含量高，土层又厚，养分总储量多，为各种作物生长发育提供营养条件，但因所处地势较低平，土壤黏重，地下水位较高，具有明显潜育现象，导致春季土温较低，不利于种子萌发和幼苗生长，因此应搞好排水设施，以排水去潜，排水提温，有利于速效养分的释放，进一步协调水、肥、气、热矛盾，提高土壤肥力，增加产量。

表 2 - 40　黏壤质潜育草甸土农化样分析结果

项　　目	最大值	最小值	极　差	平均数（X）	标准差（S）	样本数（n）
有机质（克/千克）	94.10	26.50	67.90	63.60	22.70	15
全氮（克/千克）	12.90	1.20	11.70	3.76	2.72	15
碱解氮（毫克/千克）	354.00	82.00	272.00	229.00	83.00	15
有效磷（毫克/千克）	32.00	7.00	25.00	21.00	8.00	15
速效钾（毫克/千克）	284.00	66.00	218.00	157.00	52.00	14

潜育草甸土以黑土土层厚度不同，可分为薄、中、厚层黏壤质潜育草甸土 3 个土种。

1. 薄层黏壤质潜育草甸土　该土壤为土壤图上 15 号土，面积为 461 公顷，占潜育草甸土面积的 9.78%。其中，耕地面积为 253 公顷，占本土壤面积的 54.88%。该土壤分布在莲花、建堂等乡（镇）。薄层黏壤质潜育草甸土理化性状见表 2-41、表 2-42。

表 2 - 41　薄层黏壤质潜育草甸土物理性状

土层号	取土深度（厘米）	容重（克/立方厘米）	田间持水量（%）	总孔隙度（%）	毛管孔隙度（%）	通气孔隙度（%）	物理黏粒（%）	物理沙粒（%）	质地名称
A_p	5～15	0.96	40.00	62.27	38.40	23.84	55.30	44.70	轻黏土
AB_g	20～34	1.23	31.00	53.36	38.13	15.23	43.20	56.80	重壤土
B_g	40～50	1.29	29.00	51.38	37.41	13.97	49.80	50.20	重黏土

表 2 - 42　薄层黏壤质潜育草甸土化学性状

土层号	取土深度（厘米）	有机质（克/千克）	全氮（克/千克）	全磷（毫克/千克）
A_p	5～15	92.30	4.47	2 310.00
AB_g	20～34	51.60	2.24	870.00
B	44～50	40.30	1.60	1 660.00

2. 中层黏壤质潜育草甸土　该土壤为土壤图上 16 号土，面积为 2 120 公顷，占潜育草甸土面积的 44.95%。其中，耕地面积为 971 公顷，占本土壤面积的 45.80%。

该土壤主要分布在青山、柳树、林口镇。中层黏壤质潜育草甸土理化性状见表 2-43、表 2-44。

表 2 - 43　中层黏壤质潜育草甸土物理性状

土层号	取土深度（厘米）	容重（克/立方厘米）	田间持水量（%）	总孔隙度（%）	毛管孔隙度（%）	通气孔隙度（%）	物理黏粒（%）	物理沙粒（%）	质地名称
A_1	15～25	1.33	30.00	50.06	39.90	10.16	48.70	51.30	重壤土
B_g	70～80	1.57	26.00	42.01	40.82	1.30	49.30	50.70	重壤土
C_g	110～120							72.10	重壤地

表2-44　中层黏壤质潜育草育草甸土化学性状

土层号	取土深度（厘米）	有机质（克/千克）	全氮（克/千克）	全磷（毫克/千克）
A$_1$	15～25	23.10	2.30	3 100.00
B$_g$	70～80	5.80	1.20	2 700.00
C$_g$	110～120	5.10	0.60	2 600.00

3. 厚层黏壤厉质潜育草甸土　该土壤为土壤图上17号土，面积为2 135公顷，占潜育草甸土的45.27%。其中，耕地为217公顷，占本土壤面积的10.16%，主要分布在刁翎、柳树、古城、奎山等乡（镇）。厚层黏壤质潜育草甸土理化性状见表2-45、表2-46。

表2-45　厚层黏壤质潜育草甸土物理性状

土层号	取土深度（厘米）	容重（克/立方厘米）	田间持水量（%）	总孔隙度（%）	毛管孔隙度（%）	通气孔隙度（%）	物理黏粒（%）	物理沙粒（%）	质地名称
A$_p$	7～17	0.90	35.00	64.55	31.50	32.75	63.20	36.80	轻黏土
A$_1$	70～80	1.18	30.00	5.01	35.40	19.61	62.49	37.51	重黏土
C$_g$	125～175	—	—	—	—	—	—	—	

表2-46　厚层黏壤质潜育草甸土化学性状

土层号	取土深度（厘米）	有机质（克/千克）	全氮（克/千克）	全磷（毫克/千克）
A$_p$	7～17	89.40	4.20	1 770.00
A$_1$	70～80	17.60	0.70	5 120.00
C$_g$	25～135	16.60	0.70	3 200.00

四、沼泽土

沼泽土在林口县分布较广，除林口镇外，其他各乡（镇）均有零星分布。面积为35 568公顷，占林口县总面积的5.00%。现已开垦利用的耕地面积为5 515公顷，占本类面积的15.51%。

沼泽土是在沼泽化过程作用下发育而成的。成土母质为冲积、沉积物，质地黏重，持水性较强。又因所处地形低洼，地表常年或季节性积水，植被多为喜湿性的薹草和芦苇等植物的群落，是沼泽化过程的有利条件。

由于附加成土过程的差异，林口县沼泽土分为草甸沼泽土、泥炭沼泽土和沼泽土3个亚类。

（一）草甸沼泽土亚类

厚层黏质草甸沼泽土　草甸沼泽土是在沼泽化成土过程作用下，附加草甸化过程发育而成的。因林口县内草甸沼泽土母质类似，土层差异不大，不细分土属和土种。面积为11 830公顷，占沼泽土类面积的33.26%。其中，耕地为2 360公顷，占本亚类土壤面积的19.95%。各乡（镇）草甸沼泽土面积统计见表2-47。

表 2 - 47　各乡（镇）草甸沼泽土面积统计

乡（镇）	面积（公顷）	占本类土壤面积（%）	耕地面积（公顷）	占本类土壤耕地面积（%）
莲花镇	172.54	1.45	—	—
刁翎镇	352.53	2.98	282.00	11.95
三道通镇	227.14	1.92	62.00	2.63
青山乡	2 634.54	22.27	671.00	28.43
柳树镇	2 512.69	21.23	659.00	27.92
龙爪镇	294.56	2.49	7.00	0.30
朱家镇	616.34	5.21	155.00	6.57
古城镇	705.07	5.96	279.00	11.82
建堂乡	4.73	0.04	—	—
奎山乡	481.48	4.07	245.00	10.38
林 业	3 830.55	32.38		
合计	11 830.00	100.00	2 360.00	100.00

该土壤主要分布于青山乡、柳树镇，其他乡（镇）也有零星分布。所处地形为沟谷低洼地稍高处，自然植被为沼柳-芦苇-杂草群落，生长繁茂，在表层形成 10～20 厘米的草根层 A_s，其下为腐殖质黑土层 A_1，暗灰色，粒状或团粒状结构，质地多为中壤-轻黏土。其剖面形态特征如下：

A_1：0～45 厘米，暗灰色，粒状结构，质地为中壤土，湿润，多根系。

B_g：45～100 厘米，灰色，有灰蓝色潜育斑点，铁锰结核和锈色斑较多，较紧实，为重壤土。

C_g：100～120 厘米，灰蓝色，无结构，质地为轻壤土，有大量铁锰结核和潜育斑，湿润，紧实。

草甸沼泽土各粒级组成，黑土层黏粒含量很高，根据 2 个剖面统计，平均达 31.55%，而 1.00～0.25 毫米粗沙粒仅 5% 左右，细沙粒（0.25～0.05 毫米）和粗粉粒（0.05～0.01 毫米）含量较高，细粉粒（0.01～0.005 毫米）和细黏粒（0.005～0.001 毫米）含量很低。以下各层黏粒（<0.001 毫米）仅占 1%～3%。各土层容重均小，一般为 1.00～1.20 克/立方厘米，总孔隙度 55.58%，通气孔隙度为17.26%～26.25%。

有机质和全氮含量很高，黑土层平均含量分别为 182.40 克/千克、9.05 克/千克，以下各层明显降低。

从农化样分析结果看，有机质和各种养分含量均高，草甸沼泽土农化样分析结果见表 2 - 48。

草甸沼泽土理化性状较好，养分储量高，但因地势低洼，表土较黏，土壤湿度大，温度低，农垦后应注意排水防涝，提高土温，有利作物生长，增加产量。

表 2-48 草甸沼泽土农化样分析结果

项 目	最大值	最小值	极 差	平均数（X）	标准差（S）	样本数（n）
有机质（克/千克）	189.40	18.60	170.80	63.60	36.00	24
全氮（克/千克）	7.90	1.10	6.80	3.10	1.43	25
碱解氮（毫克/千克）	463.00	82.00	381.00	219.00	85.00	23
有效磷（毫克/千克）	256.00	6.00	250.00	40.00	53.00	22
速效钾（毫克/千克）	402.00	76.00	326.00	193.00	83.00	—

（二）泥炭沼泽土亚类

该土壤在沼泽化过程的作用下，附加泥炭化和腐殖质化过程发育而成。其面积为
21 972公顷，占沼泽土类面积的 61.77％。其中，耕地面积为 2 559 公顷，占本亚类土壤
面积的 11.65％。又分薄层泥炭腐殖质沼泽土和薄层泥炭沼泽土 2 个土种。各乡（镇）泥
炭沼泽土亚类面积统计见表 2-49。

表 2-49 各乡（镇）泥炭沼泽土亚类面积统计

乡（镇）	面积（公顷）	占本亚类土壤面积（％）	耕地面积（公顷）	占本亚类土壤耕地面积（％）
莲花镇	61	0.28	43	1.69
刁翎镇	430	1.96	297	11.60
奎山乡	601	2.74	164	6.42
三道通镇	961	4.37	91	3.54
青山乡	1 933	8.80	48	1.89
柳树镇	3 314	15.08	264	10.32
朱家镇	2 348	10.69	708	27.68
龙爪镇	1 189	5.41	315	12.30
建堂乡	1 192	5.41	209	8.15
五林镇	1 289	5.87	399	15.59
林 业	8 654	39.39	22	0.85
合计	21 972	100.00	2 559	100.00

泥炭层有机质含量和全氮含量均很高，但以下各层锐减。

1. 薄层泥炭腐殖质沼泽土 为土壤图上 19 号土。主要分布在草甸沼泽土地形部位之
下。面积为 9 221 公顷，占沼泽土类面积的 25.92％，占泥炭沼泽土亚类面积的 41.97％，
其中耕地 961 公顷。以龙爪、朱家、三道通等乡（镇）分布较多，见表 2-50。

一般泥炭腐殖质沼泽土层次分化较明显，在泥炭层（A_T）之下，有 10～40 厘米厚的
腐殖质层；其下为潜育层，土体构型为 A_T、A_1、B_g、C_g、G 或 A_p、A_T、A_1、B_g、C_g、
G。其形态特征如下：

表 2-50　各乡（镇）薄层泥炭腐殖质沼泽土面积统计

乡（镇）	面积（公顷）	占本土种土壤面积（%）	耕地面积（公顷）	占本土种耕地面积（%）
莲花镇	54	0.58	36	3.77
刁翎镇	430	4.66	297	30.87
奎山乡	323	3.5	76	7.93
三道通镇	448	4.86	76	7.86
青山乡	367	3.98	18	1.9
柳树镇	31	0.34	0	0
朱家镇	646	7.01	161	16.78
龙爪镇	1 068	11.58	194	20.15
建堂乡	450	4.88	34	3.49
五林镇	233	2.53	48	4.98
林 业	5 171	56.08	22	2.27
合 计	9 221	100.00	961	100.00

A_T：0~30 厘米，暗棕色，结构不明显，质地为轻黏土，疏松湿润，多根系，向下过渡明显。

A_1：30~60 厘米，黑色，粒状结构，质地为重壤土，较疏松，根系很多，向下过渡明显。

B_g：60~100 厘米，灰白色，结构不明显，质地为中壤土，紧实，有锈色斑纹，过渡明显。

从农化样分析结果看，除有效磷含量很低外，有机质和其他养分含量均高。薄层泥炭腐殖质沼泽土农化样分析结果见表 2-51。

表 2-51　薄层泥炭腐殖质沼泽土农化样分析结果

项 目	最大值	最小值	极 差	平均数（X）	标准差（S）	样本数（n）
有机质（克/千克）	226.2	15.5	220.7	86.2	65.7	20
全氮（克/千克）	17.9	1.2	16.7	5.5	4.0	20
碱解氮（毫克/千克）	885.0	92.0	793.0	415.0	225.0	20
有效磷（毫克/千克）	34.0	1.0	33.0	15.0	8.0	20
速效钾（毫克/千克）	326.0	62.0	264.0	194.0	70.0	20

该土壤潜在养分含量高，总储量丰富。但由于持水性强，在一般情况下土壤含水量过高，导致通气不良，土温较低，水、气、热不协调，春季影响种子萌发和幼苗生长。另外，有效磷极缺，影响作物对其他养分的吸收。因此，应多次进行翻耙，促使土壤空气更新，并设法排水，以便提高土温，促进养分转化，释放有效养料；还应增施磷素肥料，协调土壤养分比例，不断提高其土壤生产力水平。

2. 薄层泥炭沼泽土 该土壤是土壤图上 20 号土，面积为 12 751 公顷，占沼泽土类面积的 35.85%，占泥炭沼泽土亚类的 58.03%；其中，耕地面积为 1 598 公顷，占泥炭沼泽土亚类面积的 7.27%。各乡（镇）薄层泥炭沼泽土面积统计见表 2 - 52。

表 2 - 52　各乡（镇）薄层泥炭沼泽土面积统计

乡（镇）	面积（公顷）	占本土壤（%）	耕地面积（公顷）	占本耕地（%）
莲花镇	7	0.05	7	0.44
刁翎镇	0	0	0	0
三道通镇	278	2.18	88	5.51
青山乡	513	4.02	15	0.94
柳树镇	1 566	12.28	30	1.88
龙爪镇	3 283	25.75	264	16.52
朱家镇	1 702	13.35	547	34.23
建堂乡	121	0.95	121	7.57
奎山乡	742	5.82	175	10.95
五林镇	1 056	8.28	351	21.96
林　业	3 483	27.32	0	0
合计	12 751	100.00	1 598	100.00

本土因泥炭化程度差，泥炭层厚度不足 50 厘米，有机质含量小于 50%。故称为泥炭沼泽土。其形态特征如下：

A_p：0～20 厘米，暗灰色，结构不明显，疏松湿润，多根系。

A_T：20～45 厘米，暗灰色，较紧实，根系很少。

G：45～145 厘米，灰白色，沙粒含量很高，较紧实。

土壤容重很小，一般在 0.50 克/立方厘米左右，总孔隙度在 80% 以上，通气孔隙度在 30% 以上，田间持水量 70% 左右。

有机质含量 100～200 克/千克，全氮含量 15 克/千克左右，但潜育层锐减。从农化样分析结果看，有机质和全氮含量很高，有效磷和速效钾含量中等。薄层泥炭沼泽土农化样分析结果见表 2 - 53。

表 2 - 53　薄层泥炭沼泽土农化样分析结果

项　　目	最大值	最小值	极　差	平均数（X）	标准差（S）	样本数（n）
有机质（克/千克）	211.90	16.00	195.90	84.40	53.10	21
全氮（克/千克）	24.20	0.94	23.26	5.10	5.30	21
碱解氮（毫克/千克）	689.00	71.00	618.00	486.00	470.00	21
有效磷（毫克/千克）	63.00	5.00	58.00	26.00	17.00	21
速效钾（毫克/千克）	316.00	82.00	234.00	195.00	66.00	21

该土壤地势低洼，地面长期有积水，不易农垦，应以牧为主。另外，因有机质和全氮

含量高于有机肥，故可用来做粪肥使用或做营养钵原料。

（三）沼泽土亚类

浅埋藏型沼泽土 沼泽土亚类是在沼泽化成土过程作用下，附加泥炭化过程发育而成。根据成土条件和土体构形划分仅有埋藏型沼泽土 1 个土属和浅埋藏型沼泽土 1 个土种。面积为 1 765 公顷，占沼泽土类面积的 4.96%。其中，耕地面积为 596 公顷，占本亚类土壤面积的 33.77%。浅埋藏型沼泽土为土壤图上 21 号土，林口县仅在奎山、三道通、刁翎等乡（镇）有所分布。

该土壤是在泥炭沼泽土上淤积 10～40 厘米厚的土层（A_b），其下分别是泥炭层 A_T 和潜育层 C_T。其形态特征如下：

A_b：0～30 厘米，灰色，粒状结构，质地为轻黏土，较湿润，有少量锈色斑纹，有少量根系。

A_T：30～50 厘米，暗灰色泥炭层。

G：50～100 厘米，灰蓝色潜育层。

埋藏层各粒级含量以粉沙粒较多，黏粒含量近 30%，土质黏重，容重为 1 克/立方厘米左右，总孔隙度 60% 左右。

埋藏层有机质含量为 72.30 克/千克，全氮为 4.70 克/千克，全磷为 2 170 毫克/千克。而泥炭层有机质含量高达 180.60 克/千克，全氮为 8.80 克/千克，全磷为 2 200 毫克/千克。农化样分析结果是有机质和氮素含量较高，有效磷、钾含量相对偏低。浅埋藏型沼泽土农化样分析结果见表 2-54。

表 2-54　浅埋藏型沼泽土农化样分析结果

项　　目	最大值	最小值	极　差	平均数（X）	标准差（S）	样本数（n）
有机质（克/千克）	176.30	34.00	142.30	95.00	48.60	10
全氮（克/千克）	8.00	1.90	6.10	4.20	1.90	10
碱解氮（毫克/千克）	674.00	143.00	513.00	322.00	151.00	10
有效磷（毫克/千克）	37.00	5.00	32.00	17.00	12.00	9
速效钾（毫克/千克）	300.00	83.00	218.00	159.00	68.00	10

该土壤理化性状较好，养分含量高，总储量大，地形平缓，可垦为农田，适种各种作物。但因泥炭层持水性强，过湿，故春季冷浆。不利于幼苗生长，而夏秋易发生内涝，应加以改良。

五、泥 炭 土

林口县泥炭土所处地形低洼，均属低位泥炭土亚类。面积为 12 373 公顷，占林口县总面积的 1.74%。其中，耕地面积为 1 389 公顷，占泥炭土类面积的 11.23%。泥炭总储量为 3 846 万立方米（包括泥沼泽土的泥炭层）。泥炭主要分布在柳树、龙爪等乡（镇）。其中，以柳树镇柳新村东甸子泥炭土面积最大，为 32.24 公顷，泥炭层厚度达 320 厘米，储量达 100 万立方米。各乡（镇）泥炭土面积统计见表 2-55。

表 2-55　各乡（镇）泥炭土面积统计

乡（镇）	面积（公顷）	占本土壤（%）	耕地面积（公顷）	占本耕地（%）
莲花镇	471.00	3.81	81.00	5.83
刁翎镇	406.00	3.28	112.00	8.06
柳树镇	1 499.00	12.12	208.00	14.97
朱家镇	649.00	5.24	122.00	8.78
龙爪镇	2 618.00	21.16	584.00	42.04
林口镇	110.00	0.89	36.00	2.59
古城镇	1 133.00	9.15	79.00	5.69
建堂乡	153.00	1.23	15.00	1.08
奎山乡	134.00	1.08	4.00	0.29
五林镇	453.00	3.66	141.00	10.15
林　业	4 747.00	38.38	7.00	0.50
合计	12 373.00	100.00	1 389.00	100.00

　　因林口县内泥炭土均生长草本植物，故土属为草本低位泥炭土。泥炭层较厚，据 24 个剖面统计，平均厚度为（110.70±55.10）厘米，最厚 320 厘米，最薄 50 厘米。泥炭层营养物质含量丰富，有机质为 600～700 克/千克，据 15 个农化样统计，全氮为（4.60±4.10）克/千克，有效磷为（17±17）毫克/千克，碱解氮为（368±284）毫克/千克，速效钾为（286±181）毫克/千克。容重很小，一般为（0.55～0.45）克/立方厘米。总孔隙度达 76%～77%。

　　根据泥炭层厚度不同，林口县泥炭土分为薄、中、厚芦苇薹草低位泥炭土 3 个土种。

　　1. 薄层芦苇薹草低位泥炭土　该土壤为土壤图上 22 号土，分布较广，主要以柳树、古城、龙爪面积较大。总面积为 9 100 公顷，占泥炭土面积的 73.55%。其中，896.35 公顷已垦为耕地，占本土壤面积的 9.85%。薄层芦苇薹草低位泥炭土理化性状见表 2-56。

表 2-56　薄层芦苇薹草低位泥炭土理化性状

土层号	取土深度（厘米）	容重（克/立方厘米）	田间持水量（%）	总孔隙度（%）	毛管孔隙度（%）	通气孔隙度（%）	全氮（克/千克）	全磷（毫克/千克）
A_p	4～14	0.90	41.00	64.25	36.90	27.35	3.90	1 500.00
A_1	20～30	1.18		55.01	—	—	1.30	1 200.00

　　2. 中层芦苇薹草低位泥炭土　该土壤为土壤图上 23 号土，面积为 3 138 公顷，占泥炭土面积的 25.36%。其中，耕地面积为 487 公顷，占本土壤面积的 15.52%。主要分布在朱家、龙爪和莲花 3 个乡（镇）。中层芦苇薹草低位泥炭土理化性状见表 2-57。

　　3. 厚层芦苇薹草低位泥炭土　该土壤为土壤图上 24 号土，面积为 135 公顷，占泥炭面积的 1.09%。其中，耕地面积为 5.47 公顷，占本土壤的 4.05%，此土壤只柳树镇有所分布。厚层芦苇薹草低位泥炭土理化性状见表 2-58。

表 2 - 57 中层芦苇薹草低位泥炭土理化性状

土层号	取土深度（厘米）	容重（克/立方厘米）	田间持水量（%）	总孔隙度（%）	毛管孔隙度（%）	通气孔隙度（%）	有机质（%）	全氮（克/千克）	全磷（毫克/千克）
A_P	5～15	0.46	74.00	79.80	75.50	3.30		17.30	2 000.00
A_T	60～70	0.52		76.80				22.90	3 500.00
G	120～130						3.20	2.00	3 700.00

注：A_P、A_T 层有机质含量超过 50%，所以未进一步分析。

表 2 - 58 厚层芦苇薹草低位泥炭土理化性状

土层号	取土深度（厘米）	容重（克/立方厘米）	田间持水量（%）	总孔隙度（%）	毛管孔隙度（%）	通气孔隙度（%）	全氮（克/千克）	全磷（毫克/千克）
A_{T1}	10～20	0.34	60.50	82.93	50.10	32.83	12.58	4 600.00
A_{T2}	40～50	0.40	69.50	80.67	51.24	29.43	10.64	5 500.00

注：各层土壤有机质含量均超过 50% 以上。

六、新 积 土

新积土主要由江河水冲积而成，故又称冲积土或河淤土，江河两岸的冲积沙经过生草化过程或江河淤积物经过草甸化过程发育而成，主要分布在江河两岸。林口县以建堂、刁翎、三道通、莲花、古城等乡（镇）分布较多。面积为 16 670 公顷，占全县总面积的2.34%，其中，耕地为 8 675 公顷，占本土壤面积的 52.04%。

根据形成时间、植被条件及附加成土过程的差异，按照国家分类统一标准林口县新积土只分冲积土亚类，冲积土亚类又分沙质、砾质、层状冲积土 3 个土属（1984 年第二次土壤普查时分为生草河淤土和草甸河淤土 2 个亚类、5 个土属）。

（一）沙质冲积土土属

薄层沙质冲积土 沙质冲积土土属面积为 3 540 公顷，占新积土类面积的 21.24%。其中，耕地为 2 576 公顷，占本土属面积的 72.79%。主要分布在三道通、建堂、刁翎、朱家等乡（镇）的江河两岸河漫滩及江边地。

此土壤通体含沙粒（1～0.05 毫米）多，一般在 30% 以上，而细黏粒（<0.001 毫米）含量很低。层次过渡不明显。各层次容重为 1.2～1.3 克/立方厘米，总孔隙度为54%～51%，通气孔隙度在 18% 左右。

有机质和全氮含量多集中在表层，分别为 28.4 克/千克和 1.85 克/千克（$n=4$），以下各层明显降低，有机质为 19.7 克/千克，全氮为 0.49 克/千克（$n=3$），全磷含量在各层分布均衡，一般在 80 毫克/千克左右。

由农化样分析可见，速效钾含量较高，有效磷含量极少，最低只有 3 毫克/千克。沙质冲积土农化样分析结果见表 2 - 59。

该土壤土层薄、沙性强，又受河水泛滥影响较大，故不宜耕种。可植树固沙护坡或做林业苗圃用地。

该土属全剖面沙性强，且各乡（镇）较一致，林口县内只有薄层沙质冲积土 1 个土种，为土壤图上 25 号土，其理化性状见表 2 - 60。

表 2 - 59　沙质冲积土农化样分析结果

项目	最大值	最小值	极差	平均数（X）	标准差（S）	样本数（n）
有机质（克/千克）	69.3	17.1	52.2	36.2	17.6	9
全氮（克/千克）	3.8	1.1	2.7	1.8	0.98	9
碱解氮（毫克/千克）	189.0	51.0	138.0	126.0	51.00	9
有效磷（毫克/千克）	24.0	3.0	21.0	12.0	7.00	9
速效钾（毫克/千克）	384.0	50.0	334.0	210.0	128.00	9

表 2 - 60　薄层沙质冲积土理化性状

剖面号	土层号	取土深度（厘米）	容重（克/立方厘米）	田间持水量（%）	总孔隙度（%）	毛管孔隙度（%）	通气孔隙度（%）	物理黏粒（%）	物理沙粒（%）	质地名称	有机质（克/千克）	全氮（克/千克）	全磷（毫克/千克）
林口镇友谊村 420	A_1	5～15	1.24	39	53.03	30.98	22.05	46.67	53.33	重壤	39.9	2.0	7 400
	A_B	30～40	1.23	—	53.36	—	—	47.16	52.84	重壤	38.4	1.9	7 000

（二）薄层砾质冲积土土属

该土属土壤面积为 4 372 公顷，占新积土类面积的 26.23%。其中，耕地为 1 864 公顷，占本土属面积的 42.63%。主要分布刁翎、建堂、青山等乡（镇）。林口县砾质冲积土只有薄层砾质冲积土 1 个土种。1984 年第二次土壤普查时分为壤质砾石底生草河淤土和壤质砾石底草甸河淤土 2 个土种，下面是 1984 年对 2 个土种的描述。

1. 壤质砾石底生草河淤土　该土种面积为 661 公顷，其中耕地为 334 公顷。主要分布刁翎、建堂 2 个乡（镇）。为土壤图上 27 号土。表土和心土含量在 45% 以上，黏粒含量 25% 左右，底土为河卵石。

表层有机质和全氮含量很低，分别在 23.0 克/千克和 1.3 克/千克左右，以下各层明显降低。由农化样分析看，各养分含量都很低，见表 2 - 61。

表 2 - 61　壤质砾石底生草河淤土农化样分析结果

项目	最大值	最小值	极差	平均数（X）	标准差（S）	样本数（n）
有机质（克/千克）	73.0	23.9	49.1	39.4	18.4	10
全氮（克/千克）	4.2	1.2	3.0	2.0	0.94	10
碱解氮（毫克/千克）	339.0	91.0	248.0	154.0	74.00	10
有效磷（毫克/千克）	32.0	2.0	30.0	14.0	11.00	10
速效钾（毫克/千克）	266.0	24.0	242.0	140.0	81.00	10

该土壤土层较薄、沙性强，不保水不保肥，春季土壤保苗，生长快，后期易脱肥，产量很低。

因 100 厘米土层内均为壤质土，故林口县砾石底生草河淤土只有壤质砾石底生草河淤土 1 个土种，为土壤图上 27 号土，其理化性质见表 2 - 62。

表 2-62 壤质砾石底生草河淤土理化性质

剖面号	土层号	取土深度（厘米）	容重（克/立方厘米）	田间持水量（%）	总孔隙度（%）	毛管孔隙度（%）	通气孔隙度（%）	物理黏粒（%）	物理沙粒（%）	质地名称	有机质（克/千克）	全氮（克/千克）	全磷（毫克/千克）
莲花村南 461	A_1	10~20	1.12	36	56.99	40.32	16.67	35.87	64.13	中壤	22.8	1.31	1 870
	A_B	30~40	1.42	—	47.09	—	—	41.02	58.98	重壤	10.1	11.9	1 840
	B_c	78~88	—	—	—	—	—	31.04	68.96	中壤	7.7	0.72	1 560

2. 壤质砾石底草甸河淤土 该土种面积为 3 711 公顷，其中，耕地为 1 530 公顷。主要分布在刁翎、青山、建堂等乡（镇）。为土壤图上 29 号土。

该土种黑土土层平均厚度为（25.5±10）厘米（$n=10$），最薄 19 厘米，最厚 53 厘米；黏粒含量达 26.38%，40 厘米以下土层土内不含黏粒，沙粒（1~0.5 毫米）含量高达 80% 以上；有机质和全氮集中在表层，平均含量分别为 28.5 克/千克和 1.4 克/千克，以下各层含量明显降低。

从农化样有机质和各养分含量看，有机质为 25.5 克/千克，全氮为 2.05 克/千克，碱解氮为 144 毫克/千克，有效磷为 10 毫克/千克，速效钾为 130 毫克/千克。

该土壤由于土体构型不良，沙性强，易跑水跑肥，干旱和少肥对作物生长威胁很大，产量不高，生长性能很差。其理化性状见表 2-63。

表 2-63 壤质砾石底草甸河淤土理化性状

剖面号	土层号	取土深度（厘米）	容重（克/立方厘米）	田间持水量（%）	总孔隙度（%）	毛管孔隙度（%）	通气孔隙度（%）	物理黏粒（%）	物理沙粒（%）	质地名称	有机质（克/千克）	全氮（克/千克）	全磷（毫克/千克）
朱家岭前 527	A_p	5~15	0.97	35	61.94	33.95	27.99	37.02	62.98	中壤	50.1	2.9	2 300
	A_B	25~35	1.37	—	48.74	—	—	27.34	72.66	轻壤	16.0	0.9	2 700
	B_c	50~60	1.29	—	51.38	—	—	8.77	91.23	沙土	14.0	0.4	2 400

（三）层状冲积土土属

该土属土壤面积为 8 758 公顷，占新积土类面积的 52.53%。其中，耕地为 4 235 公顷，占本土属面积的 48.36%。主要分布三道通、刁翎、建堂、青山等乡（镇）。该土壤已脱离江河水泛滥影响，多年生长草本植物，且很大面积已垦为农田，所以土壤剖面发育较好，土体较厚。

林口县层状冲积土只有中层状冲积土 1 个土种。1984 年第二次土壤普查时分为壤质层状生草河淤土和壤质层状草甸河淤土 2 个土种，下面是 1984 年对 2 个土种的描述。

1. 壤质层状生草河淤土 该土壤面积为 1 821 公顷，其中耕地为 1 375 公顷。主要分成在莲花。三道通、建堂等乡（镇）。由于淤积时间及河水分选作用，使土壤剖面沙黏相间，构成层状土体构型，即表层黏粒含量很高，质地较黏，一般为轻黏土；心土层黏粒含量明显降低，沙粒（1~0.05 毫米）含量高达 50%；底土层黏粒有所增加。

据农化样分析结果可见，有机质和各种养分含量很低，尤其有效磷含量很低。见表2-64。

表 2 - 64 壤质层状生草河淤土农化样分析结果

项 目	最大值	最小值	极 差	平均数（X）	标准差（S）	样本数（n）
有机质（克/千克）	57.8	7.9	49.9	27.6	13.5	10
全氮（克/千克）	2.0	0.4	1.6	1.44	0.66	10
碱解氮（毫克/千克）	252.0	11.0	241.0	109.00	72.00	10
有效磷（毫克/千克）	25.0	5.0	20.0	13.00	7.00	10
速效钾（毫克/千克）	252.0	50.0	202.0	140.00	51.00	10

壤质层状生草河淤土因表土层之下为沙土层，易跑水跑肥，所以养分含量低。作物生长后期易脱肥，产量不高，应进行深翻，施有机肥，改良沙层。林口县壤质层状生草河淤土为土壤图上 26 号土，其理化性状见表 2 - 65。

表 2 - 65 壤质层状生草河淤土理化性状

剖面号	土层号	取土深度（厘米）	容重（克/立方米）	田间持水量（%）	总孔隙度（%）	毛管孔隙度（%）	通气孔隙度（%）	物理黏粒（%）	物理沙粒（%）	质地名称	有机质（克/千克）	全氮（克/千克）	全磷（毫克/千克）
莲花村443	A_p	5～15	1.26	35	52.37	44.1	8.27	63.48	36.52	轻壤	16.2	0.9	900
	A_B	35～45	1.25		52.70			39.30	60.70	中壤	26.9	1.2	1 100
	B_c	60～70	1.36		49.07			49.30	50.70	重壤	19.7	1.4	1 000

2. 壤质层状草甸河淤土 该土壤面积为 6 937 公顷，占草甸河淤土亚类面积的 65.15%。其中，耕地为 2 860 公顷，占本土属面积的 41.22%。

壤质层状草甸河淤土黑土层较厚，据 18 个剖面统计，平均厚度为 26±11 厘米，最薄 15 厘米，最厚达 60 厘米，黏粒含量 20% 左右。心土层黏粒含量降至 7%，沙粒由表层的 20% 增至 40%。

表层有机质和全氮含量分别为（74.8±38.6）克/千克和（4.17±2.1）克/千克（n=3），以下各层有明显降低。

从农化样分析结果看，除有效磷含量偏低以外，有机质含量较高，速效氮、钾等见表 2 - 66。

表 2 - 66 壤质层状草甸河淤土农化样分析结果

项 目	最大值	最小值	极 差	平均数（X）	标准差（S）	样本数（n）
有机质（克/千克）	97.9	22.8	75.1	55.8	21.0	15
全氮（克/千克）	3.9	1.1	2.8	2.71	1.06	16
碱解氮（毫克/千克）	400.0	91.0	309.0	203.00	87.00	16
有效磷（毫克/千克）	49.0	5.0	44.0	16.00	11.00	16
速效钾（毫克/千克）	264.0	50.0	214.0	159.00	84.00	16

该土壤质地适中，耕性良好，有机质和速效氮、钾含量较高，春季土壤热潮，有利于种子萌发和小苗生长发育，但后期易脱肥，应增施有机肥和磷素化肥，后期应注意追肥。

林口县壤质层状草甸河淤土为土壤图上 28 号土,其理化性状见表 2-67。

表 2-67 壤质层状草甸河淤土理化性状

剖面号	土层号	取土深度(厘米)	容重(克/立方厘米)	田间持水量(%)	总孔隙度(%)	毛管孔隙度(%)	通气孔隙度(%)	物理黏粒(%)	物理沙粒(%)	质地名称	有机质(克/千克)	全氮(克/千克)	全磷(毫克/千克)
刁翎镇下马蹄屯前69	A₁	5~15	1.31	23.5	50.17	30.79	19.92	60.5	39.5	轻壤	74.9	4.9	2 300
	A_B	50~60	1.41	22.0	47.42	31.02	16.40	28.8	61.2	中壤	15.6	1.1	1 300

七、水 稻 土

水稻土是自然土壤或旱耕土壤经过长期淹水种稻发育而成,它是人类生产活动中创造的一类特殊土壤。林口县水稻土面积为 3 875 公顷,占全县土壤总面积的 0.54%,占全县总耕地面积的 3.28%。主要分布在各乡(镇)地势低平,水源充足,灌溉便利的冲积平原和山间低平地,以龙爪、建堂、朱家、古城等乡(镇)面积较大。

由于林口县种植水稻为一季稻,淹水时间短,撤水和冻结期较长,加之有部分地块为水、旱轮作,使水稻土发育程度不高,层次分化不明显,不典型,仍保留原始土壤类型的基本性态特征。因此,林口县水稻土按其前身土壤类型不同,划分为白浆土型水稻土、草甸土型水稻土、沼泽土型水稻土及河淤土型水稻土 4 个亚类。

(一)白浆土型淹育水稻土土属

林口县白浆土型水稻土是草甸白浆土经淹水种稻发育而成,故只有 1 个土属,即草甸白浆土型淹育水稻土。面积为 441 公顷,占水稻土类面积的 11.38%,仅在龙爪、古城、莲花和五林 4 个镇有所分布(表 2-68)。

表 2-68 各乡(镇)白浆土型水稻土面积统计

乡(镇)	面积(公顷)	占本土壤(%)	耕地面积(公顷)	占本耕地(%)
莲花镇	14.00	3.17	14.00	3.17
龙爪镇	148.00	33.56	148.00	33.56
古城镇	72.00	16.33	72.00	16.33
五林镇	207.00	46.94	207.00	46.94
合计	441.00	100.00	441.00	100

该土壤土体构型为 A_p、P、M。A_p 层为耕作层,又称淹育层,灰至黑色,平均厚 23.50 厘米,锈色斑纹很多,多根系;P 层为渗育层,灰白至灰色,类似白浆土的白浆层,片状结构不明显,有少量锈纹;W 为潴育层,灰至棕灰,类似白浆土的淀积层,多为核状结构,有褐色胶膜及铁锰淀积,有锈斑和潴育斑。

土壤质地较为黏重,一般为重壤至中黏土。A_p 层黏粒(<0.001 毫米)含量较少,一般在 10% 左右,粉沙粒(0.05~0.001 毫米)含量极高,特别是粗粉粒(0.05~0.01 毫米)和细粉粒(0.01~0.005 毫米)含量在 30% 左右;P 和 W 层,由于淹水淋洗作用,

黏粒（<0.001 毫米）含量分别增至 18％和 28％。

A_p 和 P 层容重为 1.09～1.33 克/立方厘米，而 W 层容重在 1.46 克/立方厘米以上。

A_p 层有机质平均含量为 38.20 克/千克，全氮为 2.10 克/千克，以下各层均明显降低，全磷含量在剖面分布比较均衡，一般在 1 000 毫克/千克左右。

根据 4 个农化样分析结果，各养分平均含量是有机质（36.40±14.10）克/千克，全氮（1.93±0.33）克/千克，碱解氮（150±20）毫克/千克，有效磷（20±12）毫克/千克，速效钾（200±81）毫克/千克。

该土壤有机质及各养分含量较低，质地黏重，特别粉沙含量极高，易淀浆，不利于水稻生长。因此，在利用中应注意改良土壤质地，增施有机肥料，调节氮、磷比例，促进水稻高产。

草甸白浆土型水稻土按其耕层颜色不同，划分为灰色草甸白浆土型水稻土和黑色草甸白浆土型水稻土 2 个土种。

1. 灰色草甸白浆土型水稻土　该土壤只分布在五林和新城 2 个乡，面积为 258 公顷，占白浆土型水稻土面积的 58.53％，其理化性状见表 2-69。

表 2-69　灰色草甸白浆土型水稻土理化性状

剖面号	土层号	取土深度（厘米）	容重（克/立方厘米）	田间持水量（％）	总孔隙度（％）	毛管孔隙度（％）	通气孔隙度（％）	物理黏粒（％）	物理沙粒（％）	质地名称	有机质（克/千克）	全氮（克/千克）	全磷（毫克/千克）
584	A_p	5～15	1.20	29.00	54.35	34.80	19.55	75.30	24.70	中黏	37.90	1.90	1 200.00
	P	30～40	1.33	29.00	50.06	38.57	11.49	72.20	27.80	中黏	20.90	1.30	1 100.00
	W	90～100	1.46	—	45.77			54.50	45.50	轻黏	13.10	0.60	1 000.00

2. 黑色草甸白浆土型水稻土　该土壤面积为 183 公顷，占白浆土型水稻土面积的 41.50％，分布在龙爪、莲花 2 个镇。其理化性状见表 2-70。

表 2-70　黑色草甸白浆土型水稻土理化性状

剖面号	土层号	取土深度（厘米）	容重（克/立方厘米）	田间持水量（％）	总孔隙度（％）	毛管孔隙度（％）	通气孔隙度（％）	物理黏粒（％）	物理沙粒（％）	质地名称	有机质（克/千克）	全氮（克/千克）	全磷（毫克/千克）
龙爪镇民主村 618	A_p	5～15	1.09	35.00	57.88	38.15	19.73	47.75	52.25	重壤	38.60	2.20	1 300.00
	P	30～40	1.04	42.00	59.65	43.68	15.95	44.00	56.00	重壤	14.90	1.00	900.00
	W	80～90	1.69	23.00	38.19	28.87	9.32	32.91	67.09	中壤	6.70	0.70	1 100.00

（二）草甸土型淹育水稻土土属

草甸土型水稻土是草甸土上淹水种稻发育而成的。面积为 1 027 公顷，占水稻土面积的 26.48％，分布在古城、林口、龙爪和五林 4 个镇（表 2-71）。

该亚类土壤在林口县不再分土属和土种。土体构型为 A_p、P、W 或 A_p、W、C_g。A_p 层为灰色无结构，中壤至重壤土，根系很多，有少量锈色斑纹；P 层暗灰色，较紧实，少根系，质地为轻黏土；W 层为暗灰色至蓝灰色，有明显的潜育斑和铁锰淀积。

各粒级含量，以细粉沙（0.05～0.01 毫米）含量高，在 45％左右，而黏粒（<0.001

毫米）含量很低，仅在 7% 左右。容重为 0.96～1.14 克/立方厘米，孔隙度较大，为 56.33%～62.27%。

表 2 - 71　草甸土型水稻土面积统计

乡（镇）	面积（公顷）	占本土壤（%）	耕地面积（公顷）	占本耕地（%）
五林镇	606.00	59.07	606.00	59.07
龙爪镇	43.00	4.19	43.00	4.19
林口镇	118.00	11.50	118.00	11.50
古城镇	259.00	25.24	259.00	25.24
合计	1 026.00	100.00	1 026.00	100.00

有机质和全氮含量以耕层为高，以下各层渐减。

根据 7 个农化样分析，有机质和各养分平均含量是：有机质（75.50±53.50）克/千克，全氮（4.06±2.51）克/千克，碱解氮（214±110）毫克/千克，有效磷（22±8）毫克/千克，速效钾（187±80）毫克/千克。

该土壤物理性状良好，有机质和各养分含量较高，总储量丰富，是林口县较好的水稻土。但应合理耕种，适当增施肥料，以进一步提高产量。

根据 A_p 层厚薄不同，林口县草甸土型水稻土分为中层草甸土型淹育水稻土和厚层草甸土型淹育水稻土 2 个土种。

1. 中层草甸土型淹育水稻土　面积为 516 公顷，占草甸土型水稻土面积的 50.29%，分布在古城、林口镇 2 个镇。其理化性状见表 2 - 72。

表 2 - 72　中层草甸土型水稻土理化性状

剖面号	土层号	取土深度（厘米）	容重（克/立方厘米）	田间持水量（%）	总孔隙度（%）	毛管孔隙度（%）	通气孔隙度（%）	物理黏粒（%）	物理沙粒（%）	质地名称	有机质（克/千克）	全氮（克/千克）	全磷（毫克/千克）
林口镇东丰村397	A_p	5～15	0.96	37.00	62.27	35.52	26.75	46.45	53.55	重壤	1.36	0.06	3 200.00
	P	30～40	1.23	35.00	53.36	43.05	10.31	52.58	47.42	轻壤	1.21	0.02	300.00

2. 厚层草甸土型淹育水稻土　该土壤为土壤图上 33 号土，面积为 511 公顷，分布在林口镇、龙爪镇。其理化性状见表 2 - 73。

表 2 - 73　厚层草甸土型淹育水稻土理化性状

剖面号	土层号	取土深度（厘米）	容重（克/立方厘米）	田间持水量（%）	总孔隙度（%）	毛管孔隙度（%）	通气孔隙度（%）	物理黏粒（%）	物理沙粒（%）	质地名称	有机质（克/千克）	全氮（克/千克）	全磷（毫克/千克）
林口镇东丰村384	A_p	5～15	1.14	33.00	56.33	47.52	8.81	39.10	60.90	中壤	39.50	1.90	2 300.00
	W	30～40	1.14	33.00	56.33	47.52	8.81	61.20	38.80	轻黏	34.90	1.70	2 400.00
	C_g	80～90	1.39	32.00	48.08	44.48	3.60	73.46	26.54	中黏	25.40	1.20	2 900.00

（三）厚层沼泽土型潜育水稻土土属

该土壤在林口县主要分布在奎山、朱家等 6 个乡（镇）。面积为 170 公顷，占水稻土类面积的 4.39%（表 2 - 74）。

表 2 - 74　厚层沼泽土型水稻土面积统计

乡（镇）	面积（公顷）	占本土壤（%）	耕地面积（公顷）	占本耕地（%）
莲花镇	8.00	4.71	8.00	4.71
三道通镇	6.00	3.53	6.00	3.53
龙爪镇	20.00	11.76	20.00	11.76
柳树镇	7.00	4.12	7.00	4.12
朱家镇	30.00	17.65	30.00	17.65
奎山乡	99.00	58.24	99.00	58.24
合计	170.00	100.00	170.00	100.00

根据土体构型，将厚层沼泽土型水稻土划分为草甸沼泽土型和泥炭腐殖质沼泽土型水稻 2 个土属。

1. 草甸沼泽土型水稻土　该土壤仅在奎山和柳树 2 个乡（镇）有分布，面积为 63 公顷，占沼泽土型水稻土亚类面积的 36.06%。

草甸沼泽土型水稻土有 3 个发生层次，A_p 层为黑色，无结构，质地多为重壤土，多根系；W 层，暗灰色，无结构，质地多为中壤土，有锈纹锈斑和潜育斑点：G 层，灰蓝色，无结构，质地多为重壤土。

耕层容重较小，在 0.85 克/立方厘米左右，孔隙度大，在 66% 以上，以下各层容重增至 1.30～1.40 克/立方厘米，孔隙度降至 50% 左右。

有机质和全氮、全磷含量在剖面上分布比较均衡，农化样分析结果为：有机质为 65.90 克/千克，全氮为 2.20 克/千克，碱解氮为 168 毫克/千克，有效磷为 24 毫克/千克，速效钾为 116 毫克/千克。

2. 泥炭腐殖质沼泽土型水稻土　该土壤为土壤图上 35 号土，面积为 107 公顷，占沼泽土型水稻土亚类面积的 62.94%，分布在奎山、朱家、龙爪、莲花和三道通 5 个乡（镇），以奎山面积最大。

土体构型为 A_p、A_T、B_g、G。A_p 层较薄，厚度平均 16.50 厘米，灰色，无结构，质地多为轻黏土，有锈色斑纹，多根系；A_T 层厚度平均 25 厘米，暗灰色，无结构，轻黏土，有锈纹锈斑，根系较多；B_g 层为暗灰色，有潜育斑和锈斑，无根系；G 层为灰蓝色潜育层。

该土壤质地较为黏重，多为轻黏土，耕层粉沙粒高达 90% 以上，易淀浆。

该土壤有机质和氮素含量较高，有效磷、速效钾含量较低，据 2 个农化样分析统计，有机质平均为 43.30 克/千克，全氮 2.75 克/千克，碱解氮 186 毫克/千克，有效磷 20 毫克/千克，速效钾 99 毫克/千克。

（四）中层冲积土型淹育水稻土土属

该土壤面积为 2 237 公顷，占水稻土面积的 57.73%，主要分布在建堂、龙爪、刁翎等 9 个乡（镇）（表 2 - 75）。

表 2 - 75　中层冲积土型水稻土面积统计

乡（镇）	面积（公顷）	占本土壤（%）	耕地面积（公顷）
刁翎镇	244.95	10.95	244.95
三道通镇	28.19	1.26	28.19
青山乡	78.30	3.50	78.30
朱家镇	333.31	14.90	333.31
龙爪镇	327.27	14.63	327.27
林口镇	65.10	2.91	65.10
古城镇	168.67	7.54	168.67
建堂乡	394.38	17.63	394.38
五林镇	596.83	26.68	596.83
合计	2 237.00	100.00	2 237.00

林口县冲积土型淹育水稻土只分中层冲积土型淹育水稻土1个土种。1984年土壤普查时分为壤质生草河淤土型水稻土和壤质草甸河淤土型水稻土2个土种。

1. 生草冲积土型水稻土　该土壤面积为1 145公顷，占冲积土型水稻土面积的51.21%，主要分布在朱家、建堂、龙爪和三道通4乡（镇）。

生草冲积土型水稻土主要有3个发生层次：A_p层平均厚度为（25±5）厘米（$n=6$），灰黄色，无结构，质地多为轻壤土，松散湿润；W层，灰色，无结构，有少量潜育斑和锈纹；G层，灰蓝色，无结构，有锈纹锈斑。

该土壤耕层含少量黏粒（<0.001毫米），在10%左右，含沙粒（1.00~0.05毫米）在35%以上，容重1.20克/立方厘米以上，总孔隙度在50%左右。有机质和全氮含量集中在耕层，以下各层明显降低。

据6个农化样分析统计，各养分平均含量为有机质（31.90±10.90）克/千克，全氮（1.50±0.50）克/千克，碱解氮（120±48）毫克/千克，有效磷（16±7）毫克/千克，速效钾（161±102）毫克/千克。

该土属在林口县只有1个土种，即壤质生草河淤土型水稻土，为土壤图上36号土。其理化性状见表2-76。

表 2 - 76　壤质生草河淤土型水稻土理化性状

剖面号	土层号	取土深度（厘米）	容重（克/立方厘米）	田间持水量（%）	总孔隙度（%）	毛管孔隙度（%）	通气孔隙度（%）	物理黏粒（%）	物理沙粒（%）	质地名称	有机质（克/千克）	全氮（克/千克）	全磷（毫克/千克）
592	A_p	5~15	1.23	35.00	53.36	43.05	10.31	50.80	49.20	轻黏	36.70	1.80	1 400.00
	W	25~35	1.43	25.00	46.76	35.75	11.01	49.70	50.30	重壤	30.90	1.60	1 300.00
	C_g	40~50	—	—	—	—	—	28.40	71.60	轻壤	17.40	0.80	1 000.00

2. 草甸河淤土型水稻土　该土属面积为1 092公顷，占河淤土型水稻土面积的48.82%，主要分布在刁翎、龙爪、古城、建堂等乡（镇）。

该土壤土体构型为A_p、W、C_g。A_p层平均厚度为（23.57±8.29）厘米（$n=7$），灰

色，粒状结构，质地为中壤至轻黏土，根系较多，锈纹锈斑很多；W层，灰白色，质地为中壤至轻黏土；C$_g$层，暗棕色，有潜育斑。

草甸河淤土型水稻土机械组成，全剖面含黏粒（＜0.001毫米）16％～18％，以W层含量稍高。容重较大，A$_p$层为1.30克/立方厘米左右，以下各层稍有增大，总孔隙度在53％以下。

有机质和全氮含量多集中地耕层，以下各层锐减。

据4个农化样分析统计，有机质和各养分含量为：有机质（40.80±17.90）克/千克，全氮（1.60±0.55）克/千克，碱解氮（114±51）毫克/千克，有效磷（19±8）毫克/千克，速效钾（197±90）毫克/千克。

草甸冲积土型水稻土，林口县只有壤质草甸冲积土型水稻土1个土种，为土壤图上37号土。其理化性状见表2-77。

表2-77　壤质草甸河淤土型水稻土理化性状

剖面号	土层号	取土深度（厘米）	容重（克/立方厘米）	田间持水量（％）	总孔隙度（％）	毛管孔隙度（％）	通气孔隙度（％）	物理黏粒（％）	物理沙粒（％）	质地名称	有机质（克/千克）	全氮（克/千克）	全磷（毫克/千克）
龙爪镇民主村617	A$_p$	5～15	1.25	28.50	52.70	35.65	17.07	35.72	64.28	中壤	94.40	2.20	1 400.00
	W	30～40	1.28	—	51.71	—	—	24.47	65.53	中壤	18.60	1.10	1 400.00
	C$_g$	45～55	—	—	—	—	—	—	—	—	0.50	0.50	1 300.00

第三章　耕地地力评价技术路线

第一节　调查方法与内容

一、调查方法

本次调查工作采取内业调查与外业调查相结合的方法。内业调查主要包括图件资料和文字资料的收集；外业调查包括耕地的土壤调查、环境调查和农业生产情况的调查。

（一）内业调查

1. 基础资料准备　包括图件资料、文件资料和数字资料3种。

（1）图件资料。主要包括1984年第二次土壤普查编绘的1∶100 000的《林口县土壤图》，国土资源局土地详查时编绘的1∶50 000的《林口县土地利用现状图》，1∶100 000的《林口县地形图》和1∶100 000的《林口县行政区划图》。

（2）数字资料。主要采用林口县统计局最新的统计数据资料。林口县耕地总面积采用统计局统计上报面积为122 524公顷。其中，旱田117 592公顷、水田4 932公顷。本次主要对11个乡（镇）107 464.73公顷耕地进行地力评价。

（3）文件资料。包括第二次土壤普查编写的《林口县土壤》《林口县气候区划报告》《林口县志》等。

2. 参考资料、补充调查资料准备　对上述资料记载不够详尽，或因时间推移利用现状发生变化的资料等，进行了专项的补充调查。主要包括：近年来农业技术推广概况，如良种推广、科技施肥技术的推广、病虫鼠害防治等；农业机械，特别是耕作机械的种类、数量、应用效果等；水田种植面积、生产状况、产量等方面的改变与调整进行了补充调查。

（二）外业调查

外业调查包括土壤调查、环境调查和农户生产情况调查。主要方法：

1. 布点　布点是调查工作的重要一环，正确的布点能保证获取信息的典型性和代表性；能提高耕地地力调查与质量评价成果的准确性和可靠性；能提高工作效率，节省人力和资金。

（1）布点原则：代表性、兼顾均匀性：布点首先考虑到林口县耕地的典型土壤类型和土地利用类型；其次耕地地力调查布点要与土壤环境调查布点相结合。

典型性：样本的采集必须能够正确反应样点的土壤肥力变化和土地利用方式的变化。采样点布设在利用方式相对稳定，避免各种非正常因素的干扰的地块。

比较性：尽可能在第二次土壤普查的采样点上布点，以反映第二次土壤普查以来的耕地地力和土壤质量的变化。

均匀性：同一土类、同一土壤利用类型在不同区域内尽量保证点位的均匀性。

（2）布点方法：采用专家经验法，聘请了熟悉林口县情况，参加过第二次土壤普查的有关技术人员参加工作，依据以上布点原则，确定调查的采样点。具体方法：

修订土壤分类系统：为了便于以后黑龙江省耕地地力调查工作的汇总和本次评价工作的实际需要，把林口县第二次土壤普查确定土壤分类系统归并到省级分类系统。林口县原有的分类系统为 7 个土类，17 个亚类，22 个土属和 25 个土种，共计 37 个上图单元。归并到省级分类系统为 5 个土纲、6 个亚纲、7 个土类、13 个亚类、22 个土属、32 个土种。

确定调查点数和布点：大田调查点数的确定和布点。按照平均每个点代表 65～100 公顷的要求，在确定布点数量时，以这个原则为控制基数，在布点过程中，充分考虑了各土壤类型所占耕地总面积的比例、耕地类型以及点位的均匀性等。然后将土地利用现状图、林口县土壤图和行政区划区 3 图叠加，在土壤类型和耕地利用类型相同的不同区域内，保证点位均匀分布。林口县初步确定点位 1 541 个。各类土壤所布点数分别为：暗棕壤 669 个、白浆土 399 个、沼泽土 151 个、草甸土 97 个、泥炭土 43 个、新积土 139 个、水稻土 43 个。

每个乡（镇）一份采样点位表，一份采样点位图。Excel 文档中的点位坐标既可批量导入 GPS 定位仪中，进行导航形式找点，也可参考采样点位表、图（逐点寻找）找到目标采样点。

采样时每个点都进行容重调查采样，采用环刀法取出的土样，完整地取出放入塑料密封拉链袋中。记好标签，带回实验室进行测定。

2. 采样

土样采样方法：在作物收获后进行取样。

野外采样田块确定：根据点位图、表，到点位所在的村庄，首先向当地农民了解本村的农业生产情况，确定最佳的采样行走路径，依据田块的准确方位修正点位图上的点位位置，并用 GPS 定位仪进行定位。

调查、取样：向已确定采样田块的户主，按调查表格的内容逐项进行调查填写。在该田块中按旱田 0～20 厘米土层采样；采用 X 法、S 法和棋盘法其中任何一种方法，均匀随机采取 15 个采样点，充分混合后，四分法留取 1 千克，写好标签。

二、调查内容与步骤

（一）调查内容

按照《耕地地力调查与质量评价技术规程》（以下简称《规程》）的要求，对所列项目，如：立地条件、剖面性状、土壤整理、栽培管理和污染等情况进行了详细调查。为更透彻地分析和评价，对《规程》附表中所列的项目无一遗漏，并按说明所规定的技术范围来描述。对附表未涉及，但对当地耕地地力评价又起着重要作用的一些因素，在表中附加，并将相应的填写标准在表后注明。

调查内容分为：基本情况、化肥使用情况、农药使用情况、产品销售调查等。

（二）调查步骤

林口县耕地地力调查工作大体分为 3 个阶段。

第一阶段：准备阶段 自 2009 年 12 月 1 日至 2010 年 3 月，此阶段主要工作是收集、整理、分析资料。具体内容包括：

1. 统一采样调查编号：林口县共 12 个乡（镇），编号以乡（镇）名称的拼音首个字母和三位自然数（001～n）组成。在一个乡（镇）内，采样点编号从 001 开始顺序排列至 N（001～n）。

2. 确定调查点数和布点：林口县共确定调查点位 1 541 个。依据这些点位所在的乡（镇）、村为单位，填写了调查点登记表。主要说明调查点的地理位置、采样编号和土壤名称代码，为外业做好准备工作。

3. 外业准备：林口县大田作物的种植是一年一熟制，作物的生育期较长，收获期在 10 月 1 日左右，到 10 月 10 日前后才能基本结束，而土壤的封冻期为 11 月 5 日前后。因准备工作做得不充分，所以没在秋季进行采样。2010 年春季因冬季降雪多、化雪晚，有充足的时间做好准备工作。主要任务是：对被确定调查的地块（采样点）进行精确定点。按照《规程》中所规定的调查项目，设计制定了采样、调查表格，统一项目，统一标准进行调查记载。对采样定位使用的 GPS 定位仪进行测试导入地标点等工作。

第二阶段：采样调查

第一步，组建采样调查队伍：本次耕地地力调查工作得到了林口县县委、县政府的高度重视及各乡（镇）等有关部门的大力支持。为保证外业质量，4 月 20 日召开会议，由县农委副主任赵国发主持，县政府副县长陈效杰同志作了重要讲话，农业技术推广中心主任孙万才对 2010 年测土配方施肥工作做了具体部署，并进行了地力评价土样采集技术培训。

推广中心抽调 11 名技术骨干，分别负责 11 个乡（镇）［因五林镇于 2010 年 5 月起，整建制划归牡丹江管辖，林口县由原来的 12 个乡（镇）变为 11 个乡（镇）］的调查采样指导工作，由各乡（镇）组织 3～5 人的调查采样小组。

第二步，全面调查采样：经过充分的准备工作，从 4 月 20 日开始，林口县范围内的调查采样工作全面开展。调查组以采样地标点位表和地标点位图为基础，深入各村屯、田间地块进行采样调查。调查采样同步进行，到 5 月 20 日采样、调查全部结束。

采样：对所有被确定为调查点位的地块，依据田块的具体位置，用 GPS 卫星定位系统进行定位，记录准确的经、纬度。面积较大地块采用 X 法或棋盘法，面积较小地块采用 S 法，均匀并随机采集 15 个采样点，充分混合用四分法留取 1 千克。每袋土样填写两张标签，内外各一个。标签主要内容：该样本编号、土壤类型、采样深度、采样地点、采样时间和采样人等。

第三步，汇总整理：对采集的样本逐一进行检查和对照，并对调查表格进行认真核对，发现遗漏的于 6 月 30 日前补充调查完毕。无差错后统一汇总总结。

第三阶段：化验分析阶段 本次耕地地力调查共化验了 1 302 个土壤样本，测定了有机质、pH、全氮、全磷、全钾、碱解氮、有效磷、速效钾以及有效铜、有效铁、有效锰、有效锌、缓效钾 13 个项目。对外业调查资料和化验结果进行了系统的统计和分析。

第二节 样品分析化验质量控制

实验室的检测分析数据质量直接客观地反映出化验人员素质水平、分析方法的科学性、实验室质量体系的有效性和符合性及实验室管理水平。在检测过程中由于受：①被检测样品（均匀性、代表性）；②测量方法（检测条件、检测程序）；③测量仪器（本身的分辨率）；④测量环境（湿度、温度）；⑤测量人员（分辨能力、习惯）；⑥检测等因素的影响，总存在一定的测量原因，在估计误差的大小，采取适当的、有效的、可行的措施加以控制的基础上，科学处理试验数据，才能获得满意的效果。

为保证分析化验质量，首先严格按照《测土配方施肥技术规范》以下简称《规范》所规定的化验室面积、布局、环境、仪器和人员的要求，加强化验室建设和人员培训。做好化验室环境条件的控制、人力资源的控制、计量器具的控制。按照《规范》做好标准物资和参比物资的购买、制备及保存工作。

一、实验室检测质量控制

（一）检测前

1. 样品确认（确保样品的唯一性、安全性）。

2. 检测方法确认（当同一项目有几种检测方法时）。

3. 检测环境确认（温度、湿度及其他干扰）。

4. 检测用仪器设备的状况确认（标识、使用记录）。

（二）检测中

1. 严格执行《规程》和《规范》。

2. 坚持重复试验，控制精密度。在检测过程中，随机误差是无法避免的，但根据统计学原理，通过增加测定次数可减少随机误差，提高平均值的精密度。在样品测定中，每个项目首次分析时须做100%的重复试验，结果稳定后，重复次数可减少，但最少须做10%～15%重复样。5个样品以下的，增加为100%的平行。重复测定结果的误差在规定允许范围内者为合格，否则应对该批样品增加重复测定比率进行复查，直至满足要求为止。

3. 注意空白试验。空白试验即在不加试样的情况下，按照分析试样完全相同的操作步骤和条件进行的试验。得到的结果称为空白值。它包括了试剂、蒸馏水中杂质带来的干扰。从待测试样的测定值中扣除，可消除上述因素带来的系统误差。

4. 做好校准曲线。为消除温度和其他因素影响，每批样品均须做校准曲线，与样品同条件操作。标准系列应设置6个以上浓度点，根据浓度和吸光值绘制校准曲线或求出一元线性回归方程。计算其相关系数。当相关系数大于0.999时为通过。

5. 用标准物质校核实验室的标准溶液、标准滴定溶液。

（三）检测后

加强原始记录校核、审核，确保数据准确无误。原始记录的校核、审核，主要是核查检验方法、计量单位、检验结果是否正确，重复试验结果是否超差、控制样的测定值是否准确，空白试验是否正常、校准曲线是否达到要求、检测条件是否满足、记录是否齐全、记录更改是否符合程序等。发现问题及时研究、解决或召开质量分析会议，达成共识。同时进行异常值处理和复查。

二、地力评价土壤化验项目

土壤样品分析项目：pH、有机质、全氮、碱解氮、全磷、有效磷、全钾、速效钾、有效铁、有效锌、有效锰、有效铜、容重、缓效钾，分析方法见表 3-1。

表 3-1 土壤样本化验项目及方法

分析项目	分析方法
pH	玻璃电极法
有机质	重铬酸钾法
全氮	凯氏蒸馏法
碱解氮	碱解扩散法
全磷	氢氧化钠熔融-钼锑抗比色法
有效磷	碳酸氢钠-钼锑抗比色法
全钾	氢氧化钠熔融-原子吸收分光光度计法
速效钾	乙酸铵-原子吸收分光光度计法
缓效钾	硝酸提取-原子吸收分光光度计法
有效锌、有效铁、有效锰、有效铜	DTPA 提取原子吸收光谱法
容重	环刀法

第三节 数据质量控制

一、田间调查取样数据质量控制

按照《规程》的要求，填写调查表格。抽取 10% 的调查采样点进行审核。对调查内容或程序不符合规程要求，抽查合格率低于 80% 的，重新调查取样。

二、数据审核

数据录入前仔细审核。对不同类型的数据审核重点各有侧重：

（1）数值型资料：注意量纲、上下限、小数点位数、数据长度等。

（2）地名：注意汉字多音字、繁简体、简全称等问题。

（3）土壤类型、地形地貌、成土母质等：注意相关名称的规范性，避免同一土壤类型、地形地貌或成土母质出现不同的表达。

（4）土壤和植株检测数据：注意对可疑数据的筛选和剔除。根据当地耕地养分状况、种植类型和施肥情况，确定检测数据与录入的调查信息是否吻合。结合对 10％的数据重点审查的原则，确定审查检测数据大值和小值的界限，对于超出界限的数据进行重点审核，经审核可信的数据保留，对检测数据明显偏高或偏低、不符合实际情况的数据一是剔除，二是返回检验室重新测定。若检验分析后，检测结果仍不符合实际的，则可能是该点在采样等其他环节出现问题，应予以作废。

<h2 style="text-align:center">三、数据录入</h2>

采用规范的数据格式，按照统一的录入软件录入。采取两次录入进行数据核对。

<h1 style="text-align:center">第四节　资料的收集与整理</h1>

耕地是自然历史综合体，同时也是重要的农业生产资料。因此，耕地地力与自然环境条件和人类生产活动有着密切的关系。进行耕地地力评价，首先必须调查研究耕地的一些可度量或可测定的属性。这些属性概括起来有两大类型，即自然属性和社会属性。自然属性包括气候、地形地貌、水文地质、植被等自然成土因素和土壤剖面形态等；社会属性包括地理交通条件、农业经济条件、农业生产技术条件等。这些属性数据的获得，可通过多种方式来完成。一种是野外实际调查及测定；另一种是收集和分析相关学科已有的调查成果及文献资料。

<h2 style="text-align:center">一、资料收集与整理流程</h2>

本次地力评价工作，一方面充分收集有关林口县耕地情况资料，建立起耕地质量管理数据库；另一方面还进行了外业的补充调查和室内化验分析。在此基础上，通过 GIS 系统平台，采用 ArcView 软件对调查的数据和图件进行矢量化处理（此部分工作由黑龙江极象动漫影视技术有限公司完成），最后利用扬州土肥站开发的《县域耕地资源管理信息系统 V3.2》进行耕地地力评价。主要耕地地力评价技术流程见图 3-1。

<h2 style="text-align:center">二、资料收集与整理方法</h2>

1. 收集　在调研的基础上广泛收集相关资料。同一类资料不同时间、不同来源、不同版本、不同介质都进行收集，以便将来相互检查、相互补充、相互佐证。

2. 登记　对收集到的资料进行登记，记录资料名称、内容、来源、页（幅）数、收集时间、密级、是否要求归还、保管人等；对图件资料进行记录，如比例尺、坐标系、高程系等有关技术参数；对数据产品还应记录介质类型、数据格式、打开工具等。

3. 完整性检查　资料的完整性至关重要，一套分幅图中如果缺少一幅，则这一套图无法使用；一套统计数据如果不完全，这些数据也只能作为辅助数据，无法实现与现有数据的完整性比较。

4. 可靠性检查　资料只有翔实可靠，才有使用价值，否则只能是一堆文字垃圾。必须

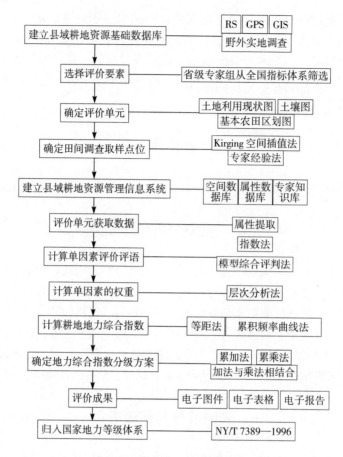

图 3-1　耕地地力评价技术流程图

检查资料或数据产生的时间、数据产生的背景等信息。来源不清的资料或数据不能使用。

5. 筛选　通过以上几个步骤的检查可基本确定哪些是有用的资料，在这些资料里还可能存在重复、冗余或过于陈旧的资料，应作进一步筛选。有用的留下，没有用的做适当处理，该退回的退回，该销毁的销毁。

6. 分类　按图件、报表、文档、图片、视频等资料类型或资料涉及内容进行分类。

7. 编码　为便于管理和使用，所有资料进行统一编码成册。

8. 整理　对已经编码的资料，按照耕地地力评价的内容，如评价因素、成果资料要求的内容进行有针对性的、进一步的整理，珍贵资料采取适当的保护措施。

9. 归档　对已整理的所有资料建立了管理和查阅使用制度，防止资料散失。

三、图件资料的收集

在收集的图件资料包括：行政区划图、土地利用现状图、土壤图、第二次土壤普查成果图等专业图、卫星照片以及数字化矢量和栅格图。

1. 土壤图（1∶100 000）　在进行调查和采样点位确定时，通过土壤图了解土壤类型等信息。另外，土壤图也是进行耕地地力评价单元确定的重要图件，也是各类评价成果展示的基础底图。

2. 土壤养分图（1∶50 000）　　包括第二次土壤普查获得的土壤养分图及测土配方施肥新绘制的土壤养分图。

3. 土地利用现状图（1∶25 000）　　近几年，土地管理部门开展了土地利用现状调查工作，并绘制了土地利用现状图，这些图件可为耕地地力评价及其成果报告的分析与编写提供基础资料。

4. 行政区划图（1∶100 000）　　由于近年来撤乡并镇工作的开展，致使部分地区行政区域变化较大，因此，我们收集了最新行政区划图（到行政村）。

四、数据及文本资料的收集

（一）数据资料的收集

数据资料的收集内容包括：县级农村及农业生产基本情况资料、土地利用现状资料、土壤肥力监测资料等，具体包括以下内容：

1. 近 3 年粮食单产、总产、种植面积统计资料。

2. 近 3 年肥料用量统计表及测土配方施肥获得的农户施肥情况调查表。

3. 土地利用地块登记表。

4. 土壤普查农化数据资料。

5. 历年土壤肥力监测化验资料。

6. 测土配方施肥农户调查表。

7. 测土配方施肥土壤样品化验结果表：包括土壤有机质、大量元素、中量元素、微量元素及 pH、容重等土壤理化性状化验资料。

8. 测土配方施肥田间试验、技术示范相关资料。

9. 县、乡、村编码表。

（二）文本资料的收集

具体包括以下几种：

1. 农村及农业基本情况资料。

2. 农业气象资料。

3. 第二次土壤普查的土壤志。

4. 土地利用现状调查报告及基本农田保护区划定报告。

5. 近 3 年农业生产统计文本资料。

6. 土壤肥力监测及田间试验示范资料。

7. 其他文本资料。如水土保持、土壤改良、生态环境建设等资料。

五、其他资料的收集

包括照片、录像、多媒体等资料，内容涉及以下几个方面：

（1）土壤典型剖面。

（2）土壤肥力监测点景观。

（3）当地农业生产基地典型景观。

（4）特色农产品介绍。

第五节 耕地资源管理信息系统的建立

一、属性数据库的建立

属性数据库的建立实际上包括两大部分内容。一是相关历史数据的标准化和数据库的建立；二是测土配方施肥项目产生的大量属性数据的录入和数据库的建立。

（一）历史数据的标准化及数据库的建立

1. 数据内容 历史属性数据主要包括县域内主要河流、湖泊基本情况统计表，灌溉渠道及农田水利综合分区统计表，公路网基本情况统计表，县、乡、村行政编码及农业基本情况统计表，土地利用现状分类统计表，土壤分类系统表，各土种典型剖面理化性状统计表，土壤农化数据表，基本农田保护登记表，基本农田保护区基本情况统计表（村），地貌类型属性表，土壤肥力监测点基本情况统计表等。

2. 数据分类与编码 数据的分类编码是对数据资料进行有效管理的重要依据。编码的主要目的是节省计算机内存空间，便于用户理解使用。地理属性进入数据库之前进行编码是必要的，只有进行了正确的编码，才能使空间数据库与属性数据正确连接。

编码格式有英文字母、字母数字组合等形式。主要采用数字表示的层次型分类编码体系，它能反映专题要素分类体系的基本特征。

3. 建立编码字典 数据字典是数据应用的重要内容，是描述数据库中各类数据及其组合的数据集合，也称元数据。地理数据库的数据字典主要用于描述属性数据，它本身是一个特殊用途的文件，在数据库整个生命周期里都起着重要的作用。它避免重复数据项的出现，并提供了查询数据的唯一入口。

（二）测土配方施肥项目产生的大量属性数据的录入和数据库的建立

测土配方施肥属性数据主要包括 3 个方面的内容，一是田间试验和示范数据；二是调查数据；三是土壤检测数据。

测土配方施肥属性数据库建立必须规范，按照数据字典进行认真填写，规范了数据项的名称、数据类型、量钢、数据长度、小数点、取值范围（极大值、极小值）等属性。

（三）数据录入与审核

数据录入前仔细审核，数值型资料注意量纲、上下限；地名注意汉字、多音字、繁简体、简全称等问题，审核定稿后再录入。录入后还应仔细检查，经过两次录入相互对照，保证数据录入无误后，将数据库转为规定的格式（dBase 的 dbf 格式文件），再根据数据字典中的文件名编码命名后保存在子目录下。

另外，文本资料以 TXT 格式命名，声音、音乐以 WAV 或 MID 文件保存，超文本以 HTML 格式保存，图片以 BMP 或 JPG 格式保存，视频以 AVI 或 MPG 格式保存，动画以 GIF 格式保存。这些文件分别保存在相应的子目录下，其相对路径和文件名录入相应的属性数据库中。

二、空间数据建立

将纸图扫描后，校准地理坐标，然后采用鼠标数字化的方法将纸图矢量化，建立空间数据库。图件扫描的分辨率为 300dpi，彩色图用 24 位真彩，单色图用黑白格式。数字化图件包括：土地利用现状图、土壤图、地形图、行政区划图等。

图件数字化的软件采用 Super Map GIS，坐标系为 1954 年北京坐标系，高斯投影。比例尺为 1：50 000 和 1：100 000。评价单元图件的叠加、调查点点位图的生成、评价单元克里格插值是使用软件平台为 ArcMap 软件，文件保存格式为 .shp 格式。

采用矢量化方法主要图层配置见表 3 - 2。

表 3 - 2　采用矢量化方法主要图层配置

序号	图层名称	图层属性	连接属性表
1	土地利用现状图	多边形	土地利用现状属性数据
2	行政区划图	线层	行政区化
3	土壤图	多边形	土种属性数据表
4	土壤采样点位图	点层	土壤样品分析化验结果数据表

三、空间数据库与属性数据库的连接

ArcInfo 系统采用不同的数据模型分别对属性数据和空间数据进行存储管理，属性数据采用关系模型，空间数据采用网状模型。两种数据的连接非常重要。在一个图幅工作单元 Coverage 中，每个图形单元由一个标识码来唯一确定。同时，一个 Coverage 中可以有若干个关系数据库文件即要素属性表，用以完成对 Coverage 的地理要素的属性描述。图形单元标识码是要素属性表中的一个关键字段，空间数据与属性数据以此字段形成关联，完成对地图的模拟。这种关联使 ArcInfo 的两种数据模型连成一体，可以方便地从空间数据检索属性数据或者从属性数据检索空间数据。

对属性数据与空间数据的连接有 4 种不同的途径：一是用数字化仪数字化多边形标识点，记录标识码与要素属性，建立多边形编码表，用关系数据库软件 Foxpro 输入多边形属性；二是用屏幕鼠标采取屏幕地图对照的方式实现上述步骤；三是利用 ArcInfo 的编辑模块对同种要素一次添加标识点再同时输入属性编码；四是自动生成标识点，对照地图输入属性。

第六节　图件编制

一、耕地地力评价单元图斑的生成

耕地地力评价单元图斑是在矢量化土壤图、土地利用现状图的基础上，在 ArcMap 软件中利用矢量图的叠加分析功能，将以上两个图件叠加，生成评价单元图斑。

二、采样点位图的生成

采样点位的坐标用 GPS 定位仪进行野外采集，在 ArcInfo 中将采集的点位坐标转换成与矢量图一致的 1954 北京坐标系。将转换后的点位图转换成可以与 ArcView 进行交换的 .shp 格式。

三、专题图的编制

采样点位图在 ArcMap 软件中利用地理统计分析子模块中的克立格插值法进行空间插值完成各种养分的空间分布图。其中包括有机质、有效磷、速效钾、有效锌、耕层厚度、全氮、pH 等专题图。坡度、坡向图由地形图的等高线转换成 Arc 文件，再插值生成栅格文件，土壤图、土地利用图和区划图都是矢量化以后生成专题图。

四、耕地地力等级图的编制

首先利用 ArcMap 软件的空间分析子模块的区域统计方法，将生成的专题图件与评价单元图挂接。在耕地资源管理信息系统中根据专家打分、层次分析模型与隶属函数模型进行耕地生产潜力评价，生成耕地地力等级图。

第四章　耕地土壤属性

土壤属性是耕地地力调查的核心，对农业生产、管理和规划起着指导作用，它包括土壤化学性状、物理性状、土壤微生物作用等。

本次调查共采集土壤耕层（0～20厘米）有效土样1302个，分析了pH、土壤有机质、全氮、全磷、全钾、碱解氮、有效磷、速效钾、有效铁、有效锰、有效锌、有效铜、缓效钾13项土壤理化属性项目，分析数据16926个。现就县属11个乡（镇）耕地面积107464.7公顷的数据整理分析如下：

第一节　土壤养分状况

土壤养分主要指由（通过）土壤所提供的植物生长所必需的营养元素，是土壤肥力的重要物质基础。植物体内已知的化学元素达40余种，按照植物体内的化学元素含量多少，分为大量元素和微量元素两类。目前已知的大量元素有碳（C）、氢（H）、氧（O）、氮（N）、磷（P）、钾（K）、钙（Ca）、镁（Mg）、硫（S）等，微量元素有铁（Fe）、锰（Mn）、硼（B）、钼（Mo）、铜（Cu）、锌（Zn）及氯（Cl）等。植物体内铁（Fe）含量较其他微量元素多（100毫克/千克左右），所以也有人把它归于大量元素。

受自然因素和人为因素的综合影响，土壤在不停地发展和变化着。作为基本特性的土壤肥力，也随之发展和变化。总的来看，土壤向良性发展。就林口县土壤养分状况，做以综述。

根据土壤养分丰缺情况评价耕地土壤养分，我国各地也有不同的标准。参照黑龙江省耕地土壤养分分级标准，结合当地实际情况制定了本次耕地地力评价的养分分级标准。见表4-1和表4-2。

表4-1　黑龙江省耕地土壤养分分级标准

	一级	二级	三级	四级	五级	六级
碱解氮（毫克/千克）	＞250	180～250	150～180	150～120	80～120	≤80
有效磷（毫克/千克）	＞100	40～100	20～40	10～20	5～10	≤5
速效钾（毫克/千克）	＞200	150～120	100～150	50～100	30～50	≤30
有机质（克/千克）	＞60	40～60	30～40	20～30	10～20	≤10
全氮（克/千克）	＞2.5	2.0～2.5	1.5～2.0	1.0～1.5	≤1.0	—
全磷（毫克/千克）	＞2 000	1 500～2 000	1 000～1 500	500～1 000	≤500	—
全钾（克/千克）	＞30	25～30	20～25	10～20	≤10	—
有效铜（毫克/千克）	＞1.8	1.0～1.8	0.2～1.0	0.1～0.2	≤0.1	—

（续）

	一级	二级	三级	四级	五级	六级
有效铁（毫克/千克）	>4.5	3.0~4.5	2.0~3.0	≤2.0	—	—
有效锰（毫克/千克）	>15.0	10.0~15.0	7.5~10.0	5.0~7.5	≤5.0	—
有效锌（毫克/千克）	>2.0	1.5~2.0	1.0~1.5	0.5~1.0	≤0.5	
有效硫（毫克/千克）	>40	24~40	12~24	≤12	—	—
有效硼（毫克/千克）	>1.2	0.8~1.2	0.4~0.8	≤0.4	—	—

表4-2 林口县耕地土壤养分分级标准

	一级	二级	三级	四级	五级	六级
碱解氮（毫克/千克）	>250	180~250	150~180	120~150	80~120	≤80
有效磷（毫克/千克）	>60	40~60	20~40	10~20	5~10	≤5
速效钾（毫克/千克）	>200	150~200	100~150	50~100	30~50	≤30
有机质（克/千克）	>60	40~60	30~40	20~30	10~20	≤10
全氮（克/千克）	>2.5	2.0~2.5	1.5~2.0	1.0~1.5	≤1.0	—
全磷（毫克/千克）	>2 000	1 500~2 000	1 000~1 500	500~1 000	≤500	—
全钾（克/千克）	>30	25~30	20~25	15~20	10~15	≤10
pH	>8.5	7.5~8.5	6.5~7.5	5.5~6.5	≤5.5	—
有效铜（毫克/千克）	>1.8	1.0~1.8	0.2~1.0	0.1~0.2	≤0.1	—
有效铁（毫克/千克）	>4.5	3.0~4.5	2.0~3.0	≤2.0	—	—
有效锰（毫克/千克）	>15.0	10.0~15.0	7.5~10.0	5.0~7.5	≤5.0	—
有效锌（毫克/千克）	>2.0	1.5~2.0	1.0~1.5	0.5~1.0	≤0.5	—

一、土壤有机质

土壤有机质是植物养分的主要来源，可改善土壤的物理和化学性状。给微生物提供主要能源，给植物提供一些维生素、刺激素等。

（一）各乡（镇）土壤有机质变化情况

本次耕地地力评价土壤化验分析，林口县有机质含量最高值是110.8克/千克，最小值是4.1克/千克，全县平均值是41.4克/千克，比第二次土壤普查时的全县平均含量44.5克/千克降低了3.1克/千克。下降幅度最大的是刁翎镇，下降19.2克/千克；其次是青山乡和三道通镇，下降5.4克/千克；而古城镇、朱家镇和奎山乡有所提升，北部乡（镇）下降幅度大，中西部乡（镇）下降幅度小。见表4-3。

表 4 - 3　土壤有机质含量统计

单位：克/千克

乡（镇）名称	本次耕地地力评价			第二次土壤普查			对比（±）
	最大值	最小值	平均值	最大值	最小值	平均值	
三道通镇	83.4	7.7	28.9	—	—	34.3	−5.4
莲花镇	95.6	9.1	40.8	—	—	43.4	−2.6
龙爪镇	79.3	11.5	38.8	—	—	41.6	2.8
古城镇	98.1	15.3	63.5	—	—	57.5	+6.0
青山乡	99.0	17.6	47.1	—	—	52.5	−5.4
奎山乡	98.4	18.6	41.1	—	—	40.6	+0.5
林口镇	93.8	4.1	30.6	—	—	32.7	−2.1
朱家镇	110.8	14.5	46.7	—	—	42.2	+4.5
柳树镇	95.0	5.5	39.7	—	—	42.8	−3.1
刁翎镇	100.6	13.2	34.6	—	—	53.8	−19.2
建堂乡	95.7	6.2	43.3	—	—	47.6	−4.3
全县	110.8	4.1	41.4			44.5	−3.1

（二）土壤类型有机质变化情况

本次耕地地力评价土壤化验分析结果表明，林口县各土壤类型有机质含量除白浆土外均呈普遍降低趋势，其中，暗棕壤下降 4.6 克/千克，草甸土下降 18.4 克/千克，沼泽土下降 36.1 克/千克，泥炭土下降 35.3 克/千克，新积土下降 11.5 克/千克，水稻土下降 3.6 克/千克，白浆土上升 7.1 克/千克。从中可以看出：第二次土壤普查时基础肥力高的下降幅度大，基础肥力低的下降幅度小。而白浆土（包括所有的土种）通过土壤改良耕作，有机质得到了提升，说明多年来的改土措施是有效的。耕地土壤有机质含量统计见表 4 - 4。

表 4 - 4　耕地土壤有机质含量统计

单位：克/千克

土壤类型	本次耕地地力评价			各地力等级养分平均值					第二次土壤普查		
	最大值	最小值	平均值	一级地	二级地	三级地	四级地	五级地	最大值	最小值	平均值
一、暗棕壤类	110.8	9.1	36.4	42.1	40.2	34.3	32.1	37.1	167.8	9.7	41.0
（1）暗矿质暗棕壤	106.2	9.1	43.7	55.8	47.7	41.0	41.6	41.3	167.8	13.6	59.1
（2）沙砾质暗棕壤	110.8	13.6	39.6	44.4	43.6	36.2	39.7	40.1	72.1	9.7	41.5
（3）泥沙质暗棕壤	47.0	11.5	28.1	—	33.9	26.9	26.5	26.1	115.8	25.9	49.4
（4）泥质暗棕壤	92.6	13.2	37.2	41.3	39.8	34.5	23.5	—	65.9	23.7	39.4
（5）沙砾质白浆化暗棕壤	78.2	11.1	33.7	39.6	36.4	30.2	30.9	38.5	81.9	12.6	31.0
（6）砾沙质草甸暗棕壤	94.0	11.9	36.1	29.7	39.5	36.9	30.4	39.7	39.5	12.3	25.5
二、白浆土类	98.1	4.1	40.2	54.9	38.4	32.5	38.1	41.0	39.8	13.6	33.1
（1）薄层黄土质白浆土	95.0	19.7	35.7	37.6	42.6	31.0	37.5	37.3	45.7	13.6	30.0
（2）中层黄土质白浆土	98.1	4.1	42.7	64.6	47.9	32.4	32.4	50.8	58.3	17.8	35.6

（续）

土壤类型	本次耕地地力评价			各地力等级养分平均值					第二次土壤普查		
	最大值	最小值	平均值	一级地	二级地	三级地	四级地	五级地	最大值	最小值	平均值
（3）厚层黄土质白浆土	91.2	16.2	42.6	82.6	44.8	34.0	26.6	44.7	61.5	23.3	39.0
（4）薄层沙底草甸白浆土	60.5	15.9	43.9	—	19.8	—	56.1	31.1	39.8	16.6	30.4
（5）中层沙底草甸白浆土	49.4	24.5	36.2	34.6	37.0	—	—	—	39.8	16.6	30.4
三、草甸土类	92.6	5.5	43.8	45.4	36.0	41.6	44.0	42.2	163.6	16.6	62.2
（1）薄层黏壤质草甸土	92.6	12.1	42.4	42.2	39.8	47.7	38.1	—	163.6	16.6	62.0
（2）中层黏壤质草甸土	83.4	7.7	38.8	38.1	25.7	38.1	37.5	44.5	147.1	20.1	57.5
（3）厚层黏壤质草甸土	88.6	21.8	41.7	47.2	39.7	37.5	34.1	—	132.1	31.5	62.1
（4）薄层黏壤质潜育草甸土	86.5	37.8	58.0	37.8	—	60.5	61.7	—	92.3	26.5	63.8
（5）中层黏壤质潜育草甸土	67.1	5.5	35.5	46.8	5.1	22.8	48.8	40.0	94.1	26.5	63.8
（6）厚层黏壤质潜育草甸土	90.8	21.9	46.7	60.6	39.6	42.8	—	—	89.4	26.5	63.8
四、沼泽土类	99.5	13.6	45.6	48.6	44.7	44.1	47.3	47.6	226.2	15.5	81.9
（1）厚层黏质草甸沼泽土	94.9	13.6	45.6	48.0	47.8	41.3	48.1	45.2	141.0	18.6	62.0
（2）薄层泥炭腐殖质沼泽土	90.6	14.1	45.7	38.1	40.9	46.9	52.9	40.2	226.2	15.5	86.2
（3）薄层泥炭沼泽土	99.5	16.8	47.7	58.1	50.7	43.0	45.7	54.9	211.9	16.0	84.4
（4）浅埋藏型沼泽土	72.4	26.1	44.3	50.3	39.6	45.1	42.6	50.1	176.3	34.0	95.0
五、泥炭土类	102.7	15.3	45.6	44.2	50.8	41.6	42.2	49.1	138.0	34.9	80.9
（1）薄层芦苇薹草低位泥炭土	84.8	15.3	42.4	48.0	48.6	38.1	28.9	54.6	127.4	34.9	68.2
（2）中层芦苇薹草低位泥炭土	102.7	30.2	48.9	40.4	53.0	45.1	55.5	43.6	138.0	47.1	93.5
六、新积土类	98.1	6.2	35.7	38.0	34.9	34.5	45.6	35.6	212.9	1.2	47.2
（1）薄层沙质冲积土	72.5	15.4	30.5	38.2	27.2	30.8	53.8	—	69.3	17.1	37.5
（2）薄层砾质冲积土	95.6	14.6	38.3	36.7	37.4	37.3	44.7	30.3	73.0	23.9	38.2
（3）中层状冲积土	98.1	6.2	38.4	38.9	40.0	35.4	38.4	40.8	212.9	1.2	60.4
七、水稻土类	94.0	16.2	48.9	44.7	53.7	40.9	32.7	—	166.8	17.3	52.5
（1）白浆土型淹育水稻土	94.0	61.8	84.3	—	81.2	85.8	—	—			
（2）中层草甸土型淹育水稻土	53.4	28.7	38.5	43.9	36.9	28.7	32.7	—			
（3）厚层草甸土型淹育水稻土	76.0	18.2	45.9	—	68.1	29.2	—	—			
（4）中层冲积土型淹育水稻土	73.7	16.2	39.3	49.9	40.2	31.1	—	—			
（5）厚层沼泽土型潜育水稻土	62.5	16.3	36.4	40.3	42.2	29.6	—	—			
合　计	110.8	4.1	42.2	45.6	42.3	38.6	40.3	41.9			

（三）土壤有机质分级面积情况

本次耕地地力评价调查分析，按照黑龙江省耕地有机质养分分级标准（林口县的标准与此相同），有机质养分一级耕地面积 13 260.0 公顷，占总耕地面积的 12.34%；有机质养分二级耕地面积 29 070.3 公顷，占总耕地面积的 27.05%；有机质养分三级耕地面积 31 139.63 公顷，占总耕地面积的 28.98%；有机质养分四级耕地面积 26 990.2 公顷，占总耕地面积 25.11%；有机质养分五级耕地面积 6 638.4 公顷，占总耕地面积 6.18%；有机质养分六级耕地面积 366.2 公顷，占总耕地面积 0.34%。有机质养分一级耕地面积所占比例最多的乡（镇）是古城镇、青山镇和朱家镇。见表 4-5，图 4-1。

表 4-5 各乡（镇）耕地土壤有机质分级面积统计

乡（镇）	面积 （公顷）	一级		二级		三级		四级		五级		六级	
		面积 （公顷）	占总 面积 （%）	面积 （公顷）	占总 面积 （%）	面积 （公顷）	占总 面积 （%）	面积 （公顷）	占总 面积 （%）	面积 （公顷）	占总 面积 （%）	面积 （公顷）	占总 面积 （%）
三道通镇	6 016.0	123.6	2.05	770.2	12.80	1 582.4	26.31	1 944.7	32.33	1564.8	26.01	30.3	0.50
莲花镇	3 585.9	455.1	12.69	909.3	25.36	660.0	18.41	1 000.3	27.90	357.8	9.98	203.4	5.67
龙爪镇	15 209.0	963.2	6.33	4 407.4	28.98	4 839.2	31.82	4 164.1	27.38	835.1	5.49	0	0
古城镇	9 929.0	5 226.2	52.64	2 255.0	22.71	1 157.7	11.66	1 013.3	10.21	276.8	2.79	0	0
青山乡	9 562.0	1 908.7	19.96	4 047.8	42.33	2 663.5	27.86	940.8	9.84	1.2	0.01	0	0
奎山乡	10 846.0	666.8	6.15	3 412.0	31.46	4 401.9	40.59	2 175.7	20.06	189.6	1.75	0	0
林口镇	7 190.9	136.2	1.89	421.5	5.86	2 457.7	34.18	3 366.7	46.82	770.0	10.71	38.8	0.54
朱家镇	9 801.0	1876.5	19.15	2 229.6	22.75	2 854.1	29.12	2 562.6	26.15	278.2	2.84	0	0
柳树镇	10 510.9	859.5	8.18	3 005.6	28.60	3 376.5	32.12	2 708.4	25.77	497.2	4.73	63.7	0.61
刁翎镇	15 519.1	474.7	3.06	3 693.0	23.80	4 496.3	28.97	5 311.4	34.23	1 543.7	9.95	0	0
建堂乡	9 294.9	569.5	6.13	3 918.9	42.16	2 650.3	28.51	1 802.1	19.39	324.0	3.49	30.1	0.32
合 计	107 464.7	13 260.0	12.34	29 070.3	27.05	31 139.6	28.98	26 990.1	25.11	6 638.4	6.18	366.3	0.34

第二次土壤普查与本次地力评价耕层土壤有机质频率分布比较见图 4-1。

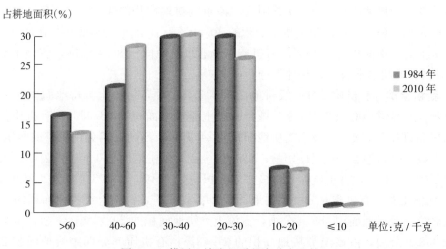

图 4-1 耕层土壤有机质频率分布比较

（四）耕地土类有机质分级面积情况

按照黑龙江省耕地土壤有机质分级标准，林口县各土类土壤有机质分级如下：

1. 暗棕壤类 有机质养分一级耕地面积 4 669.6 公顷，占该土类耕地面积的 7.76％；有机质养分二级耕地面积 15 932.6 公顷，占该土类耕地面积的 26.49％；有机质养分三级耕地面积 16 033.0 公顷，占该土类耕地面积的 26.66％；有机质养分四级耕地面积 19 394.4 公顷，占该土类耕地面积的 32.24％；有机质养分五级耕地面积 3 916.1公顷，占该土类耕地面积的 6.51％；有机质养分六级耕地面积 203.3 公顷，占该土类耕地面积的 0.34％。

2. 白浆土类 有机质养分一级耕地面积 2 739.3 公顷，占该土类耕地面积的 15.13％；有机质养分二级耕地面积 3 497.8 公顷，占该土类耕地面积的 19.32％；有机质养分三级耕地面积 7 474.2 公顷，占该土类耕地面积的 41.29％；有机质养分四级耕地面积 4 197.3 公顷，占该土类耕地面积的 23.19％；有机质养分五级耕地面积 155.7 公顷，占该土类耕地面积的 0.86％；有机质养分六级耕地面积 38.8 公顷，占该土类耕地面积的 0.21％。

3. 草甸土类 有机质养分一级耕地面积 998.2 公顷，占该土类耕地面积的 17.18％；有机质养分二级耕地面积 1 774.4 公顷，占该土类耕地面积的 30.54％；有机质养分三级耕地面积 1 778.8 公顷，占该土类耕地面积的 30.62％；有机质养分四级耕地面积 719.8 公顷，占该土类耕地面积的 12.39％；有机质养分五级耕地面积 444.5 公顷，占该土类耕地面积的 7.65％；有机质养分六级耕地面积 94.0 公顷，占该土类耕地面积的 1.62％。

4. 沼泽土类 有机质养分一级耕地面积 3 306.5 公顷，占该土类耕地面积的 31.72％；有机质养分二级耕地面积 3 954.7 公顷，占该土类耕地面积的 37.94％；有机质养分三级耕地面积 2 419.5 公顷，占该土类耕地面积的 23.21％；有机质养分四级耕地面积 398.7 公顷，占该土类耕地面积的 3.83％；有机质养分五级耕地面积 343.7 公顷，占该土类耕地面积的 3.30％；有机质养分六级耕地无分布。

5. 泥炭土类 有机质养分一级耕地面积 418.2 公顷，占该土类耕地面积的 13.32％；有机质养分二级耕地面积 1 505.7 公顷，占该土类耕地面积的 47.94％；有机质养分三级耕地面积 960.7 公顷，占该土类耕地面积的 30.59％；有机质养分四级耕地面积 225.6 公顷，占该土类耕地面积的 7.18％；有机质养分五级耕地面积 30.4 公顷，占该土类耕地面积的 1.0％；有机质养分六级耕地无分布。

6. 新积土类 有机质养分一级耕地面积 913.5 公顷，占该土类耕地面积的 10.71％；有机质养分二级耕地面积 2 015.9 公顷，占该土类耕地面积的 23.63％；有机质养分三级耕地面积 2 114.7 公顷，占该土类耕地面积的 24.79％；有机质养分四级耕地面积 1 805.4 公顷，占该土类耕地面积的 21.16％；有机质养分五级耕地面积 1 651.4 公顷，占该土类耕地面积的 19.36％；有机质养分六级耕地面积 30.1 公顷，占该土类耕地面积的 0.35％。

7. 水稻土类 有机质养分一级耕地面积 214.6 公顷，占该土类耕地面积的 16.40％；有机质养分二级耕地面积 389.4 公顷，占该土类耕地面积的 29.76％；有机质养分三级耕地面积 358.9 公顷，占该土类耕地面积的 27.43％；有机质养分四级耕地面积 249.0 公顷，占该土类耕地面积的 19.03％；有机质养分五级耕地面积 96.5 公顷，占该土类耕地面积的 7.38％；有机质养分六级耕地无分布。

耕地土壤有机质分级面积统计见表 4 - 6。

表4-6 耕地土类有机质分级面积统计

土 种	面积(公顷)	一级 面积(公顷)	一级 占总面积(%)	二级 面积(公顷)	二级 占总面积(%)	三级 面积(公顷)	三级 占总面积(%)	四级 面积(公顷)	四级 占总面积(%)	五级 面积(公顷)	五级 占总面积(%)	六级 面积(公顷)	六级 占总面积(%)
一、暗棕壤类	60 149.0	4 669.6	7.76	15 932.6	26.49	16 033.0	26.66	19 394.4	32.24	3 916.1	6.51	203.3	0.34
(1)暗矿质暗棕壤	27 396.7	2 574.9	9.40	9 419.4	34.38	6 496.3	23.71	7 349.0	26.82	1 353.8	4.94	203.3	0.74
(2)沙砾质暗棕壤	24 127.5	1 659.2	6.88	5 418.1	22.46	7 129.0	29.55	8 600.9	35.65	1 320.2	5.47	0	0
(3)泥沙质暗棕壤	1 423.7	0	0	47.8	3.36	484.4	34.02	756.3	53.12	135.2	9.50	0	0
(4)泥质暗棕壤	568.9	107.8	18.95	174.6	30.69	123.6	21.72	148.2	26.05	14.8	2.60	0	0
(5)沙砾质白浆化暗棕壤	6 038.3	269.6	4.46	836.0	13.84	1 497.0	24.79	2 432.7	40.29	1 003.1	16.61	0	0
(6)砾质沙底草甸暗棕壤	593.9	58.1	9.78	36.8	6.20	302.8	50.99	107.2	18.05	89.0	14.99	0	0
二、白浆土类	18 103.0	2 739.3	15.13	3 497.8	19.32	7 474.2	41.29	4 197.3	23.19	155.7	0.86	38.8	0.21
(1)薄层黄土质白浆土	4 019.4	302.1	7.52	359.7	8.95	2 574.4	64.05	756.0	18.81	27.2	0.68	0	0
(2)中层黄质白浆土	9 534.9	2 057.5	21.58	2 048.9	21.49	2 860.9	30.00	2 513.7	26.36	15.1	0.16	38.8	0.41
(3)厚层黄质白浆土	4 323.1	326.4	7.55	1 069.5	24.74	1 940.2	44.88	893.1	20.66	93.9	2.17	0	0
(4)薄层沙底草甸白浆土	184.9	53.3	28.83	0	0	95.1	51.43	17.0	9.19	19.5	10.55	0	0
(5)中层沙底草甸白浆土	40.7	0	0	19.7	48.40	3.6	8.85	17.4	42.75	0	0	0	0
三、草甸土类	5 809.6	998.2	17.18	1 774.4	30.54	1 778.8	30.62	719.8	12.39	444.5	7.65	94.0	1.62
(1)薄层黏壤质草甸土	920.1	143.9	15.64	317.6	34.52	129.9	14.12	265.2	28.82	63.5	6.90	0	0
(2)中层黏壤质草甸土	2 060.7	160.2	7.77	665.2	32.28	747.4	36.27	87.4	4.24	370.2	17.96	30.3	1.47
(3)厚层黏壤质草甸土	1 415.4	355.6	25.12	158.0	11.16	605.6	42.79	296.2	20.93	0	0	0	0
(4)薄层黏壤质潜育草甸土	114.1	77.8	68.19	21.4	18.76	14.9	13.06	0	0	0	0	0	0
(5)中层黏壤质潜育草甸土	488.3	7.7	1.58	222.7	45.61	116.3	23.82	67.1	13.74	10.8	2.21	63.7	13.05
(6)厚层黏壤质潜育草甸土	811.0	253.0	31.20	389.4	48.01	164.7	20.31	3.9	0.48	0	0	0	0
四、沼泽土类	10 423.1	3 306.5	31.72	3 954.7	37.94	2 419.5	23.21	398.7	3.83	343.7	3.30	0	0
(1)厚层粘质草甸沼泽土	4 597.2	1 607.4	34.96	1 589.4	34.57	1 114.7	24.25	180.4	3.92	105.3	2.29	0	0

（续）

土　种	面积（公顷）	一级 面积（公顷）	一级 占总面积（%）	二级 面积（公顷）	二级 占总面积（%）	三级 面积（公顷）	三级 占总面积（%）	四级 面积（公顷）	四级 占总面积（%）	五级 面积（公顷）	五级 占总面积（%）	六级 面积（公顷）	六级 占总面积（%）
（2）薄层泥炭腐殖质沼泽土	1 565.2	343.7	21.96	529.3	33.81	448.4	28.65	101.5	6.48	142.4	9.10	0	0
（3）薄层泥炭沼泽土	3 561.9	1 175.4	33.00	1 540.9	43.26	662.1	18.59	87.5	2.46	96.0	2.70	0	0
（4）浅埋藏型沼泽土	698.8	180.0	25.76	295.1	42.23	194.3	27.80	29.4	4.21	0	0	0	0
五、泥炭土类	3 140.6	418.2	13.32	1 505.7	47.94	960.7	30.59	225.6	7.18	30.4	0.97	0	0
（1）薄层芦苇薹草低位泥炭土	1 733.6	185.3	10.69	669.2	38.60	623.1	35.94	225.6	13.01	30.4	1.75	0	0
（2）中层芦苇薹草低位泥炭土	1 407.0	232.9	16.55	836.5	59.45	337.6	23.99	0	0	0	0	0	0
六、新积土类	8 531.0	913.5	10.71	2 015.9	23.63	2 114.7	24.79	1 805.4	21.16	1 651.4	19.36	30.1	0.35
（1）薄层沙质冲积土	1 535.4	125.3	8.16	232.0	15.11	247.9	16.15	679.0	44.22	251.2	16.36	0	0
（2）薄层砾质冲积土	2 407.6	131.3	5.45	1 033.8	42.94	549.2	22.81	249.0	10.34	444.3	18.45	0	0
（3）中层状冲积土	4 588.0	656.9	14.32	750.1	16.35	1 317.6	28.72	877.4	19.12	955.9	20.83	30.1	0.66
七、水稻土类	1 308.4	214.6	16.40	389.4	29.76	358.9	27.43	249.0	19.03	96.5	7.38	0	0
（1）白浆土型淹育水稻土	83.5	83.5	100.00	0	0	0	0	0	0	0	0	0	0
（2）中层草甸土型淹育水稻土	107.8	0	0	32.5	30.15	72.4	67.16	2.9	2.69	0	0	0	0
（3）厚层草甸土型淹育水稻土	107.6	50.0	46.47	18.4	17.10	6.5	6.04	27.7	25.74	5.0	4.65	0	0
（4）中层冲积土型淹育水稻土	778.3	66.0	8.48	241.1	30.98	194.8	25.03	207.3	26.63	69.1	8.88	0	0
（5）厚层沼泽土型潜育水稻土	231.2	15.1	6.53	97.4	42.13	85.2	36.85	11.1	4.80	22.4	9.69	0	0
合　计	107 464.7	13 260.0	12.34	29 070.4	27.05	31 139.8	28.98	26 990.2	25.11	6 638.3	6.18	384.5	0.34

二、土壤碱解氮

土壤碱解氮是反映土壤供氮水平的一种较为稳定的指标，一般认为土壤中碱解氮小于50毫克/千克为供应较低，50～100毫克/千克为供应中等，大于100毫克/千克为供应较高。

（一）各乡（镇）土壤碱解氮变化情况

本次采样化验分析：林口县土壤碱解氮含量最大值为656.1毫克/千克，最小值为43.3毫克/千克，平均值为190.9毫克/千克。见表4-7。

表4-7　土壤碱解氮含量统计

乡（镇）	最大值	最小值	平均值	地力等级				
				一级地	二级地	三级地	四级地	五级地
三道通镇	274.0	100.9	170.5	167.5	164.9	165.1	217.9	206.2
莲花镇	353.3	115.4	198.0	189.5	166.2	219.1	234.2	0.0
龙爪镇	656.1	86.5	205.7	262.3	208.7	210.7	194.7	175.6
古城镇	320.8	93.7	199.1	228.0	193.2	190.8	220.3	194.7
青山乡	408.2	72.1	213.2	0.0	186.5	213.8	184.4	224.7
奎山乡	467.6	59.4	210.0	240.9	198.9	218.4	167.4	100.9
林口镇	284.8	68.5	155.2	222.7	156.7	154.8	137.2	0.0
朱家镇	548.0	79.3	210.8	178.9	230.6	205.8	181.9	129.8
柳树镇	656.1	43.3	190.1	202.4	202.4	188.2	202.4	193.4
刁翎镇	331.7	57.7	166.3	183.1	177.5	153.8	163.3	153.7
建堂乡	584.0	68.5	208.2	180.5	231.0	205.4	185.9	165.8
全县	656.1	43.3	190.9	186.9	192.4	193.2	190.0	140.4

（二）土壤类型碱解氮变化情况

林口县土壤碱解氮本次耕地地力评价与第二次土壤普查相比呈下降趋势，全县碱解氮平均值下降40.5毫克/千克。其中，暗棕壤土类上升8.4毫克/千克、白浆土土类上升35.0毫克/千克、草甸土土类下降60.9毫克/千克、沼泽土土类下降136.7毫克/千克、泥炭土土类下降241.8毫克/千克、新积土土类上升31.8毫克/千克、水稻土土类上升16.5毫克/千克。可以看出由于人为耕作，养分降低的幅度大于上升的幅度。见表4-8。

表4-8　耕地土壤碱解氮含量统计

单位：毫克/千克

土壤类型	本次耕地地力评价			各地力等级养分平均值					第二次土壤普查		
	最大值	最小值	平均值	一级地	二级地	三级地	四级地	五级地	最大值	最小值	平均值
一、暗棕壤类	656.1	57.7	176.4	192.6	177.2	169.7	161.1	186.2	1 225.4	60.4	168.0
（1）暗矿质暗棕壤	656.1	57.7	201.8	215.5	207.4	199.8	192.7	201.2	383.1	101.7	245.8
（2）沙砾质暗棕壤	511.9	57.7	188.1	183.8	189.7	187.5	183.8	194.0	1 225.4	60.4	168.9

（续）

土壤类型	本次耕地地力评价			各地力等级养分平均值					第二次土壤普查		
	最大值	最小值	平均值	一级地	二级地	三级地	四级地	五级地	最大值	最小值	平均值
（3）泥沙质暗棕壤	248.7	68.5	155.4	—	151.4	161.0	130.5	151.4	314.3	92.5	169.8
（4）泥质暗棕壤	270.4	104.5	184.6	207.2	175.0	183.4	117.2	—	195.9	60.9	142.3
（5）沙砾质白浆化暗棕壤	310.0	79.3	165.6	188.6	171.8	155.4	156.6	185.7	289.2	60.6	130.7
（6）砾沙质草甸暗棕壤	234.3	100.9	163.1	167.9	167.9	131.2	185.7	198.7	383.0	70.7	150.5
二、白浆土类	421.3	90.1	185.3	187.4	178.5	179.2	187.7	207.3	305.9	40.2	150.3
（1）薄层黄土质白浆土	256.0	123.8	176.3	184.6	181.8	169.2	211.3	198.3	176.3	80.6	136.2
（2）中层黄土质白浆土	421.3	100.9	188.0	182.3	179.7	183.8	171.3	224.3	305.9	40.2	149.5
（3）厚层黄土质白浆土	353.3	90.1	188.7	220.0	187.2	184.5	159.2	219.0	300.1	70.5	165.3
（4）薄层沙底草甸白浆土	214.4	142.8	192.2	—	152.5	—	209.1	187.5	—	—	—
（5）中层沙底草甸白浆土	237.9	144.2	181.5	162.5	191.1	—	—	—	—	—	—
三、草甸土类	430.8	43.3	192.3	195.5	182.7	184.2	186.8	209.2	715.5	71.8	253.2
（1）薄层黏壤质草甸土	298.0	108.2	178.5	195.3	190.7	182.7	161.3	—	509.8	71.8	226.4
（2）中层黏壤质草甸土	320.5	108.2	191.8	193.5	149.7	187.8	163.7	215.0	715.5	81.6	265.6
（3）厚层黏壤质草甸土	353.3	113.6	187.2	196.9	169.5	197.7	177.7	—	1 329.0	145.4	345.8
（4）薄层黏壤质潜育草甸土	263.2	144.2	196.5	144.2	—	205.4	200.3	—	248.6	81.5	175.5
（5）中层黏壤质潜育草甸土	288.4	43.3	175.8	218.9	173.5	120.5	230.7	203.4	399.0	112.1	259.3
（6）厚层黏壤质潜育草甸土	430.8	140.2	224.1	224.3	229.9	211.1	—	—	354.4	113.4	246.6
四、沼泽土类	548.0	92.0	222.3	203.0	217.0	237.0	210.6	222.5	1 491.8	71.0	359.0
（1）厚层黏质草甸沼泽土	439.8	92.0	210.6	226.3	197.9	223.1	219.8	186.2	328.0	82.1	212.4
（2）薄层泥炭腐殖质沼泽土	392.9	100.9	209.8	154.1	212.1	210.0	217.2	206.9	1 314.0	91.5	415.4
（3）薄层泥炭沼泽土	548.0	108.2	245.3	237.9	252.1	242.8	205.5	276.7	1 491.8	71.0	486.4
（4）浅埋藏型沼泽土	467.6	136.7	223.3	193.5	205.9	272.0	199.9	220.4	674.2	142.9	321.8
五、泥炭土类	656.1	57.7	218.7	180.3	202.2	192.5	317.9	274.0	1 332.0	126.8	460.5
（1）薄层芦苇薹草低位泥炭土	266.8	57.7	172.4	187.8	176.5	164.1	163.0	251.1	1 204.0	131.0	397.6
（2）中层芦苇薹草低位泥炭土	656.1	133.4	264.2	172.7	227.9	220.8	472.8	296.6	1 332.0	126.8	523.3
六、新积土类	310.0	57.7	173.0	170.4	172.8	167.9	189.2	193.7	369.7	11.3	141.2
（1）薄层沙质冲积土	295.6	122.6	167.9	164.8	166.5	174.9	190.2	—	188.8	50.4	130.8
（2）薄层砾质冲积土	259.6	57.7	175.1	173.0	177.3	154.8	195.6	182.7	339.0	81.3	140.3
（3）中层状冲积土	310.0	68.5	175.9	173.4	174.7	174.0	181.9	204.8	369.7	11.3	147.3
七、水稻土类	367.7	100.9	183.6	182.7	205.2	164.3	150.0	—	467.7	60.9	167.1
（1）白浆土型淹育水稻土	250.1	151.4	193.5	—	228.8	175.9	—	—	153.9	133.9	140.9
（2）中层草甸土型淹育水稻土	245.1	150.0	178.3	202.9	167.6	176.2	150.0	—	230.9	150.5	185.9
（3）厚层草甸土型淹育水稻土	367.7	114.5	208.3	—	273.7	159.2	—	—	467.7	100.8	238.2
（4）中层冲积土型淹育水稻土	288.4	122.6	178.0	183.0	180.6	166.5	—	—	208.4	60.7	125.7
（5）厚层沼泽土型潜育水稻土	216.3	100.9	159.7	162.2	175.2	143.7	—	—	187.5	184.4	186.0
全 县	656.1	43.3	190.9	189.1	189.8	183.7	195.3	211.9	1 491.8	11.3	231.4

（三）土壤碱解氮分级面积情况

　　按照黑龙江省土壤碱解氮分级标准，林口县碱解氮一级耕地面积 11 610.6 公顷，占总耕地面积的 10.8%；碱解氮二级耕地面积 39 802.0 公顷，占总耕地面积的 37.0%；碱解氮三级耕地面积 27 762.4 公顷，占总耕地面积的 25.8%；碱解氮四级耕地面积 20 029.8 公顷，占总耕地面积的 18.6%；碱解氮五级耕地面积 6 986.2 公顷，占总耕地面积的 6.5%；碱解氮六级耕地面积 1 273.8 公顷，占总耕地面积的 1.2%。各乡（镇）耕地土壤碱解氮分级面积统计见表 4 - 9，耕层土壤碱解氮频率分布比较见图 4 - 2。

表 4 - 9　各乡（镇）耕地土壤碱解氮分级面积统计

乡（镇）	面积（公顷）	一级		二级		三级		四级		五级		六级	
		面积（公顷）	占总面积（%）	面积（公顷）	占总面积（%）	面积（公顷）	占总面积（%）	面积（公顷）	占总面积（%）	面积（公顷）	占总面积（%）	面积（公顷）	占总面积（%）
三道通镇	6 016.0	258.2	4.29	2 470.3	41.06	1 480.5	24.61	1 262.6	20.99	544.4	9.05	0	0
莲花镇	3 585.9	530.8	14.80	1 318.3	36.76	499.5	13.93	1 231.8	34.35	5.5	0.15	0	0
龙爪镇	15 209.0	1 640.5	10.79	6 009.0	39.51	3 773.7	24.81	2 772.7	18.23	1 013.1	6.66	0	0
古城镇	9 929.0	1 256.0	12.65	3 250.5	32.74	3 764.9	37.92	1 293.4	13.03	364.2	3.67	0	0
青山乡	9 562.0	1 467.8	15.35	6 168.6	64.51	1 312.0	13.72	388.7	4.07	192.3	2.01	32.6	0.34
奎山乡	10 846.0	1 519.1	14.01	3 433.7	31.66	3 592.1	33.12	1 923.2	17.73	221.7	2.04	156.2	1.44
林口镇	7 190.9	7.7	0.11	1 149.6	15.99	2 992.5	41.61	1 715.0	23.85	1 170.1	16.27	156.2	2.17
朱家镇	9 801.0	1 884.3	19.23	3 753.0	38.29	2 492.2	25.43	1 229.4	12.54	362.1	3.69	80.0	0.82
柳树镇	10 510.9	999.3	9.51	4 113.0	39.13	2 900.9	27.60	1 656.9	15.76	686.4	6.53	154.4	1.47
刁翎镇	15 519.1	596.7	3.84	4 389.5	28.28	3 765.2	24.26	4 150.2	26.74	2 042.0	13.16	575.5	3.71
建堂乡	9 294.9	1 450.3	15.60	3 746.6	40.31	1 188.8	12.79	2 406.0	25.89	384.3	4.13	118.9	1.28
合 计	107 464.7	11 610.6	10.80	39 802.0	37.04	27 762.4	25.83	20 029.8	18.64	6 986.2	6.50	1 273.8	1.19

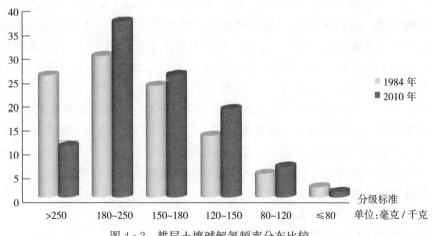

图 4 - 2　耕层土壤碱解氮频率分布比较

（四）耕地土类碱解氮分级面积情况

按照黑龙江省耕地土壤碱解氮分级标准，林口县各类土壤碱解氮分级如下：

1. 暗棕壤类 碱解氮养分一级耕地面积 5 239.8 公顷，占该土类耕地面积的 8.71%；碱解氮养分二级耕地面积 20 332.2 公顷，占该土类耕地面积的 33.80%；碱解氮养分三级耕地面积 15 736.9 公顷，占该土类耕地面积的 26.16%；碱解氮养分四级耕地面积 13 137.7 公顷，占该土类耕地面积的 21.84%；碱解氮养分五级耕地面积 4 777.3 公顷，占该土类耕地面积的 7.94%；碱解氮养分六级耕地面积 925.1 公顷，占该土类耕地面积的 1.54%。

2. 白浆土类 碱解氮养分一级耕地面积 766.5 公顷，占该土类耕地面积的 4.23%；碱解氮养分二级耕地面积 7 349.8 公顷，占该土类耕地面积的 40.60%；碱解氮养分 三级耕地面积 6 570.5 公顷，占该土类耕地面积的 36.29%；碱解氮养分四级耕地面积 2 872.4 公顷，占该土类耕地面积的 15.87%；碱解氮养分五级耕地面积 543.8 公顷，占该土类耕地面积的 3.0%；碱解氮养分六级耕地无分布。

3. 草甸土类 碱解氮养分一级耕地面积 1 483.4 公顷，占该土类耕地面积的 25.53%；碱解氮养分二级耕地面积 2 091.4 公顷，占该土类耕地面积的 36.0%；碱解氮养分三级耕地面积 643.0 公顷，占该土类耕地面积的 11.07%；碱解氮养分四级耕地面积 729.5 公顷，占该土类耕地面积的 12.56%；碱解氮养分五级耕地面积 798.6 公顷，占该土类耕地面积的 13.74%；碱解氮养分六级耕地面积 63.7 公顷，占该土类耕地面积的 1.10%。

4. 沼泽土类 碱解氮养分一级耕地面积 2 949.9 公顷，占该土类耕地面积的 28.30%；碱解氮养分二级耕地面积 5 373.4 公顷，占该土类耕地面积的 51.55%；碱解氮养分三级耕地面积 1 220.1 公顷，占该土类耕地面积的 11.71%；碱解氮养分四级耕地面积 514.6 公顷，占该土类耕地面积的 4.94%；碱解氮养分五级耕地面积 365.1 公顷，占该土类耕地面积的 3.50%；碱解氮养分六级耕地无分布。

5. 泥炭土类 碱解氮养分一级耕地面积 478.8 公顷，占该土类耕地面积的 15.25%；碱解氮养分二级耕地面积 1 122.3 公顷，占该土类耕地面积的 35.73%；碱解氮养分三级耕地面积 1 142.6 公顷，占该土类耕地面积的 36.38%；碱解氮养分四级耕地面积 364.9 公顷，占该土类耕地面积的 11.62%；碱解氮养分五级耕地面积 8.1 公顷，占该土类耕地面积的 0.26%；碱解氮养分六级耕地面积 24.0 公顷，占该土类耕地面积的 0.76%。

6. 新积土类 碱解氮养分一级耕地面积 632.3 公顷，占该土类耕地面积的 7.41%；碱解氮养分二级耕地面积 2 984.0 公顷，占该土类耕地面积的 34.98%；碱解氮养分三级耕地面积 1 955.9 公顷，占该土类耕地面积的 22.93%；碱解氮养分四级耕地面积 2 232.1 公顷，占该土类耕地面积的 26.16%；碱解氮养分五级耕地面积 465.9 公顷，占该土类耕地面积的 5.46%；碱解氮养分六级耕地面积 260.9 公顷，占该土类耕地面积的 3.06%。

7. 水稻土类 碱解氮养分一级耕地面积 60.1 公顷，占该土类耕地面积的 4.59%；碱解氮养分二级耕地面积 548.8 公顷，占该土类耕地面积的 41.94%；碱解氮养分三级耕地面积 493.3 公顷，占该土类耕地面积的 37.71%；碱解氮养分四级耕地面积 178.8 公顷，占该土类耕地面积的 13.67%；碱解氮养分五级耕地面积 27.4 公顷，占该土类耕地面积的 2.09%；碱解氮养分六级耕地无分布。

耕地土壤碱解氮分级面积统计见表 4 - 10。

表4-10　耕地土类碱解氮分级面积统计

土种	面积(公顷)	一级		二级		三级		四级		五级		六级	
		面积(公顷)	占总面积(%)	面积(公顷)	占总面积(%)	面积(公顷)	占总面积(%)	面积(公顷)	占总面积(%)	面积(公顷)	与总面积(%)	面积(公顷)	占总面积(%)
一、暗棕壤类	60 149.0	5 239.8	8.71	20 332.2	33.80	15 736.9	26.16	13 137.7	21.84	4 777.3	7.94	925.1	1.54
(1)矿质暗棕壤	27 396.7	3 584.6	13.08	9 953.3	36.33	4 950.7	18.07	6 228.7	22.74	2 273.6	8.30	405.8	1.48
(2)沙质暗棕壤	24 127.5	1 528.9	6.34	7896.9	32.73	7 962.9	33.00	4 760.8	19.73	1 623.3	6.73	354.7	1.47
(3)泥沙质暗棕壤	1423.7	0	0	412.9	29.00	599.1	42.08	203.1	14.27	118.5	8.32	90.1	6.33
(4)泥质暗棕壤	568.9	74.8	13.15	225.2	39.60	111.7	19.63	118.0	20.74	39.2	6.89	0	0
(5)沙泥质白浆化暗棕壤	6 038.3	51.4	0.85	1 666.9	27.61	1746.0	28.92	1806.2	29.91	693.3	11.48	74.5	1.23
(6)砾沙质草甸暗棕壤	593.9	0	0	177.0	29.80	366.5	61.71	20.9	3.52	29.5	4.97	0	0
二、白浆土类	18 103.0	766.5	4.23	7349.8	40.60	6570.5	36.29	2872.4	15.87	543.8	3.00	0	0
(1)薄层黄土质白浆土	4 019.4	18.3	0.46	1741.1	43.32	1679.1	41.77	580.9	14.45	0	0	0	0
(2)中层黄土质白浆土	9 534.9	425.6	4.46	3 204.0	33.60	3814.1	40.00	2056.7	21.57	34.5	0.36	0	0
(3)厚层黄土质白浆土	4 323.1	322.5	7.46	2 236.6	51.74	1 056.7	24.44	198.0	4.58	509.3	11.78	0	0
(4)薄层沙底草甸白浆土	184.9	0	0	148.4	80.26	17.0	9.19	19.5	10.55	0	0	0	0
(5)中层沙底草甸白浆土	40.7	0	0	19.7	48.40	3.6	8.85	17.4	42.75	0	0	0	0
三、草甸土类	5 809.6	1 483.4	25.53	2 091.4	36.00	643.0	11.07	729.5	12.56	798.6	13.74	63.7	1.10
(1)薄层黏壤质草甸土	920.1	72.2	7.85	350.6	38.11	172.2	18.71	167.3	18.18	157.8	17.15	0	0
(2)中层黏壤质草甸土	2 060.7	596.9	28.97	721.8	35.02	192.3	9.33	151.6	7.36	398.1	19.32	0	0
(3)厚层黏壤质草甸土	1 415.4	205.1	14.49	542.9	38.36	110.9	7.84	389.6	27.53	166.9	11.79	0	0
(4)薄层黏壤质潜育草甸土	114.1	4.4	3.85	55.8	48.95	39.7	34.76	14.2	12.43	0	0	0	0
(5)中层黏壤质潜育草甸土	488.3	33.1	7.80	248.7	50.94	57.4	11.76	4.7	0.94	75.7	15.51	63.7	13.05
(6)厚层黏壤质潜育草甸土	811.0	565.7	69.89	171.5	21.15	70.5	8.69	2.3	0.27	0	0	0	0

（续）

土 种	面积(公顷)	一级		二级		三级		四级		五级		六级	
		面积(公顷)	占总面积(%)	面积(公顷)	占总面积(%)	面积(公顷)	占总面积(%)	面积(公顷)	占总面积(%)	面积(公顷)	占总面积(%)	面积(公顷)	占总面积(%)
四、沼泽土类	10 423.1	2 949.9	28.30	5 373.4	51.55	1 220.1	11.71	514.6	4.94	365.1	3.50	0	0
(1)厚层黏质草甸沼泽土	4 597.2	1 173.2	25.52	2 641.1	57.45	401.5	8.73	274.3	5.97	107.0	2.33	0	0
(2)薄层泥炭腐殖质沼泽土	1 565.2	381.0	24.34	713.1	45.56	196.4	12.55	121.5	7.76	153.2	9.79	0	0
(3)薄层泥炭沼泽土	3 561.9	1171.3	32.88	1641.6	46.09	566.5	15.90	77.6	2.18	104.9	2.95	0	0
(4)浅埋藏型沼泽土	698.8	224.4	32.11	377.6	54.04	55.7	7.97	41.1	5.88	0	0	0	0
五、泥炭土类	3 140.6	478.8	15.25	1 122.2	35.73	1 142.6	36.38	364.9	11.62	8.1	0.26	24.0	0.76
(1)薄层芦苇薹草低位泥炭土	1 733.6	90.9	5.24	692.5	39.95	740.2	42.69	177.9	10.26	8.1	0.47	24.0	1.38
(2)中层芦苇薹草低位泥炭土	1 407.0	387.9	27.57	429.7	30.54	402.4	28.60	187.0	13.30	0	0	0	0
六、新积土类	8 531.0	632.3	7.41	2 983.9	34.98	1 955.9	22.93	2232.1	26.16	465.9	5.46	260.9	3.06
(1)薄层沙质冲积土	1 535.4	40.5	2.64	379.9	24.74	595.1	38.76	519.9	33.86	0	0	0	0
(2)薄层砾质冲积土	2 407.6	4.5	0.19	1 127.4	46.83	453.0	18.81	395.2	16.41	196.7	8.17	230.8	9.59
(3)中层状冲积土	4 588.0	587.4	12.80	1476.6	32.18	907.9	19.79	1316.9	28.70	269.1	5.87	30.1	0.66
七、水稻土类	1 308.4	60.1	4.59	548.8	41.94	493.3	37.71	178.8	13.67	27.4	2.09	0	0
(1)白浆土型淹育水稻土	83.5	1.7	2.04	46.9	56.17	34.9	41.80	0	0	0	0	0	0
(2)中层草甸土型淹育水稻土	107.8	0	0	52.4	48.61	49.0	45.45	6.4	5.94	0	0	0	0
(3)厚层草甸土型淹育水稻土	107.6	1.2	1.12	67.2	62.45	6.5	6.04	27.7	25.74	5.0	4.65	0	0
(4)中层冲积土型淹育水稻土	778.3	57.2	7.35	336.7	43.25	255.7	32.86	128.7	16.54	22.4	0	0	0
(5)厚层沼泽土型潜育水稻土	231.2	0	0	45.6	19.72	147.2	63.67	16.0	6.92	22.4	9.69	0	0
合　计	107 464.7	11 610.6	10.80	39 801.9	37.04	27 762.4	25.83	20 029.8	18.64	6 986.2	6.50	1 273.8	1.19

（五）氮素养分供应强度

速效养分占全量养分的百分比，称为养分供应强度。从两次土壤化验结果对比看，本次调查的养分供应强度最低为 4.02%，最高 10.33%，平均 8.4%。而 1984 年普查养分供应强度最低为 0.9%，最高 29.7%，平均 8.67%。说明目前耕地的供肥能力不如以前，但是比较均衡。见表 4-11。

表 4-11　氮素养分供应强度对比

土　　种	1984 年第二次土壤普查			本次耕地地力评价		
	全氮（克/千克）	碱解氮（毫克/千克）	供应强度（%）	全氮（克/千克）	碱解氮（毫克/千克）	供应强度（%）
暗矿质暗棕壤	1.613	111.87	6.84	2.397	201.8	8.42
沙砾质暗棕壤	1.025	94.18	9.20	2.187	188.1	8.60
泥沙质暗棕壤	1.411	101.41	7.20	1.652	155.4	9.41
泥质暗棕壤	1.277	195.85	15.30	1.998	184.6	9.24
沙砾质白浆化暗棕壤	2.278	153.50	6.70	1.837	165.6	9.01
砾沙质草甸暗棕壤	1.329	112.09	8.40	2.028	163.1	8.04
薄层黄土质白浆土	1.008	122.70	2.20	1.949	176.3	9.05
中层黄土质白浆土	5.68	155.34	2.70	2.417	188.0	7.78
厚层黄土质白浆土	2.151	218.23	10.10	2.320	188.7	8.13
薄层沙底草甸白浆土	2.483	155.76	6.30	2.393	192.2	8.03
中层沙底草甸白浆土	0.594	157.31	26.50	1.933	181.5	9.39
薄层黏壤质草甸土	3.721	142.19	3.80	2.305	178.5	7.74
中层黏壤质草甸土	4.999	—	—	2.126	191.8	9.02
厚层黏壤质草甸土	2.890	154.82	5.30	2.355	187.2	7.95
中层黏壤质潜育草甸土	1.478	286.70	19.40	1.975	175.8	8.90
厚层黏壤质潜育草甸土	2.890	221.34	7.70	2.534	224.1	8.84
厚层黏质草甸沼泽土	8.938	205.58	2.30	2.465	210.6	8.54
薄层泥炭腐殖质沼泽土	19.75	174.47	0.90	2.490	209.8	8.43
薄层泥炭沼泽土	1.115	—	—	2.587	245.3	9.48
浅埋藏型沼泽土	4.704	—	—	2.454	223.3	9.10
薄层芦苇薹草低位泥炭土	17.270	177.00	1.00	2.430	172.4	7.09
中层芦苇薹草低位泥炭土	17.270	—		2.675	264.9	9.90
薄层沙质冲积土	0.870	101.67	11.70	1.626	167.9	10.33
薄层砾质冲积土	1.271	122.77	10.40	2.125	175.1	8.24
中层状冲积土	5.739	113.10	2.60	2.119	175.9	8.30
白浆土型淹育水稻土	1.524	155.63	11.25	4.811	193.5	4.02
中层草甸土型淹育水稻土	0.591	176.19	29.70	2.029	178.3	8.79
厚层草甸土型淹育水稻土	1.899	185.47	9.80	2.817	208.3	7.39
厚层沼泽土型潜育水稻土	3.728	175.02	4.75	1.964	159.7	8.13
中层冲积土型淹育水稻土	1.961	66.285	3.35	2.180	178.0	8.17

三、土壤全氮

土壤全氮包括有机氮和无机氮,是土壤肥力一项重要指标。土壤的全氮含量与土壤有机质含量成正相关,有机质含量高,全氮含量也高。

(一)各乡(镇)土壤全氮情况

本次耕地地力评价土壤化验分析发现,全氮含量最大值 6.417 克/千克,最小值是 0.28 克/千克,平均值 2.276 克/千克。地力等级与全氮含量不存在正相关性,青山镇二级地耕地的全氮含量 1.682 克/千克,而五级地的全氮含量 2.677 克/千克。见表 4-12。

表 4-12　土壤全氮含量统计

单位:克/千克

乡(镇)	最大值	最小值	平均值	地力等级				
				一级地	二级地	三级地	四级地	五级地
三道通镇	4.763	0.447	1.615	1.566	1.617	1.414	2.073	2.483
莲花镇	4.785	0.560	2.055	2.193	1.577	2.286	2.517	—
龙爪镇	4.493	0.624	2.130	3.314	2.366	2.056	1.999	1.666
古城镇	5.740	0.771	3.501	4.302	3.497	3.127	3.488	4.497
青山乡	5.192	0.888	2.608	—	1.682	2.692	2.436	2.677
奎山乡	5.583	1.116	2.276	2.889	2.323	2.185	1.978	1.526
林口镇	4.693	0.745	1.818	2.680	1.975	1.735	1.441	—
朱家镇	6.417	0.856	2.593	2.396	2.901	2.582	1.852	1.167
柳树镇	5.643	0.280	2.197	2.184	2.184	2.120	2.184	2.105
刁翎镇	5.687	0.769	1.873	2.111	1.989	1.720	1.890	1.676
建堂乡	4.896	0.336	2.366	2.368	2.292	2.448	2.305	—
全　县	6.417	0.280	2.276	2.364	2.218	2.215	2.197	1.837

(二)土壤类型全氮变化情况

林口县土类全氮本次耕地地力评价与二次土壤普查比呈下降趋势,全氮平均值下降 0.426 克/千克。其中暗棕壤土类下降 0.02 克/千克、白浆土上升 0.224 克/千克、草甸土土类下降 0.711 克/千克、沼泽土土类下降 1.976 克/千克、泥炭土土类下降 1.247 克/千克、新积土土类上升 0.028 克/千克、水稻土土类上升 0.66 克/千克。见表 4-13。

表 4-13　耕地土壤全氮含量统计

单位:克/千克

土壤类型	本次耕地地力评价			各地力等级养分平均值					第二次土壤普查		
	最大值	最小值	平均值	一级地	二级地	三级地	四级地	五级地	最大值	最小值	平均值
一、暗棕壤类	6.417	0.560	2.017	2.236	2.220	1.924	1.765	2.060	9.600	0.470	2.037
(1)暗矿质暗棕壤	6.119	0.560	2.397	3.014	2.622	2.256	2.264	2.283	5.107	0.931	2.780
(2)沙砾质暗棕壤	6.417	0.764	2.187	2.388	2.405	2.022	2.151	2.224	3.600	0.470	2.140

（续）

土壤类型	本次耕地地力评价			各地力等级养分平均值					第二次土壤普查		
	最大值	最小值	平均值	一级地	二级地	三级地	四级地	五级地	最大值	最小值	平均值
（3）泥沙质暗棕壤	2.679	0.624	1.652	—	1.892	1.625	1.457	1.514	2.600	1.100	2.200
（4）泥质暗棕壤	5.062	0.769	1.998	2.142	2.182	1.865	1.301	—	8.100	1.100	1.900
（5）沙砾质白浆化暗棕壤	4.234	0.634	1.837	2.057	1.988	1.647	1.675	2.157	9.600	0.940	1.600
（6）砾沙质草甸暗棕壤	5.492	0.698	2.028	1.579	2.231	2.130	1.741	2.123	3.900	0.810	1.600
二、白浆土类	5.740	0.849	2.202	2.931	2.098	1.810	2.159	2.260	3.600	0.470	1.978
（1）薄层黄土质白浆土	4.796	1.019	1.949	2.052	2.334	1.688	2.098	1.993	3.600	0.750	1.610
（2）中层黄土质白浆土	5.740	0.958	2.417	3.639	2.633	1.895	1.968	2.840	2.544	0.470	1.800
（3）厚层黄土质白浆土	4.705	0.953	2.320	4.302	2.469	1.846	1.493	2.483	3.200	0.870	1.900
（4）薄层沙底草甸白浆土	3.310	0.849	2.393	—	1.020	—	3.076	1.724	3.020	1.080	2.600
（5）中层沙底草甸白浆土	2.831	1.236	1.933	1.732	2.034				—	—	—
三、草甸土类	5.000	0.300	2.389	2.452	1.987	2.262	2.378	2.365	7.460	0.940	3.100
（1）薄层黏壤质草甸土	4.819	0.643	2.305	2.273	2.172	2.548	2.124	—	4.500	1.080	3.100
（2）中层黏壤质草甸土	4.920	0.447	2.126	2.095	1.389	2.600	2.053	2.473	7.460	0.940	2.900
（3）厚层黏壤质草甸土	4.943	1.181	2.355	2.571	2.249	2.272	1.873	—	7.100	0.960	3.200
（4）薄层黏壤质潜育草甸土	4.543	1.899	3.039	1.899	—	3.136	3.366	—	6.500	1.200	3.200
（5）中层黏壤质潜育草甸土	3.788	0.280	1.975	2.552	1.998	1.282	2.474	2.257	—	—	—
（6）厚层黏壤质潜育草甸土	4.963	1.195	2.534	3.323	2.126	2.329					
四、沼泽土类	5.500	0.700	2.499	2.635	2.440	2.423	2.559	2.625	24.200	0.940	4.475
（1）厚层黏质草甸沼泽土	5.357	0.737	2.465	2.578	2.591	2.216	2.553	2.488	12.900	1.100	3.100
（2）薄层泥炭腐殖质沼泽土	4.776	0.721	2.490	2.174	2.244	2.557	2.881	2.165	8.000	1.200	5.500
（3）薄层泥炭沼泽土	5.503	0.902	2.587	3.090	2.734	2.339	2.528	3.010	17.900	0.940	5.100
（4）浅埋藏型沼泽土	4.600	1.564	2.454	2.698	2.194	2.582	2.275	2.838	24.200	1.900	4.200
五、泥炭土类	6.100	0.800	2.553	2.369	2.846	2.375	2.253	2.659	8.000	1.100	3.800
（1）薄层芦苇薹草低位泥炭土	4.939	0.771	2.430	2.656	2.721	2.268	1.590	2.959	8.000	1.100	3.600
（2）中层芦苇薹草低位泥炭土	6.119	1.582	2.675	2.083	2.970	2.482	2.916	2.359	6.200	2.200	4.000
六、新积土类	5.700	0.300	1.957	2.025	1.914	1.935	2.502	1.918	18.300	0.400	1.888
（1）薄层沙质冲积土	3.626	0.830	1.626	1.970	1.456	1.753	2.903	—	18.300	0.940	1.900
（2）薄层砾质冲积土	5.492	0.822	2.125	2.200	2.064	2.108	2.490	1.573	7.900	0.980	2.050
（3）中层状冲积土	5.740	0.336	2.119	2.104	2.223	1.945	2.114	2.264	4.200	0.400	2.200
七、水稻土类	5.500	0.900	2.760	2.265	2.817	2.535	1.784		3.000	1.080	2.500
（1）白浆土型淹育水稻土	5.492	3.366	4.811	—	4.557	4.938	—	—	—	—	—
（2）中层草甸土型淹育水稻土	2.593	1.439	2.029	2.085	2.054	1.661	1.784	—	—	—	—
（3）厚层草甸土型淹育水稻土	3.383	2.300	2.817	—	2.954	2.715	—	—	—	—	—
（4）中层冲积土型淹育水稻土	4.014	0.877	2.180	2.681	2.238	1.731	—	—	—	—	—
（5）厚层沼泽土型潜育水稻土	3.360	0.940	1.964	2.030	2.283	1.632	—	—	—	—	—
全　县	6.417	0.280	2.331	2.432	2.307	2.187	2.204	2.305	24.200	0.400	2.757

（三）土壤全氮分级面积情况

林口县按照黑龙江省耕地全氮养分分级标准，全氮养分一级耕地面积 30 942.4 公顷，占总耕地面积的 28.79%；全氮养分二级耕地面积 21 926.6 公顷，占总耕地面积的 20.40%，全氮养分三级耕地面积 31 592.4 公顷，占总耕地面积的 29.40%；全氮养分四级耕地面积 17 913.4 公顷，占总耕地面积的 16.67%；全氮养分五级耕地面积 5 089.9 公顷，占总耕地面积的 4.74%。各乡（镇）耕地土壤全氮分级面积统计见表 4-14，耕层土壤全氮频率分布比较见图 4-3。

表 4-14　各乡（镇）耕地土壤全氮分级面积统计

乡（镇）	面积（公顷）	一级		二级		三级		四级		五级	
		面积（公顷）	占总面积（%）	面积（公顷）	占总面积（%）	面积（公顷）	占总面积（%）	面积（公顷）	占总面积（%）	面积（公顷）	占总面积（%）
二道通镇	6 016.0	506.7	8.42	788.5	13.11	1 916.9	31.86	1 592.4	26.47	1 211.5	20.14
莲花镇	3 585.9	888.3	24.77	564.8	15.75	571.3	15.93	1 000.9	27.91	560.6	15.63
龙爪镇	15 209.0	3 122.8	20.53	3 744.9	24.62	5 219.0	34.31	2 316.1	15.23	806.2	5.30
古城镇	9 929.0	6 866.4	69.15	1 472.7	14.83	1 078.1	10.86	378.8	3.82	133.0	1.34
青山乡	9 562.0	4 095.0	42.83	2 226.3	23.28	2 554.7	26.72	684.9	7.16	1.1	0.01
奎山乡	10 846.0	2 905.5	26.79	3 256.5	30.02	3 108.0	28.66	1 576.0	14.53	0	0
林口镇	7 190.9	937.4	13.04	844.6	11.75	2 818.0	39.18	2 044.6	28.43	546.3	7.60
朱家镇	9 801.0	3 074.8	31.37	1 699.0	17.33	3 607.5	36.81	1 258.4	12.84	161.3	1.65
柳树镇	10 510.9	2 780.9	26.46	2 559.5	24.35	2 707.6	25.76	1 908.6	18.16	554.3	5.27
刁翎镇	15 519.1	2 381.9	15.35	3 004.4	19.36	5 580.9	35.96	3 714.8	23.94	837.1	5.39
建堂乡	9 294.9	3 382.7	36.39	1 765.4	18.99	2 430.4	26.15	1 437.9	15.47	278.5	3.00
合　计	107 464.7	30 942.4	28.79	21 926.6	20.40	31 592.4	29.40	17 913.4	16.67	5 089.9	4.77

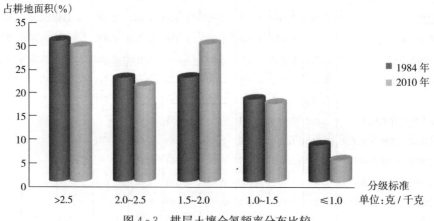

图 4-3　耕层土壤全氮频率分布比较

（四）耕地土类全氮分级面积情况

按照黑龙江省耕地土壤全氮分级标准，林口县各种土类全氧分级如下：

1. 暗棕壤类　全氮养分一级耕地面积 13 887.2 公顷，占该土类耕地面积的 23.1%；全氮养分二级耕地面积 11 542.6 公顷，占该土类耕地面积的 19.19%；全氮养分三级耕地面积 19 409.2 公顷，占该土类耕地面积的 32.27%；全氮养分四级耕地面积 12 323.8 公顷，占该土类耕地面积的 20.49%；全氮养分五级耕地面积 2 986.2 公顷，占该土类耕地面积的 4.96%。

2. 白浆土类　全氮养分一级耕地面积 5 268.1 公顷，占该土类耕地面积的 29.1%；全氮养分二级耕地面积 3 884.7 占该土类耕地面积的 21.46%；全氮养分三级耕地面积 6 211.2 公顷，占该土类耕地面积的 34.31%；全氮养分四级耕地面积 2 676.6 公顷，占该土类耕地面积的 14.78%；全氮养分五级耕地面积 62.4 公顷，占该土类耕地面积的 0.35%。

3. 草甸土类　全氮养分一级耕地面积 2 354.7 公顷，占该土类耕地面积的 40.53%；全氮养分二级耕地面积 1 157.4 公顷，占该土类耕地面积的 19.92%；全氮养分三级耕地面积 1 370.4 公顷，占该土类耕地面积的 23.59%；全氮养分四级耕地面积 388.6 公顷，占该土类耕地面积的 6.69%；全氮养分五级耕地面积 538.5 公顷，占该土类耕地面积的 9.27%。

4. 沼泽土类　全氮养分一级耕地面积 5 471.3 公顷，占该土类耕地面积的 52.49%；全氮养分二级耕地面积 2 748.0 公顷，占该土类耕地面积的 26.36%；全氮养分三级耕地面积 1 503.6 公顷，占该土类耕地面积的 14.43%；全氮养分四级耕地面积 357.6 公顷，占该土类耕地面积的 3.43%；全氮养分五级耕地面积 342.5 公顷，占该土类耕地面积的 3.29%。

5. 泥炭土类　全氮养分一级耕地面积 1 489.0 公顷，占该土类耕地面积的 47.41%；全氮养分二级耕地面积 728.0 公顷，占该土类耕地面积的 23.18%；全氮养分三级耕地面积 893.7 公顷，占该土类耕地面积的 28.46%；全氮养分四级耕地面积 4.7 公顷，占该土类耕地面积的 0.15%；全氮养分五级耕地面积 25.1 公顷，占该土类耕地面积的 0.8%。

6. 新积土类　全氮养分一级耕地面积 2 012.1 公顷，占该土类耕地面积的 23.59%；全氮养分二级耕地面积 1 589.1 公顷，占该土类耕地面积的 18.63%；全氮养分三级耕地面积 1 803.0 公顷，占该土类耕地面积的 21.13%；全氮养分四级耕地面积 2 083.1 公顷，占该十类耕地面积的 24.42%；全氮养分五级耕地面积 1 043.7 公顷，占该土类耕地面积的 12.24%。

7. 水稻土类　全氮养分一级耕地面积 459.9 公顷，占该土类耕地面积的 35.15%；全氮养分二级耕地面积 276.8 公顷，占该土类耕地面积的 21.16%；全氮养分三级耕地面积 401.2 公顷，占该土类耕地面积的 30.66%；全氮养分四级耕地面积 79.1 公顷，占该土类耕地面积的 6.04%；全氮养分五级耕地面积 91.5 公顷，占该土类耕地面积的 6.99%

耕地土类全氮分级面积统计见表 4-15。

表4-15 耕地土类全氮分级面积统计

土 种	面积(公顷)	一级 面积(公顷)	一级 占总面积(%)	二级 面积(公顷)	二级 占总面积(%)	三级 面积(公顷)	三级 占总面积(%)	四级 面积(公顷)	四级 占总面积(%)	五级 面积(公顷)	五级 占总面积(%)
一、暗棕壤类	60 149.0	13 887.2	23.09	11 542.6	19.19	19 409.2	32.27	12 323.8	20.49	2 986.2	4.96
(1)暗矿质暗棕壤	27 396.7	8 201.6	29.94	5 718.0	20.87	7 519.7	27.45	4 784.3	17.46	1 173.2	4.28
(2)沙砾质暗棕壤	24 127.5	4 609.8	19.11	4 878.4	20.22	9 113.5	37.77	4 871.5	20.19	654.3	2.71
(3)泥沙质暗棕壤	1 423.7	23.4	1.64	198.8	13.96	390.6	27.43	691.5	48.57	119.4	8.39
(4)泥质暗棕壤	568.9	204.1	35.86	92.2	16.24	179.6	31.56	78.2	13.74	14.8	2.60
(5)沙砾质白浆化暗棕壤	6 038.3	753.5	12.48	565.1	9.36	1 968.0	32.59	1 783.8	29.54	967.9	16.03
(6)砾沙质草甸暗棕壤	593.9	94.9	15.98	90.0	15.17	238.0	40.06	114.4	19.26	56.6	9.53
二、白浆土类	18 103.0	5 268.1	29.10	3 884.7	21.46	6 211.2	34.31	2 676.6	14.78	62.4	0.35
(1)薄层黄土质白浆土	4 019.4	582.4	14.49	1 487.6	37.01	1 483.4	36.91	466.0	11.59	0	0
(2)中层黄土质白浆土	9 534.9	3 408.3	35.75	1 824.3	19.13	2 765.8	29.00	1 534.2	16.09	2.3	0.02
(3)厚层黄土质白浆土	4 323.1	1 204.4	27.86	572.0	13.23	1 864.1	43.12	641.9	14.85	40.7	0.94
(4)薄层沙底草甸白浆土	184.9	53.3	28.83	0.8	0.43	94.3	51.00	17.0	9.19	19.5	10.55
(5)中层沙底草甸白浆土	40.7	19.7	48.40	0	0	3.6	8.35	17.4	42.75	0	0
三、草甸土类	5 809.6	2354.7	40.53	1 157.4	19.92	1370.4	23.59	388.6	6.69	538.5	9.27
(1)薄层黏壤质草甸土	920.1	330.1	35.87	184.0	20.01	143.7	15.62	198.8	21.60	63.5	6.90
(2)中层黏壤质草甸土	2 060.7	785	38.09	81.6	3.96	767.8	37.26	25.9	1.26	400.4	19.43
(3)厚层黏壤质草甸土	1 415.4	513.9	36.31	420.7	29.71	384.2	27.14	96.8	6.84	0	0
(4)薄层黏壤质潜育草甸土	114.1	86.8	76.07	12.3	10.87	14.9	13.06	0	0	0	0
(5)中层黏壤质潜育草甸土	488.3	38.10	7.80	283.5	58.05	27.3	5.59	64.9	13.29	74.5	15.3
(6)厚层黏壤质潜育草甸土	811.0	600.9	74.09	175.3	21.62	32.6	4.02	2.2	0.27	0	0

（续）

土　种	面积（公顷）	一级 面积（公顷）	一级 占总面积（%）	二级 面积（公顷）	二级 占总面积（%）	三级 面积（公顷）	三级 占总面积（%）	四级 面积（公顷）	四级 占总面积（%）	五级 面积（公顷）	五级 占总面积（%）
四、沼泽土类	10 423.1	5 471.3	52.49	2748	26.36	1 503.6	14.43	357.6	3.43	342.5	3.29
（1）厚层黏质草甸沼泽土	4 597.2	2 725.1	59.28	687.2	14.95	912.2	19.84	167.4	3.6	105.3	2.29
（2）薄层泥炭腐殖质沼泽土	1 565.2	704.8	45.03	271.7	17.36	344.8	22.03	102.7	6.56	141.2	9.00
（3）薄层泥炭沼泽土	3 561.9	1 764.8	49.55	1407.2	39.51	206.4	5.79	87.5	2.46	96	2.70
（4）浅埋藏型沼泽土	698.8	276.9	39.61	381.9	54.64	40.2	5.75	0	0	0	0
五、泥炭土类	3 140.6	1 489.0	47.41	728	23.18	893.7	28.46	4.7	0.15	25.1	0.80
（1）薄层芦苇薹草低位泥炭土	1 733.6	756.5	43.64	242.3	13.98	705.0	40.66	4.7	0.27	25.1	1.45
（2）中层芦苇薹草低位泥炭土	1 407.0	732.4	52.05	485.7	34.52	188.9	13.43	0	0	0	0
六、新积土类	8 531.0	2 012.1	23.59	1 589.1	18.63	1 803.0	21.13	2 083.1	24.42	1 043.7	12.24
（1）薄层沙质冲积土	1 535.4	187.8	12.23	169.5	11.04	323.7	21.08	656.2	42.74	198.2	12.91
（2）薄层砾质冲积土	2 407.6	610.5	25.36	608.0	25.25	586.4	24.36	330.5	13.73	272.2	11.31
（3）中层状冲积土	4 588.0	1 213.7	26.46	811.5	17.69	892.8	19.46	1 096.4	23.90	573.6	12.50
七、水稻土类	1 308.4	459.9	35.15	276.8	21.16	401.2	30.66	79.1	6.04	91.5	6.99
（1）白浆土型潜育水稻土	83.5	83.5	100.00	0	0	0	0	0	0	0	0
（2）中层草甸土型淹育水稻土	107.8	0.4	0.37	68.4	63.48	24.6	22.80	14.4	13.35	0	0
（3）厚层草甸土型淹育水稻土	107.6	89.2	82.90	18.4	17.10	0	0	0	0	0	0
（4）中层冲积土型潜育水稻土	778.3	240.8	30.94	90.3	11.60	319.4	41.04	58.7	7.54	69.1	8.88
（5）厚层沼泽土型潜育水稻土	231.2	46	19.90	99.7	43.10	57.2	24.75	5.9	2.55	22.4	9.69
合　计	107 464.7	30 942.4	28.79	21 926.6	20.40	31 592.4	29.40	17 913.4	16.67	5 089.9	4.74

四、土壤有效磷

(一)各乡(镇)土壤有效磷变化情况

本次采样化验分析：林口县土壤有效磷含量最大值为99.5毫克/千克，最小值为2.1毫克/千克，平均值为37.2毫克/千克。见表4-16。

表4-16 土壤有效磷含量统计

单位：毫克/千克

乡(镇)	最大值	最小值	平均值	地力等级				
				一级地	二级地	三级地	四级地	五级地
三道通镇	88.1	15.9	40.5	57.3	41.2	39.6	31.4	27.6
莲花镇	68.8	15.0	33.0	43.6	37.3	24.9	28.5	0
龙爪镇	87.7	12.4	43.0	54.6	52.5	41.8	33.0	27.7
古城镇	72.7	11.3	33.8	44.9	36.4	27.4	20.9	11.3
青山乡	66.3	6.6	27.1	0.0	36.9	38.0	34.9	23.2
奎山乡	91.1	17.3	39.6	49.7	41.2	37.7	32.3	28.0
林口镇	72.6	12.7	32.3	42.5	35.8	30.4	26.2	0
朱家镇	95.7	14.2	47.7	49.9	52.5	45.5	41.7	20.9
柳树镇	99.5	10.4	34.1	27.9	27.9	32.5	27.9	22.7
刁翎镇	96.1	2.1	43.9	66.1	42.8	39.4	37.4	29.5
建堂乡	71.2	11.9	33.9	46.4	35.6	33.8	27.7	29.2
全县	99.5	2.1	37.2	43.9	40.0	35.5	31.1	20.0

(二)土壤类型有效磷变化情况

林口县土壤有效磷本次耕地地力评价与二次土壤普查比呈上升趋势，全县有效磷平均值上升18.8毫克/千克。其中，暗棕壤土类上升25.1毫克/千克、白浆土土类上升19.9毫克/千克、草甸土土类上升14.6毫克/千克、沼泽土土类上升15.1毫克/千克、泥炭土土类上升19.4毫克/千克、新积土土类上升23.2毫克/千克、水稻土土类上升13.0毫克/千克。见表4-17。

表4-17 耕地土壤有效磷含量统计

单位：毫克/千克

土壤类型	本次耕地地力评价			各地力等级养分平均值					第二次土壤普查		
	最大值	最小值	平均值	一级地	二级地	三级地	四级地	五级地	最大值	最小值	平均值
一、暗棕壤类	99.5	6.6	37.8	53.6	41.7	36.8	29.6	30.8	108.7	0.1	12.7
(1)暗矿质暗棕壤	99.5	6.6	38.9	60.8	45.6	38.3	32.9	25.4	40.0	0.1	10.7
(2)沙砾质暗棕壤	92.5	6.6	36.7	68.8	43.0	36.4	31.6	21.2	40.0	1.3	11.2
(3)泥沙质暗棕壤	58.2	12.7	33.8	—	39.9	33.4	23.8	46.6	27.0	2.2	10.2
(4)泥质暗棕壤	63.2	18.2	40.8	42.3	41.3	41.3	25.1	—	13.6	4.3	8.8

（续）

土壤类型	本次耕地地力评价			各地力等级养分平均值					第二次土壤普查		
	最大值	最小值	平均值	一级地	二级地	三级地	四级地	五级地	最大值	最小值	平均值
（5）沙砾质白浆化暗棕壤	73.8	8.7	38.0	45.2	43.2	36.0	31.1	23.7	39.3	1.7	9.6
（6）砾沙质草甸暗棕壤	75.9	23.2	38.8	50.9	37.3	35.6	33.2	37.1	108.7	3.1	25.4
二、白浆土类	96.1	6.6	36.6	52.1	37.8	38.8	27.4	28.2	77.4	1.9	16.7
（1）薄层黄土质白浆土	64.8	17.2	39.3	50.9	39.8	39.1	24.4	30.6	77.4	4.2	12.8
（2）中层黄土质白浆土	96.1	13.9	39.5	62.7	45.9	36.9	31.1	26.4	54.8	1.9	25.3
（3）厚层黄土质白浆土	75.5	6.6	39.8	54.6	42.2	40.3	24.2	24.3	61.6	4.2	11.2
（4）薄层沙底草甸白浆土	37.0	27.4	30.0	—	30.0	—	30.1	31.4	—	—	—
（5）中层沙底草甸白浆土	40.4	27.6	34.3	40.4	31.2	—	—	—	21.8	13.3	17.3
三、草甸土类	80.7	2.1	36.1	48.3	40.4	31.4	27.0	24.6	87.6	5.0	21.5
（1）薄层黏壤质草甸土	80.7	11.9	35.4	33.5	40.6	29.6	37.9	—	87.6	7.4	26.1
（2）中层黏壤质草甸土	72.6	10.4	35.8	55.5	39.9	36.0	30.7	26.8	29.2	5.0	11.7
（3）厚层黏壤质草甸土	72.7	2.1	42.8	55.5	39.1	34.2	17.3	—	28.6	5.0	18.0
（4）薄层黏壤质潜育草甸土	50.9	21.0	26.9	50.9	—	22.6	25.7	—	33.5	7.0	30.1
（5）中层黏壤质潜育草甸土	72.6	10.4	34.2	51.3	40.9	25.6	23.2	22.4	—	—	—
（6）厚层黏壤质潜育草甸土	69.1	19.2	41.7	43.0	41.5	40.5					
四、沼泽土类	95.7	9.1	39.1	59.1	45.4	36.7	33.0	26.5	62.8	1.1	24.0
（1）厚层黏质草甸沼泽土	95.4	9.1	38.1	53.4	42.5	39.5	32.8	21.1	256.0	5.7	39.6
（2）薄层泥炭腐殖质沼泽土	95.7	14.4	37.1	72.6	47.6	36.2	27.1	29.7	34.4	1.1	15.0
（3）薄层泥炭沼泽土	86.5	16.4	41.0	53.4	45.2	38.0	38.6	25.4	62.8	5.0	24.0
（4）浅埋藏型沼泽土	91.1	23.8	40.1	56.7	46.5	33.2	33.4	30.0	36.6	5.0	17.3
五、泥炭土类	99.5	13.1	41.1	66.9	45.7	38.6	27.1	26.8	60.0	1.2	21.7
（1）薄层芦苇薹草低位泥炭土	99.5	13.1	39.1	59.3	40.0	34.8	31.5	27.9	51.0	3.5	19.2
（2）中层芦苇薹草低位泥炭土	92.5	17.3	43.1	74.5	51.4	42.5	22.6	25.6	60.0	1.2	24.2
六、新积土类	82.1	14.4	37.5	48.0	37.0	40.2	28.6	37.3	57.8	2.4	14.3
（1）薄层沙质冲积土	67.3	18.1	39.1	39.6	37.4	57.1	28.3	—	26.5	3.2	11.7
（2）薄层砾质冲积土	82.1	16.3	38.4	56.7	38.8	28.7	32.7	43.3	32.0	2.4	13.1
（3）中层状冲积土	71.8	14.4	35.0	47.7	34.9	34.9	24.7	31.3	57.8	4.1	17.0
七、水稻土类	72.6	12.4	32.1	41.6	34.8	26.5	15.4	—	34.8	4.2	19.1
（1）白浆土型淹育水稻土	45.4	23.3	32.5	—	40.2	28.7	—	—	—	—	—
（2）中层草甸土型淹育水稻土	72.6	15.4	37.2	45.9	35.9	21.1	15.4	—	—	—	—
（3）厚层草甸土型淹育水稻土	34.4	20.2	27.4	—	28.4	26.6	—	—	—	—	—
（4）中层冲积土型淹育水稻土	64.3	14.1	34.2	32.6	33.5	37.4	—	—	—	—	—
（5）厚层沼泽土型潜育水稻土	57.1	12.4	29.4	46.3	36.0	18.9	—	—	—	—	—
全县	99.5	2.1	36.8	52.2	40.1	34.8	28.0	29.0	108.7	0.1	18.0

（三）土壤有效磷分级面积情况

按照黑龙江省土壤有效磷分级标准，林口县有效磷一级耕地面积 7 764.5 公顷，占总耕地面积的 7.23%；有效磷二级耕地面积 36 685.6 公顷，占总耕地面积的 34.14%；有效磷三级耕地面积 51 519.4 公顷，占总耕地面积的 47.94%；有效磷四级耕地面积 11 161.5公顷，占总耕地面积的 10.39%；有效磷五级耕地面积 303.0 公顷，占总耕地面积的 0.28%；有效磷六级耕地面积 30.8 公顷，占总耕地面积的不足 0.05%。见表 4-18，图 4-4。

表 4-18 各乡（镇）耕地土壤有效磷分级面积统计

乡（镇）	面积（公顷）	一级		二级		三级		四级		五级		六级	
		面积（公顷）	占总面积（%）	面积（公顷）	占总面积（%）	面积（公顷）	占总面积（%）	面积（公顷）	占总面积（%）	面积（公顷）	占总面积（%）	面积（公顷）	占总面积（%）
三道通镇	6 016.0	188.7	3.14	2 859.4	47.52	2 790.6	46.39	177.3	2.95	0	0	0	0
莲花镇	3 585.9	61.9	1.73	883.8	24.65	2 253.7	62.84	386.5	10.78	0	0	0	0
龙爪镇	15 209.0	1 745.0	11.47	7 962.3	52.35	4 655.0	30.61	846.7	5.6	0	0	0	0
古城镇	9 929.0	386.0	3.89	3 813.4	38.41	4 518.1	45.50	1 211.5	12.20	0	0	0	0
青山乡	9 562.0	48.1	0.50	680.5	7.12	5 427.8	56.76	3 139.6	32.83	266.0	2.78	0	0
奎山乡	10 846.0	361.4	3.33	3 947.0	36.39	5 962.8	54.98	574.8	5.30	0	0	0	0
林口镇	7 190.9	33.3	0.46	1 781.2	24.77	4 501.7	62.60	874.7	12.16	0	0	0	0
朱家镇	9 801.0	1 433.2	14.62	4 233.8	43.20	4 009.0	40.90	125.0	1.28	0	0	0	0
柳树镇	10 510.9	495.0	4.71	2 717.4	25.85	5 814.0	55.31	1 484.5	14.12	0	0	0	0
刁翎镇	15 519.1	2 614.6	16.85	5 599.7	36.08	5 919.2	38.14	1 317.7	8.49	37.0	0.24	30.80	0.20
建堂乡	9 294.9	397.3	4.27	2 207.1	23.75	5 667.5	60.97	1 023.2	11.01	0	0	0	0
合计	107 464.7	7 764.5	7.23	36 685.6	34.14	51 519.4	47.94	11 161.5	10.39	303.0	0.28	30.80	0.02

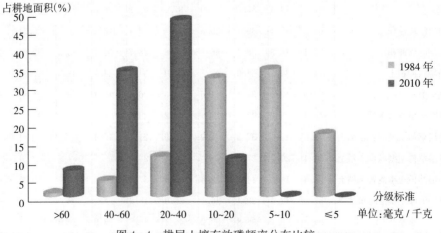

图 4-4 耕层土壤有效磷频率分布比较

（四）耕地土类有效磷分级面积情况

按照黑龙江省耕地土壤有效磷分级标准，林口县各类土壤有效磷分级如下：

1. 暗棕壤类 土壤有效磷养分一级耕地面积 4 139.6 公顷，占该土类耕地面积的 6.88％；土壤有效磷养分二级耕地面积 20 350.9 公顷，占该土类耕地面积的 33.83％；有效磷养分三级耕地面积 29 341.5 公顷，占该土类耕地面积的 48.78％；有效磷养分四级耕地面积 6 172.1 公顷，占该土类耕地面积的 10.26％；有效磷养分五级耕地面积 144.9 公顷，占该十类耕地面积的 0.24％；有效磷养分六级耕地无分布。

2. 白浆土类 土壤有效磷养分一级耕地面积 877.3 公顷，占该土类耕地面积的 4.85％；有效磷养分二级耕地面积 7 561.0 公顷，占该土类耕地面积的 41.77％；有效磷养分三级耕地面积 8 367.3 公顷，占该土类耕地面积的 46.22％；有效磷养分四级耕地面积 1 208.0 公顷，占该土类耕地面积的 6.67％；有效磷养分五级耕地面积 89.4 公顷，占该土类耕地面积的 0.49％；有效磷养分六级耕地无分布。

3. 草甸土类 土壤有效磷养分一级耕地面积 302.2 公顷，占该土类的耕地面积的 5.20％；土壤养分二级耕地面积 1 941.4 公顷，占该土类的耕地面积的 33.42％；土壤有效磷养分三级耕地面积 3 103.1 公顷，占该土类的耕地面积的 53.41％；土壤有效磷养分四级耕地面积 399.7 公顷，占该土类的耕地面积的 6.88％；土壤有效磷养分五级耕地面积 32.5 公顷，占该土类的耕地面积的 0.56％；土壤有效磷养分六级耕地面积 30.8 公顷，占该土类的耕地面积的 0.53％。

4. 沼泽土类 土壤有效磷养分一级耕地面积 995.1 公顷，占该土类的耕地面积的 9.59％；土壤有效磷养分二级耕地面积 3 075.9 公顷，占该土类的耕地面积的 29.51％；土壤有效磷养分三级耕地面积 4 451.2 公顷，占该土类的耕地面积的 42.70％；土壤有效磷养分四级耕地面积 1 864.6 公顷，占该土类的耕地面积的 17.89％；土壤有效磷养分五级耕地面积 36.2 公顷，占该土类的耕地面积的 0.39％；有效磷养分六级耕地无分布。

5. 泥炭土类 土壤有效磷养分一级耕地面积 952.1 公顷，占该土类的耕地面积的 30.32％；土壤有效磷养分二级耕地面积 1 029.5 公顷，占该土类的耕地面积的 32.78％；土壤有效磷养分三级耕地面积 895.9 公顷，占该土类的耕地面积的 28.53％；土壤有效磷养分四级耕地面积 263.1 公顷，占该土类的耕地面积的 8.38％；有效磷养分五级和六级耕地无分布。

6. 新积土类 土壤有效磷养分一级耕地面积 496.8 公顷，占该土类的耕地面积的 5.82％；土壤有效磷养分二级耕地面积 2 299.2 公顷，占该土类的耕地面积的 26.95％；土壤有效磷养分三级耕地面积 4 657.7 公顷，占该土类的耕地面积的 54.60％；土壤有效磷养分四级耕地面积 1 077.4 公顷，占该土类的耕地面积的 12.63％；有效磷养分五级和六级耕地无分布。

7. 水稻土类 土壤有效磷养分一级耕地面积 1.4 公顷，占该土类的耕地面积的 0.11％；土壤有效磷养分二级耕地面积 427.7 公顷，占该土类的耕地面积的 32.69％；土壤有效磷养分三级耕地面积 702.7 公顷，占该土类的耕地面积的 53.71％；土壤有效磷养分四级耕地面积 176.5 公顷，占该土类的耕地面积的 13.50％；有效磷养分五级和六级耕地无分布。

耕地土壤有效磷分级面积统计见表 4-19。

黑龙江省林口县耕地地力评价

表4-19 耕地土壤有效磷分级面积统计

土 种	面积(公顷)	一级 面积(公顷)	一级 占总面积(%)	二级 面积(公顷)	二级 占总面积(%)	三级 面积(公顷)	三级 占总面积(%)	四级 面积(公顷)	四级 占总面积(%)	五级 面积(公顷)	五级 占总面积(%)	六级 面积(公顷)	六级 占总面积(%)
一、暗棕壤类	60 149.0	4 139.6	6.89	20 350.9	33.83	29 341.5	48.78	6 172.1	10.26	144.9	0.24	0	0
(1)矿质暗棕壤	27 396.7	2 182.2	7.79	8 689.0	31.72	13 823.5	50.45	2 642.3	9.64	59.7	0.22	0	0
(2)沙砾质暗棕壤	24 127.5	1 422.6	5.90	7 920.5	32.83	11 871.7	49.20	2 869.9	11.89	42.8	0.18	0	0
(3)泥沙质暗暗棕壤	1 423.7	0	0	748.0	52.54	554.3	38.93	121.4	8.53	0	0	0	0
(4)泥质暗棕壤	568.9	50.4	8.86	305.0	53.61	155.3	27.30	58.2	10.23	0	0	0	0
(5)沙砾白浆化暗棕壤	6 038.3	471.0	7.80	2 311.9	38.29	2732.7	45.26	480.3	7.95	42.4	0.70	0	0
(6)砾沙质草甸暗棕壤	593.9	13.5	2.27	376.5	63.39	203.9	34.33	0	0	0	0	0	0
二、白浆土类	18 103.0	877.3	4.85	7 561.0	41.77	8367.3	46.22	1 208.0	6.67	89.4	0.49	0	0
(1)薄层黄土质白浆土	4 019.4	2.0	0	1 846.0	45.93	1 903.5	47.36	267.9	6.67	0	0	0	0
(2)中层黄土质白浆土	9 534.9	857.1	8.99	3 570.7	37.45	4 554.0	47.76	553.1	5.80	0	0	0	0
(3)厚层黄土质白浆土	4 323.1	18.2	0.42	2 140.6	49.52	1 687.9	39.04	387.0	8.95	89.4	2.07	0	0
(4)薄层沙底草甸白浆土	184.9	0	0	0	0	184.9	100.0	0	0	0	0	0	0
(5)中层沙底草甸白浆土	40.7	0	0	3.6	8.85	37.1	91.15	0	0	0	0	0	0
三、草甸土类	5 809.6	302.2	5.20	1 941.4	33.42	3 103.0	53.41	399.7	6.88	32.5	0.56	30.8	0.53
(1)薄层黏质草甸土	920.1	26.3	2.86	245.0	26.62	436.0	47.40	212.8	23.12	0	0	0	0
(2)中层黏质草甸土	2 060.7	3.5	0.17	565.1	27.42	1 407.3	68.29	84.8	4.12	0	0	0	0
(3)厚层黏质草甸土	1 415.4	214.9	15.18	807.1	57.01	329.0	23.25	1.1	0.08	32.5	2.30	30.8	2.2
(4)薄层黏壤质潜育草甸土	114.1	0	0	14.1	12.43	100.0	87.57	0	0	0	0	0	0
(5)中层黏壤质潜育草甸土	488.3	7.7	1.58	123.4	25.27	258.4	52.92	98.8	20.23	0	0	0	0
(6)厚层黏壤质潜育草甸土	811.0	49.90	6.15	186.7	23.01	572.2	70.56	2.2	0.27	0	0	0	0

（续）

土　种	面积(公顷)	一级 面积(公顷)	一级 占总面积(%)	二级 面积(公顷)	二级 占总面积(%)	三级 面积(公顷)	三级 占总面积(%)	四级 面积(公顷)	四级 占总面积(%)	五级 面积(公顷)	五级 占总面积(%)	六级 面积(公顷)	六级 占总面积(%)
四、沼泽土类	10 423.1	995.1	9.55	3 075.9	29.51	4 451.3	42.70	1 864.6	17.89	36.2	0.35	0	0
(1)厚层粘质草甸沼泽土	4 597.2	444.8	9.68	1 371.3	29.83	1 153.2	25.08	1 591.7	34.62	36.2	0.79	0	0
(2)薄层泥炭腐殖质沼泽土	1 565.2	120.3	7.69	567.5	36.26	787.2	50.29	90.2	5.76	0	0	0	0
(3)薄层泥炭沼泽土	3 561.9	379.7	10.7	976.3	27.41	2 023.2	56.80	182.7	5.13	0	0	0	0
(4)浅埋藏型沼泽土	698.8	50.4	7.21	160.9	23.02	487.5	69.77	0	0	0	0	0	0
五、泥炭土类	3 140.6	952.1	30.32	1 029.5	32.78	895.9	28.53	263.1	8.38	0	0	0	0
(1)薄层芦苇薹草低位泥炭土	1 733.6	231.7	13.36	689.4	39.76	618.8	35.70	193.7	11.17	0	0	0	0
(2)中层芦苇薹草低位泥炭土	1 407.0	720.4	51.20	340.1	24.17	277.1	19.69	69.4	4.93	0	0	0	0
六、新积土类	8 531.0	496.8	5.82	2 299.2	26.95	4 657.6	54.60	1 077.4	12.63	0	0	0	0
(1)薄层沙质冲积土	1 535.4	15.5	1.01	493.8	32.16	926.6	60.35	99.5	6.48	0	0	0	0
(2)薄层砾质冲积土	2 407.6	123.3	5.12	705.0	29.28	1 262.2	52.43	317.2	13.17	0	0	0	0
(3)中层状冲积土	4 588.0	358.1	7.8	1 100.5	23.99	2 468.7	53.81	660.7	14.40	0	0	0	0
七、水稻土类	1 308.4	1.4	0.11	427.7	32.69	702.8	53.71	176.5	13.50	0	0	0	0
(1)白浆土型潴育水稻土	83.5	0	0	35.5	42.51	48.0	57.49	0	0	0	0	0	0
(2)中层草甸土型育水稻土	107.8	0.4	0.37	56.7	52.60	44.3	41.09	6.4	5.94	0	0	0	0
(3)厚层草甸土型潴育水稻土	107.6	0	0	0	0	107.6	100.0	0	0	0	0	0	0
(4)中层冲积土型育水稻土	778.3	1.0	0.13	254.6	32.72	430.0	55.11	93.7	12.04	0	0	0	0
(5)厚层沼泽土型潜育水稻土	231.2	0	0	80.8	34.95	73.9	31.96	76.5	33.09	0	0	0	0
合计	107 464.7	7 764.5	7.23	36 685.6	34.14	51 519.4	47.94	11 161.5	10.39	303.0	0.28	30.8	0.02

五、土壤速效钾

(一) 各乡 (镇) 土壤速效钾变化情况

本次耕地地力评价调查采样化验分析，林口县速效钾含量最大值 380.0 毫克/千克，最小值 25.0 毫克/千克，平均 123.2 毫克/千克。见表 4-20。

表 4-20　土壤速效钾含量统计

单位：毫克/千克

乡 (镇)	最大值	最小值	平均值	地力等级				
				一级地	二级地	三级地	四级地	五级地
三道通镇	321.0	47.0	126.5	125.5	139.9	117.8	119.0	100.0
莲花镇	318.0	67.0	139.7	171.3	144.1	128.8	123.3	0
龙爪镇	297.0	26.0	96.1	197.9	103.4	93.0	86.5	83.9
古城镇	307.0	38.0	142.9	180.8	143.5	130.6	121.5	114.0
青山乡	226.0	64.0	116.2	0	162.5	118.7	107.1	119.3
奎山乡	380.0	43.0	109.2	139.4	116.8	98.9	115.6	59.0
林口镇	325.0	47.0	97.5	135.8	106.9	91.7	84.1	0
朱家镇	351.0	51.0	187.3	202.9	209.7	173.5	168.1	170.0
柳树镇	379.0	25.0	100.2	102.8	102.8	92.9	102.8	98.7
刁翎镇	290.0	47.0	124.7	150.8	129.3	112.2	114.5	121.2
建堂乡	369.0	48.0	114.9	159.2	124.8	108.5	101.7	83.3
全县	380.0	25.0	123.2	142.4	134.9	115.1	113.1	86.3

(二) 土壤类型速效钾变化情况

林口县土壤速效钾本次耕地地力评价与二次土壤普查比呈下降趋势，全县速效钾平均值下降 47.0 毫克/千克。其中，暗棕壤土类下降 19.7 毫克/千克、白浆土土类下降 40.6 毫克/千克、草甸土土类下降 45.6 毫克/千克、沼泽土土类下降 62.7 毫克/千克、泥炭土土类下降 134.2 毫克/千克、新积土土类下降 28.5 毫克/千克、水稻土土类下降 48.5 毫克/千克，见表 4-21。

表 4-21　耕地土壤速效钾含量统计

单位：毫克/千克

土壤类型	本次耕地地力评价			各地力等级养分平均值					第二次土壤普查		
	最大值	最小值	平均值	一级地	二级地	三级地	四级地	五级地	最大值	最小值	平均值
一、暗棕壤类	380.0	26.0	126.3	157.7	145.2	120.1	100.7	125.5	760	2	146
(1) 暗矿质暗棕壤	380.0	26.0	122.7	163.9	137.6	116.2	112.5	108.1	350	2	89
(2) 沙砾质暗棕壤	351.0	26.0	116.1	141.7	131.6	107.7	112.6	106.2	760	12	171
(3) 泥沙质暗棕壤	152.0	47.0	90.3	—	119.0	84.9	69.8	122.0	352	32	180
(4) 泥质暗棕壤	303.0	68.0	170.0	158.6	203.8	160.3	128.5	—	266	66	151

（续）

土壤类型	本次耕地地力评价			各地力等级养分平均值					第二次土壤普查		
	最大值	最小值	平均值	一级地	二级地	三级地	四级地	五级地	最大值	最小值	平均值
（5）沙砾质白浆化暗棕壤	290.0	47.0	124.7	194.9	135.7	110.8	108.8	113.0	368	48	143
（6）砾沙质草甸暗棕壤	206.0	68.0	134.0	129.3	143.4	140.8	72.3	178.0	250	50	142
二、白浆土类	255.0	38.0	122.4	153.2	126.4	90.4	105.2	112.8	376	50	163
（1）薄层黄土质白浆土	255.0	45.0	103.2	132.7	131.7	83.5	82.5	115.0	260	76	167
（2）中层黄土质白浆土	251.0	42.0	119.6	187.7	135.2	95.4	87.6	128.0	376	50	161
（3）厚层黄土质白浆土	234.0	38.0	112.0	148.3	131.8	92.3	77.4	108.3	284	62	154
（4）薄层沙底草甸白浆土	190.0	100.0	149.1	—	113.5	—	173.2	100.0	—	—	—
（5）中层沙底草甸白浆土	147.0	93.0	128.0	144.0	120.0	—	—	—	212	130	171
三、草甸土类	321.0	25.0	115.4	147.5	114.7	96.8	96.1	113.7	298	2	161
（1）薄层黏壤质草甸土	259.0	53.0	102.2	106.0	116.9	92.3	101.3	—	298	82	178
（2）中层黏壤质草甸土	259.0	55.0	129.9	172.0	119.1	92.7	120.0	129.0	266	50	156
（3）厚层黏壤质草甸土	321.0	80.0	126.7	152.3	122.8	101.3	87.7	—	250	2	144
（4）薄层黏壤质潜育草甸土	175.0	88.0	115.4	175.0	—	110.6	97.5	—	200	66	146
（5）中层黏壤质潜育草甸土	190.0	25.0	102.2	129.8	116.0	77.4	74.0	98.4	284	116	185
（6）厚层黏壤质潜育草甸土	254.0	80.0	116.0	149.7	98.8	106.6	—	—	200	2	155
四、沼泽土类	380.0	35.0	122.3	187.7	128.7	111.4	129.7	118.3	402	62	185
（1）厚层黏质草甸沼泽土	290.0	35.0	124.2	119.4	136.2	134.0	123.5	106.8	402	76	193
（2）薄层泥炭腐殖质沼泽土	333.0	46.0	129.0	280.0	148.9	118.3	97.2	147.4	326	62	194
（3）薄层泥炭沼泽土	379.0	58.0	112.6	163.3	105.3	106.1	160.7	116.0	316	82	195
（4）浅埋藏型沼泽土	380.0	78.0	123.3	188.0	124.3	87.2	137.5	103.0	300	82	159
五、泥炭土类	326.0	53.0	115.8	115.2	139.8	109.1	96.5	113.9	760	50	250
（1）薄层芦苇薹草低位泥炭土	203.0	59.0	99.1	89.0	113.3	89.4	103.8	140.0	760	50	287
（2）中层芦苇薹草低位泥炭土	326.0	53.0	132.6	141.3	166.3	128.8	89.3	87.8	334	102	213
八、新积土类	325.0	46.0	123.5	155.3	122.2	121.3	112.1	146.2	384	24	152
（1）薄层沙质冲积土	258.0	56.0	132.1	169.9	121.1	146.5	140.5	—	384	50	211
（2）薄层砾质冲积土	310.0	47.0	121.0	145.8	122.3	112.4	104.0	156.0	266	24	128
（3）中层状冲积土	325.0	46.0	117.5	150.1	123.3	104.0	91.7	136.4	368	50	145
七、水稻土类	268.0	49.0	122.5	141.8	117.2	111.5	54.0	—	310	62	171
（1）白浆土型淹育水稻土	192.0	90.0	146.3	—	105.3	166.8	—	—	—	—	—
（2）中层草甸土型淹育水稻土	268.0	54.0	145.8	181.8	139.3	94.0	54.0	—	—	—	—
（3）厚层草甸土型淹育水稻土	115.0	67.0	94.0	—	107.0	84.3	—	—	—	—	—
（4）中层冲积土型淹育水稻土	259.0	87.0	141.2	163.6	139.7	135.4	—	—	—	—	—
（5）厚层沼泽土型潜育水稻土	121.0	49.0	85.2	80.0	94.7	76.9	—	—	—	—	—
全　　县	380.0	25.0	123.2	153.4	127.5	108.8	103.2	121.2	366.3	52.4	170.2

（三）土壤速效钾分级面积情况

按照黑龙江省土壤速效钾分级标准，林口县速效钾一级耕地面积 9 326.1 公顷，占总耕地面积的 8.68%。速效钾二级耕地面积 12 753.3 公顷，占总耕地面积的 11.87%。速效钾三级耕地面积 44 907.1 公顷，占总耕地面积的 41.79%。速效钾四级耕地面积 38 693.7 公顷，占总耕地面积的 36.01%。速效钾五级耕地面积 1 707.4 公顷，占总耕地面积的 1.59%。速效钾六级耕地面积 77.1 公顷，占总耕地面积的 0.07%。见表 4 - 22，图 4 - 5。

表 4 - 22　各乡（镇）耕地土壤速效钾分级面积统计

乡（镇）	面积（公顷）	一级		二级		三级		四级		五级		六级	
		面积（公顷）	占总面积（%）	面积（公顷）	占总面积（%）	面积（公顷）	占总面积（%）	面积（公顷）	占总面积（%）	面积（公顷）	占总面积（%）	面积（公顷）	占总面积（%）
三道通镇	6 016.0	324.1	5.39	630.8	10.49	3 859.6	64.15	1 149.9	19.11	51.6	0.86	0	0
莲花镇	3 585.9	291.4	8.13	814.8	22.72	2 033.3	56.70	446.4	12.45	0	0	0	0
龙爪镇	15 209.0	451.1	2.97	1 369.1	9.00	3 473.5	22.84	9 563.7	62.88	338.2	2.22	13.4	0.09
古城镇	9 929.0	2 165.1	21.81	2 577.4	25.96	4 007.3	40.35	788.0	7.94	391.2	3.94	0	0
青山乡	9 562.0	84.8	0.89	1 226.0	12.82	4 714.7	49.31	3 536.5	36.98	0	0	0	0
奎山乡	10 846.0	555.3	5.12	746.2	6.88	5 551.9	51.19	3 874.7	35.72	117.9	1.09	0	0
林口镇	7 190.9	68.9	0.96	580.9	8.08	2 753.1	38.28	3 755.8	52.23	32.2	0.45	0	0
朱家镇	9 801.0	4 061.1	41.44	1 962.3	20.02	3 099.3	31.62	678.3	6.92	0	0	0	0
柳树镇	10 510.9	441.3	4.20	568.7	5.41	1 991.3	18.94	6 880.3	65.46	565.6	5.38	63.7	0.61
刁翎镇	15 519.1	494.2	3.18	1 534.2	9.89	8 999.0	57.99	4 311.1	27.78	180.6	1.16	0	0
建堂乡	9 294.9	388.8	4.18	742.9	7.98	4 424.1	47.61	3 709.0	39.90	30.1	0.32	0	0
合计	107 464.7	9 326.1	8.68	12 753.3	11.87	44 907.1	41.78	38 693.7	36.01	1 707.4	1.59	77.1	0.07

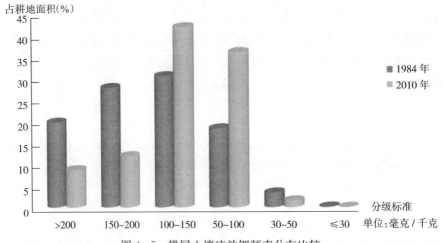

图 4 - 5　耕层土壤速效钾频率分布比较

（四）耕地土类速效钾分级面积情况

按照黑龙江省耕地土壤速效钾分级标准，林口县各类土壤有效钾分级如下：

1. 暗棕壤类　土壤速效钾养分一级耕地面积 4 726.8 公顷，占该土类耕地面积的 7.86%；土壤速效钾养分二级耕地面积 7 198.4 公顷，占该土类耕地面积的 11.97%；速效钾养分三级耕地面积 25 276.3 公顷，占该土类耕地面积的 42.02%；速效钾养分四级耕地面积 22 339.8 公顷，占该土类耕地面积的 37.14%；速效钾养分五级耕地面积 594.4 公顷，占该土类耕地面积的 0.99%；速效钾养分六级耕地面积 13.4 公顷，占该土类耕地面积的 0.02%。

2. 白浆土类　土壤速效钾养分一级耕地面积 2 036.6 公顷，占该土类耕地面积的 11.25%；速效钾养分二级耕地面积 2 282.7 公顷，占该土类耕地面积的 12.61%；速效钾养分三级耕地面积 6 878.6 公顷，占该土类耕地面积的 38.0%；速效钾养分四级耕地面积 6 409.4 公顷，占该土类耕地面积的 35.4%；速效钾养分五级耕地面积 495.7 公顷，占该土类耕地面积的 2.4%；速效钾养分六级耕地无分布。

3. 草甸土类　土壤速效钾养分一级耕地面积 474.7 公顷，占该土类的耕地面积的 8.17%；土壤养分二级耕地面积 533.1 公顷，占该土类的耕地面积的 9.18%；土壤速效钾养分三级耕地面积 2 810.9 公顷，占该土类的耕地面积的 48.38%；土壤速效钾养分四级耕地面积 1 916.4 公顷，占该土类的耕地面积的 32.99%；土壤速效钾养分五级耕地面积 10.8 公顷，占该土类的耕地面积的 0.19%；土壤速效钾养分六级耕地面积 63.7 公顷，占该土类的耕地面积的 1.1%。

4. 沼泽土类　土壤速效钾养分一级耕地面积 1 100.8 公顷，占该土类的耕地面积的 10.56%；土壤速效钾养分二级耕地面积 1 027.0 公顷，占该土类的耕地面积的 9.85%；土壤速效钾养分三级耕地面积 3 938.9 公顷，占该土类的耕地面积的 37.79%；土壤速效钾养分四级耕地面积 4 173.1 公顷，占该土类的耕地面积的 40.04%；土壤速效钾养分五级耕地面积 183.3 公顷，占该土类的耕地面积的 1.76%；速效钾养分六级耕地无分布。

5. 泥炭土类　土壤速效钾养分一级耕地面积 418.2 公顷，占该土类的耕地面积的 13.32%；土壤速效钾养分二级耕地面积 45.9 公顷，占该土类的耕地面积的 1.46%；土壤速效钾养分三级耕地面积 1 444.6 公顷，占该土类的耕地面积的 46.0%；土壤速效钾养分四级耕地面积 1 232.0 公顷，占该土类的耕地面积的 39.23%；速效钾养分五级和六级耕地无分布。

6. 新积土类　土壤速效钾养分一级耕地面积 492.5 公顷，占该土类的耕地面积的 5.77%；土壤速效钾养分二级耕地面积 1 402.3 公顷，占该土类的耕地面积的 16.44%；土壤速效钾养分三级耕地面积 3 891.1 公顷，占该土类的耕地面积的 45.61%；土壤速效钾养分四级耕地面积 2 344.5 公顷，占该土类的耕地面积的 27.48%；土壤速效钾养分五级耕地面积 400.8 公顷，占该土类的耕地面积的 4.7%；速效钾养分六级耕地无分布。

7. 水稻土类　土壤速效钾养分一级耕地面积 76.6 公顷，占该土类的耕地面积的 5.85%；土壤速效钾养分二级耕地面积 264.0 公顷，占该土类的耕地面积的 20.18%；土壤速效钾养分三级耕地面积 666.6 公顷，占该土类的耕地面积的 50.95%；土壤速效钾养分四级耕地面积 278.7 公顷，占该土类的耕地面积的 21.3%；土壤速效钾养分五级耕地面积 22.4 公顷，占该土类的耕地面积的 1.71%；速效钾养分六级耕地无分布。

耕地土壤速效钾分级面积统计见表 4-23。

表4-23 耕地土壤速效钾分级面积统计

土 种	面积(公顷)	一级面积(公顷)	一级占总面积(%)	二级面积(公顷)	二级占总面积(%)	三级面积(公顷)	三级占总面积(%)	四级面积(公顷)	四级占总面积(%)	五级面积(公顷)	五级占总面积(%)	六级面积(公顷)	六级占总面积(%)
一、暗棕壤类	60149.0	4726.8	7.86	7198.4	11.97	25276.2	42.02	22359.8	37.14	594.4	0.99	13.4	0.02
(1)矿质暗棕壤	27396.7	2620.3	9.56	2436.1	8.89	10964.0	40.02	11031.2	40.26	344.0	1.26	1.1	0
(2)沙砾质暗暗棕壤	24127.5	1233.5	5.11	3443.8	14.27	11286.5	46.78	8116.9	33.64	34.6	0.14	12.2	0.05
(3)泥沙质暗暗棕壤	1423.7	0	0	2.5	0.18	323.3	22.71	1065.7	74.85	32.2	2.26	0	0
(4)泥质暗棕壤	568.9	104.0	18.28	214.2	37.65	194.6	34.21	56.1	9.86	0	0	0	0
(5)沙砾质白浆化暗棕壤	6038.3	718.9	11.91	951.0	15.75	2155.8	35.70	2028.9	33.60	183.7	3.04	0	0
(6)砾沙质草甸暗暗棕壤	593.9	50.0	8.42	150.8	25.38	352.2	59.31	40.9	6.89	0	0	0	0
二、白浆土类	18103.0	2036.6	11.25	2282.7	12.61	6878.6	38.00	6409.4	35.40	495.7	2.74	0	0
(1)薄层黄土质白浆土	4019.4	300.0	7.46	463.6	11.54	940.5	23.40	2208.9	54.95	106.4	2.65	0	0
(2)中层黄土质白浆土	9534.9	1320.7	13.85	1319.9	13.84	3859.9	40.48	2815.3	29.53	219.1	2.30	0	0
(3)厚层黄土质白浆土	4323.1	415.9	9.62	445.8	10.31	2017.7	46.67	1273.5	29.46	170.2	3.94	0	0
(4)薄层沙底草甸白浆土	184.9	0	0	53.3	28.83	37.3	20.17	94.30	51.00	0	0	0	0
(5)中层沙底草甸白浆土	40.7	0	0	0	0	23.3	57.25	17.4	42.75	0	0	0	0
三、草甸土类	5809.6	474.7	8.17	533.1	9.18	2810.9	48.38	1916.4	32.99	10.8	0.19	63.7	1.10
(1)薄层黏壤质草甸土	920.1	0.8	0.09	0.4	0.04	551.4	59.92	367.5	39.95	0	0	0	0
(2)中层黏质草甸土	2060.7	29.5	1.43	187.2	9.08	1184.5	57.48	659.5	32.00	0	0	0	0
(3)厚层黏壤质草甸土	1415.4	218.9	15.47	286.5	20.24	518.8	36.65	391.2	27.64	0	0	0	0
(4)薄层黏壤质潜育草甸土	114.1	0	0	14.2	12.43	44.1	38.62	55.8	48.95	0	0	0	0
(5)中层黏质潜育草甸土	488.3	0	0	44.8	9.18	93.1	19.07	275.9	56.49	10.8	2.21	63.7	13.05
(6)厚层黏壤质潜育草甸土	811.0	225.5	27.81	0	0	419.1	51.68	166.4	20.51	0	0	0	0

（续）

土　　种	面积(公顷)	一级 面积(公顷)	一级 占总面积(%)	二级 面积(公顷)	二级 占总面积(%)	三级 面积(公顷)	三级 占总面积(%)	四级 面积(公顷)	四级 占总面积(%)	五级 面积(公顷)	五级 占总面积(%)	六级 面积(公顷)	六级 占总面积(%)
四、沼泽土类	10 423.1	1 100.8	10.56	1 027.0	9.85	3 938.9	37.79	4 173.1	40.04	183.3	1.76	0	0
(1)厚层黏质草甸沼泽土	4 597.2	512.1	11.14	492.3	10.71	1 886.6	41.03	1 540.9	33.52	165.3	3.60	0	0
(2)薄层泥炭腐殖质沼泽土	1 565.2	209.0	13.35	158.7	10.14	662.7	42.34	516.8	33.02	18.0	1.15	0	0
(3)薄层泥炭沼泽土	3 561.9	287.9	8.08	321.2	9.02	1 153.5	32.38	1 799.3	50.52	0	0	0	0
(4)浅埋藏型沼泽土	698.8	91.8	13.13	54.7	7.83	236.2	33.80	316.1	45.24	0	0	0	0
五、泥炭土类	3 140.6	418.2	13.32	45.9	1.46	1 444.5	46.00	1 232.0	39.22	0	0	0	0
(1)薄层芦苇薹草低位泥炭土	1 733.6	47.6	2.75	9.0	0.52	700.2	40.38	976.8	56.35	0	0	0	0
(2)中层芦苇薹草低位泥炭土	1 407.0	370.6	26.34	36.9	2.62	744.4	52.91	255.1	18.13	0	0	0	0
六、新积土类	8 531.0	492.5	5.78	1 402.1	16.44	3 891.1	45.61	2 344.5	27.48	400.8	4.70	0	0
(1)薄层沙质冲积土	1 535.4	63.6	4.47	451.9	29.43	806.0	52.50	208.8	13.60	0	0	0	0
(2)薄层砾质冲积土	2 407.6	79.7	3.31	380.6	15.80	1 148.5	47.70	628.4	26.10	170.6	7.09	0	0
(3)中层状冲积土	4 588.0	344.2	7.50	569.7	12.43	1 936.6	42.21	1 507.3	32.85	230.2	5.02	0	0
七、水稻土类	1 308.4	76.6	5.85	264.1	20.18	666.6	50.94	278.7	21.30	22.4	1.71	0	0
(1)白浆土型淹育水稻土	83.5	0	0	34.9	41.80	46.9	56.17	1.7	2.04	0	0	0	0
(2)中层草甸土型淹育水稻土	107.8	2.5	2.32	34.9	32.37	61.1	56.68	9.3	8.63	0	0	0	0
(3)厚层草甸土型淹育水稻土	107.6	0	0	0	0	55.3	51.39	52.3	48.61	0	0	0	0
(4)中层冲积土型潴育水稻土	778.3	74.1	9.52	194.3	24.96	469.2	60.29	40.7	5.23	0	0	0	0
(5)厚层沼泽土型潜育水稻土	231.2	0	0	0	0	34.1	14.75	174.7	75.56	22.4	9.69	0	0
合　计	107 464.7	9 326.1	8.68	12 753.3	11.87	44 907.1	41.78	38 693.7	36.01	1 707.4	1.59	77.1	0.07

六、土壤有效铜

（一）各乡（镇）土壤有效铜含量

本次耕地地力评价，林口县土壤有效铜含量最大值为 3.73 毫克/千克，最小值为 0.08 毫克/千克，平均值为 1.32 毫克/千克。见表 4 - 24。

表 4 - 24　土壤有效铜含量统计表

单位：毫克/千克

乡（镇）	最大值	最小值	平均值	地力等级				
				一级地	二级地	三级地	四级地	五级地
三道通镇	2.10	0.54	1.15	1.21	1.19	1.13	0.99	1.03
莲花镇	2.22	0.40	1.18	1.07	1.14	1.23	1.29	0
龙爪镇	3.39	0.08	1.19	0.94	1.24	1.28	1.04	0.82
古城镇	3.25	0.22	1.43	1.62	1.53	1.21	1.16	1.40
青山乡	1.94	0.20	1.19	0	1.21	1.27	1.06	1.23
奎山乡	3.13	0.31	1.70	1.81	1.72	1.70	1.47	0.88
林口镇	3.73	0.64	1.60	2.66	1.52	1.65	1.44	0
朱家镇	2.99	0.59	1.15	2.15	1.22	1.05	1.05	1.58
柳树镇	2.25	0.08	1.10	0.95	0.95	1.10	0.95	0.93
刁翎镇	2.68	0.32	1.22	1.39	1.27	1.19	1.16	0.98
建堂乡	3.02	0.30	1.55	1.54	1.80	1.48	1.33	0.81
全县	3.73	0.08	1.32	1.39	1.34	1.30	1.18	0.88

（二）土壤类型有效铜统计

本次耕地地力评价，化验分析各土类土壤有效铜养分如下：

暗棕壤类有效铜含量平均值 1.3 毫克/千克，白浆土类有效铜含量平均 1.5 毫克/千克，草甸土类有效铜含量平均 1.4 毫克/千克，沼泽土类有效铜含量平均 1.4 毫克/千克，泥炭土类有效铜含量平均 1.2 毫克/千克，新积土类有效铜含量平均 1.3 毫克/千克，水稻土类有效铜含量平均 1.8 毫克/千克。见表 4 - 25。

表 4 - 25　耕地土壤有效铜含量统计

单位：毫克/千克

土壤类型	最大值	最小值	平均值	各地力等级养分平均值				
				一级地	二级地	三级地	四级地	五级地
一、暗棕壤类	3.5	0.1	1.3	1.3	1.3	1.3	1.1	1.1
（1）暗矿质暗棕壤	3.1	0.1	1.2	1.4	1.3	1.2	1.1	1.1
（2）沙砾质暗棕壤	2.7	0.2	1.2	1.4	1.3	1.3	1.1	1.1
（3）泥沙质暗棕壤	2.9	0.6	1.5	—	1.5	1.6	1.1	1.2
（4）泥质暗棕壤	1.7	0.5	1.3	1.4	1.3	1.2	1.1	—
（5）沙砾质白浆化暗棕壤	3.5	0.4	1.3	1.4	1.4	1.3	1.1	1.2
（6）砾沙质草甸暗棕壤	2.1	0.9	1.1	0.9	1.1	1.3	0.9	0.9

（续）

土壤类型	最大值	最小值	平均值	各地力等级养分平均值				
				一级地	二级地	三级地	四级地	五级地
二、白浆土类	3.4	0.5	1.5	1.5	1.7	1.5	1.3	1.2
（1）薄层黄土质白浆土	3.1	0.5	1.6	1.7	1.7	1.6	1.8	0.8
（2）中层黄土质白浆土	3.4	0.7	1.5	1.7	1.5	1.6	1.3	1.3
（3）厚层黄土质白浆土	2.9	0.5	1.5	1.6	1.6	1.4	1.2	1.4
（4）薄层沙底草甸白浆土	1.9	0.9	1.3	—	1.6	—	1.1	1.5
（5）中层沙底草甸白浆土	2.2	0.9	1.7	0.9	2.1	—	—	—
三、草甸土类	3.7	0.6	1.4	1.8	1.4	1.3	1.3	1.2
（1）薄层黏壤质草甸土	2.6	0.6	1.2	2.6	1.5	1.2	1.0	—
（2）中层黏壤质草甸土	2.5	0.7	1.3	1.8	1.3	1.1	1.0	1.2
（3）厚层黏壤质草甸土	2.5	0.7	1.4	1.5	1.3	1.5	1.4	—
（4）薄层黏壤质潜育草甸土	2.1	0.8	1.4	1.4	—	1.3	1.5	—
（5）中层黏壤质潜育草甸土	3.7	0.7	1.4	1.9	1.3	1.2	1.8	1.1
（6）厚层黏壤质潜育草甸土	2.1	1.0	1.5	1.6	1.4	1.4	—	—
四、沼泽土类	3.1	0.3	1.4	1.6	1.5	1.4	1.2	1.0
（1）厚层黏质草甸沼泽土	2.3	0.5	1.4	1.6	1.4	1.5	1.1	1.2
（2）薄层泥炭腐殖质沼泽土	2.4	0.3	1.3	1.3	1.5	1.4	1.3	0.8
（3）薄层泥炭沼泽土	2.2	0.6	1.2	1.2	1.3	1.3	1.0	1.2
（4）浅埋藏型沼泽土	3.1	0.8	1.6	2.2	1.7	1.5	1.2	1.0
五、泥炭土类	2.3	0.1	1.2	1.5	1.4	1.2	0.7	1.0
（1）薄层芦苇薹草低位泥炭土	2.3	0.2	1.3	1.6	1.4	1.2	0.9	1.3
（2）中层芦苇薹草低位泥炭土	2.2	0.1	1.2	1.3	1.4	1.3	0.6	0.8
六、新积土类	3.0	0.4	1.3	1.3	1.3	1.3	1.1	0.9
（1）薄层沙质冲积土	3.0	0.4	1.2	1.5	1.2	1.3	0.6	—
（2）薄层砾质冲积土	2.1	0.6	1.2	1.2	1.1	1.2	—	0.9
（3）中层状冲积土	3.0	0.4	1.4	1.3	1.5	1.4	1.3	1.0
七、水稻土类	3.4	0.7	1.9	2.2	1.9	1.8	0.9	—
（1）白浆土型淹育水稻土	2.2	1.2	1.8	—	1.8	1.8	—	—
（2）中层草甸土型淹育水稻土	3.3	0.9	1.9	2.5	1.8	1.5	0.9	—
（3）厚层草甸土型淹育水稻土	3.4	1.0	1.8	—	1.9	1.8	—	—
（4）中层冲积土型淹育水稻土	3.4	0.7	2.0	2.4	2.1	1.5	—	—
（5）厚层沼泽土型潜育水稻土	2.9	1.3	1.9	1.7	1.7	2.2	—	—
全　县	3.7	0.1	1.4	1.6	1.5	1.4	1.1	1.1

（三）土壤有效铜分级面积情况

按照黑龙江省土壤有效铜分级标准，林口县有效铜养分一级耕地面积 12 278.6 公顷，占总耕地面积的 11.43％；有效铜养分二级耕地面积 68 260.5 公顷，占总耕地面积的 63.52％；有效铜养分三级耕地面积 26 832.0 公顷，占总耕地面积的 24.97％；有效铜养分四级耕地面积 37.9 公顷，占总耕地面积的 0.04％；有效铜养分五级耕地面积 55.8 公顷，占总耕地面积的 0.05%。见表 4 - 26。

表 4 - 26　各乡（镇）耕地土壤有效铜分级面积统计

乡（镇）	面积（公顷）	一级		二级		三级		四级		五级	
		面积（公顷）	占总面积（%）	面积（公顷）	占总面积（%）	面积（公顷）	占总面积（%）	面积（公顷）	占总面积（%）	面积（公顷）	占总面积（%）
三道通镇	6 016.0	264.8	4.40	4 118.5	68.46	1 632.7	27.14	0	0	0	0
莲花镇	3 585.9	120.4	3.36	2 220.9	61.93	1 244.6	34.71	0	0	0	0
龙爪镇	15 209.0	813.6	5.35	8 657.3	56.92	5 731.9	37.69	0	0	6.2	0.04
古城镇	9 929.0	1 858.4	18.72	6 667.7	67.15	1 402.9	14.13	0	0	0	0
青山乡	9 562.0	926.9	9.69	6 362.2	66.54	2 242.7	23.45	30.30	0.32	0	0
奎山乡	10 846.0	3 457.1	31.87	7 046.0	64.96	342.9	3.16	0	0	0	0
林口镇	7 190.9	2 347.0	32.64	4 412.8	61.37	431.1	5.99	0	0	0	0
朱家镇	9 801.0	169.7	1.73	5 737.6	58.54	3 893.7	39.73	0	0	0	0
柳树镇	10 510.9	112.1	1.07	5 739.0	54.60	4 602.6	43.79	7.5	0.7	49.7	0.47
刁翎镇	15 519.1	495.9	3.20	10 865.3	70.01	4 157.9	26.79	0	0	0	0
建堂乡	9 294.9	1 712.8	18.43	6 433.1	69.21	1 149.0	12.36	0	0	0	0
合计	107 464.7	12 278.6	11.43	68 260.4	63.52	26 832.0	24.97	37.8	0.04	55.9	0.05

（四）耕地土类有效铜分级面积情况

按照黑龙江省耕地土壤有效铜分级标准，林口县各类土壤有效铜分级如下：

1. 暗棕壤类　有效铜养分一级耕地面积 3 441.5 公顷，占该土类耕地面积的 5.72%；有效铜养分二级耕地面积 37 978.6 公顷，占该土类耕地面积的 63.14%；有效铜养分三级耕地面积 18 684.0 公顷，占该土类耕地面积的 31.06%；有效铜养分四级耕地面积 37.9 公顷，占该土类耕地面积的 0.06%；有效铜养分五级耕地面积 7.1 公顷，占该土类耕地面积的 0.01%。

2. 白浆土类　有效铜养分一级耕地面积 4 234.1 公顷，占该土类耕地面积的 23.39%；有效铜养分二级耕地面积 12 242.2 公顷，占该土类耕地面积的 67.63%；有效铜养分三级耕地面积 1 626.7 公顷，占该土类耕地面积的 8.99%；有效铜养分四级和五级耕地无分布。

3. 草甸土类　有效铜养分一级耕地面积 1 103.4 公顷，占该土类耕地面积的 18.99%；有效铜养分二级耕地面积 3 622.5 公顷，占该土类耕地面积的 62.35%；有效铜养分三级耕地面积 1 083.7 公顷，占该土类耕地面积的 18.65%；有效铜养分四级和五级耕地无分布。

4. 沼泽土类　有效铜养分一级耕地面积 1 908.4 公顷，占该土类耕地面积的 18.31%；有效铜养分二级耕地面积 6 149.6 公顷，占该土类耕地面积的 59.0%；有效铜养分三级耕地面积 2 365.2 公顷，占该土类耕地面积的 22.69%；有效铜养分四级和五级耕地无分布。

5. 泥炭土类　有效铜养分一级耕地面积 229.1 公顷，占该土类耕地面积的 7.29%；有效铜养分二级耕地面积 2 455.9 公顷，占该土类耕地面积的 78.2%；有效铜养分三级耕地面积 406.9 公顷，占该土类耕地面积的 12.96%；有效铜养分四级耕地无分布；有效铜养分五级耕地面积 48.7 公顷，占该土类耕地面积的 1.55%。

表4-27 耕地土壤有效铜分级面积统计

土种	面积(公顷)	一级 面积(公顷)	一级 占总面积(%)	二级 面积(公顷)	二级 占总面积(%)	三级 面积(公顷)	三级 占总面积(%)	四级 面积(公顷)	四级 占总面积(%)	五级 面积(公顷)	五级 占总面积(%)
一、暗棕壤类	60 149.0	3 441.5	5.72	37 978.6	63.14	18 684.0	31.06	37.8	0.06	7.1	0.01
(1)暗矿质暗棕壤	27 396.7	1 301.0	4.75	17 131.5	62.53	8 949.6	32.67	7.5	0.03	7.1	0.03
(2)沙砾质暗棕壤	24 127.5	1 183.5	4.91	15 912.1	65.95	7 001.6	29.02	30.3	0.13	0	0
(3)泥沙质暗棕壤	1 423.7	101.7	7.14	534.8	37.56	787.2	55.29	0	0	0	0
(4)泥质暗棕壤	568.9	0	0	399.7	70.26	169.2	29.74	0	0	0	0
(5)沙质暗浆化暗棕壤	6 038.3	851.9	14.11	3 726.3	61.71	1 460.1	24.18	0	0	0	0
(6)砾沙质草甸暗棕壤	593.9	3.5	0.59	274.0	46.14	316.4	53.27	0	0	0	0
二、白浆土类	18 103.0	4 234.1	23.39	12 242.2	67.63	1 626.7	8.99	0	0	0	0
(1)薄层黄土质白浆土	4 019.4	1 434.2	35.68	2 492.4	62.01	92.8	2.31	0	0	0	0
(2)中层黄土质白浆土	9 534.9	1 917.3	20.11	6 616.5	69.39	1 001.1	10.50	0	0	0	0
(3)厚层黄土质白浆土	4 323.1	828.5	19.16	3 018.8	69.83	475.8	11.01	0	0	0	0
(4)薄层沙底草甸白浆土	184.9	17.0	9.20	114.6	61.96	53.3	28.84	0	0	0	0
(5)中层沙底草甸白浆土	40.7	37.1	91.15	0	0	3.6	8.85	0	0	0	0
三、草甸土类	5 809.6	1 103.4	18.99	3 622.5	62.35	1 083.7	18.65	0	0	0	0
(1)薄层黏壤质草甸土	920.1	147.5	16.03	460.0	50.00	312.6	33.97	0	0	0	0
(2)中层黏壤质草甸土	2 060.7	203.4	10.11	1 480.3	71.83	372.0	18.05	0	0	0	0
(3)厚层黏壤质草甸土	1 415.4	391.7	27.67	826.6	58.40	197.1	13.93	0	0	0	0
(4)薄层黏壤质潜育草甸土	114.1	39.7	34.76	57.0	49.91	17.4	15.32	0	0	0	0
(5)中层黏壤质潜育草甸土	488.3	74.5	15.26	229.2	46.95	184.6	37.79	0	0	0	0
(6)厚层黏壤质潜育草甸土	811.0	241.6	29.79	569.4	70.21	0	0	0	0	0	0
四、沼泽土类	10 423.1	1 908.4	18.31	6 149.5	59.00	2 365.2	22.69	0	0	0	0
(1)厚层黏质草甸沼泽土	4 597.2	1 176.2	25.59	3 083.9	67.08	337.1	7.33	0	0	0	0

（续）

土 种	面积(公顷)	一级 面积(公顷)	一级 占总面积(%)	二级 面积(公顷)	二级 占总面积(%)	三级 面积(公顷)	三级 占总面积(%)	四级 面积(公顷)	四级 占总面积(%)	五级 面积(公顷)	五级 占总面积(%)
(2)薄层泥炭腐殖质沼泽土	1 565.2	137.6	8.79	1 112.3	71.06	315.3	20.14	0	0	0	0
(3)薄层泥炭沼泽土	3 561.9	238.4	6.69	1 719.2	48.27	1 604.3	45.04	0	0	0	0
(4)浅埋藏型沼泽土	698.8	356.1	50.97	234.2	33.51	108.5	15.53	0	0	0	0
五、泥炭土类	3 140.6	229.1	7.29	2 455.9	78.20	406.9	12.96	0	0	48.7	1.55
(1)薄层芦苇薹草低位泥炭土	1 733.6	213.1	12.29	1 183.1	68.25	337.4	19.46	0	0	0	0
(2)中层芦苇薹草低位泥炭土	1 407.0	16.0	1.14	1 272.8	90.46	69.5	4.94	0	0	48.7	3.46
六、新积土类	8 531.0	644.2	7.55	5 324.7	62.42	2 562.1	30.03	0	0	0	0
(1)薄层沙质冲积土	1 535.4	41.3	2.69	887.7	57.82	606.4	39.49	0	0	0	0
(2)薄层砾质冲积土	2 407.6	42.7	1.78	1 592.7	66.15	772.2	32.07	0	0	0	0
(3)中层状冲积土	4 588.0	560.1	12.21	2 844.4	62.00	1 183.5	25.80	0	0	0	0
七、水稻土类	1 308.4	718.0	54.88	487.0	37.22	103.4	7.90	0	0	0	0
(1)白浆土型淹育水稻土	83.5	47.6	57.01	35.9	42.99	0	0	0	0	0	0
(2)中层草甸土型淹育水稻土	107.8	51.1	47.36	50.4	46.71	6.4	5.93	0	0	0	0
(3)厚层草甸土型淹育水稻土	107.6	55.3	51.39	52.3	48.61	0	0	0	0	0	0
(4)中层冲积土型淹育水稻土	778.3	486.7	62.53	194.6	25.01	97.0	12.46	0	0	0	0
(5)厚层沼泽土型潜育水稻土	231.2	77.4	33.48	153.8	66.52	0	0	0	0	0	0
合计	107 464.7	12 278.6	11.43	68 260.4	63.52	26 832.0	24.97	37.8	0.04	55.9	0.05

6. 新积土类 有效铜养分一级耕地面积 644.2 公顷，占该土类耕地面积的 7.55%；有效铜养分二级耕地面积 5 324.8 公顷，占该土类耕地面积的 62.42%；有效铜养分三级耕地面积 2 562.1 公顷，占该土类耕地面积的 30.03%；有效铜养分四级和五级耕地无分布。

7. 水稻土类 有效铜养分一级耕地面积 718.0 公顷，占该土类耕地面积的 54.88%；有效铜养分二级耕地面积 487.0 公顷，占该土类耕地面积的 37.22%；有效铜养分三级耕地面积 103.4 公顷，占该土类耕地面积的 7.9%；有效铜养分四级和五级耕地无分布。

耕地土壤有效铜分级面积统计见表 4-27。

七、土壤有效铁

（一）各乡（镇）土壤有效铁含量

本次耕地地力评价，林口县土壤有效铁含量最大值为 579.0 毫克/千克，最小值为 1.6 毫克/千克，平均值为毫克/千克。见表 4-28。

表 4-28 土壤有效铁含量统计

单位：毫克/千克

乡（镇）	最大值	最小值	平均值	地力等级				
				一级地	二级地	三级地	四级地	五级地
三道通镇	77.6	25.4	42.9	47.5	41.1	42.6	47.4	47.5
莲花镇	61.0	9.9	27.3	23.4	25.5	27.5	33.2	0.0
龙爪镇	78.5	31.9	58.5	48.9	62.7	58.7	56.2	47.2
古城镇	89.5	13.5	55.2	58.3	55.6	49.7	64.9	70.2
青山乡	83.4	19.7	65.1	0	22.7	63.3	64.7	65.7
奎山乡	70.5	16.0	50.8	56.7	49.9	50.8	48.5	45.1
林口镇	74.8	15.3	31.7	44.1	32.6	30.6	31.1	0.0
朱家镇	74.1	1.6	54.7	61.0	56.0	54.3	50.7	45.1
柳树镇	69.5	28.7	51.3	49.1	49.1	51.7	49.1	48.6
刁翎镇	579.0	24.2	58.8	64.3	56.8	57.2	65.0	55.3
建堂乡	60.9	10.1	37.9	38.6	39.3	37.1	37.2	37.0
全县	579.0	1.6	48.6	44.7	44.7	47.6	49.8	42.0

（二）土壤类型有效铁统计

本次耕地地力评价，林口县各土壤类型有效铁含量如下：

暗棕壤类有效铁养分含量平均为 49.9 毫克/千克，白浆土类有效铁养分含量平均为 49.2 毫克/千克，草甸土类有效铁养分含量平均为 49.10 毫克/千克，沼泽土类有效铁养分含量平均为 55.9 毫克/千克，泥炭土类有效铁养分含量平均为 56.1 毫克/千克，新积土类有效铁养分含量平均为 47.1 毫克/千克，水稻土类有效铁养分含量平均为 56.3 毫克/千克。见表 4-29。

表 4 - 29　耕地土壤有效铁含量统计

单位：毫克/千克

土壤类型	最大值	最小值	平均值	各地力等级养分平均值					
				一级地	二级地	三级地	四级地	五级地
一、暗棕壤类	579.0	1.6	49.9	54.2	49.0	49.3	49.2	58.5
(1) 暗矿质暗棕壤	86.9	14.2	51.8	60.5	51.3	49.8	50.2	57.6
(2) 沙砾质暗棕壤	579.0	1.6	53.9	64.1	51.3	50.6	59.7	60.2
(3) 泥沙质暗棕壤	68.6	17.9	42.4	—	46.2	41.3	39.0	62.5
(4) 泥质暗棕壤	326.9	9.9	58.9	61.4	53.9	62.5	41.0	—
(5) 沙砾质白浆化暗棕壤	71.7	15.3	48.7	53.3	49.5	46.6	46.8	55.5
(6) 砾沙质草甸暗棕壤	78.5	17.3	43.8	32.0	42.1	45.0	58.5	56.6
二、白浆土类	78.6	13.5	49.2	38.5	44.4	47.0	52.6	60.5
(1) 薄层黄土质白浆土	70.0	15.1	47.0	45.1	44.7	49.0	42.7	46.2
(2) 中层黄土质白浆土	78.6	13.5	46.8	42.3	46.9	41.0	47.7	61.7
(3) 厚层黄土质白浆土	75.8	17.4	51.6	46.5	50.9	51.0	50.3	69.2
(4) 薄层沙底草甸白浆土	70.3	24.5	58.3	—	26.0	—	69.8	65.1
(5) 中层沙底草甸白浆土	77.6	20.2	42.4	20.2	53.5	—	—	—
三、草甸土类	89.5	19.4	49.1	47.7	44.8	45.5	58.1	68.2
(1) 薄层黏壤质草甸土	76.3	23.0	46.9	38.8	41.0	47.3	52.0	—
(2) 中层黏壤质草甸土	78.6	28.6	57.2	65.7	45.2	43.8	48.7	62.4
(3) 厚层黏壤质草甸土	89.5	24.1	53.2	61.6	44.4	47.0	72.4	—
(4) 薄层黏壤质潜育草甸土	47.3	24.1	35.0	29.6	—	33.8	40.4	—
(5) 中层黏壤质潜育草甸土	76.8	19.4	51.4	30.8	45.7	48.0	76.8	74.0
(6) 厚层黏壤质潜育草甸土	84.6	22.3	50.7	59.9	43.8	53.0	—	—

（续）

土壤类型	最大值	最小值	平均值	各地力等级养分平均值					
				一级地	二级地	三级地	四级地	五级地	
四、沼泽土类	234.2	24.1	55.9	52.3	54.9	57.1	48.9	60.3	
(1) 厚层黏质草甸沼泽土	77.6	30.1	57.8	59.5	55.8	57.1	47.8	65.3	
(2) 薄层泥炭腐殖质沼泽土	234.2	24.1	56.4	42.2	51.3	64.0	43.2	59.1	
(3) 薄层泥炭沼泽土	74.9	27.8	55.6	51.3	57.9	52.4	55.1	62.5	
(4) 浅埋藏型沼泽土	70.5	40.7	53.8	56.3	54.4	54.9	49.3	54.4	
五、泥炭土类	85.1	24.5	56.1	59.2	59.3	57.7	46.1	50.1	
(1) 薄层芦苇薹草低位泥炭土	85.1	24.5	56.4	60.8	58.1	55.0	50.2	55.2	
(2) 中层芦苇薹草低位泥炭土	76.4	24.8	55.7	57.6	60.5	60.4	41.9	45.0	
六、新积土类	82.3	10.1	47.1	42.6	46.0	51.4	61.8	43.5	
(1) 薄层沙质冲积土	78.5	20.0	41.6	38.2	39.1	55.2	70.1	—	
(2) 薄层砾质冲积土	78.5	19.6	51.5	45.3	49.2	53.5	62.5	48.3	
(3) 中层状冲积土	82.3	10.1	48.1	44.3	49.7	45.5	53.0	38.7	
七、水稻土类	83.6	13.5	56.3	58.0	58.1	48.4	39.9	—	
(1) 白浆土型淹育水稻土	83.6	72.8	78.2	—	82.2	76.2	—	—	
(2) 中层草甸土型淹育水稻土	69.6	27.4	51.7	59.9	50.6	27.4	39.9	—	
(3) 厚层草甸土型淹育水稻土	71.1	25.7	39.0	—	43.8	35.3	—	—	
(4) 中层冲积土型淹育水稻土	77.1	13.5	56.1	61.7	58.8	44.0	—	—	
(5) 厚层沼泽土型潜育水稻土	68.9	40.3	56.6	52.3	55.2	59.0	—	—	
全 县	579.0	1.6	51.6	49.8	50.4	50.2	52.0	57.6	

(三)土壤有效铁分级面积

按照黑龙江省土壤有效铁分级标准，林口县耕地土壤有效铁含量养分一级耕地面积为107 434.3公顷（耕地总面积107 464.7公顷），几乎占耕地总面积的全部。有效铁养分二级三级耕地无分布；仅有30.4公顷耕地属四级。林口县耕地土壤有效铁含量大于有效铁养分分级指标10多倍。见表4-30。

表4-30　各乡（镇）耕地土壤有效铁分级面积统计

乡（镇）	面积（公顷）	一级		二级		三级		四级	
		面积（公顷）	占总面积（%）	面积（公顷）	占总面积（%）	面积（公顷）	占总面积（%）	面积（公顷）	占总面积（%）
三道通镇	6 016.0	6 016.0	100.00	0	0	0	0	0	0
莲花镇	3 585.9	3 585.9	100.00	0	0	0	0	0	0
龙爪镇	15 209.0	15 209.0	100.00	0	0	0	0	0	0
古城镇	9 929.0	9 929.0	100.00	0	0	0	0	0	0
青山乡	9 562.0	9 562.0	100.00	0	0	0	0	0	0
奎山乡	10 846.0	10 846.0	100.00	0	0	0	0	0	0
林口镇	7 190.9	7 190.9	100.00	0	0	0	0	0	0
朱家镇	9 801.0	9 770.6	99.69	0	0	0	0	30.4	0.31
柳树镇	10 510.9	10 510.9	100.00	0	0	0	0	0	0
刁翎镇	15 519.1	15 519.1	100.00	0	0	0	0	0	0
建堂乡	9 294.9	9 294.9	100.00	0	0	0	0	0	0
合计	107 464.7	107 434.3	99.97	0	0	0	0	30.4	0.03

(四)耕地土类有效铁分级面积情况

按照黑龙江省耕地土壤有效铁分级标准，林口县各类土壤有效铁分级如下：

1. 暗棕壤类　有效铁养分一级耕地面积60 118.6公顷，占该土类耕地面积的99.95%；有效铁养分二级和三级耕地无分布；有效铁养分四级耕地面积30.4公顷，占该土类耕地面积的0.05%。

2. 白浆土类　有效铁养分一级耕地面积18 103.0公顷，占该土类耕地面积的100%；其他养分级别耕地无分布。

3. 草甸土类　有效铁养分一级耕地面积5 809.6公顷，占该土类耕地面积的100%；其他养分级别耕地无分布。

4. 沼泽土类　有效铁养分一级耕地面积10 423.1公顷，占该土类耕地面积的100%；其他养分级别耕地无分布。

5. 泥炭土类　有效铁养分一级耕地面积3 140.6公顷，占该土类耕地面积的100%；其他养分级别耕地无分布。

6. 新积土类　有效铁养分一级耕地面积8 531.0公顷，占该土类耕地面积的100%；其他养分级别耕地无分布。

7. 水稻土类　有效铁养分一级耕地面积1 308.4公顷，占该土类耕地面积的100%；

其他养分级别耕地无分布。

耕地土壤有效铁分级面积统计见表4-31。

表4-31 耕地土壤有效铁分级面积统计

土　　种	面积（公顷）	一级		二级		三级		四级	
		面积（公顷）	占总面积（%）	面积（公顷）	占总面积（%）	面积（公顷）	占总面积（%）	面积（公顷）	占总面积（%）
一、暗棕壤类	60 149.0	60 118.6	99.95	0	0	0	0	30.4	0.05
（1）暗矿质暗棕壤	27 396.7	27 396.7	100.00	0	0	0	0	0	0
（2）沙砾质暗棕壤	24 127.5	24 097.1	99.87	0	0	0	0	30.4	0.13
（3）泥沙质暗棕壤	1 423.7	1 423.7	100.00	0	0	0	0	0	0
（4）泥质暗棕壤	568.9	568.9	100.00	0	0	0	0	0	0
（5）沙砾质白浆化暗棕壤	6 038.3	6 038.3	100.00	0	0	0	0	0	0
（6）砾沙质草甸暗棕壤	593.9	593.9	100.00	0	0	0	0	0	0
二、白浆土类	18 103.0	18 103.0	100.00	0	0	0	0	0	0
（1）薄层黄土质白浆土	4 019.4	4 019.4	100.00	0	0	0	0	0	0
（2）中层黄土质白浆土	9 534.9	9 534.9	100.00	0	0	0	0	0	0
（3）厚层黄土质白浆土	4 323.1	4 323.1	100.00	0	0	0	0	0	0
（4）薄层沙底草甸白浆土	184.9	184.9	100.00	0	0	0	0	0	0
（5）中层沙底草甸白浆土	40.7	40.7	100.00	0	0	0	0	0	0
三、草甸土类	5 809.6	5 809.6	100.00	0	0	0	0	0	0
（1）薄层黏壤质草甸土	920.1	920.1	100.00	0	0	0	0	0	0
（2）中层黏壤质草甸土	2 060.7	2 060.7	100.00	0	0	0	0	0	0
（3）厚层黏壤质草甸土	1 415.4	1 415.4	100.00	0	0	0	0	0	0
（4）薄层黏壤质潜育草甸土	114.1	114.1	100.00	0	0	0	0	0	0
（5）中层黏壤质潜育草甸土	488.3	488.3	100.00	0	0	0	0	0	0
（6）厚层黏壤质潜育草甸土	811.0	811.0	100.00	0	0	0	0	0	0
四、沼泽土类	10 423.1	10 423.1	100.0	0	0	0	0	0	0
（1）厚层黏质草甸沼泽土	4 597.2	4 597.2	100.0	0	0	0	0	0	0
（2）薄层泥炭腐殖质沼泽土	1 565.2	1 565.2	100.0	0	0	0	0	0	0
（3）薄层泥炭沼泽土	3 561.9	3 561.9	100.0	0	0	0	0	0	0
（4）浅埋藏型沼泽土	698.8	698.8	100.0	0	0	0	0	0	0
五、泥炭土类	3 140.6	3 140.6	100.0	0	0	0	0	0	0
（1）薄层芦苇薹草低位泥炭土	1 733.6	1 733.6	100.0	0	0	0	0	0	0
（2）中层芦苇薹草低位泥炭土	1 407.0	1 407.0	100.0	0	0	0	0	0	0
六、新积土类	8 531.0	8 531.0	100.0	0	0	0	0	0	0
（1）薄层沙质冲积土	1 535.4	1 535.4	100.0	0	0	0	0	0	0
（2）薄层砾质冲积土	2407.6	2407.6	100.0	0	0	0	0	0	0
（3）中层状冲积土	4 588.0	4 588.0	100.0	0	0	0	0	0	0

（续）

土　种	面积（公顷）	一级		二级		三级		四级	
		面积（公顷）	占总面积（%）	面积（公顷）	占总面积（%）	面积（公顷）	占总面积（%）	面积（公顷）	占总面积（%）
七、水稻土类	1 308.4	1 308.4	100.0	0	0	0	0	0	0
（1）白浆土型淹育水稻土	83.5	83.5	100.0	0	0	0	0	0	0
（2）中层草甸土型淹育水稻土	107.8	107.8	100.0	0	0	0	0	0	0
（3）厚层草甸土型淹育水稻土	107.6	107.6	100.0	0	0	0	0	0	0
（4）中层冲积土型淹育水稻土	778.3	778.3	100.0	0	0	0	0	0	0
（5）厚层沼泽土型潜育水稻土	231.2	231.2	100.0	0	0	0	0	0	0
合　计	107 464.7	107 434.3	99.97	0	0	0	0	30.4	0.03

八、土壤有效锌

（一）各乡（镇）土壤有效锌含量

本次耕地地力评价，调查化验分析了土壤有效锌含量情况，土壤有效锌含量最大值是8.93毫克/千克，最小值是0.10毫克/千克，平均值是1.96毫克/千克。平均值较高的有奎山乡、古城镇、朱家镇。见表4-32。

表4-32　土壤有效锌含量统计

单位：毫克/千克

乡（镇）	最大值	最小值	平均值	地力等级				
				一级地	二级地	三级地	四级地	五级地
三道通镇	5.08	0.59	1.71	2.11	1.89	1.49	1.82	1.28
莲花镇	2.96	0.37	1.12	1.23	1.31	1.05	0.81	0
龙爪镇	8.93	0.18	1.91	3.17	2.37	1.94	1.27	0.75
古城镇	7.41	0.41	2.61	3.61	2.77	2.02	1.95	2.77
青山乡	3.88	0.15	1.18	0	2.52	1.64	1.23	1.12
奎山乡	7.09	1.23	3.76	4.05	3.97	3.69	2.60	1.49
林口镇	6.93	0.11	2.17	4.34	3.14	1.64	0.79	0
朱家镇	6.27	0.64	2.35	4.10	2.73	2.07	1.85	0.76
柳树镇	4.55	0.33	1.66	1.34	1.34	1.75	1.34	1.03
刁翎镇	3.17	0.10	1.38	1.50	1.39	1.33	1.42	1.29
建堂乡	6.05	0.25	1.75	2.34	1.89	1.68	1.51	1.40
全县	8.93	0.10	1.96	2.53	2.30	1.84	1.51	1.08

（二）土壤类型有效锌统计

本次耕地地力评价，调查化验分析各土类土壤有效锌养分如下：

暗棕壤类有效锌含量平均值2.0毫克/千克，白浆土类有效锌含量平均2.0毫克/千克，草甸土类有效锌含量平均1.7毫克/千克，沼泽土类有效锌含量平均2.3毫克/千克，泥炭土类有效锌含量平均2.0毫克/千克，新积土类有效锌含量平均1.7毫克/千克，水稻土类有效锌含量平均2.6毫克/千克。见表4-33。

表4-33　耕地土壤有效锌含量统计

单位：毫克/千克

土壤类型	最大值	最小值	平均值	各地力等级养分平均值				
				一级地	二级地	三级地	四级地	五级地
一、暗棕壤类	5.4	0.4	2.0	2.1	2.3	1.7	1.6	1.0
（1）暗矿质暗棕壤	7.1	0.1	1.9	2.5	2.4	1.9	1.4	1.1
（2）沙砾质暗棕壤	7.1	0.1	2.0	1.8	2.6	2.2	1.5	1.0
（3）泥沙质暗棕壤	5.9	0.1	1.7	—	2.9	1.7	0.7	0.3
（4）泥质暗棕壤	3.2	0.5	1.6	2.0	1.6	1.3	1.7	—
（5）沙砾质白浆化暗棕壤	5.5	0.3	1.9	2.5	2.4	1.5	1.3	1.3
（6）砾沙质草甸暗棕壤	3.9	1.0	2.0	1.7	2.1	1.6	2.9	1.2
二、白浆土类	8.6	0.2	2.3	2.5	2.5	2.0	1.4	1.0
（1）薄层黄土质白浆土	5.5	0.2	2.5	1.9	3.2	2.2	1.8	0.2
（2）中层黄土质白浆土	6.9	0.2	2.1	3.0	2.6	2.1	1.4	1.3
（3）厚层黄土质白浆土	8.6	0.5	2.2	3.2	2.9	1.6	1.4	1.8
（4）薄层沙底草甸白浆土	1.6	0.8	1.1	—	1.4	—	1.1	0.8
（5）中层沙底草甸白浆土	3.9	1.0	—	1.2	2.4	—	—	—
三、草甸土类	4.7	0.3	1.7	1.9	1.8	1.5	1.7	1.4
（1）薄层黏壤质草甸土	2.9	0.5	1.5	2.7	1.9	1.4	1.3	—
（2）中层黏壤质草甸土	2.9	0.3	1.5	1.7	1.4	1.4	1.7	1.4
（3）厚层黏壤质草甸土	4.1	0.9	1.9	1.9	2.1	1.5	2.6	—
（4）薄层黏壤质潜育草甸土	2.0	0.4	1.5	0.4	—	1.5	2.0	—
（5）中层黏壤质潜育草甸土	3.6	0.3	1.6	2.2	1.8	1.1	0.9	1.4
（6）厚层黏壤质潜育草甸土	4.7	1.1	2.1	2.6	1.9	1.8	—	—
四、沼泽土类	7.4	0.2	2.3	3.7	2.6	2.4	1.7	1.2
（1）厚层黏质草甸沼泽土	7.4	0.3	2.0	3.2	2.2	2.1	1.3	1.0
（2）薄层泥炭腐殖质沼泽土	4.3	0.2	1.9	3.2	2.3	2.0	1.6	1.0
（3）薄层泥炭沼泽土	7.0	0.4	2.1	4.0	2.4	2.0	1.5	1.0
（4）浅埋藏型沼泽土	7.1	1.5	3.3	4.3	3.5	3.7	2.6	1.6
五、泥炭土类	6.3	0.4	2.0	1.5	2.5	2.0	1.1	1.1
（1）薄层芦苇薹草低位泥炭土	4.3	0.4	1.9	1.7	2.1	2.0	1.1	1.1
（2）中层芦苇薹草低位泥炭土	6.3	0.6	2.0	1.3	2.9	2.0	1.1	1.1

（续）

土壤类型	最大值	最小值	平均值	各地力等级养分平均值				
				一级地	二级地	三级地	四级地	五级地
六、新积土类	6.1	0.1	1.7	1.8	1.7	1.8	1.2	1.1
（1）薄层沙质冲积土	5.3	0.6	1.7	2.1	1.6	2.2	1.3	—
（2）薄层砾质冲积土	3.6	0.6	1.5	1.5	1.6	1.4	1.2	1.0
（3）中层状冲积土	6.1	0.1	1.7	1.9	2.0	1.6	1.1	1.1
七、水稻土类	8.9	0.7	2.6	3.1	3.0	2.2	0.8	—
（1）白浆土型淹育水稻土	1.8	1.3	1.7	—	1.6	1.7		
（2）中层草甸土型淹育水稻土	6.9	0.8	3.3	3.3	3.5	3.1	0.8	
（3）厚层草甸土型淹育水稻土	3.7	1.1	2.3	—	3.2	1.6		
（4）中层冲积土型淹育水稻土	8.9	0.7	2.8	4.3	3.0	1.5		
（5）厚层沼泽土型潜育水稻土	8.6	1.7	3.1	1.7	3.4	3.1		
全 县	8.9	0.1	2.0	2.4	2.4	1.9	1.5	1.1

（三）土壤有效锌分级面积情况

按照黑龙江省土壤有效锌分级标准，分级情况如下：

林口县有效锌养分一级耕地面积 41 090.7 公顷，占总耕地面积的 38.24％；有效锌养分二级耕地面积 20 435.8 公顷，占总耕地面积的 19.01％；有效锌养分三级耕地面积 27 044.7 公顷，占总耕地面积的 25.17％；有效锌养分四级耕地面积 14 197.7 公顷，占总耕地面积的 13.21％；有效锌养分五级耕地面积 4 695.8 公顷，占总耕地面积的 4.37％。见表 4 - 34。

表 4 - 34　各乡（镇）耕地土壤有效锌分级面积统计

乡（镇）	面积（公顷）	一级地		二级地		三级地		四级地		五级地	
		面积（公顷）	占总面积（％）	面积（公顷）	占总面积（％）	面积（公顷）	占总面积（％）	面积（公顷）	占总面积（％）	面积（公顷）	占总面积（％）
三道通镇	6 016.0	1 582.1	26.30	1 277.0	21.23	2 595.0	43.13	561.9	9.34	0	0
莲花镇	3 585.9	390.6	10.89	599.4	16.72	1 103.6	30.78	1 199.6	33.45	292.7	8.16
龙爪镇	15 209.0	5 982.7	39.34	1 925.1	12.66	3 919.5	25.76	1 982.6	13.04	1 399.1	9.20
古城镇	9 929.0	7 801.0	78.57	1 259.3	12.68	174.7	1.76	561.0	5.65	133.0	1.34
青山乡	9 562.0	1 683.8	17.61	1 157.6	12.11	1 976.9	20.67	3 362.7	35.17	1 381.2	14.44
奎山乡	10 846.0	9 162.7	84.48	1 511.5	13.94	171.8	1.58	0	0	0	0
林口镇	7 190.9	3 467.7	48.22	1 353.2	18.82	1 627.8	22.64	370.5	5.15	371.7	5.17
朱家镇	9 801.0	4 421.8	45.12	3 254.8	33.21	1 637.7	16.71	486.7	4.97	0	0
柳树镇	10 510.9	2 693.2	25.62	2 436.6	23.18	3 152.1	29.99	2 101.7	20.00	127.4	1.21
刁翎镇	15 519.1	1 379.8	8.89	2 893.2	18.64	8 464.0	54.54	2 144.4	13.82	637.7	4.11
建堂乡	9 294.9	2 525.3	27.17	2 768.2	29.78	2 221.8	23.90	1 426.6	15.35	353.0	3.80
合计	107 464.7	41 090.7	38.24	20 435.8	19.01	27 044.7	25.17	14 197.7	13.21	4 695.8	4.37

（四）耕地土类有效锌分级面积情况

按照黑龙江省耕地土壤有效锌分级标准，林口县各类土壤有效锌分级如下：

1. 暗棕壤类　有效锌养分一级耕地面积 20 726.3 公顷，占该土类耕地面积的 34.46%；有效锌养分二级耕地面积 12 830.1 公顷，占该土类耕地面积的 21.33%；有效锌养分三级耕地面积 15 504.2 公顷，占该土类耕地面积的 25.78%；有效锌养分四级耕地面积 8 410.7 公顷，占该土类耕地面积的 13.98%；有效锌养分五级耕地面积 2 677.7 公顷，占该土类耕地面积的 4.45%。

2. 白浆土类　有效锌养分一级耕地面积 9 924.5 公顷，占该土类耕地面积的 54.82%；有效锌养分二级耕地面积 2 542.2 公顷，占该土类耕地面积的 14.04%；有效锌养分三级耕地面积 3 459.9 公顷，占该土类耕地面积的 19.11%；有效锌养分四级耕地面积 1 516 公顷，占该土类耕地面积的 8.37%；有效锌养分五级耕地面积 660.4 公顷，占该土类耕地面积的 3.65%。

3. 草甸土类　有效锌养分一级耕地面积 2 157.9 公顷，占该土类耕地面积的 37.14%；有效锌养分二级耕地面积 989.3 公顷，占该土类耕地面积的 17.03%；有效锌养分三级耕地面积 1 826 公顷，占该土类耕地面积的 31.43%；有效锌养分四级耕地面积 744.2 公顷，占该土类耕地面积的 12.81%；有效锌养分五级耕地面积 92.2 公顷，占该土类耕地面积的 1.59%。

4. 沼泽土类　有效锌养分一级耕地面积 4 227.8 公顷，占该土类耕地面积的 40.56%；有效锌养分二级耕地面积 1 413.2 公顷，占该土类耕地面积的 13.56%；有效锌养分三级耕地面积 2 277.9 公顷，占该土类耕地面积的 21.85%；有效锌养分四级耕地面积 1 704.4 公顷，占该土类耕地面积的 16.35%；有效锌养分五级耕地面积 799.9 公顷，占该土类耕地面积的 7.68%。

5. 泥炭土类　有效锌养分一级耕地面积 1 094.1 公顷，占该土类耕地面积的 34.84%；有效锌养分二级耕地面积 613.3 公顷，占该土类耕地面积的 19.53%；有效锌养分三级耕地面积 1 313.1 公顷，占该土类耕地面积的 41.81%；有效锌养分四级耕地面积 119.0 公顷，占该土类耕地面积的 3.79%；有效锌养分五级耕地面积 1.1 公顷，占该土类耕地面积的 0.04%。

6. 新积土类　有效锌养分一级耕地面积 2 116.7 公顷，占该土类耕地面积的 24.81%；有效锌养分二级耕地面积 1 819.4 公顷，占该土类耕地面积的 21.33%；有效锌养分三级耕地面积 2 524.6 公顷，占该土类耕地面积的 29.59%；有效锌养分四级耕地面积 1 605.7 公顷，占该土类耕地面积的 18.82%；有效锌养分五级耕地面积 464.6 公顷，占该土类耕地面积的 5.45%。

7. 水稻土类　有效锌养分一级耕地面积 843.5 公顷，占该土类耕地面积的 64.47%；有效锌养分二级耕地面积 228.3 公顷，占该土类耕地面积的 17.45%；有效锌养分三级耕地面积 138.9 公顷，占该土类耕地面积的 10.62%；有效锌养分四级耕地面积 97.7 公顷，占该土类耕地面积的 7.47%；有效锌养分五级耕地无分布。

耕地土壤有效锌分级面积统计见表 4-35。

表4-35 耕地土壤有效锌分级面积统计

土 种	面积(公顷)	一级 面积(公顷)	一级 占总面积(%)	二级 面积(公顷)	二级 占总面积(%)	三级 面积(公顷)	三级 占总面积(%)	四级 面积(公顷)	四级 占总面积(%)	五级 面积(公顷)	五级 占总面积(%)
一、暗棕壤类	60 149.0	20 726.3	34.46	12 830.1	21.33	15 504.2	25.78	8 410.7	13.98	2 677.7	4.45
(1)暗矿质暗棕壤	27 396.7	8 517.0	31.09	5 865.9	21.41	7 223.8	26.37	4 558.2	16.64	1 231.8	4.50
(2)沙砾质暗棕壤	24 127.5	10 257.2	42.51	5 160.7	21.39	5 087.6	21.09	2 610.0	10.82	1 012.0	4.19
(3)泥沙质暗棕壤	1 423.7	129.2	9.07	37.8	2.66	811.3	56.98	242.8	17.05	202.6	14.23
(4)泥质暗棕壤	568.9	150.7	26.49	156.5	27.51	251.3	44.17	10.4	1.83	0	0
(5)沙砾质白浆化暗棕壤	6 038.3	1 540.4	25.51	1 300.4	21.54	1 976.8	32.74	989.5	16.39	231.2	3.83
(6)砾沙质草甸暗棕壤	593.9	131.8	22.19	308.8	52.00	153.3	25.81	0	0	0	0
二、白浆土类	18 103.0	9 924.5	54.80	2 542.2	14.04	3 459.9	19.11	1 516.0	8.37	660.4	3.65
(1)薄层黄土质白浆土	4 019.4	2 693.5	67.01	878.6	21.86	143.0	3.56	237.0	5.90	67.3	1.67
(2)中层黄土质白浆土	9 534.9	5 204.0	54.58	823.3	8.63	2 169.0	22.75	745.5	7.82	593.1	6.22
(3)厚层黄土质白浆土	4 323.1	2 007.3	46.43	823.3	19.04	1 053.2	24.36	439.3	10.16	0	0
(4)薄层沙底草甸白浆土	184.9	0	0	17.0	9.19	73.6	39.81	94.3	51.00	0	0
(5)中层沙底草甸白浆土	40.7	19.7	48.40	0	0	21.0	51.60	0	0	0	0
三、草甸土类	5 809.6	2 157.9	37.14	989.3	17.03	1 826.0	31.43	744.2	12.81	92.2	1.59
(1)薄层黏壤质草甸土	920.1	281.7	30.61	132.2	14.36	380.1	41.30	101.4	11.01	24.9	2.71
(2)中层黏壤质草甸土	2 060.7	500.3	24.28	238.7	11.58	795.9	38.62	521.4	25.30	4.4	0.21
(3)厚层黏壤质草甸土	1 415.4	777.5	54.93	172.8	12.21	402.7	28.45	62.4	4.41	0	0
(4)薄层黏壤质潜育草甸土	114.1	0.6	0.53	81.8	71.69	17.5	15.34	0	0	14.2	12.45
(5)中层黏壤质潜育草甸土	488.3	71.6	14.67	158.4	32.45	150.6	30.83	59.0	12.09	48.7	9.98
(6)厚层黏壤质潜育草甸土	811.0	526.2	64.89	205.5	25.34	79.3	9.77	0	0	0	0

（续）

土 种	面积(公顷)	一级 面积(公顷)	一级 占总面积(%)	二级 面积(公顷)	二级 占总面积(%)	三级 面积(公顷)	三级 占总面积(%)	四级 面积(公顷)	四级 占总面积(%)	五级 面积(公顷)	五级 占总面积(%)
四、沼泽土类	10 423.1	4 227.8	40.56	1 413.2	13.56	2 277.8	21.85	1 704.4	16.35	799.9	7.68
(1)厚层黏质草甸沼泽土	4 597.2	1 409.7	30.66	865.5	18.83	684.2	14.88	1 165.1	25.34	472.7	10.28
(2)薄层泥炭腐殖质沼泽土	1 565.2	910.2	58.15	105.2	6.72	284.4	18.18	53.5	3.42	211.9	13.54
(3)薄层泥炭沼泽土	3 561.9	1 225.9	34.42	426.3	11.97	1 308.5	36.74	485.8	13.64	115.4	3.24
(4)浅埋藏型沼泽土	698.8	682.1	97.61	16.2	2.32	0.5	0.07	0	0	0	0
五、泥炭土类	3 140.6	1 094.1	34.84	613.3	19.53	1 313.1	41.81	119.0	3.79	1.1	0.04
(1)薄层芦苇苔草低位泥炭土	1 733.6	574.7	33.15	459.2	26.49	645.1	37.22	53.5	3.09	1.1	0.06
(2)中层芦苇苔草低位泥炭土	1 407.0	519.4	36.92	154.1	10.95	667.9	47.47	65.6	4.66	0	0
六、新积土类	8 531.0	2 116.7	24.81	1 819.4	21.33	2 524.6	29.59	1 605.7	18.82	464.6	5.45
(1)薄层沙质冲积土	1 535.4	335.0	21.82	49.8	3.24	906.7	59.05	243.9	15.89	0	0
(2)薄层砾质冲积土	2 407.6	254.0	10.55	1 049.6	43.60	600.6	24.95	503.4	20.91	0	0
(3)中层状冲积土	4 588.0	1 527.7	33.30	720.0	15.69	1 017.4	22.17	858.3	18.71	464.6	10.13
七、水稻土类	1 308.4	843.5	64.47	228.3	17.45	138.9	10.62	97.7	7.47	0	0
(1)白浆土型淹育水稻土	83.5	0	0	50.9	60.96	32.6	39.04	0	0	0	0
(2)中层草甸土型淹育水稻土	107.8	96.1	89.15	4.9	4.55	0.4	0.37	6.4	5.94	0	0
(3)厚层草甸土型育水稻土	107.6	68.4	63.57	6.5	6.04	32.7	30.39	0	0	0	0
(4)中层冲积土型淹育水稻土	778.3	487.7	62.66	126.1	16.20	73.2	9.41	91.3	11.73	0	0
(5)厚层沼泽土型潜育水稻土	231.2	191.4	82.75	39.9	17.25	0	0	0	0	0	0
合 计	107 464.7	41 090.7	38.24	20 435.8	19.02	27 044.7	25.17	14 197.7	13.21	4 695.8	4.37

九、土壤有效锰

(一) 各乡 (镇) 土壤有效锰含量

本次耕地地力评价，林口县耕地土壤有效锰养分含量最大值为 74.9 毫克/千克，最小值为 1.5 毫克/千克，平均值为 28.5 毫克/千克。见表 4-36。

表 4-36 土壤有效锰含量统计

单位：毫克/千克

乡 (镇)	最大值	最小值	平均值	地力等级				
				一级地	二级地	三级地	四级地	五级地
三道通镇	49.8	16.4	33.6	37.0	33.7	33.7	31.7	30.5
莲花镇	38.1	3.8	14.8	13.4	13.9	15.0	17.2	0.0
龙爪镇	74.8	2.3	36.2	21.2	38.0	37.5	34.3	28.2
古城镇	54.3	1.5	19.6	15.0	19.5	21.1	22.1	23.8
青山乡	71.4	5.9	35.6	0	18.7	34.2	39.9	34.1
奎山乡	50.4	7.5	27.6	19.2	31.6	26.0	26.9	28.1
林口镇	43.0	6.3	23.5	20.6	19.5	26.0	26.4	0
朱家镇	58.9	5.3	34.5	30.8	32.5	34.4	40.9	49.7
柳树镇	55.0	3.4	24.3	22.0	22.0	26.1	22.0	22.7
刁翎镇	74.9	3.6	32.6	29.4	34.0	33.6	35.7	28.2
建堂乡	49.6	5.7	31.0	23.4	32.2	31.9	28.7	26.9
全县	74.9	1.5	28.5	21.1	26.9	29.0	29.6	24.7

(二) 土壤类型有效锰统计

林口县耕地不同土壤类型有效锰养分含量如下：

暗棕壤类土壤有效锰养分含量平均为 31.4 毫克/千克，白浆土类土壤有效锰养分含量平均为 41.7 毫克/千克，草甸土类土壤有效锰养分含量平均为 28.8 毫克/千克，沼泽土类土壤有效锰养分含量平均为 31.2 毫克/千克，泥炭土类土壤有效锰养分含量平均为 25.4 毫克/千克，新积土类土壤有效锰养分含量平均为 29.8 毫克/千克，水稻土类土壤有效锰养分含量平均为 29.3 毫克/千克。见表 4-37。

表 4-37 耕地土壤有效锰含量统计

单位：毫克/千克

土壤类型	最大值	最小值	平均值	各地力等级养分平均值				
				一级地	二级地	三级地	四级地	五级地
一、暗棕壤类	74.8	2.3	31.4	26.0	29.9	32.8	30.0	35.7
(1) 暗矿质暗棕壤	67.3	2.3	29.1	20.0	28.2	30.0	29.9	30.7
(2) 沙砾质暗棕壤	74.8	2.8	30.2	22.0	29.0	30.7	31.4	31.6
(3) 泥沙质暗棕壤	59.6	13.1	33.3	—	28.4	34.2	32.9	49.6

（续）

土壤类型	最大值	最小值	平均值	各地力等级养分平均值				
				一级地	二级地	三级地	四级地	五级地
（4）泥质暗棕壤	47.0	3.8	32.4	32.7	32.9	33.0	21.8	—
（5）沙砾质白浆化暗棕壤	55.1	7.3	31.0	29.4	29.8	33.6	29.9	25.2
（6）砾沙质草甸暗棕壤	44.6	8.8	32.3	26.0	31.3	35.5	34.5	41.7
二、白浆土类	29.5	9.4	41.7	15.7	24.1	33.9	35.8	29.2
（1）薄层黄土质白浆土	57.7	7.0	30.3	19.2	24.4	36.0	22.7	17.6
（2）中层黄土质白浆土	68.6	5.6	29.5	19.0	27.6	30.7	31.0	34.6
（3）厚层黄土质白浆土	55.5	10.5	29.8	13.8	26.8	35.0	36.8	30.3
（4）薄层沙底草甸白浆土	55.0	13.0	41.7	—	17.6	—	52.8	34.3
（5）中层沙底草甸白浆土	29.5	10.9	19.6	10.9	24.0	—	—	—
三、草甸土类	74.9	2.4	28.8	28.9	29.9	26.4	33.1	38.5
（1）薄层黏壤质草甸土	59.8	11.1	28.7	34.0	26.9	27.1	32.1	—
（2）中层黏壤质草甸土	74.9	10.6	33.5	47.8	45.4	22.7	23.8	28.3
（3）厚层黏壤质草甸土	53.4	2.4	28.9	32.2	23.6	31.0	28.6	—
（4）薄层黏壤质潜育草甸土	38.0	14.4	25.6	19.2	—	22.1	37.4	—
（5）中层黏壤质潜育草甸土	52.3	7.9	29.3	17.8	27.3	21.4	43.5	48.6
（6）厚层黏壤质潜育草甸土	52.5	11.7	26.9	22.5	26.3	34.1	—	—
四、沼泽土类	68.4	2.7	31.2	24.2	34.1	30.5	28.7	29.4
（1）厚层黏质草甸沼泽土	50.8	5.3	27.7	23.0	26.6	31.4	24.6	30.5
（2）薄层泥炭腐殖质沼泽土	48.9	2.7	33.8	22.4	35.1	34.1	33.4	33.9
（3）薄层泥炭沼泽土	68.4	3.3	34.3	24.2	38.0	32.8	28.4	29.1
（4）浅埋藏型沼泽土	50.4	18.4	28.9	27.0	36.8	23.8	28.7	24.2
五、泥炭土类	49.6	1.5	25.4	19.6	27.2	29.0	19.6	17.7
（1）薄层芦苇薹草低位泥炭土	49.6	1.5	26.7	24.3	28.9	26.4	23.3	18.5
（2）中层芦苇薹草低位泥炭土	48.0	3.3	24.2	14.9	25.5	31.7	15.7	16.9
六、新积土类	66.0	3.8	29.8	24.6	29.6	31.5	31.8	41.5
（1）薄层沙质冲积土	44.9	3.8	26.5	21.8	27.4	32.4	19.4	—
（2）薄层砾质冲积土	59.6	7.4	34.2	27.8	33.9	32.4	42.9	44.6
（3）中层状冲积土	66.0	5.7	28.7	24.2	27.5	29.7	33.3	38.4
七、水稻土类	68.0	5.6	29.3	29.4	27.9	28.5	14.8	—
（1）白浆土型淹育水稻土	34.7	13.4	26.6	—	21.7	29.0	—	—
（2）中层草甸土型淹育水稻土	68.0	14.8	28.0	44.7	20.7	21.8	14.8	—
（3）厚层草甸土型淹育水稻土	44.9	21.0	30.4	—	35.1	26.9	—	—
（4）中层冲积土型淹育水稻土	61.9	5.6	32.5	25.0	33.5	33.0	—	—
（5）厚层沼泽土型潜育水稻土	36.6	18.6	28.9	18.6	28.3	31.7	—	—
全 县	74.9	1.5	30.0	24.5	28.9	30.2	29.6	32.0

（三）土壤有效锰分级面积

按照黑龙江省土壤有效锰分级标准，林口县耕地土壤有效锰含量养分一级耕地面积 96 221.6 公顷，占总耕地面积的 89.54%；有效锰养分二级耕地面积 7 864.8 公顷，占总耕地面积的 7.32%；有效锰养分三级耕地面积 1 694.1 公顷，占总耕地面积的 1.58%。有效锰养分四级耕地面积 1 089.3 公顷，占总耕地面积的 1.01%；有效锰养分五级耕地面积 594.9 公顷，占总耕地面积的 0.55%。见表 4 - 38。

表 4 - 38　各乡（镇）耕地土壤有效锰分级面积统计表

乡（镇）	面积（公顷）	一级		二级		三级		四级		五级	
		面积（公顷）	占总面积（%）	面积（公顷）	占总面积（%）	面积（公顷）	占总面积（%）	面积（公顷）	占总面积（%）	面积（公顷）	占总面积（%）
三道通镇	6 016.0	6 016.0	100.00	0	0	0	0	0	0	0	0
莲花镇	3 585.9	1 383.1	38.57	1 676.8	46.76	391.3	10.91	129.2	3.60	5.5	0.15
龙爪镇	15 209.0	14 729.5	96.85	151.0	0.99	5.0	0.03	0	0	323.5	2.13
古城镇	9 929.0	6 181.8	62.26	2092.6	21.08	885.8	8.90	571.3	5.75	197.5	1.99
青山乡	9 562.0	9 426.1	98.58	105.6	1.10	0	0	30.3	0.32	0	0
奎山乡	10 846.0	10 404.7	95.93	315.6	2.91	91.4	0.84	34.3	0.32	0	0
林口镇	7 190.9	6 227.2	86.60	885.0	12.31	44.2	0.61	34.5	0.48	0	0
朱家镇	9 801.0	9 540.1	97.34	153.2	1.56	14.1	0.14	93.6	0.96	0	0
柳树镇	10 510.9	8 763.6	83.38	1 435.4	13.66	262.3	2.50	0	0	49.6	0.47
刁翎镇	15 519.1	14 568.7	93.88	931.6	6.00	0	0	0	0	18.8	0.12
建堂乡	9 294.9	8 980.8	96.62	118.0	1.27	0	0	196.1	2.11	0	0
合计	107 464.7	96 221.6	89.54	7 864.8	7.32	1 694.1	1.58	1 089.3	1.01	594.9	0.55

（四）耕地土类有效锰分级面积情况

按照黑龙江省耕地土壤有效锰分级标准，林口县各类土壤有效锰分级如下：

1. 暗棕壤类　有效锰养分一级耕地面积 55 969.2 公顷，占该土类耕地面积的 93.05%；有效锰养分二级耕地面积 2 983.5 公顷，占该土类耕地面积的 4.96%；有效锰养分三级耕地面积 558.8 公顷，占该土类耕地面积的 0.93%；有效锰养分四级耕地面积 345.7 公顷，占该土类耕地面积的 0.57%；有效锰养分五级耕地面积 291.9 公顷，占该土类耕地面积的 0.49%。

2. 白浆土类　有效锰养分一级耕地面积 15 097.8 公顷，占该土类耕地面积的 83.4%；有效锰养分二级耕地面积 1 835.4 公顷，占该土类耕地面积的 10.14%；有效锰养分三级耕地面积 677.9 公顷，占该土类耕地面积的 3.74%；有效锰养分四级耕地面积 491.8 公顷，占该土类耕地面积的 2.72%；有效锰养分五级耕地无分布。

3. 草甸土类　有效锰养分一级耕地面积 5 414.3 公顷，占该土类耕地面积的 93.19%；有效锰养分二级耕地面积 351.0 公顷，占该土类耕地面积的 6.04%；有效锰养分三级耕地面积 7.7 公顷，占该土类耕地面积的 0.13%；有效锰养分四级耕地无分布；有效锰养分五级耕地面积 36.7 公顷，占该土类耕地面积的 0.63%。

表4-39　耕地土壤有效锰分级面积统计

土种	面积（公顷）	一级 面积（公顷）	一级 占总面积（%）	二级 面积（公顷）	二级 占总面积（%）	三级 面积（公顷）	三级 占总面积（%）	四级 面积（公顷）	四级 占总面积（%）	五级 面积（公顷）	五级 占总面积（%）
一、暗棕壤类	60 149.0	55 969.1	93.05	2 983.5	4.96	558.8	0.93	345.7	0.57	291.9	0.49
(1) 暗矿质暗棕壤	27 396.7	24 659.3	90.01	2 115.7	7.72	299.6	1.09	86.3	0.32	235.8	0.86
(2) 砾质暗棕壤	24 127.5	23 035.4	95.47	751.6	3.12	99.2	0.41	190.6	0.75	50.7	0.21
(3) 泥沙质暗棕壤	1 423.7	1 421.4	99.84	2.3	0.16	0	0	0	0	0	0
(4) 泥质暗棕壤	568.9	510.2	89.66	53.3	9.37	0	0	0	0	5.5	0.97
(5) 沙砾质白浆化暗棕壤	6 038.3	5 838.0	96.68	59.3	0.99	72.1	1.19	68.8	1.1	0	0
(6) 砾沙质草甸暗棕壤	593.9	504.7	84.98	1.3	0.22	87.9	14.80	0	0	0	0
二、白浆土类	18 103.0	15 097.9	83.40	1 835.4	10.14	677.9	3.74	491.8	2.72	0	0
(1) 薄层黄土质白浆土	4 019.4	3 496.5	87.00	497.3	12.36	0	0	25.6	0.64	0	0
(2) 中层黄土质白浆土	9 534.9	7 323.2	76.80	1 067.6	11.20	677.9	7.11	466.2	4.89	0	0
(3) 厚层黄土质白浆土	4 323.1	4 075.6	94.27	247.5	5.73	0	0	0	0	0	0
(4) 薄层沙底草甸白浆土	184.9	165.4	89.45	19.5	10.55	0	0	0	0	0	0
(5) 中层沙底草甸白浆土	40.7	37.1	91.15	3.6	8.85	0	0	0	0	0	0
三、草甸土类	5 809.6	5 414.2	93.19	351.0	6.05	7.7	0.13	0	0	36.7	0.63
(1) 薄层黏壤质草甸土	920.1	850.5	92.44	69.6	7.56	0	0	0	0	0	0
(2) 中层黏壤质草甸土	2 060.7	2 040.9	99.04	19.7	0.96	0	0	0	0	0	0
(3) 厚层黏壤质草甸土	1 415.4	1 188.4	83.96	190.3	13.45	0	0	0	0	36.7	2.59
(4) 薄层黏壤质潜育草甸土	114.1	101.0	88.53	13.1	11.47	0	0	0	0	0	0
(5) 中层黏壤质潜育草甸土	488.3	447.6	91.64	33.1	6.78	7.7	1.58	0	0	0	0
(6) 厚层黏壤质潜育草甸土	811.0	785.8	96.89	25.2	3.11	0	0	0	0	0	0

（续）

土　种	面积 （公顷）	一级		二级		三级		四级		五级	
		面积 （公顷）	占总面积 （%）	面积 （公顷）	占总面积 （%）	面积 （公顷）	占总面积 （%）	面积 （公顷）	占总面积 （%）	面积 （公顷）	占总面积 （%）
四、沼泽土类	10 423.1	8 837.5	84.79	1 202.3	11.53	222.7	2.14	80.3	0.77	80.3	0.77
（1）厚层黏质草甸沼泽土	4 597.2	3 832.5	83.36	466.6	10.15	217.7	4.74	80.3	1.75	0	0
（2）薄层泥炭腐殖质沼泽土	1 565.2	1 471.9	94.04	71.9	4.59	0	0	0	0	21.5	1.37
（3）薄层泥炭沼泽土	3 561.9	2 834.3	79.57	663.8	18.64	5.0	0.14	0	0	58.8	1.65
（4）浅埋藏型沼泽土	698.8	698.8	100.0	0	0	0	0	0	0	0	0
五、泥炭土类	3 140.6	2 669.2	84.99	359.9	11.46	0	0	2.0	0.06	109.5	3.49
（1）薄层芦苇薹草低位泥炭土	1 733.6	1 673.1	96.51	0	0	0	0	2.0	0.12	58.5	3.37
（2）中层芦苇薹草低位泥炭土	1 407.0	996.1	70.80	359.9	25.60	0	0	0	0	51.1	3.60
六、新积土类	8 531.0	6 979.2	81.80	1 081.7	12.68	224.9	2.64	168.7	1.98	76.5	0.90
（1）薄层沙质冲积土	1 535.4	1 220.1	79.47	191.9	12.50	46.9	3.05	0	0	76.5	4.98
（2）薄层砾质冲积土	2 407.6	2 208.4	91.73	148.1	6.15	0	0	51.1	2.12	0	0
（3）中层状冲积土	4 588.0	3 550.5	77.39	741.8	16.17	178.1	3.88	117.6	2.56	0	0
七、水稻土类	1 308.4	1 254.4	95.87	51.0	3.90	2.2	0.17	0.8	0.06	0	0
（1）白浆土型淹育水稻土	83.5	50.9	60.96	32.6	39.04	0	0	0	0	0	0
（2）中层草甸土型淹育水稻土	107.8	101.5	94.07	6.4	5.93	0	0	0	0	0	0
（3）厚层草甸土型淹育水稻土	107.6	107.6	100.0	0	0	0	0	0	0	0	0
（4）中层冲积土型淹育水稻土	778.3	763.3	98.08	12.0	1.54	2.2	0.28	0.8	0.10	0	0
（5）厚层沼泽土型潜育水稻土	231.2	231.2	100.0	0	0	0	0	0	0	0	0
合计	107 464.7	96 221.6	89.54	7 864.8	7.32	1 694.1	1.58	1 089.3	1.01	594.9	0.55

4. 沼泽土类　有效锰养分一级耕地面积 8 837.5 公顷，占该土类耕地面积的 84.79%；有效锰养分二级耕地面积 1 202.3 公顷，占该土类耕地面积的 11.53%；有效锰养分三级耕地面积 222.7 公顷，占该土类耕地面积的 2.14%；有效锰养分四级耕地面积 80.3 公顷，占该土类耕地面积的 0.77%；有效锰养分五级耕地面积 80.3 公顷，占该土类耕地面积的 0.77%。

5. 泥炭土类　有效锰养分一级耕地面积 2 669.3 公顷，占该土类耕地面积的 84.99%；有效锰养分二级耕地面积 359.9 公顷，占该土类耕地面积的 11.46%；有效锰养分三级耕地无分布；有效锰养分四级耕地面积 2.0 公顷，占该土类耕地面积的 0.06%；有效锰养分五级耕地面积 109.5 公顷，占该土类耕地面积的 3.49%。

6. 新积土类　有效锰养分一级耕地面积 6 979.1 公顷，占该土类耕地面积的 81.81%；有效锰养分二级耕地面积 1 081.7 公顷，占该土类耕地面积的 12.68%；有效锰养分三级耕地面积 224.9 公顷，占该土类耕地面积的 2.64%；有效锰养分四级耕地面积 168.7 公顷，占该类耕地面积的 1.98%；有效锰养分五级耕地面积 76.5 公顷，占该土类耕地面积的 0.9%。

7. 水稻土类　有效锰养分一级耕地面积 1 254.4 公顷，占该土类耕地面积的 95.87%；有效锰养分二级耕地面积 51.0 公顷，占该土类耕地面积的 3.9%；有效锰养分三级耕地面积 2.2 公顷，占该土类耕地面积的 0.17%；有效锰养分四级耕地面积 0.8 公顷，占该土类耕地面积的 0.06%。有效锰养分五级耕地无分布。

耕地土壤有效锰分级面积统计见表 4-39。

十、土　壤　pH

（一）各乡（镇）土壤 pH 变化情况

本次耕地地力评价，林口县耕地土壤 pH，最大值为 8.0，最小值为 4.3，平均值为 5.9。见表 4-40。

表 4-40　土壤 pH 统计

乡（镇）	最大值	最小值	平均值	地力等级				
				一级地	二级地	三级地	四级地	五级地
三道通镇	6.8	5.3	5.9	5.8	6.0	5.9	5.9	5.9
莲花镇	7.4	5.3	6.3	6.2	6.4	6.1	6.4	0
龙爪镇	7.3	4.4	5.7	7.0	5.6	5.7	5.7	6.0
古城镇	7.7	5.1	6.1	6.3	6.1	6.1	5.7	5.5
青山乡	6.8	4.7	5.6	0.0	6.1	5.6	5.5	5.6
奎山乡	7.3	5.0	5.9	5.9	6.0	5.9	5.8	6.2
林口镇	8.0	5.1	6.1	6.2	6.4	6.0	5.8	0.0
朱家镇	6.7	4.3	5.5	5.6	5.6	5.4	5.5	5.6
柳树镇	6.8	5.0	6.0	6.0	6.0	6.0	6.0	6.0
刁翎镇	6.8	4.5	5.7	5.7	5.7	5.7	5.7	5.8
建堂乡	7.4	4.8	5.8	5.8	5.8	5.7	5.8	5.7
全县	8.0	4.3	5.9	5.5	6.0	5.8	5.8	4.8

（二）土壤类型 pH 变化情况

本次耕地地力评价不同土类 pH 如下：

暗棕壤类 pH 最高为 7.4，最低为 4.3，平均值为 5.9；白浆土类 pH 最高为 7.7，最低为 5.1，平均值为 5.9；草甸土类 pH 最高为 6.8，最低为 4.8，平均值为 5.9；沼泽土类 pH 最高为 7.3，最低为 4.4，平均值为 5.8；泥炭土类 pH 最高为 6.7，最低为 4.5，平均值为 5.9；新积土类 pH 最高为 8.0，最低为 5.0，平均值为 5.9；水稻土类 pH 最高为 7.0，最低为 5.1，平均值为 6.0。见表 4 - 41。

表 4 - 41　土壤类型 pH 情况统计

土壤类型	最大值	最小值	平均值	各地力等级养分平均值				
				一级地	二级地	三级地	四级地	五级地
全县	8.0	4.3	5.9	6.1	5.9	5.9	5.7	5.8
一、暗棕壤类	7.4	4.3	5.9	5.9	6.0	5.9	5.8	5.7
（1）暗矿质暗棕壤	7.4	4.3	5.8	5.9	5.9	5.8	5.8	5.8
（2）沙砾质暗棕壤	7.4	4.3	5.9	5.7	6.0	5.9	5.7	5.8
（3）泥沙质暗棕壤	7.0	5.3	5.9	—	6.1	5.9	5.9	5.6
（4）泥质暗棕壤	7.4	5.5	6.0	5.7	6.1	6.0	6.0	—
（5）沙砾质白浆化暗棕壤	7.0	4.4	5.8	5.8	5.9	5.8	6.0	5.8
（6）砾沙质草甸暗棕壤	6.9	5.2	6.0	6.2	6.1	6.0	5.4	5.7
二、白浆土类	7.7	5.1	5.9	6.4	6.1	5.8	5.7	5.6
（1）薄层黄土质白浆土	7.7	5.1	5.9	6.6	6.1	5.8	5.7	5.8
（2）中层黄土质白浆土	7.4	4.4	5.9	6.2	6.0	5.9	5.7	5.4
（3）厚层黄土质白浆土	7.0	5.0	5.9	6.6	6.0	5.7	5.7	5.6
（4）薄层沙底草甸白浆土	6.6	5.3	5.8	—	6.5	—	5.6	5.4
（5）中层沙底草甸白浆土	6.3	5.6	6.0	6.3	5.9	—	—	—
三、草甸土类	6.8	4.8	5.9	5.8	5.9	6.0	5.7	5.7
（1）薄层黏壤质草甸土	6.8	5.3	5.8	5.8	5.8	6.0	5.7	—
（2）中层黏壤质草甸土	6.4	4.8	5.7	5.8	5.8	5.8	6.1	5.6
（3）厚层黏壤质草甸土	6.8	5.3	5.9	5.9	6.1	5.7	5.6	—
（4）薄层黏壤质潜育草甸土	6.6	5.6	6.0	5.8	—	6.2	5.6	—
（5）中层黏壤质潜育草甸土	6.5	5.1	6.0	5.9	6.2	6.1	5.4	5.8
（6）厚层黏壤质潜育草甸土	6.7	5.0	5.8	5.9	5.7	6.0	—	—
四、沼泽土类	7.3	4.4	5.8	6.1	5.8	5.8	5.9	5.8
（1）厚层黏质草甸沼泽土	6.8	4.4	5.8	5.7	5.9	5.8	5.9	5.8
（2）薄层泥炭腐殖质沼泽土	7.3	4.6	5.7	5.2	5.8	5.6	5.8	5.7

（续）

土壤类型	最大值	最小值	平均值	各地力等级养分平均值				
				一级地	二级地	三级地	四级地	五级地
（3）薄层泥炭沼泽土	7.0	5.1	5.8	6.8	5.7	5.7	5.9	5.8
（4）浅埋藏型沼泽土	7.3	5.5	6.0	6.7	5.8	6.0	5.9	5.8
五、泥炭土类	6.7	4.5	5.9	6.0	5.8	5.8	5.9	6.2
（1）薄层芦苇薹草低位泥炭土	6.7	4.5	5.9	6.2	5.9	5.9	5.9	6.3
（2）中层芦苇薹草低位泥炭土	6.5	5.1	5.8	5.8	5.8	5.7	5.9	6.0
六、新积土类	8.0	5.0	5.9	6.0	5.9	5.8	5.6	5.9
（1）薄层沙质冲积土	6.6	5.0	6.0	6.2	6.0	5.8	5.3	—
（2）薄层砾质冲积土	6.9	5.1	5.8	5.9	5.9	5.8	5.6	5.7
（3）中层状冲积土	8.0	5.0	5.9	6.0	5.9	5.9	5.9	6.1
七、水稻土类	7.0	5.1	6.0	6.3	5.9	6.0	5.8	
（1）白浆土型淹育水稻土	6.5	5.4	6.0	—	5.6	6.2		
（2）中层草甸土型淹育水稻土	6.6	5.5	6.2	6.1	6.3	6.4	5.8	
（3）厚层草甸土型淹育水稻土	6.3	5.4	5.9	—	5.8	6.0		
（4）中层冲积土型淹育水稻土	7.0	5.1	6.0	6.3	5.9	5.8		
（5）厚层沼泽土型潜育水稻土	6.6	5.4	5.9	6.6	5.9	5.8		

（三）土壤 pH 分级面积情况

本次耕地地力评价，土壤 pH 分级采取的是直接顺序分级。

按照分级标准：林口县耕地 pH 一级耕地无分布，二级耕地面积 59.9 公顷，占总耕地面积的 0.06%，三级耕地面积 6 246.1 公顷，占总耕地面积的 5.83%，四级耕地面积 75 559.0 公顷，占总耕地面积的 70.31%，五级耕地在面积 25 599.7 公顷，占总耕地面积的 23.82%。见表 4 - 42。

表 4 - 42　各乡（镇）耕地土壤 pH 分级面积统计

乡（镇）	面积	一级		二级		三级		四级		五级	
		面积（公顷）	占总面积（%）	面积（公顷）	占总面积（%）	面积（公顷）	占总面积（%）	面积（公顷）	占总面积（%）	面积（公顷）	占总面积（%）
三道通镇	6 016.0	0	0	0	0	136.0	2.26	5 282.6	87.81	597.4	9.93
莲花镇	3 585.9	0	0	0	0	1 133.6	31.61	2 382.0	66.43	70.3	1.96
龙爪镇	15 209.0	0	0	0	0	205.5	1.35	9 987.7	65.67	5 015.8	32.98
古城镇	9 929.0	0	0	25.6	0.26	1 968.9	19.83	7 036.3	70.86	898.2	9.05
青山乡	9 562.0	0	0	0	0	7.4	0.08	5 258.3	54.99	4 296.3	44.93
奎山乡	10 846.0	0	0	0	0	624.2	5.76	8 672.7	79.96	1 549.1	14.28

（续）

乡（镇）	面积	一级		二级		三级		四级		五级	
		面积（公顷）	占总面积（%）	面积（公顷）	占总面积（%）	面积（公顷）	占总面积（%）	面积（公顷）	占总面积（%）	面积（公顷）	占总面积（%）
林口镇	7 190.9	0	0	34.3	0.48	1 481.9	20.61	5 383.8	74.86	290.9	4.05
朱家镇	9 801.0	0	0	0	0	116.2	1.19	3 410.7	34.80	6 274.1	64.01
柳树镇	10 510.9	0	0	0	0	212.9	2.03	9 791.2	93.15	506.8	4.82
刁翎镇	15 519.1	0	0	0	0	190.2	1.23	11 090.9	71.46	4 238.0	27.31
建堂乡	9 294.9	0	0	0	0	169.3	1.82	7 262.8	78.14	1 862.8	20.04
合计	107 464.7	0	0	59.9	0.06	6 246.1	5.83	75 559.0	70.31	25 599.7	23.82

（四）耕地土类 pH 分级面积情况

按照黑龙江省耕地土壤 pH 分级标准，林口县各类土壤 pH 分级如下：

1. 暗棕壤类 pH 一级和二级耕地无分布；三级耕地面积 3 080.6 公顷，占该土类的耕地面积的 5.12%；四级耕地面积 42 941.4 公顷，占该土类的耕地面积的 71.39%；五级耕地面积 14 127.0 公顷，占该土类耕地面积的 23.49%。

2. 白浆土类 pH 一级耕地无分布；pH 二级耕地面积 25.6 公顷，占该土类耕地面积的 0.14%；三级耕地面积 2 009.9 公顷，占该土类耕地面积的 11.10%；四级耕地面积 12 596.8 公顷，占该土类耕地面积的 69.58%；五级耕地面积 3 470.7 公顷，占该土类耕地面积的 19.17%。

3. 草甸土类 pH 一级和二级耕地无分布；三级耕地面积 241.0 公顷，占该土类耕地面积的 4.15%；四级耕地面积 3 662.9 公顷，占该土类耕地面积的 63.05%，五级耕地面积 1 905.6 公顷，占该土类耕地面积的 32.8%。

4. 沼泽土类 pH 一级和二级耕地无分布；三级耕地面积 394.1 公顷，占该土类耕地面积的 3.78%；四级耕地面积 6 816.3 公顷，占该土类耕地面积的 65.4%；五级耕地面积 3 212.7 公顷，占该土类耕地面积的 30.82%。

5. 泥炭土类 pH 一级和二级耕地无分布；三级耕地面积 47.1 公顷，占该土类耕地面积的 1.5%；四级耕地面积 2 157.4 公顷，占该土类耕地面积的 68.69%；五级耕地面积 936.1 公顷，占该土类耕地面积的 29.81%。

6. 新积土类 pH 一级耕地无分布；二级耕地面积 34.3 公顷，占该土类耕地面积的 0.4%；三级耕地面积 415.2 公顷，占该土类耕地面积的 4.87%；四级耕地面积 6 435.4 公顷，占该土类耕地面积的 75.44%；五级耕地面积 1 646.1 公顷，占该土类耕地面积的 19.3%。

7. 水稻土类 pH 一级和二级耕地无分布；三级耕地面积 58.2 公顷，占该土类耕地面积的 4.44%；四级耕地面积 948.8 公顷，占该土类耕地面积的 72.52%；五级耕地面积 301.4 公顷，占该土类耕地面积的 23.04%。

耕地土壤 pH 分级面积统计见表 4-43。

表 4 - 43 耕地土壤 pH 分级面积统计

土 种	面积(公顷)	一级 面积(公顷)	一级 占总面积(%)	二级 面积(公顷)	二级 占总面积(%)	三级 面积(公顷)	三级 占总面积(%)	四级 面积(公顷)	四级 占总面积(%)	五级 面积(公顷)	五级 占总面积(%)
一、暗棕壤类	60 149.0	0	0	0	0	3 080.6	5.12	42 941.4	71.39	14 127.0	23.49
(1)矿质暗棕壤	27 396.7	0	0	0	0	1 482.7	5.41	18 668.0	68.14	7 246.0	26.45
(2)沙砾质暗棕壤	24 127.5	0	0	0	0	1 154.1	4.78	18 150.8	75.23	4 822.6	19.99
(3)泥沙质暗棕壤	1 423.7	0	0	0	0	11.9	0.84	794.2	55.78	617.6	43.38
(4)泥质暗棕壤	568.9	0	0	0	0	58.6	10.32	490.0	86.11	20.3	3.57
(5)沙砾质白浆化暗棕壤	6 038.3	0	0	0	0	284.9	4.72	4 373.7	72.43	1 379.7	22.85
(6)砾沙质草甸暗棕壤	593.9	0	0	0	0	88.3	14.85	464.7	78.26	40.9	6.89
二、白浆土类	18 103.0	0	0	25.6	0.1	2 009.9	11.11	12 596.8	69.58	3 470.7	19.17
(1)薄层黄土质白浆土	4 019.4	0	0	25.6	0.6	248.6	6.19	2 858.4	71.11	886.8	22.06
(2)中层黄土质白浆土	9 534.9	0	0	0	0	1 282.2	13.45	6 964.6	73.04	1 288.1	13.51
(3)厚层黄土质白浆土	4 323.1	0	0	0	0	459.6	10.63	2 662.7	61.59	1 200.8	27.78
(4)薄层沙底草甸白浆土	184.9	0	0	0	0	19.5	10.55	70.3	38.02	95.1	51.43
(5)中层沙底草甸白浆土	40.7	0	0	0	0	0	0	40.7	100.0	0	0
三、草甸土类	5 809.6	0	0	0	0	241.0	4.15	3 662.9	63.05	1 905.6	32.80
(1)薄层黏壤质草甸土	920.1	0	0	0	0	74.1	8.06	535.0	58.14	311.0	33.80
(2)中层黏壤质草甸土	2 060.7	0	0	0	0	0	0	915.3	44.12	1 145.2	55.58
(3)厚层黏壤质草甸土	1 415.4	0	0	0	0	151.4	10.70	1 089.9	77.00	174.1	12.30
(4)薄层黏壤质潜育草甸土	114.1	0	0	0	0	13.1	11.47	101.0	88.53	0	0
(5)中层黏壤质潜育草甸土	488.3	0	0	0	0	0	0	445.7	91.29	42.6	8.71
(6)厚层黏壤质潜育草甸土	811.0	0	0	0	0	2.4	0.30	575.7	70.98	232.9	28.72

（续）

土　种	面积（公顷）	一级 面积（公顷）	一级 占总面积（%）	二级 面积（公顷）	二级 占总面积（%）	三级 面积（公顷）	三级 占总面积（%）	四级 面积（公顷）	四级 占总面积（%）	五级 面积（公顷）	五级 占总面积（%）
四、沼泽土类	10 423.1	0	0	0	0	394.1	3.78	6 816.3	65.40	3 212.7	30.82
（1）厚层黏质草甸沼泽土	4 597.2	0	0	0	0	53.9	1.18	2 871.6	62.46	1671.7	36.36
（2）薄层泥炭腐殖质沼泽土	1 565.2	0	0	0	0	119.5	7.63	1 028.6	65.72	417.1	26.65
（3）薄层泥炭沼泽土	3 561.9	0	0	0	0	170.3	4.78	2 268.4	63.69	1 123.2	31.53
（4）浅埋藏型沼泽土	698.8	0	0	0	0	50.4	7.21	647.7	92.69	0.7	0.10
五、泥炭土类	3 140.6	0	0	0	0	47.1	1.50	2 157.4	68.69	936.1	29.81
（1）薄层芦苇薹草低位泥炭土	1 733.6	0	0	0	0	47.1	2.72	1 431.7	82.58	254.8	14.70
（2）中层芦苇薹草低位泥炭土	1 407.0	0	0	0	0	0	0	725.7	51.58	681.3	48.42
六、新积土类	8 531.0	0	0	34.3	0.40	415.2	4.87	6 435.4	75.43	1 646.1	19.30
（1）薄层沙质冲积土	1 535.4	0	0	0	0	114.2	7.44	1 216.2	79.21	205.0	13.35
（2）薄层砾质冲积土	2 407.6	0	0	0	0	93.6	3.89	1723.8	71.59	590.2	24.52
（3）中层状冲积土	4 588.0	0	0	34.3	0.75	207.5	4.52	3 495.4	76.19	850.8	18.54
七、水稻土类	1 308.4	0	0	0	0	58.2	4.44	948.8	72.52	301.4	23.04
（1）白浆土型淹育水稻土	83.5	0	0	0	0	0	0	49.2	58.92	34.3	41.08
（2）中层草甸土型潜育水稻土	107.8	0	0	0	0	15.7	14.57	91.7	85.06	0.4	0.37
（3）厚层草甸土型淹育水稻土	107.6	0	0	0	0	0	0	106.4	98.88	1.2	1.12
（4）中层冲积土型淹育水稻土	778.3	0	0	0	0	18.3	2.35	547.8	70.39	212.2	27.26
（5）厚层沼泽土型潜育水稻土	231.2	0	0	0	0	24.1	10.42	153.8	66.49	53.3	23.09
合　计	107 464.7	0	0	59.9	0.06	6 246.1	5.81	75 559.0	70.31	25 599.7	23.82

十一、土壤全钾

（一）各乡（镇）土壤全钾变化情况

本次耕地地力评价，林口县耕地土壤全钾含量最大值32.1克/千克，最小值12.3克/千克，平均值24.7克/千克；青山乡全钾含量最低。见表4-44。

表4-44 土壤全钾含量统计

单位：克/千克

乡（镇）	最大值	最小值	平均值	地力等级				
				一级地	二级地	三级地	四级地	五级地
三道通镇	31.3	25.8	28.3	28.8	28.3	28.2	28.4	28.1
莲花镇	28.8	25.4	26.8	26.7	26.8	27.3	26.5	0.0
龙爪镇	32.1	20.0	24.1	26.0	24.5	24.3	23.3	22.9
古城镇	28.8	20.0	25.6	25.8	26.0	25.5	23.3	20.9
青山乡	24.6	12.3	17.5	0.0	24.0	20.0	19.0	16.7
奎山乡	29.3	19.1	24.5	25.2	25.1	24.3	22.6	24.2
林口镇	29.9	25.2	27.7	26.9	27.7	27.7	28.1	0.0
朱家镇	25.8	16.8	22.3	24.2	22.2	22.2	22.3	22.2
柳树镇	27.0	18.0	22.0	21.5	21.5	22.1	21.5	22.3
刁翎镇	30.6	16.8	25.5	25.7	25.6	25.7	24.9	24.3
建堂乡	29.9	20.0	25.7	25.8	26.6	25.6	24.5	24.2
全县	32.1	12.3	24.7	23.3	25.3	24.8	24.0	18.7

（二）土壤类型全钾变化情况

本次耕地地力评价，林口县耕地土壤全钾养分含量如下：暗棕壤类平均24.117克/千克，白浆土类平均24.173克/千克，草甸土类平均26.683克/千克，沼泽土类平均23.658克/千克，泥炭土类平均24.629克/千克，新积土类平均25.494克/千克，水稻土类平均25.854克/千克。见表4-45。

表4-45 耕地土壤全钾含量统计

单位：克/千克

土壤类型	最大值	最小值	平均值	各地力等级养分平均值				
				一级地	二级地	三级地	四级地	五级地
一、暗棕壤类	32.149	12.266	24.117	25.954	25.215	24.829	22.986	19.868
（1）暗矿质暗棕壤	32.149	12.266	23.959	25.943	25.188	24.659	22.863	19.876
（2）沙砾质暗棕壤	31.317	13.974	23.934	25.217	24.961	24.778	23.043	19.635
（3）泥沙质暗棕壤	29.345	15.489	26.159	—	27.000	26.242	26.470	15.489
（4）泥质暗棕壤	27.007	21.590	25.666	26.061	25.135	25.876	24.501	—
（5）沙砾质白浆化暗棕壤	31.317	16.833	24.874	25.815	25.068	25.440	23.242	21.842
（6）砾沙质草甸暗棕壤	31.317	19.082	28.419	29.308	29.786	30.005	23.568	19.551
二、白浆土类	29.925	12.266	24.173	25.552	25.287	25.235	22.995	17.237
（1）薄层黄土质白浆土	28.373	19.082	24.683	23.832	24.550	24.922	23.525	24.560

（续）

土壤类型	最大值	最小值	平均值	各地力等级养分平均值				
				一级地	二级地	三级地	四级地	五级地
（2）中层黄土质白浆土	29.925	12.266	24.158	25.466	25.417	25.728	24.069	17.524
（3）厚层黄土质白浆土	28.830	12.266	24.201	26.145	25.272	24.364	24.023	14.358
（4）薄层沙底草甸白浆土	27.007	16.833	19.626	—	26.882	—	17.283	16.833
（5）中层沙底草甸白浆土	26.757	26.534	26.683	26.757	26.646	—	—	—
三、草甸土类	29.925	12.266	23.780	25.144	25.341	24.961	21.069	18.279
（1）薄层黏壤质草甸土	29.345	16.833	24.276	27.290	27.117	25.095	20.544	
（2）中层黏壤质草甸土	28.373	12.266	22.385	24.830	26.218	25.398	23.770	18.688
（3）厚层黏壤质草甸土	29.925	20.020	25.310	25.523	25.298	25.796	22.088	
（4）薄层黏壤质潜育草甸土	27.968	23.796	25.845	27.007	—	26.432	23.796	
（5）中层黏壤质潜育草甸土	27.968	15.489	21.932	26.064	22.996	23.121	17.230	16.564
（6）厚层黏壤质潜育草甸土	27.290	20.020	24.062	23.424	24.843	23.237		
四、沼泽土类	28.373	12.266	23.658	24.639	24.398	24.209	23.299	20.046
（1）厚层黏质草甸沼泽土	27.968	15.489	23.358	24.438	23.938	24.365	23.834	20.259
（2）薄层泥炭腐殖质沼泽土	27.290	16.833	23.589	25.543	24.711	24.078	23.649	19.407
（3）薄层泥炭沼泽土	28.373	12.266	23.725	24.629	24.414	24.213	21.539	17.483
（4）浅埋藏型沼泽土	28.373	19.082	25.082	25.514	25.089	24.177	24.562	28.171
五、泥炭土类	29.345	20.020	24.629	23.692	24.844	24.884	23.867	24.468
（1）薄层芦苇薹草低位泥炭土	29.345	21.590	25.105	22.791	25.782	25.321	24.590	23.796
（2）中层芦苇薹草低位泥炭土	28.373	20.020	23.949	25.795	23.593	23.943	23.385	24.602
六、新积土类	31.317	16.833	25.494	26.315	26.367	24.730	22.445	25.570
（1）薄层沙质冲积土	31.317	16.833	26.060	26.767	26.926	18.320	23.999	—
（2）薄层砾质冲积土	31.317	16.833	24.825	26.193	26.108	24.462	20.099	18.025
（3）中层状冲积土	30.579	20.020	25.797	26.258	26.358	25.269	24.220	27.079
七、水稻土类	29.925	18.025	25.854	25.416	26.183	25.391	23.796	
（1）白浆土型淹育水稻土	28.830	18.025	26.489	—	28.373	25.547	—	
（2）中层草甸土型淹育水稻土	27.290	23.796	26.281	25.541	26.818	27.290	23.796	
（3）厚层草甸土型淹育水稻土	27.290	24.201	25.977	—	25.752	26.146	—	
（4）中层冲积土型淹育水稻土	29.925	23.339	26.057	25.191	26.189	26.041	—	
（5）厚层沼泽土型潜育水稻土	26.757	20.020	24.417	25.832	24.789	23.731	—	
全　县	32.149	12.266	24.700	25.585	25.645	24.951	22.942	20.368

（三）土壤全钾分级面积情况

按照黑龙江省土壤养分分级标准，林口县耕地面积 107 464.7 公顷，其中，全钾养分一级耕地面积 367.1 公顷，占总耕地面积的 0.34%；全钾养分二级耕地面积 45 367.9 公顷，占总耕地面积的 42.22%；养分三级耕地面积 50 025.1 公顷，占总耕地面积的 46.55%；养分四级耕地面积 10 536.7 公顷，占总耕地面积的 9.80%；养分五级耕地面积 1 167.9 公顷，占总耕地面积的 1.09%。见表 4-46。

Title: 表4-46 各乡（镇）耕地土壤全钾分级面积统计

Columns:
- 乡（镇）
- 面积（公顷）
- 一级: 面积（公顷）, 占总面积（%）
- 二级: 面积（公顷）, 占总面积（%）
- 三级: 面积（公顷）, 占总面积（%）
- 四级: 面积（公顷）, 占总面积（%）
- 五级: 面积（公顷）, 占总面积（%）
- 六级: 面积（公顷）, 占总面积（%）

Rows:
三道通镇: 6016.0 | 312.9 | 5.20 | 5703.1 | 94.80 | 0 | 0 | 0 | 0 | 0 | 0 | 0 | 0
莲花镇: 3585.9 | 0 | 0 | 3585.9 | 100.00 | 0 | 0 | 0 | 0 | 0 | 0 | 0 | 0
龙爪镇: 15209.0 | 40.8 | 0.3 | 3328.3 | 21.88 | 11839.9 | 77.85 | 0 | 0 | 0 | 0 | 0 | 0
古城镇: 9929.0 | 0 | 0 | 5681.5 | 57.22 | 4247.5 | 42.78 | 0 | 0 | 0 | 0 | 0 | 0
青山乡: 9562.0 | 0 | 0 | 0 | 0 | 1303.2 | 13.63 | 7090.9 | 74.16 | 1167.9 | 12.2 | 0 | 0
奎山乡: 10846.0 | 0 | 0 | 4197.5 | 38.70 | 6366.1 | 58.70 | 282.4 | 2.60 | 0 | 0 | 0 | 0
林口镇: 7190.9 | 0 | 0 | 7190.9 | 100.00 | 0 | 0 | 0 | 0 | 0 | 0 | 0 | 0
朱家镇: 9801.0 | 0 | 0 | 30.6 | 0.31 | 8627.8 | 88.03 | 1142.6 | 11.66 | 0 | 0 | 0 | 0
柳树镇: 10510.9 | 0 | 0 | 317.2 | 3.02 | 8623.8 | 82.04 | 1569.9 | 14.94 | 0 | 0 | 0 | 0
刁翎镇: 15519.1 | 13.3 | 0.09 | 9407.9 | 60.61 | 5646.8 | 36.39 | 451.1 | 2.91 | 0 | 0 | 0 | 0
建堂乡: 9294.9 | 0 | 0 | 5924.9 | 63.74 | 3370.0 | 36.26 | 0 | 0 | 0 | 0 | 0 | 0
合计: 107464.7 | 367.1 | 0.34 | 45367.9 | 42.22 | 50025.1 | 46.55 | 10536.7 | 9.8 | 1167.9 | 1.1 | 0 | 0

表 4 - 46　各乡（镇）耕地土壤全钾分级面积统计

乡（镇）	面积（公顷）	一级		二级		三级		四级		五级		六级	
		面积（公顷）	占总面积（%）	面积（公顷）	占总面积（%）	面积（公顷）	占总面积（%）	面积（公顷）	占总面积（%）	面积（公顷）	占总面积（%）	面积（公顷）	占总面积（%）
三道通镇	6 016.0	312.9	5.20	5 703.1	94.80	0	0	0	0	0	0	0	0
莲花镇	3 585.9	0	0	3 585.9	100.00	0	0	0	0	0	0	0	0
龙爪镇	15 209.0	40.8	0.3	3 328.3	21.88	11 839.9	77.85	0	0	0	0	0	0
古城镇	9 929.0	0	0	5 681.5	57.22	4 247.5	42.78	0	0	0	0	0	0
青山乡	9 562.0	0	0	0	0	1 303.2	13.63	7 090.9	74.16	1 167.9	12.2	0	0
奎山乡	10 846.0	0	0	4 197.5	38.70	6 366.1	58.70	282.4	2.60	0	0	0	0
林口镇	7 190.9	0	0	7 190.9	100.00	0	0	0	0	0	0	0	0
朱家镇	9 801.0	0	0	30.6	0.31	8 627.8	88.03	1 142.6	11.66	0	0	0	0
柳树镇	10 510.9	0	0	317.2	3.02	8 623.8	82.04	1 569.9	14.94	0	0	0	0
刁翎镇	15 519.1	13.3	0.09	9407.9	60.61	5 646.8	36.39	451.1	2.91	0	0	0	0
建堂乡	9 294.9	0	0	5 924.9	63.74	3 370.0	36.26	0	0	0	0	0	0
合计	107 464.7	367.1	0.34	45 367.9	42.22	50 025.1	46.55	10 536.7	9.8	1 167.9	1.1	0	0

（四）耕地土类全钾分级面积情况

按照黑龙江省耕地土壤全钾分级标准，林口县各类土壤全钾分级如下：

1. 暗棕壤类　土壤全钾养分一级耕地面积242.6公顷，占该土类耕地面积的0.40%；土壤全钾养分二级耕地面积25 437.1公顷，占该土类耕地面积的42.29%；全钾养分三级耕地面积29 490.6公顷，占该土类耕地面积的49.03%；全钾养分四级耕地面积4 753公顷，占该土类耕地面积的7.90%；五级耕地面积225.5公顷，占该土类耕地面积的0.37%；全钾养分六级耕地无分布。

2. 白浆土类　没有养分一级耕地；全钾养分二级耕地面积7 947.6公顷，占该土类耕地面积的43.90%；全钾养分三级耕地面积8 115.9公顷，占该土类耕地面积的44.83%；全钾养分四级耕地面积1 726.7公顷，占该土类耕地面积的9.55%；全钾养分五级耕地面积312.8公顷，占该土类耕地面积的1.73%；全钾养分六级耕地无分布。

3. 草甸土类　没有养分一级耕地；土壤全钾养分二级耕地面积2 662.9公顷，占该土类的耕地面积的45.84%；土壤全钾养分三级耕地面积1 546.8公顷，占该土类的耕地面积的26.63%；土壤全钾养分四级耕地面积1 310.9公顷，占该土类的耕地面积的22.56%；土壤全钾养分五级耕地面积289.0公顷，占该土类的耕地面积的4.97%；全钾养分六级耕地无分布。

4. 沼泽土类　全钾养分一级耕地无分布；土壤全钾养分二级耕地面积2 148.2公顷，占该土类的耕地面积的20.61%；土壤全钾养分三级耕地面积5 712.9公顷，占该土类的耕地面积的54.81%；土壤全钾养分四级耕地面积2 221.5公顷，占该土类的耕地面积的21.31%；土壤全钾养分五级耕地面积340.6公顷，占该土类耕地面积的3.27%；全钾养分六级耕地无分布。

5. 泥炭土类　全钾养分一级耕地无分布；土壤全钾养分二级耕地面积1 484.6公顷，占该土类的耕地面积的47.27%；土壤全钾养分三级耕地面积1 656.0公顷，占该土类的耕地面积的52.73%；全钾养分四级、五级、六级耕地无分布。

6. 新积土类　土壤全钾养分一级耕地面积124.5公顷，占该土类的耕地面积的1.46%；土壤全钾养分二级耕地面积4 883.9公顷，占该土类的耕地面积的57.25%；土壤全钾养分三级耕地面积3 030.6公顷，占该土类的耕地面积的35.52%；土壤全钾养分四级耕地面积492.0公顷，占该土类的耕地面积的5.77%；全钾养分五级和六级耕地无分布。

7. 水稻土类　土壤全钾养分一级耕地无分布；土壤全钾养分二级耕地面积803.3公顷，占该土类的耕地面积的61.4%；土壤全钾养分三级耕地面积472.4公顷，占该土类的耕地面积的36.11%；土壤全钾养分四级耕地面积32.6公顷，占该土类的耕地面积的2.49%；全钾养分五级和六级耕地无分布。

耕地土壤全钾分级面积统计见表4-47。

表 4-47 耕地土壤全钾分级面积统计

土种	面积(公顷)	一级 面积(公顷)	一级 占总面积(%)	二级 面积(公顷)	二级 占总面积(%)	三级 面积(公顷)	三级 占总面积(%)	四级 面积(公顷)	四级 占总面积(%)	五级 面积(公顷)	五级 占总面积(%)	六级 面积(公顷)	六级 占总面积(%)
一、暗棕壤类	60 149.0	242.5	0.40	25 437.1	42.29	29 490.6	49.03	4 753.1	7.90	225.5	0.37	0	0
(1)矿质暗棕壤	27 396.7	22.0	0.08	11 296.3	41.23	13 981.7	51.03	1 954.4	7.13	142.3	0.52	0	0
(2)沙砾质暗棕壤	24 127.5	5.4	0.02	9 221.3	38.22	12 501.1	51.81	2 316.5	9.60	83.2	0.34	0	0
(3)泥沙质暗棕壤	1 423.7	0	0	927.1	65.1	463.5	32.56	33.1	2.32	0	0	0	0
(4)泥质暗棕壤	568.9	0	0	388.1	68.22	180.8	31.78	0	0	0	0	0	0
(5)沙质白浆化暗棕壤	6 038.3	111.6	1.85	3 187.4	52.79	2 317.6	38.39	421.7	6.98	0	0	0	0
(6)砾沙质草甸暗棕壤	593.9	103.6	17.44	416.9	70.21	45.9	7.73	27.5	4.61	0	0	0	0
二、白浆土类	18 103.0	0	0	7 947.6	43.90	8 115.9	44.83	1 726.7	9.54	312.8	1.73	0	0
(1)薄层黄土质白浆土	4 019.4	0	0	1 198.1	29.81	2 604.5	64.80	216.8	5.39	0	0	0	0
(2)中层黄土质白浆土	9 534.9	0	0	4 897.9	51.37	3 238.0	39.96	1 289.7	13.53	109.3	1.15	0	0
(3)厚层黄土质白浆土	4 323.1	0	0	1 774.4	41.04	2 273.5	52.59	71.7	1.66	203.5	4.71	0	0
(4)薄层沙底草甸白浆土	184.9	0	0	36.5	19.74	0	0	148.4	80.26	0	0	0	0
(5)中层沙底草甸白浆土	40.7	0	0	40.7	100.0	0	0	0	0	0	0	0	0
三、草甸土类	5 809.6	0	0	2 662.9	45.84	1 546.8	26.63	1 310.9	22.56	289.0	4.97	0	0
(1)薄层黏壤质草甸土	920.1	0	0	434.5	47.21	199.4	21.67	286.2	31.12	0	0	0	0
(2)中层黏壤质草甸土	2 060.7	0	0	583.8	28.33	344.1	16.70	843.8	40.94	289.0	14.03	0	0
(3)厚层黏壤质草甸土	1 415.4	0	0	877.1	61.97	538.3	38.03	0	0	0	0	0	0
(4)薄层黏壤质潜育草甸土	114.1	0	0	32.4	28.37	81.7	71.63	0	0	0	0	0	0
(5)中层黏壤质潜育草甸土	488.3	0	0	165.2	33.83	142.3	29.14	180.8	37.03	0	0	0	0
(6)厚层黏壤质潜育草甸土	811.0	0	0	570.0	70.28	241.0	29.72	0	0	0	0	0	0

（续）

土　种	面积（公顷）	一级 面积（公顷）	一级 占总面积（%）	二级 面积（公顷）	二级 占总面积（%）	三级 面积（公顷）	三级 占总面积（%）	四级 面积（公顷）	四级 占总面积（%）	五级 面积（公顷）	五级 占总面积（%）	六级 面积（公顷）	六级 占总面积（%）
四、沼泽土类	10 423.1	0	0	2 148.2	20.61	5 712.8	54.81	2 221.5	21.31	340.6	3.27	0	0
（1）厚层黏质草甸沼泽土	4 597.2	0	0	694.0	15.10	2 384.4	51.87	1 518.8	33.04	0	0	0	0
（2）薄层泥炭腐殖质沼泽土	1 565.2	0	0	483.1	30.87	1 029.0	65.74	53.1	3.39	0	0	0	0
（3）薄层泥炭沼泽土	3 561.9	0	0	649.3	18.23	2 052.0	57.61	520.0	14.60	340.6	9.56	0	0
（4）浅埋藏型沼泽土	698.8	0	0	321.8	46.05	247.4	35.40	129.6	18.55	0	0	0	0
五、泥炭土类	3 140.6	0	0	1 484.6	47.27	1 656.0	52.73	0	0	0	0	0	0
（1）薄层芦苇薹草低位泥炭土	1 733.6	0	0	744.4	42.94	989.2	57.06	0	0	0	0	0	0
（2）中层芦苇薹草低位泥炭土	1 407.0	0	0	740.3	52.62	666.7	47.38	0	0	0	0	0	0
六、新积土类	8 531.0	124.5	1.46	4 883.9	57.25	3 030.6	35.52	492.0	5.77	0	0	0	0
（1）薄层沙质冲积土	1 535.4	77.9	5.07	1 107.4	72.12	241.7	15.74	108.4	7.06	0	0	0	0
（2）薄层砾质冲积土	2 407.6	6.5	0.27	1 009.1	41.91	1 008.4	41.89	383.6	15.93	0	0	0	0
（3）中层状冲积土	4 588.0	40.1	0.87	2 767.4	60.32	1 780.5	38.81	0	0	0	0	0	0
七、水稻土类	1 308.4	0	0	803.3	61.40	472.5	36.11	32.6	2.49	0	0	0	0
（1）白浆土型淹育水稻土	83.5	0	0	50.5	60.48	0.4	0.48	32.6	39.04	0	0	0	0
（2）中层草甸土型淹育水稻土	107.8	0	0	95.7	88.78	12.1	11.22	0	0	0	0	0	0
（3）厚层草甸土型淹育水稻土	107.6	0	0	88.0	81.78	19.6	18.22	0	0	0	0	0	0
（4）中层冲积土型淹育水稻土	778.3	0	0	434.2	55.80	344.1	44.20	0	0	0	0	0	0
（5）厚层沼泽土型潜育水稻土	231.2	0	0	134.9	58.35	96.3	41.65	0	0	0	0	0	0
合计	107 464.7	367.1	0.34	45 367.9	42.22	50 025.1	46.55	10 536.7	9.80	1 167.9	1.09	0	0

十二、土壤全磷

（一）各乡（镇）土壤全磷变化情况

本次耕地地力评价采样化验分析，林口县土壤全磷含量最大值为 2 144 毫克/千克，最小值为 725 毫克/千克，平均值为 1 158 毫克/千克。以朱家镇、柳树镇、奎山乡、建堂乡含量为高。见表 4 - 48。

表 4 - 48　土壤全磷含量统计

单位：毫克/千克

乡（镇）	最大值	最小值	平均值	地力等级				
				一级地	二级地	三级地	四级地	五级地
三道通镇	1 536	955	1 230	1 260	1 235	1 237	1 177	1 161
莲花镇	1 205	885	1 085	1 082	1 061	1 051	1 177	—
龙爪镇	1 980	840	1 132	1 117	1 146	1 107	1 150	1 187
古城镇	1 463	885	1 147	1 120	1 123	1 188	1 204	1 205
青山乡	1 401	725	1 061	—	1 114	1 131	1 116	1 034
奎山乡	1 536	983	1 240	1 275	1 224	1 245	1 260	1 181
林口镇	1 233	787	1 004	1 009	1 016	998	990	—
朱家镇	2 144	1 027	1 413	1 336	1 409	1 416	1 428	1 536
柳树镇	1 723	1 007	1 260	1 223	1 223	1 258	1 223	1 256
刁翎镇	1 401	983	1 195	1 176	1 185	1 202	1 200	1 226
建堂乡	1 841	1 071	1 253	1 180	1 226	1 260	1 297	1 342
全县	2 144	725	1 158	1 178	1 178	1 190	1 202	1 236

（二）土壤类型全磷变化情况

本次耕地地力评价，林口县土壤耕地土壤全磷最大值是 2 144 毫克/千克，最小值是 725 毫克/千克，平均值是 1 158 毫克/千克。而第二次土壤普查时全磷最大值是 15 300 毫克/千克，最小值是 48 毫克/千克，平均值是 2 002 毫克/千克。最大值下降幅度很大，平均值下降 844 毫克/千克。见表 4 - 49。

（三）土壤全磷分级面积情况

按照黑龙江省土壤养分分级标准，林口县全磷养分分级面积如下：

土壤全磷养分一级耕地面积 5.2 公顷，占总耕地面积的不足 0.005%；全磷养分二级耕地面积 1 378.4 公顷，占总耕地面积的 1.28%；全磷养分三级耕地面积 89 933.4 公顷，占总耕地面积的 83.09%；全磷养分四级耕地面积 16 147.7 公顷，占总耕地面积的 15.03%；全磷养分五级耕地无分布。见表 4 - 50。

表4-49 耕地土壤全磷含量统计

单位：毫克/千克

土类	本次耕地评价			各地力等级养分平均值					第二次土壤普查（1984年）		
	最大值	最小值	平均值	一级	二级	三级	四级	五级	最大值	最小值	平均值
一、暗棕壤类	2 144	787	1 202	1 187	1 209	1 214	1 215	1 137	6 400	48	1 480
（1）暗矿质暗棕壤	2 144	787	1 216	1 195	1 224	1 233	1 228	1 141	—	—	—
（2）沙砾质暗棕壤	1 841	787	1 182	1 208	1 180	1 192	1 197	1 126	—	—	—
（3）泥沙质暗棕壤	1 622	885	1 001	—	1 023	1 004	962	955	—	—	—
（4）泥质暗棕壤	1 303	1 007	1 141	1 080	1 170	1 158	1 171	—	—	—	—
（5）沙砾质白浆化暗棕壤	1 841	885	1 205	1 162	1 213	1 205	1 239	1 150	—	—	—
（6）砾沙质草甸暗棕壤	1 348	1 058	1 216	1 223	1 227	1 271	1 092	1 146	—	—	—
二、白浆土类	1 723	787	1 097	1 135	1 107	1 098	1 116	1 026	—	—	—
（1）薄层黄土质黄土白浆土	1 622	840	1 130	1 174	1 192	1 090	1 007	1 303	1 932	780	1 130
（2）中层黄土质白浆土	1 536	787	1 078	1 111	1 076	1 085	1 121	1 031	1 376	516	940
（3）厚层黄土质黄土白浆土	1 723	787	1 128	1 168	1 126	1 137	1 178	949	2 210	540	1 350
（4）薄层沙底草甸白浆土	1 161	983	1 028	—	1 027	—	1 028	1 027	1 580	594	1 090
（5）中层沙底草甸白浆土	1 107	1 071	1 095	1 107	1 089	—	—	—	—	—	—
三、草甸土类	1 723	725	1 158	1 201	1 185	1 176	1 160	974	3 130	500	2 120
（1）薄层黏壤质草甸土	1 265	885	1 134	1 144	1 120	1 138	1 142	—	—	—	—
（2）中层黏壤质草甸土	1 348	725	1 081	1 290	1 210	1 127	1 162	910	—	—	—
（3）厚层黏壤质草甸土	1 723	923	1 164	1 171	1 184	1 142	1 104	—	—	—	—
（4）薄层黏壤质潜育草甸土	1 348	1 007	1 196	1 027	—	1 169	1 348	—	—	—	—
（5）中层黏壤质潜育草甸土	1 723	955	1 228	1 058	1 220	1 327	1 209	1 242	—	—	—
（6）厚层黏壤质潜育草甸土	1 622	983	1 255	1 281	1 233	1 266	—	—	—	—	—

（续）

土　类	本次耕地地力评价			各地力等级养分平均值					第二次土壤普查（1984年）		
	最大值	最小值	平均值	一级	二级	三级	四级	五级	最大值	最小值	平均值
四、沼泽土类	1 980	787	1 201	1 199	1 219	1 211	1 251	1 080	15 300	1 990	4 450
(1) 厚层黏质草甸沼泽土	1 622	787	1 180	1 170	1 226	1 222	1 254	1 048	—	—	—
(2) 薄层泥炭腐殖质沼泽土	1 401	840	1 216	1 401	1 219	1 219	1 235	1 133	—	—	—
(3) 薄层泥炭沼泽土	1 980	955	1 208	1 191	1 221	1 194	1 278	1 088	—	—	—
(4) 浅埋藏型沼泽土	1 401	1 090	1 220	1 292	1 174	1 238	1 226	1 189	—	—	—
五、泥炭土类	1 463	955	1 196	1 245	1 218	1 164	1 202	1 204	5 750	1 990	3 630
(1) 薄层芦苇薹草低位泥炭土	1 463	983	1 202	1 305	1 215	1 167	1 202	1 181	—	—	—
(2) 中层芦苇薹草低位泥炭土	1 463	955	1 189	1 104	1 222	1 157	1 201	1 208	—	—	—
六、新积土类	2 144	840	1 168	1 169	1 173	1 187	1 117	1 142	7 400	920	2 340
(1) 薄层沙质冲积土	2 144	955	1 216	1 186	1 162	1 782	1 124	—	—	—	—
(2) 薄层砾质冲积土	1 980	955	1 188	1 182	1 212	1 194	1 111	1 098	—	—	—
(3) 中层状冲积土	1 463	840	1 145	1 153	1 149	1 145	1 122	1 150	—	—	—
七、水稻土类	1 463	840	1 122	1 208	1 109	1 102	1 401	—	2 120	1 108	1 490
(1) 白浆土型潴育水稻土	1 205	1 081	1 115	—	1 084	1 131	—	—	—	—	—
(2) 中层草甸土型淹育水稻土	1 401	1 071	1 170	1 242	1 118	1 071	1 401	—	—	—	—
(3) 厚层草甸土型淹育水稻土	1 233	1 007	1 106	—	1 119	1 096	—	—	—	—	—
(4) 中层冲积土型潜育水稻土	1 401	885	1 106	1 166	1 087	1 145	—	—	—	—	—
(5) 厚层沼泽土型潜育水稻土	1 463	840	1 137	1 255	1 226	1 021	—	—	—	—	—
全　县	2 144	725	1 158	1 178	1 178	1 190	1 202	1 236	15 300	48	2 002

表 4-50　各乡（镇）耕地土壤全磷分级面积统计

乡（镇）	面积（公顷）	一级地		二级地		三级地		四级地		五级地	
		面积（公顷）	占总面积（%）	面积（公顷）	占总面积（%）	面积（公顷）	占总面积（%）	面积（公顷）	占总面积（%）	面积（公顷）	占总面积（%）
三道通镇	6 016.0	0	0	5.2	0.09	5 538.0	92.05	472.8	7.86	0	0
莲花镇	3 585.9	0	0	0	0	2 783.1	77.61	802.8	22.39	0	0
龙爪镇	15 209.0	0	0	204.6	1.35	11 967.2	78.68	3 037.2	19.97	0	0
古城镇	9 929.0	0	0	0	0	8 229.1	82.88	1 699.9	17.12	0	0
青山乡	9 562.0	0	0	0	0	5 394.2	56.41	4 167.8	43.59	0	0
奎山乡	10 846.0	0	0	0.4	0	10 708.3	98.73	137.3	1.27	0	0
林口镇	7 190.9	0	0	0	0	1 464.7	20.37	5 726.2	79.63	0	0
朱家镇	9 801.0	5.2	0.05	699.6	7.14	9 096.2	92.81	0	0	0	0
柳树镇	10 510.9	0	0	231.9	2.21	10 279.0	97.79	0	0	0	0
刁翎镇	15 519.1	0	0	0	0	15 415.4	99.33	103.7	0.67	0	0
建堂乡	9 294.9	0	0	236.7	2.55	9058.2	97.45	0	0	0	0
合计	107 464.7	5.2	0.005	1 378.4	1.28	89 933.4	83.69	16 147.7	15.03	0	0

（四）耕地土类全磷分级面积情况

按照黑龙江省耕地土壤全磷分级标准，林口县各类土壤全磷分级如下：

1. 暗棕壤类　全磷养分一级耕地面积仅 3.6 公顷，占该土类耕地面积的 0.05%；全磷养分二级耕地面积 1 057.6 公顷，占该土类耕地面积的 1.76%；全磷养分三级耕地面积 52 839.7 公顷，占该土类耕地面积的 87.85%；全磷养分四级耕地面积 6 248.1 公顷，占该土类耕地面积的 10.39%；全磷养分五级耕地无分布。

2. 白浆土类　全磷养分一级耕地无分布；全磷养分二级耕地面积 28.7 公顷，占该土类耕地面积的 0.16%；全磷养分三级耕地面积 12 521.0 公顷，占该土类耕地面积的 69.17%；全磷养分四级耕地面积 5 553.2 公顷，占该土类耕地面积的 30.68%；全磷养分五级耕地无分布。

3. 草甸土类　全磷养分一级耕地无分布；全磷二级耕地面积 34.4 公顷，占该土类耕地面积的 0.59%；全磷三级耕地面积 4 045.6 公顷，占该耕地面积的 69.64%；全磷养分四级耕地面积 1 729.6 公顷，占该土类耕地面积的 29.77%；全磷养分五级耕地无分布。

4. 沼泽土类　全磷养分一级耕地无分布；全磷养分二级耕地面积 173.2 公顷，占该土类耕地面积的 1.66%；全磷养分三级耕地面积 9 115.7 公顷，占该土类耕地面积的 87.46%；全磷养分四级耕地面积 1 134.2 公顷，占该土类耕地面积的 10.88%；全磷养分五级耕地无分布。

5. 泥炭土类　全磷养分一级和二级耕地无分布；全磷养分三级耕地面积 3 007.6 公顷，占该土类耕地面积的 95.77%；全磷养分四级耕地面积 133.0 公顷，占该土类耕地面积的 4.23%；全磷养分五级耕地无分布。

表4-51　耕地土壤全磷分级面积统计

土　种	面积(公顷)	一级 面积(公顷)	一级 占总面积(%)	二级 面积(公顷)	二级 占总面积(%)	三级 面积(公顷)	三级 占总面积(%)	四级 面积(公顷)	四级 占总面积(%)	五级 面积(公顷)	五级 占总面积(%)
一、暗棕壤类	60 149.0	3.5	0.01	1 057.6	1.76	52 839.7	87.85	6 248.1	10.38	0	0
（1）矿质暗棕壤	27 396.7	3.6	0.01	399.1	1.46	25 548.1	93.25	1 445.9	5.28	0	0
（2）沙砾质暗棕壤	24 127.5	0	0	552.4	2.29	20 794.8	86.19	2 780.3	11.52	0	0
（3）泥沙质暗棕壤	1 423.7	0	0	24.4	1.71	492.9	34.62	906.4	63.67	0	0
（4）泥质暗棕壤	568.9	0	0	0	0	568.9	100.0	0	0	0	0
（5）沙砾质白浆化暗棕壤	6 038.3	0	0	81.7	1.35	4 841.0	80.17	1 115.6	18.48	0	0
（6）砾沙质草甸暗棕壤	593.9	0	0	0	0	593.9	100.0	0	0	0	0
二、白浆土类	18 103.0	0	0	28.8	0.16	12 521.0	69.16	5 553.2	30.68	0	0
（1）薄层黄土质白浆土	4 019.4	0	0	20.5	0.51	3 135.8	78.02	863.1	21.47	0	0
（2）中层黄土质白浆土	9 534.9	0	0	4.8	0.05	5 759.7	60.41	3 770.4	39.51	0	0
（3）厚层黄土质白浆土	4 323.1	0	0	3.3	0.08	3 471.7	80.31	848.1	19.62	0	0
（4）薄层沙底草甸白浆土	184.9	0	0	0	0	113.2	61.22	71.7	38.73	0	0
（5）中层沙底草甸白浆土	40.7	0	0	0	0	40.7	100.0	0	0	0	0
三、草甸土类	5 809.6	0	0	34.4	0.59	4 045.6	69.64	1 729.6	29.77	0	0
（1）薄层黏壤质草甸土	920.1	0	0	0	0	778.4	84.60	141.7	15.40	0	0
（2）中层黏壤质草甸土	2 060.7	0	0	0	0	797.5	38.70	1 263.2	61.30	0	0
（3）厚层黏壤质草甸土	1 415.4	0	0	3.4	0.24	1 171.9	82.80	240.1	16.96	0	0
（4）薄层黏壤质潜育草甸土	114.1	0	0	0	0	114.1	100.0	0	0	0	0
（5）中层黏壤质潜育草甸土	488.3	0	0	23.1	4.73	383.0	78.44	82.2	16.83	0	0
（6）厚层黏壤质潜育草甸土	811.0	0	0	7.9	0.97	800.7	98.73	2.4	0.30	0	0

（续）

土　种	面积（公顷）	一级		二级		三级		四级		五级	
		面积（公顷）	占总面积（%）	面积（公顷）	占总面积（%）	面积（公顷）	占总面积（%）	面积（公顷）	占总面积（%）	面积（公顷）	占总面积（%）
四、沼泽土类	10 423.1	0	0	173.2	1.66	9 115.7	87.46	1 134.2	10.88	0	0
（1）厚层黏质草甸沼泽土	4 597.2	0	0	1.1	0.02	3 974.9	86.46	621.2	13.51	0	0
（2）薄层泥炭腐殖质沼泽土	1 565.2	0	0	0	0	1 459.7	93.26	105.5	6.74	0	0
（3）薄层泥炭沼泽土	3 561.9	0	0	172.1	4.83	2 982.2	83.73	407.6	11.44	0	0
（4）浅埋藏型沼泽土	698.8	0	0	0	0	698.8	100.00	0	0	0	0
五、泥炭土类	3 140.6	0	0	0	0	3 007.6	95.77	133.0	4.23	0	0
（1）薄层芦苇薹草低位泥炭土	1 733.6	0	0	0	0	1 624.3	93.70	109.3	6.30	0	0
（2）中层芦苇薹草低位泥炭土	1 407.0	0	0	0	0	1 383.3	98.32	23.7	1.68	0	0
六、新积土类	8 531.0	1.6	0.02	84.5	0.99	7 398.1	86.72	1 046.8	12.27	0	0
（1）薄层沙质冲积土	1 535.4	1.6	0.10	29.4	1.91	1 277.4	83.20	227.0	14.78	0	0
（2）薄层砾质冲积土	2 407.6	0	0	55.1	2.29	1 999.3	83.04	353.2	14.67	0	0
（3）中层状冲积土	4 588.0	0	0	0	0	4 121.4	89.83	466.6	10.17	0	0
七、水稻土类	1 308.4	0	0	0	0	1 005.6	76.86	302.8	23.14	0	0
（1）白浆土型淹育水稻土	83.5	0	0	0	0	83.5	100.00	0	0	0	0
（2）中层草甸土型淹育水稻土	107.8	0	0	0	0	107.8	100.00	0	0	0	0
（3）厚层草甸土型淹育水稻土	107.6	0	0	0	0	107.6	100.00	0	0	0	0
（4）中层冲积土型潴育水稻土	778.3	0	0	0	0	548.3	70.45	230.0	29.55	0	0
（5）厚层沼泽土型潜育水稻土	231.2	0	0	0	0	158.4	68.51	72.8	31.49	0	0
合　计	107 464.7	5.20	0	1 378.4	1.28	89 933.4	83.69	16 147.7	15.03	0	0

6. 新积土类　全磷养分一级耕地面积仅 1.6 公顷，占该土类耕地面积的 0.02%；全磷养分二级耕地面积 84.5 公顷，占该土类耕地面积的 0.99%；全磷养分三级耕地面积 7 398.1公顷，占该土类耕地面积的 86.72%；全磷养分四级耕地面积 1 046.8公顷，占该土类耕地面积的 12.27%；全磷养分五级耕地无分布。

7. 水稻土类　全磷养分一级和二级耕地无分布；全磷养分三级耕地面积 1 005.6 公顷，占该土类耕地面积的 76.86%；全磷养分四级耕地面积 302.8 公顷，占该土类耕地面积的 23.14%；全磷养分五级耕地无分布。

耕地土壤全磷分级面积统计见表 4-51。

第二节　土壤物理性状

土 壤 容 重

土壤容重是指在自然状态下，单位体积的绝对干燥的土壤重量（克/立方厘米）。根据容重可以推知土壤质地、结构、保水能力和通气状况等，疏松的有机质含量高的土壤容重小于 1 克/立方厘米，比较好的耕作层容重为 1～1.1 克/立方厘米，而坚实底土可达1.4～1.8 克/立方厘米。林口县各种土壤的表层容重平均为 1～1.29 克/立方厘米。容重比较适中的平均在 0.85～1.15 克/立方厘米。最低的为草甸土、沼泽土、草甸暗棕壤。亚表层普遍较表层坚实，容重为 1.35～1.45 克/立方厘米（泥炭土除外），特别是白浆土、草甸土、新积土容重达 1.33～1.49 克/立方厘米，上下变化相当大，说明白浆层和犁底层的坚实程度大。总的看来，林口县土壤普遍容重较大，这里除自然条件影响外，更主要的是人为不合理耕作造成土壤板结，必须加以改良。各种土壤容重详见表 4-52。

表 4-52　林口县土壤容重统计（1984 年）

单位：克/立方厘米

土类	平均值			最大值			最小值			2010 年
	1 层	2 层	3 层	1 层	2 层	3 层	1 层	2 层	3 层	
暗棕壤	1.13	1.27	1.44	1.38	1.50	1.60	0.93	1.05	1.31	1.163
白浆土	1.11	1.39	1.33	1.37	1.78	1.49	0.96	1.31	1.14	1.175
草甸土	1.09	1.32	1.32	1.33	1.57	1.51	0.85	1.19	1.18	1.150
沼泽土	0.83	1.01	1.18	1.11	1.27	1.18	0.31	0.39	1.18	1.162
泥炭土	0.56	0.65	—	0.90	1.18	—	0.34	0.40	—	1.132
河淤土	1.15	1.31	1.28	1.31	1.42	1.36	0.97	1.21	1.19	1.157
水稻土	—	—	—	—	—	—	—	—	—	1.151

从本次耕地地力评价采样调查看，土壤容重普遍增加，说明土壤变的紧实，主要是人为耕作所造成，需要在今后进行改善。另外，本次调查采样只采集了耕层容重，不能与第二次土壤普查结果进行全面比较。

第五章 耕地地力评价

第一节 耕地地力评价的基本原理

耕地地力是耕地自然要素相互作用所表现出来的潜在生产能力。耕地地力评价大体可分为以气候要素为主的潜力评价和以土壤要素为主的潜力评价。在一个较小的区域范围内（县域），气候要素相对一致，耕地地力评价可以根据所在区域的地形地貌、成土母质、土壤理化性状、农田基础设施等要素相互作用表现出来的综合特征，揭示耕地综合生产力的高低。

耕地地力评价可用两种表达方法：一是用单位面积产量来表示，其关系式为：

$$Y = b_0 + b_1 x_1 + b_2 x_2 + \cdots + b_n x_n$$

式中：

Y——单位面积产量；

x_1——耕地自然属性（参评因素）；

b_1——该属性对耕地地力的贡献率（解多元回归方程求得）。

单位面积产量表示法的优点是一旦上述函数关系建立，就可以根据调查点自然属性的数值直接估算要素，单位面积产量还因农民的技术水平、经济能力的差异而发生很大的变化。如果耕种者技术水平比较低或者主要精力放在外出务工，肥沃的耕地实际产量不一定高；如果耕种者具有较高的技术水平，并采用精耕细作的农事措施，自然条件较差的耕地上仍然可获得较高的产量。因此，上述关系理论上成立，实践上却难以做到。

耕地地力评价的另一种表达方法，是用耕地自然要素评价的指数来表示，其关系式为：

$$IFI = b_1 x_1 + b_2 x_2 + \cdots + b_n x_n$$

式中：

IFI——耕地地力综合指数；

x_1——耕地自然属性（参评因素）；

b_1——该属性对耕地地力的贡献率（层次分析方法或专家直接评估求得）。

根据 IFI 的大小及其组成，不仅可以了解耕地地力的高低，而且可以揭示影响耕地地力的障碍因素及其影响程度。采用合适的方法，也可以将 IFI 值转换为单位面积产量，更直观地反映耕地的地力。

第二节 耕地地力评价的原则和依据

本次耕地地力评价是一种一般性的目的的评价，根据所在地区特定气候区域以及地形地貌、成土母质、土壤理化性状、农田基础设施等要素相互作用表现出来的综合特征，揭示耕地潜在生产能力的高低。通过耕地地力评价，可以全面了解林口县的耕地质量现状，合理调整农业结构；生产无公害农产品、绿色食品、有机食品；针对耕地土壤存在的障碍因素，改造中低产田，保护耕地质量，提高耕地的综合生产能力；建立耕地资源数据网络，对耕地质量实行有效的管理等提供科学依据。

耕地地力的评价是对耕地的基础地力及其生产能力的全面鉴定，因此，在评价时应遵循以下 3 个原则。

一、综合因素研究主导因素分析相结合的原则

耕地地力是各类要素的综合体现，综合因素研究是对地形地貌、土壤理化性状以及相关的社会经济因素进行综合研究、分析与评价，全面了解耕地地力状况。主导因素是指对耕地地力起决定作用的，相对稳定的因子，在评价中要着重对其进行研究分析。

二、定性与定量相结合的原则

影响耕地地力有定性的和定量的因素，评价时必须把定量和定性评价结合起来。可定量的评价因子按其数值参与计算评价；对非数量化的定性因子要充分应用专业知识，先进行数值化处理，再进行计算评价。

三、采用 GIS 支持的自动化评价方法的原则

充分应用计算机技术，通过建立数据库、评价模型，实现评价流程的全部数字化、自动化。

第三节　利用《林口县耕地资源信息系统》进行地力评价

一、确定评价单元

耕地评价单元是由耕地构成因素组成的综合体。本次耕地地力评价根据《规程》的要求，采用综合方法确定评价单元，即用 1∶50 000 的土壤图、土地利用现状图，先数字化，再在计算机上叠加复合生成评价单元图斑，然后进行综合取舍，形成评价单元。这种方法的优点是考虑全面，综合性强，同一评价单元内土壤类型相同、土地利用类型相同，既满足了对耕地地力和质量做出评价，又便于耕地利用与管理。林口县调查共确定形成评价单元 4 529 个，总面积 107 464.73 公顷。

（一）确定评价单元方法

1. 以土壤图为基础，将农业生产影响一致的土壤类型归并在一起成为一个评价单元。

2. 以耕地类型图为基础确定评价单元。

3. 以土地利用现状图为基础确定评价单元。

4. 采用网格法确定评价单元。

（二）评价单元数据获取

采取将评价单元与各专题图件叠加采集各参评因素的信息，具体的方法是：按唯一标识原则为评价单元编码；生成评价信息空间库和属性数据库；从图形库中调出评价因子的专题图，与评价单元图进行叠加；保持评价单元几何形状不变，直接对叠加后形成的图形的属性库进行操作，以评价单元为基本统计单位，按面积加权平均汇总评价单元各评价因素的值。由此，得到图形与属性相连，以评价单元为基本单位的评价信息。

根据不同类型数据的特点，采取以下几种途径为评价单元获取数据：

1. 点位数据 对于点位分布图，先进行插值形成栅格图，与评价单元图叠加后采用加权统计的方法给评价单元赋值。如土壤有效磷点位图、速效钾点位图等。

2. 矢量图 对于矢量图，直接与评价单元图叠加，再采用加权统计的方法为评价单元赋值。对于土壤质地、容重等较稳定的土壤理化形状，可用一个乡（镇）范围内同一个土种的平均值直接为评价单元赋值。

3. 等值线图 对于等值线图，先采用地面高程模型生成栅格图，再与评价单元图叠加后采用分区统计的方法给评价单元赋值。

二、确定评价指标

耕地地力评价实质是评价地形地貌、土壤理化性状等自然要素对农作物生长限制程序的强弱。选取评价指标时我们遵循以下几个原则：

1. 选取的指标对耕地地力有比较大的影响，如地形部位、土壤侵蚀程度等。

2. 选取的指标在评价区域内的变异较大，便于划分耕地地力的等级。

3. 选取的评价指标在时间序列上具有相对的稳定性，如有机质含量等，评价的结果能够有较长的有效期。

4. 选取评价指标与评价区域的大小有密切的关系。

结合林口县本地的土壤条件、农田地基础设施状况、当前农业生产中耕地存在的突出问题等，并参照《全国耕地地力调查和质量评价技术规程》中所确定的64项指标体系，结合林口县实际情况最后确定了选取3个准则，9项指标：≥10℃积温、地形部位、土壤侵蚀程度、有效磷、有效锌、速效钾、耕层厚度、有机质和pH。见表5-1、表5-2。

每一个指标的名称、释义、量纲、上下限等定义如下：

（1）≥10℃积温：反映作物生长所需要的温度指标，属数值型，量纲表示为℃。

（2）地形部位：反映土壤所处不同地形部位的物理性指标，属概念型，无量纲。

（3）土壤侵蚀程度：反映耕地土壤所受侵蚀的不同程度的物理性指标，属概念型，无量纲。

（4）有效磷：反映耕地土壤耕层（0～20厘米）供磷能力的强度水平的指标，属数值型，量纲表示为毫克/千克。

（5）有效锌：反映耕地土壤耕层（0～20厘米）供锌能力的强度水平的指标，属数值型，量纲表示为毫克/千克。

表 5-1　全国耕地地力评价指标体系

代　　码	要素名称	代　　码	要素名称
	气候		耕层理化性状
AL101000	≥10℃积温	AL401000	质地
AL102000	≥10℃积温	AL402000	容重
AL103000	年降水量	AL403000	pH
AL104000	全年日照时数	AL404000	阳离子代换量（CEC）
AL105000	光能辐射总量		耕层养分状况
AL106000	无霜期	AL501000	有机质
AL107000	干燥度	AL502000	全氮
	立地条件	AL503000	有效磷
AL201000	经度	AL504000	速效钾
AL202000	纬度	AL505000	缓效钾
AL203000	高程	AL506000	有效锌
AL204000	地貌类型	AL507000	水溶态硼
AL205000	地形部位	AL508000	有效钼
AL206000	坡度	AL509000	有效铜
AL207000	坡向	AL501000	有效硅
AL208000	成土母质	AL501100	有效锰
AL209000	土壤侵蚀类型	AL501200	有效铁
AL201000	土壤侵蚀程度	AL501300	交换性钙
AL201100	林地覆盖率	AL501400	交换性镁
AL201200	地面破碎情况		障碍因素
AL201300	地表岩石露头状况	AL601000	障碍层类型
AL201400	地表砾石度	AL602000	障碍层出现位置
AL201500	田面坡度	AL603000	障碍层厚度
	剖面性状	AL604000	耕层含盐量
AL301000	剖面构型	AL605000	1米土层含盐量
AL302000	质地构型	AL606000	盐化类型
AL303000	有效土层厚度	AL607000	地下水矿化度
AL304000	耕层厚度		土壤管理
AL305000	腐殖层厚度	AL701000	灌溉保证率
AL306000	田间持水量	AL702000	灌溉模数
AL307000	旱季地下水位	AL703000	抗旱能力
AL308000	潜水埋深	AL704000	排涝能力
AL309000	水型	AL705000	排涝模数
		AL706000	轮作制度
		AL707000	梯田化水平
		AL708000	设施类型（蔬菜地）

表 5 - 2　林口县地力评价指标

评价准则	评价指标
1. 立地条件	≥10℃积温
	地形部位
	土壤侵蚀程度
2. 养分状况	有效磷
	有效锌
	速效钾
3. 理化性状	耕层厚度
	有机质
	pH

（6）速效钾：反映耕地土壤耕层（0~20厘米）供钾能力的强度水平的指标，属数值型，量纲表示为毫克/千克。

（7）耕层厚度：反映生产水平，对当季作物生产具有重要影响，属于数值型，量纲为厘米。

（8）有机质：反映耕地土壤耕层（0~20厘米）有机质含量的指标，属数值型，量纲表示为克/千克。

（9）pH：反映耕地土壤耕层（0~20厘米）酸碱强度水平的指标，属数值型，无量纲。

三、评价单元赋值

根据各评价因子的空间分布图或属性数据库，将各评价因子数据赋值给评价单元，主要采取以下方法：

1. 对点位数据，如碱解氮、有效磷、速效钾等，采用插值的方法形成栅格图与评价单元图叠加，通过统计给评价单元赋值。

2. 对矢量分布图，如耕层厚度、土壤侵蚀程度、地形部位等，直接与评价单元图叠加，通过加权统计、属性提取，给评价单元赋值。

四、评价指标的标准化

所谓评价指标标准化就是要对每一个评价单元不同数量级、不同量纲的评价指标数据进行0→1化。数值型指标的标准化，采用数学方法进行处理；概念型指标标准化先采用专家经验法，对定性指标进行数值化描述，然后进行标准化处理。

模糊评价法是数值标准化最通用的方法。它是采用模糊数学的原理，建立起评价指标值与耕地生产能力的隶属函数关系，其数学表达式 $\mu = f(x)$。μ 是隶属度，这里代表生产能力；x 代表评价指标值。根据隶属函数关系，可以对于每个 χ 算出其对应的隶属度 μ，是0→1中间的数值。在本次评价中，我们将选定的评价指标与耕地生产能力的关系分为戒上型函数、戒下型函数、峰型函数、直线型函数以及概念型 5 种类型的隶属函数。前 4 种类型可以先通过专家打分的方法对一组评价单元值评估出相应的一组隶属度，根据这两组数据拟合隶属函数，计算所有评价单元的隶属度；后一种是采用专家直接打分评估法，确定每一种概念型的评价单元的隶属度。

（一）评价指标评分标准

用 1～9 定为 9 个等级打分标准，1 表示同等重要，3 表示稍微重要，5 表示明显重要，7 表示强烈重要，9 极端重要。2、4、6、8 处于中间值。不重要按上述轻重倒数相反。

（二）权重打分

1. 总体评价准则权重打分 见图 5-1。

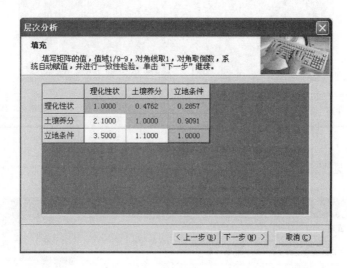

图 5-1

2. 评价指标分项目权重打分

立地条件：见图 5-2。

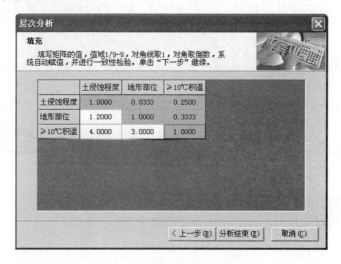

图 5-2

养分状况：见图 5 - 3。

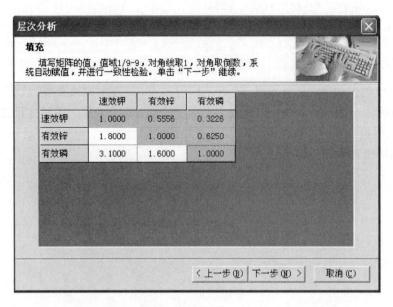

图 5 - 3

理化性状：见图 5 - 4。

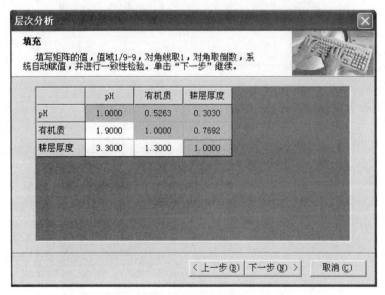

图 5 - 4

（三）耕地地力评价层次分析模型编辑

层次分析结构矩阵见图 5-5，层次分析结果见表 5-3。

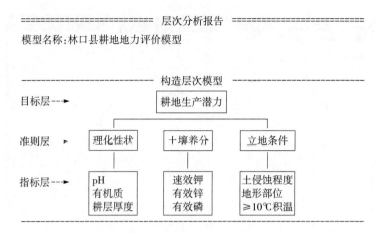

================== 层次分析报告 ==================

模型名称:林口县耕地地力评价模型

------------------ 构造层次模型 ------------------

图 5-5　层次分析结构矩阵

表 5-3　层次分析结果

层次 A	层次 C			组合权重 $\sum C_i A_i$
	理化性状 0.155 5	土壤养分 0.373 5	立地条件 0.471 0	
pH	0.164 6			0.025 6
有机质	0.343 8			0.053 5
耕层厚度	0.491 6			0.076 4
速效钾		0.170 4		0.063 6
有效锌		0.314 3		0.117 4
有效磷		0.515 3		0.192 5
土侵蚀程度			0.163 9	0.077 2
地形部位			0.203 7	0.095 9
≥10℃积温			0.632 5	0.297 9

(四) 各个评价指标隶属函数的建立

1. pH

（1）pH 专家评估：土壤 pH 隶属度评估（数值型）见表 5-4。

表 5-4　土壤 pH 隶属度评估（数值型）

pH	<4.0	5.0	5.5	6.0	6.6	7.0	7.5	8.0	≥8.5
隶属度	0.35	0.60	0.70	0.90	1.0	0.98	0.90	0.70	0.60

（2）pH 隶属函数拟合：土壤 pH 隶属函数（峰型）见图 5-6。

2. 耕层厚度

（1）耕层厚度专家评估：耕层厚度隶属度评估见表 5-5。

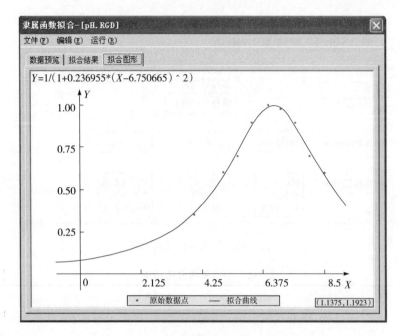

图 5-6   pH 隶属函数曲线（峰型）

表 5-5   耕层厚度隶属度评估

耕层厚度	<13.0	15.0	17.0	19.0	22.0	24.0	≥26.0
隶属度	0.45	0.55	0.70	0.80	0.93	0.98	1.0

（2）耕层厚度隶属函数拟合：土壤耕层厚度隶属函数（戒上型）见图 5-6。

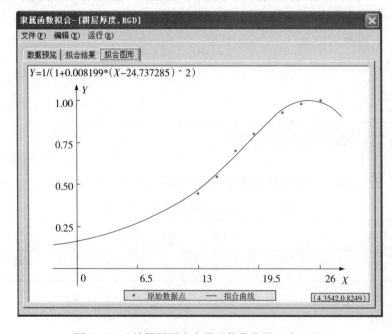

图 5-7   土壤耕层厚度隶属函数曲线图（戒上型）

3. 活动积温

（1）活动积温专家评估：活动积温隶属度评估见表 5-6。

表 5-6 活动积温隶属度评估

活动积温	<2 050	2 100	2 150	2 200	2 250	2 300	2 450	2 500	≥2 550
隶属度	0.35	0.40	0.45	0.50	0.60	0.70	0.90	0.96	1.00

（2）活动积温隶属函数拟合：活动积温隶属函数曲线（戒上型）见图 5-8。

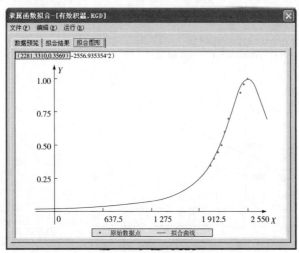

图 5-8 活动积温隶属函数曲线图（戒上型）

4. 有效锌

（1）有效锌专家评估：有效锌隶属评估见表 5-7。

表 5-7 有效锌隶属度评估

有效锌	<0.10	0.50	1.00	2.00	3.00	5.00	≥8.00
隶属度	0.45	0.50	0.55	0.65	0.75	0.94	1.00

（2）有效锌隶属函数拟合：土壤有效锌隶属函数曲线（戒上型）见图 5-9。

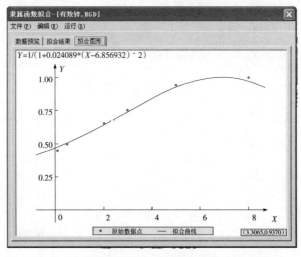

图 5-9 土壤有效锌隶属函数曲线图（戒上型）

5. 有机质

(1) 有机质专家评估：有机质隶属度评估见表5-8。

表5-8　有机质隶属度评估

有机质	<5.0	15.0	25.0	35.0	45.0	60.0	80.0	≥100.0
隶属度	0.40	0.50	0.60	0.68	0.78	0.90	0.99	1.00

(2) 有机质隶属函数拟合：土壤有机质隶属函数曲线（戒上型）见图5-10。

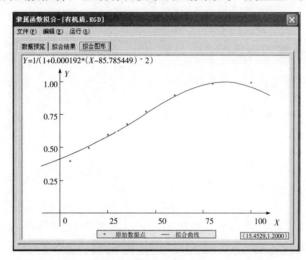

图5-10　土壤有机质隶属函数曲线图（戒上型）

6. 有效磷

(1) 有效磷专家评估：有效磷隶属度评估见表5-9。

表5-9　有效磷隶属度评估

有效磷	<5.0	15.0	25.0	40.0	60.0	80.0	≥100.0
隶属度	0.45	0.52	0.60	0.73	0.90	0.98	1.00

(2) 有效磷隶属函数拟合：土壤有效磷隶属函数曲线（戒上型）见图5-11。

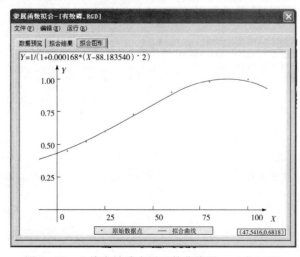

图5-11　土壤有效磷隶属函数曲线图　（戒上型）

7. 速效钾

（1）速效钾专家评估：速效钾隶属度评估见表5-10。

表5-10　速效钾隶属度评估

速效钾	<30	50	100	150	200	250	300	≥400
隶属度	0.35	0.40	0.50	0.60	0.75	0.90	0.98	1.00

（2）速效钾隶属函数拟合：土壤速效钾隶属度函数曲线（戒上型）见图5-12。

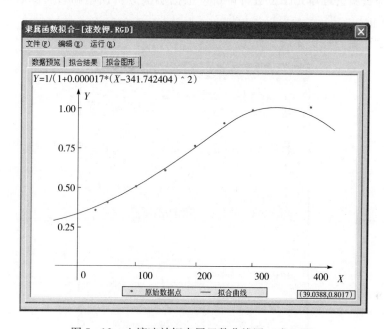

图5-12　土壤速效钾隶属函数曲线图（戒上型）

8. 地形部位　地形部位隶属度评估见表5-11。

表5-11　地形部位隶属度评估

分类编号	地形部位	隶属度
1	沟谷地	1.0
2	河流宽谷阶地	0.9
3	岗坡地	0.7
4	低山丘陵地	0.4

9. 土壤侵蚀程度　土壤侵蚀程度隶属度评估见表5-12。

表5-12　土壤侵蚀程度隶属度评估

分类编号	土壤侵蚀程度	隶属度
1	无明显侵蚀	1.0
2	轻度侵蚀	0.8
3	中度侵蚀	0.6

五、进行耕地地力等级评价

耕地地力评价是根据层次分析模型和隶属函数模型，对每个耕地资源管理单元的农业生产潜力进行评价，在根据集类分析的原理对评价结果进行分级，从而产生耕地地力等级，并将地力等级以不同的颜色在耕地资源管理单元图上表达。见图5-13。

1. 在耕地资源管理单元图上进行评价 根据层次分析模型和隶属函数模型对耕地生产潜力进行评价。

2. 耕地生产潜力评价窗口 见图5-13。

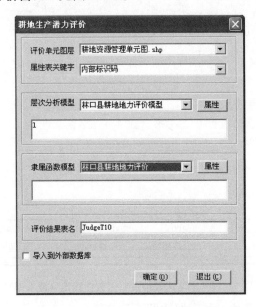

图5-13　耕地生产潜力评价窗口

3. 耕地等级划分窗口 见图5-14。

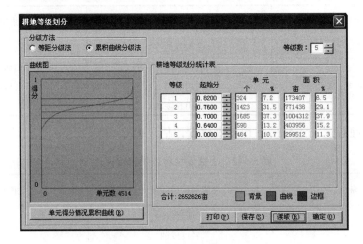

图5-14　耕地等级划分窗口

六、计算耕地地力生产性能综合指数（*IFI*）

$$IFI = \sum F_i \times C_i\,;(i=1,2,3\cdots n)$$

式中：

IFI（Integrated Fertility Index）——耕地地力综合指数；

F_i——第 i 个因素评语；

C_i——第 i 个因素的组合权重。

七、确定耕地地力综合指数分级方案

采取累积曲线分级法划分耕地地力等级，用加法模型计算耕地生产性能综合指数（*IFI*），将林口县耕地地力划分为 5 个等级。见表 5-13。

表 5-13　土壤地力指数分级表

地力分级	地力综合指数分级（*IFI*）
一级	＞0.82
二级	0.76～0.82
三级	0.70～0.76
四级	0.64～0.70
五级	0～0.64

第四节　耕地地力评价结果与分析

林口县总面积（包括非县属农、林场）为 669 013 公顷。其中，耕地面积 122 524 公顷（此处为国家统计数字）。主要是旱田、灌溉水田、菜地、苗圃等。

本次耕地地力评价将全县 11 个乡（镇）耕地面积 107 464.73 公顷划分为 5 个等级：一级地面积 7 054.73 公顷，占总耕地面积的 6.57%；二级地面积 32 234.4 公顷，占总耕地面积的 30.0%；三级地面积 41 153.7 公顷，占总耕地面积的 38.29%；四级地面积 15 954.2 公顷，占总耕地面积的 14.84%；五级地面积 11 067.7 公顷，占总耕地面积的 10.3%。一级、二级地属高产田土壤，面积为 39 289.13 公顷，占总耕地面积的 36.57%；三级地为中产田土壤，面积为 41 153.7 公顷，占总耕地面积的 38.29%；四级、五级地为低产田土壤，面积 27 021.9 公顷，占总耕地面积的 25.14%。见表 5-14，图 5-15。

表 5-14　林口县耕地地力分级

地力分级	面积（公顷）	占总耕地（%）
一级	7 054.73	6.57
二级	32 234.40	30.00
三级	41 153.70	38.29
四级	15 954.20	14.84
五级	11 067.70	10.30

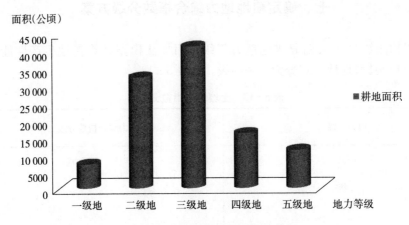

图 5-15　林口县耕地地力评价等级

一、一 级 地

　　林口县一级耕地面积 7 054.73 公顷，占全县总耕地面积的 6.57%。分布面积最大的是古城镇 1 895.7 公顷，占古城镇耕地总面积的 19.09%；刁翎镇 1 838.2 公顷，占刁翎镇总耕地面积的 11.84%；莲花镇 775.8 公顷，占莲花镇总耕地面积的 21.63%；奎山乡 629.1 公顷，占奎山乡总耕地面积的 5.8%；建堂乡 540.6 公顷，占建堂乡耕地总面积的 5.82%。土壤类型分布面积最大的是暗棕壤 1 572.93 公顷，占暗棕壤耕地总面积的 2.62%；新积土 1 499.4 公顷，占新积土耕地总面积的 17.58%；白浆土 1 279.7 公顷，占白浆土耕地面积的 7.07%；草甸土 1 214.0 公顷，占草甸土耕地面积的 20.9%。

二、二 级 地

　　林口县二级耕地面积 32 234.4 公顷，占全县耕地总面积的 30.0%。分布面积最大的是古城镇 5 652.7 公顷，占古城镇耕地总面积的 56.93%；奎山乡 4876.6 公顷，占奎山乡耕地总面积的 44.96%；龙爪镇 4 127.6 公顷，占龙爪镇耕地总面积的 27.14%；

刁翎镇3 703.2公顷,占刁翎镇耕地总面积的23.86%;朱家镇3 109.0公顷,占朱家镇耕地总面积的31.72%。土壤类型分布面积最大的是暗棕壤15 311.9公顷,占暗棕壤耕地总面积的25.46%;白浆土6 463.0公顷,占白浆土耕地总面积的35.7%;新积土3 921.5公顷,占新积土耕地总面积的45.97%;沼泽土2 892.5公顷,占沼泽土耕地总面积的27.75%。

三、三 级 地

林口县三级耕地面积41 153.7公顷,占全县耕地总面积的38.29%。分布面积最大的是龙爪镇7 628.3公顷,占龙爪镇耕地总面积的50.16%;刁翎镇6 243.5公顷,占刁翎镇耕地总面积的40.23%;柳树镇4 833.5公顷,占柳树镇耕地总面积的45.99%;奎山乡4 725.3公顷,占奎山乡耕地总面积的43.57%;朱家镇4 547.5公顷,占朱家镇耕地总面积的46.4%。土壤类型分布面积最大的是暗棕壤26 182.9公顷,占暗棕壤耕地总面积的43.53%;白浆土7 148.8公顷,占白浆土耕地总面积的39.49%;沼泽土3 212.2公顷,占沼泽土耕地总面积的30.2%;新积土2 114.1公顷,占新积土耕地总面积的24.78%。

四、四 级 地

林口县四级耕地面积15 954.2公顷,占全县耕地总面积的14.85%。分布面积最大的是龙爪镇2 454.7公顷,占龙爪镇耕地总面积的16.14%;柳树镇2 442.2公顷,占柳树镇耕地总面积的23.23%;刁翎镇2 197.9公顷,占刁翎镇耕地总面积的14.16%;青山乡1 953.3公顷,占青山乡耕地总面积的20.43%;建堂乡1 897.2公顷,占建堂乡耕地总面积的20.41%。土壤类型分布面积最大的是暗棕壤11 489.9公顷,占暗棕壤耕地总面积的19.1%;白浆土1 518.1公顷,占白浆土耕地总面积的8.39%;沼泽土1 072.5公顷,占沼泽土耕地总面积的10.29%;新积土962.5公顷,占新积土耕地总面积的11.28%。

五、五 级 地

林口县五级耕地面积11 067.7公顷,占全县耕地总面积的10.3%。分布面积最大的是青山乡7 030.1公顷,占青山乡耕地总面积的73.52%;刁翎镇1 536.3公顷,占刁翎镇耕地总面积的9.9%;柳树镇959.0公顷,占柳树镇耕地总面积的9.12%;龙爪镇875.5公顷,占龙爪镇耕地总面积的5.76%。土壤类型分布面积最大的是暗棕壤5 591.5公顷,占暗棕壤耕地总面积的9.3%;沼泽土2 371.0公顷,占沼泽土耕地总面积的22.75%;白浆土1 693.4公顷,占白浆土耕地总面积的9.35%;草甸土1 327.3公顷,占草甸土耕地总面积的22.85%。

林口县各乡(镇)耕地地力等级统计见表5-15,耕地土壤地力等级统计见表5-16。

表 5 - 15　各乡（镇）耕地地力等级统计

乡（镇）	面积（公顷）	一级地		二级地		三级地		四级地		五级地	
		面积（公顷）	占总面积（%）	面积（公顷）	占总面积（%）	面积（公顷）	占总面积（%）	面积（公顷）	占总面积（%）	面积（公顷）	占总面积（%）
三道通镇	6 016.03	493.03	8.20	2 503.3	41.61	2 462.5	40.93	292.1	4.86	265.0	4.40
莲花镇	3 585.9	775.8	21.63	1 562.4	43.57	555.8	15.50	691.9	19.30	0	0
龙爪镇	15 209.0	123.0	0.81	4 127.5	27.14	7 628.2	50.15	2 454.8	16.14	875.5	5.76
古城镇	9 929.0	1 895.7	19.09	5 652.8	56.93	1 536.6	15.48	840.9	8.47	3.0	0.03
青山乡	9 562.0	0	0	34.7	0.36	543.9	5.69	1 953.3	20.43	7 030.1	73.52
奎山乡	10 846.0	629.0	5.80	4 876.6	44.96	4 725.3	43.57	599.4	5.53	15.7	0.14
林口镇	7 190.9	91.6	1.28	2 128.0	29.59	4 305.2	59.87	666.1	9.26	0	0
朱家镇	9 801.0	200.8	2.06	3 109.0	31.72	4 547.5	46.40	1 918.5	19.57	25.4	0.26
柳树镇	10 510.9	466.9	4.45	1 809.3	17.21	4 833.5	45.99	2 442.2	23.23	959.0	9.12
刁翎镇	15 519.1	1 838.2	11.84	3 703.2	23.86	6 243.5	40.23	2 197.9	14.16	1 536.3	9.90
建堂乡	9 294.9	540.6	5.82	2 727.6	29.35	3 771.7	40.57	1 897.3	20.41	357.7	3.85
合　计	107 464.73	7 054.73	6.57	32 234.4	30.00	41 153.7	38.29	15 954.2	14.84	11 067.7	10.30

第五节　归并农业部地力等级指标划分标准

一、国家农业标准

农业部于 1996 年颁布了《全国耕地类型区、耕地地力等级划分》（NY/T 309—1996）。该标准根据粮食单产水平将全国耕地地力划分为 10 个等级。以产量表达的耕地生产能力，年单产大于 13 500 千克/公顷为一级地，小于 1 500 千克/公顷为十级地，每 1 500 千克为一个等级，见表 5 - 17。

二、耕地地力综合指数转换为概念型产量

每一个地力等级内随机选取 10% 的管理单元，调查近 3 年实际的年平均产量，经济作物统一折算为谷类作物产量，归入国家等级。见表 5 - 18。

林口县一级、二级地，归入国家五级地；三级地归入国家六级地，四级、五级归入国家七级地。归入国家等级后，五级地面积共 39 289.13 公顷，占 36.57%；六级地面积为 41 153.7 公顷，占耕地总面积的 38.29%；七级地面积 27 021.9 公顷，占耕地总面积的 25.14%。

表 5 - 16　耕地土壤地力等级统计

土壤类型	面积（公顷）	一级地 面积（公顷）	一级地 占总面积（%）	二级地 面积（公顷）	二级地 占总面积（%）	三级地 面积（公顷）	三级地 占总面积（%）	四级地 面积（公顷）	四级地 占总面积（%）	五级地 面积（公顷）	五级地 占总面积（%）
一、暗棕壤类	60 149.03	1 572.93	2.62	15 311.8	25.46	26 182.9	43.53	11 489.9	19.10	5 591.5	9.30
（1）暗矿质暗棕壤	27 396.7	887.5	3.24	6 138.1	22.40	11 899.8	43.44	5 275.9	19.26	3 195.4	11.66
（2）沙砾质暗棕壤	24 127.5	349.1	1.45	6 615.9	27.42	10 254.3	42.50	4 901.1	20.31	2 007.2	8.32
（3）泥沙质暗棕壤	1 423.7	0	0	86.0	6.04	935.6	65.72	369.0	25.92	33.1	2.32
（4）泥质暗棕壤	568.9	70.4	12.37	252.5	44.38	209.2	36.77	36.8	6.47	0	0
（5）沙砾质白浆化暗棕壤	6 038.3	128.7	2.13	2 063.8	34.18	2 656.2	43.99	866.2	14.35	323.4	5.36
（6）砾沙质草甸暗棕壤	593.9	137.2	23.10	155.6	26.20	227.8	38.36	40.9	6.89	32.4	5.46
二、白浆土类	18 103.0	1 279.7	7.07	6 463.0	35.70	7 148.8	39.49	1 518.1	8.39	1 693.3	9.35
（1）薄层黄土质白浆土	4 019.4	27.3	0.68	1 634.7	40.67	2 001.7	49.80	288.4	7.18	67.3	1.67
（2）中层黄土质白浆土	9 534.9	1 035.5	10.86	3 210.1	33.67	3 206.5	33.63	826.3	8.67	1 256.5	13.18
（3）厚层黄土质白浆土	4 323.1	213.3	4.93	1 544.6	35.73	1 940.6	44.89	349.4	8.08	275.2	6.37
（4）薄层沙底草甸白浆土	184.9	0	0	36.5	19.74	0	0	54.1	29.36	94.3	51.00
（5）中层沙底草甸白浆土	40.7	3.6	8.85	37.1	91.15	0	0	0	0	0	0
三、草甸土类	5 809.6	1 214.0	20.90	1 427.4	24.57	1 209.0	20.81	631.8	10.88	1 327.3	22.85
（1）薄层黏壤质草甸土	920.21	3.6	0.39	153.1	16.64	321.4	34.93	442.1	48.04	0	0
（2）中层黏壤质草甸土	2 060.7	79.5	3.86	464.6	22.55	258.5	12.54	76.8	3.73	1 181.3	57.33
（3）厚层黏壤质草甸土	1 415.4	657.7	46.47	459.4	32.46	262.9	18.57	35.4	2.50	0	0
（4）薄层黏壤质潜育草甸土	114.1	14.1	12.43	0	0	57.2	50.09	42.8	37.48	0	0
（5）中层黏壤质潜育草甸土	488.3	78.6	16.08	83.9	17.19	145.0	29.70	34.8	7.13	146.0	29.91
（6）厚层黏壤质潜育草甸二	811.0	380.5	46.92	266.5	32.86	164.0	20.22	0	0	0	0

（续）

土壤类型	面积（公顷）	一级地		二级地		三级地		四级地		五级地	
		面积（公顷）	占总面积（%）	面积（公顷）	占总面积（%）	面积（公顷）	占总面积（%）	面积（公顷）	占总面积（%）	面积（公顷）	占总面积（%）
四、沼泽土类	10 423.1	874.9	8.39	2 892.5	27.75	3 212.2	30.82	1 072.5	10.29	2 371.0	22.75
（1）厚层黏质草甸沼泽土	4 597.2	653.0	14.20	847.3	18.43	1107.3	24.09	412.5	8.97	1 577.1	34.31
（2）薄层泥炭腐殖质沼泽土	1 565.2	43.5	2.78	620.1	39.62	474.8	30.33	158.1	10.10	268.7	17.17
（3）薄层泥炭沼泽土	3 561.9	94.9	2.66	1 247.7	35.03	1 466.0	41.16	229.5	6.44	523.9	14.71
（4）浅埋藏型沼泽土	698.8	83.6	11.96	177.4	25.38	164.2	23.49	272.4	38.98	1.3	0.19
五、泥炭土类	3 140.6	466.9	14.87	1 384.5	44.08	965.2	30.73	273.0	8.69	51.1	1.63
（1）薄层芦苇薹草低位泥炭土	1 733.6	131.0	7.56	789.5	45.54	619.9	35.75	192.8	11.12	0.6	0.03
（2）中层芦苇薹草低位泥炭土	1 407.0	335.9	23.88	595.0	42.29	345.3	24.54	80.2	5.70	50.5	3.59
六、新积土类	8 531.0	1 499.4	17.58	3 921.5	45.97	2 114.1	24.78	962.5	11.28	33.5	0.39
（1）薄层沙质冲积土	1 535.4	195.6	12.74	1 217.4	79.28	31.0	2.02	91.5	5.96	0	0
（2）薄层砾质冲积土	2 407.6	324.8	13.49	1 002.4	41.63	725.0	30.11	354.3	14.72	1.2	0.05
（3）中层状冲积土	4 588.0	979.1	21.34	1 701.7	37.09	1 358.1	29.60	516.8	11.26	32.4	0.71
七、水稻土类	1 308.4	146.9	11.22	833.6	63.72	321.5	24.57	6.4	0.49	0	0
（1）白浆土型淹育水稻土	83.5	0	0	15.6	18.68	67.9	81.32	0	0	0	0
（2）中层草甸土型淹育水稻土	107.8	32.5	30.15	66.0	61.22	2.9	2.69	6.4	5.94	0	0
（3）厚层草甸土型淹育水稻土	107.6	0	0	50.0	46.47	57.6	53.53	0	0	0	0
（4）中层冲积土型淹育水稻土	778.3	90.2	11.59	574.8	73.86	113.2	14.55	0	0	0	0
（5）厚层沼泽土型潜育水稻土	231.2	24.1	10.42	127.3	55.06	79.8	34.52	0	0	0	0
合计	107 464.73	7 054.73	6.57	32 234.4	30.00	41 153.7	38.29	15 954.2	14.85	11 067.7	10.30

表 5 - 17　全国耕地类型区、耕地地力等级划分

地力等级	谷类作物产量（千克/公顷）
一	>13 500
二	12 000～13 500
三	10 500～12 000
四	9 000～10 500
五	7 500～10 500
六	6 000～7 500
七	4 500～6 000
八	3 000～4 500
九	1 500～3 000
十	<1 500

表 5 - 18　县内耕地地力评价等级归入国家地力等级

县内地力等级	管理单元数	抽取单元数	近3年平均产量（千克/公顷）	参照国家农业标准归入国家地力等级
一	325	263	7 800	五
二	1 424	314	7 600	五
三	1 686	337	7 000	六
四	599	253	5 800	七
五	485	248	5 500	七

第六章　耕地区域配方施肥

本次耕地地力评价建立了较完善的土壤数据库，科学合理地划分了县域施肥单元，避免了过去人为划分施肥单元指导测土配方施肥的弊端。过去我们在测土施肥确定施肥单元，多是采用区域土壤类型、基础地力产量、农户常年施肥量等为农民提供粗略的配方。而现在采用地理信息系统提供的多项评价指标，综合各种施肥因素和施肥参数来确定较精密的施肥单元。本次地力评价为林口县域内确定了4 529个施肥单元，每个单元的施肥配方都不相同，大大提高了测土配方施肥的针对性、精确性、科学性，完成了测土配方施肥技术从估测分析到精准实施的提升过程。

第一节　县域耕地施肥区划分

林口县大豆产区、玉米产区、水稻产区，按产量、地形、地貌、土壤类型、≥10℃的活动积温、灌溉保证率可划分为4个测土施肥区域。

一、高产田施肥区

该区多为平地或山地坡下平缓处，地势平坦、土壤质地松软，耕层深厚，黑土层较深，地下水丰富，通透性好，保水保肥能力强；土壤理化性状优良，无霜期长，气温高，热量充足；土地资源丰富，土质肥沃，水资源较充足，高产田施肥区的玉米公顷产量7 500～9 000千克。高产田总面积39 289.13公顷，占耕地总面积的36.57%。主要分布在东部乌斯浑河沿岸的建堂乡、刁翎镇、古城镇，牡丹江下游的莲花镇、三道通镇，中部龙爪镇、奎山乡7个乡（镇）。其中，古城镇面积最大，为7 548.4公顷，占高产田总面积的19.21%；其次是刁翎镇，面积为5 541.4公顷，占高产田总面积的14.1%；奎山乡面积为5 505.7公顷，占高产田总面积的14.01%。该区主要土壤类型以暗棕壤、白浆土、新积土、沼泽土为主，其中，暗棕壤面积最大，为16 884.8公顷，占高产田总面积的42.98%。暗棕壤中又以沙砾质暗棕壤为主，面积6 615.9公顷，占高产田面积的16.84%。该土壤黑土层较厚一般在30厘米左右，有机质含量平均为39.6克/千克，速效养分含量都相对很高。其次是白浆土，面积为7 742.7公顷，占高产田总面积的19.71%，白浆土中以中层黄土质白浆土为主。该区域内≥10℃活动积温为2 500～2 600℃，无霜期125～135天，降水量550～570毫米，主要分布在林口县的中部和北部。是林口县玉米、水稻、大豆高产区也是主产区，此外该区域也是全县烟草、西香瓜主栽区，并适宜蔬菜等经济作物的种植。见表6-1、表6-2。

表 6 - 1 高产田施肥区乡（镇）面积统计

乡（镇）	一级地面积（公顷）	二级地面积（公顷）	高产田面积（公顷）	占高产田面积（%）
古城镇	1 895.7	5 652.7	7 548.4	19.21
刁翎镇	1 838.2	3 703.2	5 541.4	14.10
奎山乡	629.0	4 876.6	5 505.7	14.01
龙爪镇	123.0	4 127.6	4 250.6	10.82
朱家镇	200.9	3 109.0	3 309.8	8.42
建堂乡	540.6	2 727.6	3 268.2	8.32
三道通镇	493.03	2 503.4	2 996.43	7.63
莲花镇	775.8	1 562.4	2 338.2	5.96
柳树镇	466.9	1 809.3	2 276.2	5.79
林口镇	91.6	2 128.0	2 219.7	5.65
青山乡	0	34.7	34.7	0.09
合 计	7 054.73	32 234.4	39 289.13	100

表 6 - 2 高产田施肥区土类面积统计

土 类	一级地面积（公顷）	二级地面积（公顷）	高产田面积（公顷）	占高产田面积（%）
暗棕壤	1 572.93	15 311.9	16 884.8	42.97
白浆土	1 279.7	6 463.0	7 742.7	19.71
新积土	1 499.4	3 921.5	5 420.9	13.80
沼泽土	874.9	2 892.5	3 767.4	9.59
草甸土	1 214.0	1 427.4	2 641.4	6.72
泥炭土	466.9	1 384.5	1 851.4	4.71
水稻土	146.9	833.6	980.5	2.50
合 计	7 054.73	32 234.4	39 289.13	100

二、中产田施肥区

该区多为丘陵漫岗地或山地坡中处、沟谷的低洼地，地势升高，坡度 3°～5°，有轻度侵蚀，个别土壤存在障碍因素，土壤质地不一，疏松或黏重，以中壤土、轻黏土为主。耕层适中，黑土层较浅，保水保肥能力差；低洼地虽地下水丰富，因持水性强，通气不良。中产田施肥区的玉米公顷产量 6 000～7 500 千克。中产田总面积 41 153.7 公顷，占耕地总面积的 38.29%。主要分布在林口县中部的龙爪镇、林口镇、奎山乡，西部的柳树镇、朱家镇，北部的刁翎镇、建堂乡、三道通镇 8 个乡（镇）。其中龙爪镇面积最大，为 7 628.2 公顷，占中产田总面积的 18.54%；其次是刁翎镇，面积为 6 243.5 公顷，占中产田总面积的 15.17%；柳树镇面积为 4 833.5 公顷，占中产田总面积的 11.74%。该区主要土壤类型以暗棕壤、白浆土、沼泽土为主，其中暗棕壤面积最大 26 182.9 公顷，占中产田总面积的 63.62%。暗棕壤中又以暗矿质暗棕壤为主，面积 11 899.8 公顷，占中产田面积的 28.92%。该土壤黑土层一般在 15～25 厘米，有机质含量平均为 43.7 克/千克，速效养分含量都相对偏低。其次是白浆土，面积为 7 148.8 公顷，占中产田总面积的17.37%。白浆土中以薄层黄土质白浆土为主。该区域内≥10℃活动积温为 2 200～2 500℃，无霜期 120～130 天，降水量 500～550 毫米，主要分布在林口县的中部、西部和北部。是林口县大豆、玉米、水稻主产区，此外该区域也是杂粮、西瓜、万寿菊等经济作物种植区。该区存在主要的问题是土壤质地稍硬，沙性严重，灌溉率低。见表 6-3、表6-4。

表 6-3　中产田施肥区乡（镇）面积统计

乡（镇）	三级地面积（公顷）	中产田面积（公顷）	占中产田面积（%）
龙爪镇	7 628.2	7 628.2	18.54
刁翎镇	6 243.5	6 243.5	15.17
柳树镇	4 833.5	4 833.5	11.74
奎山乡	4 725.3	4 725.3	11.48
朱家镇	4 547.5	4 547.5	11.05
林口镇	4 305.2	4 305.2	10.46
建堂乡	3 771.7	3 771.7	9.16
三道通镇	2 462.5	2 462.5	5.98
古城镇	1 536.6	1 536.6	3.73
莲花镇	555.8	555.8	1.36
青山乡	543.9	543.9	1.33
合　计	41 153.7	41 153.7	100.0

表 6-4　中产田施肥区土类面积统计

土　类	三级地面积（公顷）	中产田面积（公顷）	占中产田面积（%）
暗棕壤	26 182.9	26 182.9	63.61
白浆土	7 148.8	7 148.8	17.37
沼泽土	3 212.2	3 212.2	7.81
新积土	2 114.1	2 114.1	5.14
草甸土	1 209.0	1 209.0	2.94
泥炭土	965.2	965.2	2.35
水稻土	321.5	321.5	0.78
合计	41 153.7	41 153.7	100.0

三、低产田施肥区

　　该区多为丘陵漫岗地顶部或山地坡上处、沟谷的低洼地，地势较高，海拔高度在 300 米以上，坡度 7°以上。有轻度侵蚀和中度侵蚀，个别土壤存在障碍因素，土壤质地不一，疏松或黏重，以轻壤、中黏土为主。该区中的暗棕壤土层薄，保水性能差，土壤内聚力小，质地疏松，抗蚀性能差；白浆土质地黏重，透水性差，在雨水作用下易产生地表径流，流失土壤养分，保水保肥能力弱；低洼地虽地下水丰富，因持水性强，通气不良。低产田施肥区的玉米公顷产量 4 500～6 000 千克。低产田总面积 27 021.9 公顷，占总耕地面积的 25.14%。主要分布在青山乡、刁翎镇、柳树镇、龙爪镇、建堂乡、朱家镇、古城镇 7 个乡（镇）。其中，青山乡面积最大，面积为 8 983.4 公顷，占低产田总面积的 33.25%；其次是刁翎镇，面积为 3 734.2 公顷，占低产田总面积的 13.82%；柳树镇面积为 3 401.2 公顷，占低产田总面积的 12.54%。该区主要土壤类型以暗棕壤、沼泽土、白浆土为主，其中暗棕壤面积最大 17 081.4 公顷，占低产田总面积的 63.21%。暗棕壤中又以暗矿质暗棕壤为主，面积 11 489.9 公顷，占低产田总面积的 42.52%。该土壤黑土层一般在 15～25 厘米，有机质含量平均为 25 克/千克左右，速效养分含量都极低。其次是沼泽土，面积为 3 443.5 公顷，占低产田总面积的 12.74%，沼泽土中以厚层黏质草甸沼泽土为主。该区域内≥10℃活动积温为 2 000～2 400℃，无霜期 110～120 天，降水量 500～550 毫米，主要分布在林口县的东部、西部和北部。是林口县大豆、玉米、水稻主产区，此外该区域也是杂粮、西瓜、万寿菊等经济作物种植区。该区存在的主要问题同样是土壤质地稍硬，沙性严重，灌溉率低，霜期早。该区不适宜种植玉米，适宜种植大豆、小麦、马铃薯。见表 6-5、表 6-6。

表 6-5　低产田施肥区乡（镇）面积统计

乡（镇）	四级地面积（公顷）	五级地面积（公顷）	低产田面积（公顷）	占低产田面积（%）
青山乡	1 953.3	7 030.1	8 983.4	33.24
刁翎镇	2 197.9	1 536.3	3 734.2	13.82
柳树镇	2 442.2	959.0	3 401.2	12.59
龙爪镇	2 454.8	875.5	3 330.2	12.32
建堂乡	1 897.3	357.7	2 255.0	8.35
朱家镇	1 918.3	25.4	1 943.7	7.19
古城镇	840.9	3.0	844.0	3.12
莲花镇	691.9	0	691.9	2.56
林口镇	666.1	0	666.1	2.47
奎山乡	599.4	15.7	615.1	2.28
三道通镇	292.1	265.0	557.1	2.06
合　计	15 954.2	11 067.7	27 021.9	100

表 6-6　低产田施肥区土类面积统计

土　类	四级地面积（公顷）	五级地面积（公顷）	低产田面积（公顷）	占低产田面积（%）
暗棕壤	11 489.9	5 591.5	17 081.4	63.21
沼泽土	1 072.5	2 371.0	3 443.5	12.74
白浆土	1 518.1	1 693.4	3 211.5	11.88
草甸土	631.8	1 327.3	1 959.1	7.25
新积土	962.5	33.5	996.0	3.69
泥炭土	273.0	51.1	324.1	1.21
水稻土	6.4	0	6.4	0.02
合　计	15 954.2	11 067.7	27 021.9	100.00

四、水稻田施肥区

该区主要分布在林口县乌斯浑河沿岸、牡丹江下游一带，主要土壤类型为水稻土、草甸土两类。地势低洼、平坦，质地稍硬，耕层适中，保肥能力强；土壤理化性状优良。主要分布在龙爪镇、建堂乡、朱家镇、林口镇、古城镇等乡（镇），适合水稻生长发育，是水稻高产区。见表 6-7。

表 6-7　县域施肥区土壤理化性状

县域施肥区	有机质（克/千克）	碱解氮（毫克/千克）	有效磷（毫克/千克）	速效钾（毫克/千克）	pH
高产田施肥区	37.4	196.9	39.0	118.5	5.8
中产田施肥区	35.6	185.4	38.9	119.8	5.9
低产田施肥区	33.4	192.9	37.7	119.9	5.9
水稻田施肥区	48.9	183.6	32.1	122.5	6.0

第二节　测土施肥单元的确定

施肥单元是耕地地力评价图中具有属性相同的图斑。在同一土壤类型中也会有多个图斑-施肥单元。按耕地地力评价要求，全境大豆产区可划分为 3 个测土施肥区域，水稻划分为一个测土施肥区。

在同一施肥区域内，按土壤类型一致，自然生产条件相近，土壤肥力高低和土壤普查划分的地力分级标准确定测土施肥单元。根据这一原则，上述 4 个测土施肥区，可划分为13 个测土施肥单元。其中，高产田施肥区划分为 5 个测土施肥单元，中产田施肥区划分为 3 个测土施肥单元，低产田施肥区划分为 3 个测土施肥单元，水稻土施肥单元 2 个。具体测土施肥单元见表 6-8。

表 6 - 8　测土施肥单元划分

测土施肥区	测土施肥单元
高产田施肥区	沙砾质暗棕壤施肥单元
	中层黄土质白浆土施肥单元
	薄层泥炭沼泽土施肥单元
	中层状冲积土施肥单元
	厚层黏壤质草甸土施肥单元
中产田施肥区	暗矿质暗棕壤施肥单元
	厚层黄土质白浆土施肥单元
	沙砾质白浆化暗棕壤施肥单元
低产田施肥区	厚层黏质草甸沼泽土施肥单元
	薄层黄土质白浆土施肥单元
	中层黏壤质草甸土施肥单元
水稻田水稻土施肥区	中层冲积土型淹育水稻土施肥单元
	厚层沼泽土型潜育水稻土施肥单元

第三节　施肥分区

林口县按照高产田施肥区域、中产田施肥区域、低产田施肥区域和水稻田施肥区域 4 个施肥区域，按照不同施肥单元，即 13 个施肥单元，特制定玉米高产田施肥推荐方案、玉米中产田施肥推荐方案、玉米低产田施肥推荐方案、水稻田水稻土区施肥推荐方案、大豆高产田施肥推荐方案和大豆中低产田施肥推荐方案。

一、分区施肥属性查询

本次耕地地力评价，共采集土样 1 302 个。确定评价指标 9 个，分别为有机质、耕层厚度、地形部位、有效磷、速效钾、有效锌、pH、≥10℃活动积温和土壤侵蚀程度，在地力评价数据库中建立了耕地资源管理单元图、土壤养分分区图。形成了有相同属性的施肥管理单元 97 个，按照不同作物、不同地力等级产量指标和地块、农户综合生产条件可形成针对地域分区特点的区域施肥配方，针对农户特定生产条件的分户施肥配方。

二、施肥单元关联施肥分区代码

根据"3414"试验、配方肥对比试验、多年氮磷钾最佳施肥量试验建立起来的施肥参数体系和土壤养分丰缺指标体系，选择适合林口县域特定施肥单元的测土施肥配方推荐方法（养分平衡法、丰缺指标法、氮磷钾比例法、以磷定氮法、目标产量法），计算不同级别施肥分区代码的推荐施肥量（N、P_2O_5、K_2O）。

1. 玉米高、中、低产田施肥分区施肥推荐方案 见表 6-9 至表 6-11。

表 6-9 高产田施肥分区代码与作物施肥推荐关联查询

施肥分区代码	碱解氮含量（毫克/千克）	纯 N 施肥推荐量（千克/公顷）	有效磷含量（毫克/千克）	P_2O_5 施肥推荐量（千克/公顷）	速效钾含量（毫克/千克）	K_2O 施肥推荐量（千克/公顷）
1	>250	90.3	>60	60.3	>200	27.9
2	180～250	99.6	40～60	70.8	150～200	35.4
3	150～180	113.8	20～40	76.5	100～150	39.8
4	120～150	135.8	10～20	86.3	50～100	44.7
5	80～120	143.9	5～10	93.8	30～50	49.8
6	<80	147.4	<5	97.2	<30	53.6

表 6-10 中产田施肥分区代码与作物施肥推荐关联查询

施肥分区代码	碱解氮含量（毫克/千克）	纯 N 施肥推荐量（千克/公顷）	有效磷含量（毫克/千克）	P_2O_5 施肥推荐量（千克/公顷）	速效钾含量（毫克/千克）	K_2O 施肥推荐量（千克/公顷）
1	>250	82.8	>60	50.9	>200	24.2
2	180～250	90.9	40～60	55.5	150～200	31.2
3	150～180	101.3	20～40	59.9	100～150	34.1
4	120～150	107.7	10～20	70.3	50～100	37.5
5	80～120	118.2	5～10	76.7	30～50	42.3
6	<80	122.6	<5	79.6	<30	46.2

表 6-11 低产田施肥分区代码与作物施肥推荐关联查询

施肥分区代码	碱解氮含量（毫克/千克）	纯 N 施肥推荐量（千克/公顷）	有效磷含量（毫克/千克）	P_2O_5 施肥推荐量（千克/公顷）	速效钾含量（毫克/千克）	K_2O 施肥推荐量（千克/公顷）
1	>250	72.2	>60	47.3	>200	19.1
2	180～250	75.8	40～60	50.6	150～200	24.2
3	150～180	84.5	20～40	55.2	100～150	26.3
4	120～150	87.5	10～20	59.8	50～100	30.2
5	80～120	97.8	5～10	65.2	30～50	33.5
6	<80	100.4	<5	67.7	<30	37.3

2. 水稻田施肥分区施肥推荐方案 见表 6-12。

表 6-12 水稻田施肥分区代码与作物施肥推荐关联查询

施肥分区代码	碱解氮含量（毫克/千克）	纯 N 施肥推荐量（千克/公顷）	有效磷含量（毫克/千克）	P_2O_5 施肥推荐量（千克/公顷）	速效钾含量（毫克/千克）	K_2O 施肥推荐量（千克/公顷）
1	>250	110.1	>60	35.8	>200	33.5
2	180～250	114.7	40～60	41.6	150～200	36.3

（续）

施肥分区代码	碱解氮含量（毫克/千克）	纯N施肥推荐量（千克/公顷）	有效磷含量（毫克/千克）	P$_2$O$_5$施肥推荐量（千克/公顷）	速效钾含量（毫克/千克）	K$_2$O施肥推荐量（千克/公顷）
3	150～180	119.0	20～40	48.8	100～150	44.2
4	120～150	125.4	10～20	51.9	50～100	48.7
5	80～120	129.4	5～10	56.5	30～50	53.6
6	<80	136.5	<5	59.8	<30	58.2

3. 高产田、中低产田施肥分区施肥推荐方案　见表6-13、表6-14。

表6-13　高产田施肥分区代码与作物施肥推荐关联查询

施肥分区代码	碱解氮含量（毫克/千克）	纯N施肥推荐量（千克/公顷）	有效磷含量（毫克/千克）	P$_2$O$_5$施肥推荐量（千克/公顷）	速效钾含量（毫克/千克）	K$_2$O施肥推荐量（千克/公顷）
1	>250	25.2	>60	59.3	>200	22.1
2	180～250	29.1	40～60	63.8	150～200	26.7
3	150～180	32.5	20～40	76.2	100～150	29.4
4	120～150	38.5	10～20	81.0	50～100	33.7
5	80～120	43.2	5～10	85.2	30～50	39.8
6	<80	46.9	<5	93.8	<30	45.3

表6-14　中低产田施肥分区代码与作物施肥推荐关联查询

施肥分区代码	碱解氮含量（毫克/千克）	纯N施肥推荐量（千克/公顷）	有效磷含量（毫克/千克）	P$_2$O$_5$施肥推荐量（千克/公顷）	速效钾含量（毫克/千克）	K$_2$O施肥推荐量（千克/公顷）
1	>250	23.9	>60	51.8	>200	20.1
2	180～250	27.1	40～60	56.3	150～200	25.4
3	150～180	29.6	20～40	64.8	100～150	28.1
4	120～150	35.5	10～20	68.8	50～100	32.4
5	80～120	38.6	5～10	72.4	30～50	37.4
6	<80	43.2	<5	80.3	<30	42.8

　　例如：高产施肥区中种植玉米，土壤养分测试结果为：碱解氮167毫克/千克、有效磷44.6毫克/千克、速效钾98毫克/千克。根据施肥分区代码与其养分含量对照，查得施肥分区模式为3-2-4，其氮磷钾配方施肥量，通过关联玉米高产施肥分区代码与作物施肥推荐关联查询表，查氮的施肥量，查施肥分区代码3，查得氮的推荐施肥量为：纯氮113.8千克/公顷，同样通过2号代码查得P$_2$O$_5$的施用量为70.8千克/公顷，通过4号代码查得K$_2$O的施用量为44.7千克/公顷。

第七章 耕地地力评价与土壤改良利用途径

第一节 概 况

林口县是国家重要的商品粮生产基地县，耕地总面积为 669 013 公顷。在基本农田中，旱田面积 117 592 公顷，占 96%；水田面积 4 932 公顷，占 4%。

本次耕地地力调查和质量评价将林口县 11 个乡（镇）耕地面积 107 464.73 公顷划分为 5 个等级：一级地 7 054.73 公顷，占 6.57%；二级地 32 234.4 公顷，占 30.0%；三级地 41 153.7 公顷，占 38.29%；四级地 15 954.2 公顷，占 14.84%；五级地 11 067.7 公顷，占 10.3%；一级、二级地属高产田土壤，面积共 39 289.13 公顷，占 36.57%；三级为中产田土壤，面积为 41 153.7 公顷，占 38.29%；四级、五级为低产田土壤，面积 27 021.9 公顷，占 25.14%；中低产田合计 68 175.6 公顷，占基本土壤面积的 63.43%。按照《全国耕地类型区耕地地力等级划分标准》进行归并，全县现有国家五级地 39 289.17 公顷，占 36.57%；六级地 41 153.7 公顷，占 38.57%；七级耕地 27 021.9 公顷，占 25.14%。见表 7-1、表 7-2。

表 7-1 林口县土壤地力分级统计

地力分级	地力综合指数分级 （IFI）	耕地面积 （公顷）	占总耕地面积 （%）	产量 （千克/公顷）
一级	>0.82	7 054.73	6.57	>8 000
二级	0.76~0.82	32 234.40	30.00	7 500~8 000
三级	0.70~0.76	41 153.70	38.29	6 000~7 500
四级	0.64~0.70	15 954.20	14.84	5 500~6 000
五级	<0.64	11 067.70	10.30	<5 500

表 7-2 林口县耕地地力（国家级）分级统计

国家级	（IFI）平均值	耕地面积 （公顷）	占总耕地面积 （%）	产量 （千克/公顷）
五级	0.75~0.85	39 289.13	36.57	7 500~9 000
六级	0.65~0.75	41 153.7	38.29	6 000~7 500
七级	0.55~0.65	27 021.9	25.14	4 500~6 000

从地力等级的分布特征来看，高产田土壤主要分布在东部乌斯浑河沿岸的建堂乡、刁翎镇、古城镇，牡丹江下游的莲花镇、三道通镇，中部龙爪镇、奎山乡 7 个乡（镇）。其

中古城镇面积最大，为 7 548.4 公顷，占高产田总面积的 19.21％；其次是刁翎镇，面积为 5 541.4 公顷，占高产田总面积的 14.1％；奎山乡面积为 5 505.7 公顷，占高产田总面积的 14.01％。该区主要土壤类型以暗棕壤、白浆土、新积土、沼泽土为主，其中暗棕壤面积最大 16 884.8 公顷，占高产田总面积的 42.98％。

第二节　耕地地力调查与质量评价结果分析

一、耕地地力等级变化

本次耕地地力调查与质量评价结果显示，林口县耕地地力等级结构发生了较大的变化，高产田土壤增加，比例由第二次土壤普查时的 8.1％上升到 36.56％；中产田土壤比例由第二次土壤普查时的 12.3％，上升到 38.3％；低产田耕地面积大幅度减少，由第二次土壤普查时的 79.6％下降到 25.14％。

分析林口县耕地地力等级结构变化的主要原因，一是大面积的低产暗棕壤、白浆土经人为改良，土壤理化性质得到改善。如土壤速效养分提高，低产土壤有机质含量得到提高，耕层土壤容重趋于合理。二是退耕还林减少了低产土壤所占比例，新开垦的沼泽土、草甸土成为高产田。

二、耕地土壤肥力状况

（一）土壤有机质和养分状况

据统计，林口县耕地土壤有机质含量平均为 41.4 克/千克，有机质含量＜20 克/千克的为 6.5％，面积约 1 029.6 公顷。有机质含量＜10 克/千克的耕地面积约 366.2 公顷，占总耕地面积的 0.34％。土壤有效磷含量平均为 37.2 毫克/千克，含量在 5～20 毫克/千克的轻度缺磷耕地所占比例为 11.7％，面积约 1 164.5 公顷，占总耕地面积的 1.08％。含量＜5 毫克/千克的严重缺磷面积约 30.8 公顷，占总耕地面积的 0.02％。速效钾含量平均为 123.2 毫克/千克，速效钾含量在 50 毫克/千克以下的耕地面积 1 778.5 公顷，占总耕地面积的 1.65％，含量在 50～100 毫克/千克的耕地面积 38 693.7 公顷，占总耕地面积的 36.01％。

林口县耕地土壤有效锌含量平均 1.96 毫克/千克，变化幅度在 0.1～8.93 毫克/千克。按照新的土壤有效锌分级标准，林口县耕地有效锌养分含量≤0.5 毫克/千克的耕地面积 4 695.8公顷，占总耕地面积的 4.37％。耕地有效铜含量平均值为 1.32 毫克/千克，变化幅度在 0.08～3.73 毫克/千克。调查样本中，龙爪、古城、柳树 3 个乡（镇）均出现 0.2 毫克/千克的临界值。按照第二次土壤普查有效铜的分级标准，＜0.1 毫克/千克为严重缺铜，0.1～0.2 毫克/千克为轻度缺铜，0.2～1.0 毫克/千克为基本不缺铜，1.0～1.8 毫克/千克为丰铜，＞1.8 毫克/千克为极丰。耕地有效铁平均为 48.6 毫克/千克，变化值在 1.6～579.0 毫克/千克。根据土壤有效铁的分级标准，土壤有效铁＜2.5 毫克/千克为严重缺铁（很低）；2.5～4.5 毫克/千克为轻度缺铁（低）；4.5～10 毫克/千克为基本不缺铁（中等）；10～20毫克/千克为丰铁（高）；＞20毫克/千克为极丰（很高）。调查中，除个别地块土壤有效铁低于临界值2.5毫克/千克外，其余均高于临界值2.5毫克/千克，说明林口县耕地土壤中不缺铁。

林口县耕地有效锰平均值为28.5毫克/千克，变化幅度在1.5～74.9毫克/千克。根据土壤有效锰的分级标准，土壤有效锰的临界值为5.0毫克/千克（严重缺锰，很低），大于15毫克/千克为丰富。调查中林口县耕地土壤中有效锰含量大于15毫克/千克的耕地面积96 221.6公顷，占总耕地面积的89.54％，说明林口县耕地土壤中有效锰极其丰富。

（二）土壤理化性状

调查结果显示，林口县耕地容重平均为1.16克/立方厘米，变化幅度在1.0～1.29克/立方厘米。林口县主要耕地土壤类型中，暗棕壤平均为1.163克/立方厘米，白浆土平均1.175克/立方厘米，草甸土平均1.150克/立方厘米，沼泽土平均1.162克/立方厘米，泥炭土平均1.132克/立方厘米，新积土平均1.157克/立方厘米，水稻土平均1.151克/立方厘米。本次耕地调查与二次土壤普查对比土壤容重有所增加。

林口县耕地pH平均为5.9，变化幅度在4.3～8.0。pH在7.5以上耕地面积60公顷；pH为6.5～7.5耕地面积为6 246.1公顷，占总耕地面积的5.81％；pH为5.5～6.5耕地面积为75 559.0公顷，占总耕地面积的70.31％；pH在5.5以下的耕地面积为25 599.7公顷，占总耕地面积的23.82％；林口县的耕地土壤大多呈酸性。

三、障碍因素及其成因

（一）干旱

调查结果表明，土壤干旱已成为当前限制农业生产的最主要障碍因素。

林口县属于寒温带大陆性季风气候，常年平均降水量530毫米，年际间变化较大，年最大降水量720毫米，年最小降水量316.6毫米。降水多集中在夏季，降水量为339.7毫米，占全年降水量的63.7％。年平均蒸发量1 246.2毫米，且初春4～5月份蒸发量较大，因此"十年九春旱"。

林口县内地表水比较充足，共有大小河流108条，主要分为两大水系，即牡丹江水系和穆棱河水系。因受地质、地貌因素的控制，丘陵山区地下水埋藏条件复杂，主要是受坡积物、风化层厚度与裂隙的影响，含水带点线状分布，勘探、开采都极其困难。在丘陵漫岗地区，地下水埋藏较深，又因地形起伏不平，常在坡角处有过湿或充水地段，有时出现泥炭堆积。埋藏水深为10～50米，一般在0～40米，单井出水量为0～50立方米/昼夜。河谷地带，地下水较为丰富，深度为1～7米，牡丹江沿岸，地下水埋藏深，一般在6～7米，在乌斯浑河与五虎林河上游，地下水主要受降水控制，因长时间冲刷，表层土壤较薄，下部呈弱透水状态，故潜水埋藏较浅，地下水位较高，一般在0.5～10米，在雨季可与地表水相连。

调查结果表明，耕作制度也是造成土壤干旱的主要因素。目前，林口县以小四轮拖拉机为主要动力，进行灭茬、整地、施肥、播种、镇压及中耕作业。由于小型拖拉机功率小，不能进行秋翻；灭茬时旋耕深度浅，作业幅度窄，仅限于垄台，难以涉及垄帮底处；

整地、播种、施肥及耢地等田间作业也很难打破犁底层，形成了"波浪形"障碍层（即犁底层）。其主要特征：一是耕层厚度较薄，一般仅为12～20厘米；二是土壤紧实，土壤容重增加；三是土壤的含水量较低。由于土层薄，有效土壤量减少，土壤容重增大，孔隙度缩小，通透性变差，持水量降低，导致土壤蓄水保墒能力下降，从而导致土壤持续发生干旱。

（二）瘠薄

土壤瘠薄产生的原因：一是自然因素形成的，如暗矿质暗棕壤、沙砾质暗棕壤，由于形成年代短、土层薄，有机质含量低、土壤养分少，肥力低下。二是土壤侵蚀造成的，中西部乡（镇）处于丘陵漫岗、低山丘陵，极易造成水蚀和风蚀，使土层变薄，土壤贫瘠。三是现行的耕作制度是造成土层变薄的一个重要因素。由于连年小型机械浅翻作业，犁底层紧实，导致土壤接纳降水的能力较低，容易产生径流。同时，地表长期裸露休闲，破坏了土壤结构，在干旱多风的春季，容易造成表层土随风移动，即发生风蚀。四是有机肥减少，近年来，随着化肥用量的猛增，有机肥料用量下降，很多地块成为"卫生田"，影响了土壤肥力的保持和提高。

（三）渍涝

很多沟谷低洼地处于低温区，持水量大，通气不良、土质冷浆，春季地温较低，不易发苗。沼泽土耕地占林口县耕地面积的9.7%，这些耕地多分布在沟谷两侧，常处于低洼积水状态。

第三节　林口县耕地土壤改良利用目标

一、总体目标

（一）粮食增产目标

林口县是黑龙江省粮食的主产区和国家重要的商品粮生产基地，粮食总产量约5亿千克。本次耕地地力调查结果显示，林口县中低产田土壤还占有相当的比例，另外，高产田土壤也有一定的潜力可挖，因此增产潜力十分巨大。若通过适当措施加以改良，消除或减轻土壤中障碍因素的影响，可使低产变中产，中产变高产，高产变稳产甚至更高产。如果按地力普遍提高一个等级，林口县每年可增产粮食2 400多万千克。

（二）生态环境建设目标

由于过度开垦和掠夺式经营，致使生态系统遭到了极大的破坏，导致灾害频繁、旱象严重、水土流失加剧。当前，生态环境建设的目标是恢复建立稳定复合的农田生态系统。依据本次耕地地力调查和质量评价结果，下决心调整农、林、牧结构，彻底改变单纯种植粮食的现状，对坡度大、侵蚀重、地力瘠薄的部分坡耕地坚决退耕还林还草，大力营造农田防护林，完善农田防护林体系，增加森林覆盖率，这样就使农田生态系统与草地生态系统以及森林生态系统达到合理有机的结合，进而实现农业生产的良性循环和可持续发展。

（三）社会发展目标

根据本次耕地地力调查和质量评价结果，针对不同土壤的障碍因素进行改良培肥，可以大幅度提高耕地的生产能力。同时通过合理配置和优化耕地资源，加快种植业和农村产业结构调整，发展畜牧业，可以提高农业生产效益，增加农民收入，全面推进林口县农村建设小康社会进程。

二、建设标准良田目标

本着先易后难、标本兼治、统一规划、综合治理的原则，确定林口县耕地土壤改良利用的目标是：建成高产稳产标准良田 80 000 公顷。2015—2020 年，利用 5 年时间，改造中产田土壤 50 000 公顷，使其大部分达到高产田水平；再利用 5 年时间，改造低产田土壤 30 000 公顷，使其大部分达到中产田水平。

第四节 土壤存在的主要问题

一、土壤侵蚀问题

土壤侵蚀也称水土流失，包括水蚀和风蚀两种。

风蚀往往引起不可逆转的生态性灾难，其后果是严重的，风蚀的直接后果是耕层由厚变薄。

林口县风蚀的主要原因是气象因素、土地因素和人为因素，漫岗地形耐蚀性低，这些都是发生风蚀的自然条件。另外，人为耕作对土壤侵蚀起主导作用，不适当的毁草开荒，使自然植被遭到破坏，表土裸露，耕作粗放，森林覆被率低等都为土壤侵蚀创造了条件。

二、土壤肥力减退

土壤肥力是表明土壤生产性能的一个综合性指标，它是由各种自然因素和人为因素构成的。由于长期受水蚀和风蚀的影响，以及用养失调的不合理耕作，土壤的养分状况发生了很大变化，主要表现为有机质含量降低，氮磷等养分也相应减少，土壤保水保肥能力逐年减退。

三、土壤耕层变浅，犁底层增厚

通过耕层和障碍层调查发现，林口县耕地土壤普遍存在耕层浅、犁底层厚现象。全县耕层厚度 17.3 厘米，障碍层厚度 9.2 厘米。

由于耕层浅，犁底层厚，给土壤造成很多不良性状，影响作物生长发育。

造成耕层浅、犁底层厚的主要原因是：长期小型机械田间作业，动力不足，耕翻地深度不够，重复碾压使土壤变得紧实。障碍层增厚造成以下不良物理性状。

（一）通气透水性差

犁底层的容重大于耕层的容重，而孔隙度低于耕层的孔隙度。犁底层的总孔隙度、通气孔隙、毛管孔隙均低于耕层。另外，犁底层质地黏重，片状结构，遇水膨胀很大，使总孔隙度变小，而在孔隙中几乎完全是毛管孔隙，形成了隔水层，影响通气透水，使耕作层与心土层之间的物质转移、交换和能量的传递受阻。由于通气透水性差，使微生物的活动减弱，影响有效养分的释放。

（二）易旱易涝

由于犁底层水分物理性状不好，在耕层下面形成一个隔水的不透水层，雨水多时渗到犁底层便不能下渗，这样既影响蓄墒，又易引起表涝，在岗地容易形成地表径流而冲走土壤和养分。另外，久旱不雨，耕层里的水分很快就蒸发掉，而底墒由于犁底层阻断，不能补充表层水分。

（三）影响根系发育

一是耕层浅，作物不能充分吸收水分和养分；二是犁底层厚而硬，作物根系不能深扎，只能在浅的犁底层上盘结，不但不能充分吸收土壤的养分和水分，而且容易倒伏。使作物吃不饱、喝不足，发根少、易倒伏。

第五节 土壤改良利用的主要途径

针对林口县当前土壤现状采取有效措施，全面规划、改良、培肥土壤，为加速实现农业现代化打下良好的土壤基础。现将土壤改良的主要途径分述如下：

一、植树造林，建立优良的农田生态环境

多形式植树造林，既要植农田防护林，又要植水土保持林；既要有经济林，还要有生态林。采取多种途径进行植树造林。

二、改革耕作制度

（一）翻、耙、松相结合整地

翻、耙、松相结合整地，有减少土壤风蚀，增强土壤蓄水保墒能力，提高地温，一次播种保全苗等作用。

进行秋翻，争取春季不翻土或少翻土。春季必须翻整的地块，要安排在低洼保墒条件较好的地块，早春顶凌浅翻或顶浆起垄，再者抓住雨后抢翻，随翻随耙，随播随压，连续作业。

耙茬整地是抗旱耕作的一种好形式，我们要积极应用这一整地措施，耙茬整地不直接把表土翻开，有利于保墒，又适于机械播种。

深松是整地的一种辅助措施，能起到加深土壤耕作层，打破犁底层，疏松土壤，提高地温，增强土壤蓄水能力的作用。

（二）积极推广机械整地、播种一次作业技术

一次作业是抗春旱、保全苗的主要措施之一。开沟、播种、施肥（化肥）、覆土、镇

压一次完成，防止跑墒。还有播种适时、缩短播期、株距均匀、小苗生长一致等优点。

（三）因土种植，合理布局

根据土壤情况，以玉米、大豆、水稻为主要种植作物，逐步扩大经济作物。北部以玉米、水稻、大豆为主。中西部以大豆、经济作物和水稻为主。

三、增加土壤有机质培肥土壤

土壤有机质是作物养料的重要给源，增加土壤有机质是改土肥田，提高土壤肥力最好的途径。不断地向土壤中增加新鲜有机质，能够改善土壤质地，增强土壤通气透水性能，提高地温，促进微生物活动，有利于速效养分的释放，满足作物生长发育的需要。

（一）推广秸秆还田

秸秆还田是增加土壤有机质，提高土壤肥力的重要手段之一，它对土壤肥力的影响是多方面的，既可为作物提供各种营养，又可改善土壤理化性质。秸秆还田，最好结合每公顷增施氮肥 30~40 千克、磷肥 35 千克，以调节微生物活动的适宜碳氮比，加速秸秆的分解。

（二）合理施用化肥

施用化肥是提高粮食产量的一个重要措施。为了真正做到增施化肥，合理使用化肥，提高化肥利用率，增产增收，要做到以下几点：

1. 确定适宜的氮磷钾比例，实行氮磷混施　根据近年来在全县不同土壤类型区进行氮磷钾比例试验结果证明，全县氮、磷、钾比 1：0.56：0.39。大豆 1：1.38：0.55，玉米 1：0.53：0.32，水稻 1：0.33：0.35。

2. 底肥深施　多年试验和生产实践证明，化肥做底肥深施、种肥水施，省工省力，能大大提高肥料利用率，尤其是磷酸二铵做底肥、口肥效果更好。据试验，磷酸二铵做水肥增产 8%。与有机肥料混合施用效果更好。

第六节　土壤改良利用分区

土壤改良利用分区是从区域性角度出发，对复杂的土壤组合及其自然生态条件的分区划片。根据各区的土壤组合及肥力特点，结合自然条件和社会经济状况综合划分。全面规划，综合治理，为农林牧副渔业的合理布局提供科学的依据。

一、土壤改良利用分区的原则与依据

林口县的土壤改良利用分区主要依据土壤组合及其他自然条件进行综合性分区。是在充分分析土壤普查各项成果的基础上，根据土壤组合、肥力属性及其与自然条件、农业经济的自然条件、农业经济自然条件的内在联系，综合编制而成的。

林口县土壤改良利用分区，分为土区和亚区两级。

1. 土区主要划分依据

（1）在同一土区内，自然景观单元，地貌类型，土壤类型和大的水热条件基本相似。

（2）在同一土区内的主要生产问题与改良利用方向性措施基本一致。

（3）土区的划分尽量照顾自然单位的区域性，完整性，但也适当照顾行政区界的完整性，以便改良措施的落实。

2. 土区命名　采用土区所在地理位置，结合土区内主要土壤类型及改良利用主攻方向连续命名。亚区以主要土壤类型命名，这种命名既减少名称文字、又能指出改良利用方向，体现了每个土区的基本特点，这是适于林口县地貌景观多样性特点的。

二、土壤改良利用分区方案

根据分区原则和依据，林口县改良利用分区共分为 5 区，10 个亚区，见表 7 - 3。

表 7 - 3　林口县改良分区

土区名	代号	亚区名	代号	面积（公顷）	地形	分区平价	改良利用意见
北部山地暗棕壤区	I	江西中山暗棕壤亚区	I 1	110 185	中山	山高林密，系石质、沙砾质暗棕壤，水热条件良好，是发展用材林基地	封山育林、人工自然更新
		河间低山暗棕壤亚区	I 2	84 770	低山		更新营造针阔叶林、发展用材林
		河东低山丘陵暗棕壤亚区	I 3	85 380	低山丘陵		加强水土保持工作增施有机肥，合理耕作充分利用山地资源
东部低山丘陵暗棕壤白浆土草甸土区	II	亚河低山丘陵暗棕壤亚区	II 1	5 707	低山丘陵	地势较高、山势较缓，人工林驰名全国，土壤潜在养分含量高、速效少，耕层板结、黏重冷浆	实行合理耕作，大搞人工造林，涵养水分，调节气候，多施有机肥，加强对早熟作物的种植，提高总产量
		山前漫岗低地白浆土草甸土亚区	II 2	35 700	高丘漫岗		
南部低山丘陵暗棕壤区	III	依林深山暗棕壤亚区	III 1	77 170	中低山	山势较陡、秃山较多，积温较低，雨量适中，土壤养分含量较低，部分板结，耕性不良	以次生林抚育为主，植树造林，严防水土流失，大搞农田建设，培肥地力，实行合理耕作，适当多种早熟作物，发展多种经营
		依穆浅山暗棕壤区	III 2	214 891	低山		
中南部丘陵漫岗白浆土区	IV	林中漫岗白浆土改良亚区	IV	43 965	漫岗	岗坡大、水土流失严重，表土层薄，盐分含量低，土壤黏重，耕耙不良，但水热条件好，适于发展农业	以有机旱作为主，实行增肥改土，加深耕作层，提高土壤保肥保水能力
北部河谷河淤土草甸土区	V	河岸河淤土草甸土保土亚区	V 1	11 407	河谷川地	气温高，土质肥沃，雨量充沛、水源充足，土壤潜在养分高，部分速效养分低	防洪排涝，大搞农田防护林，加强田间水利工程建设，合理进行农田灌溉，提高种植要求，搞好水旱种植
		河岸河淤土保土培肥亚区	V 2	9 453.4	河谷低地		

三、土壤改良利用分区概述

(一)北部山地暗棕壤林农区（Ⅰ）

该区位于老爷岭东侧，受牡丹江和乌斯浑河水系控制，境内包括方正林业局8个林场，柴河林业局1个林场，林口县林业局12个林场。面积为280 335公顷，占全县总面积41.90%。其中，县属耕地面积为18 367公顷，占全县总耕地面积的14.99%，本区重点应以林业为主，林农结合。下分3个亚区：

1. 江西中山暗棕壤亚区（Ⅰ1） 该亚区为位于牡丹江西部高山处，属老爷岭和蝴蝶岭的东坡，境内为山地，老爷岭主峰海拔高度为1 100多米。葫芦崴子、鹰嘴砬子，海拔高度为880多米；五虎嘴子、烟筒砬子，海拔高度为600多米；因此，山势陡峭，坡度大，大都在35°~45°。面积为110 185公顷，占本区面积的39.3%。该亚区气候温和，年降水量为550~600毫米，≥10℃活动积温在2 500~2 600℃。山间河流较多，地表水较丰富，地下水埋藏较深，成井条件较差。母质组成主要是花岗岩及其变质岩，残积发育而成山地暗矿质暗棕壤和沙砾质暗棕壤，在山地裙部有砾质暗棕壤和壤质暗棕壤。表层土壤较薄，枯枝落叶较厚，可涵养自然降水。该区是重要的林木产区，天然树种有红松、冷杉、水曲柳、黄菠萝、榆、椴等针阔叶林，储量大，材质好。因此，要充分发挥这一宝贵资源优势，把水热条件充沛的特点合理利用起来，大搞植树造林，要及时更新换代，伐育结合，永葆森林生态环境的平衡。

2. 河间低山暗棕壤亚区（Ⅰ2） 该亚区系指牡丹江和乌斯浑河之间低山区，面积为84 770公顷，占本区面积30.24%。包括林口县林业局12个林场和县属莲花，三道，刁翎，建堂4个乡（镇）22个村所属山地。几乎没有耕地，境内山峦起伏，坡度大，这里分布的小锅盖，老黑顶，吴山岭，海拔为800多米。一般平均海拔在600米以上，属低山区。本区气候较好，≥10℃活动积温为2 200~2 400℃，降雨偏多，多年平均降水量为550~650毫米。因此，地表水充足，境内森林茂密，主要是柞、桦、杨、榆等树种；此外，还有少量的红松、冷杉等。该亚区主要分布暗矿质暗棕壤和沙砾质暗棕壤2个土属，基本都属林业用地，只有在沙砾质暗棕壤上，开垦了部分零星耕地。从林业发展情况看，工作重点应是增加育林面积，使森林资源迅速恢复。该区气候温暖，土质肥沃，应着重营造红松、樟子松、落叶松等用材林，也可以营造一些阔叶林，如黄菠萝、水曲柳、胡桃楸、杨树等为国家提供大量有用木材。此外，本区是重点的山产品基地，应大量发展人参、木耳、黄芪、山野菜等。

3. 河东低山丘陵暗棕壤亚区（Ⅰ3） 该区系指乌斯浑河的东侧，草帽顶，西北楞一带的山地，最高海拔为600米，一般为100~300米，包括刁翎、建堂2个乡（镇），面积为85 380公顷，占本区面积的30.46%。

地貌类型多样，低山丘陵、山前漫岗、河谷平地都存在。本区除林地面积外，有大量农田分布，耕地面积为10 284公顷，占全县本次评价耕地面积的8.39%。山地主要是次生阔叶林，山产资源比较丰富，因此是多种经营发展的重点区。本亚区气候适宜，≥10℃活动积温为2 400℃左右，无霜期115~125天；土壤以暗棕壤为主，其次是草甸土和沼泽土，土质比较肥沃，但因地形复杂，水土流失严重，管理粗放，造成单产不高。改土意见如下：

搞好森林抚育、更新，当前该区林相比较残破，应加速有前途林地的管理。进行带状或块状改造，大搞人工林抚育，逐渐实现针阔混交林，向红松、落叶松等阔叶用材林发展，建起木材生产基地，达到生态平衡的目的。

加强农田基本建设，防止水土流失。大搞农田基本建设，搞好农田防护林，对那些坡度较大的耕地要退耕还林，山前坡耕地挖截流沟防治山水，沟谷平地要取直河道，健全排水设施降低地下水位，促进土壤熟化，提高产量。

发挥优势，充分利用山地资源，以保护土壤为主，做到养用结合，建立健全耕作制，大力发展养蜂、木耳、人参、山野菜等山产资源。

（二）东部低山丘陵暗棕壤、草甸土、白浆土林农区（Ⅱ）

该区系指青山乡所属 18 个村，林口县林业局 5 个林场和县属营林局的青山、虎山 2 个林场，以及林口县虎山畜牧场所属面积。该区面积为 41 407 公顷，占全县总面积的 6.19%。耕地面积 12 231 公顷，占全县总耕地面积的 9.98%。本区利用方向以农为主，发展林牧，按其土壤特点分为以下 2 个亚区：

1. 亚河低山暗棕壤亚区（Ⅱ1）　该亚区包括青山、湖水林场、湖北村和亚河南部各村，面积为 5 707 公顷，占本区 13.78%。现有耕地面积 8 143 公顷，占本区耕地 66.58%，占全县总耕地面积的 6.65%。

该亚区地势较高，地形复杂，最高的老秃山、三兴砬子、老猪山海拔为 700～900 米，其他山地绝对高度为 400～600 米，而亚河一带及山谷平地地势较低。该亚区气候高寒，活动积温为 2 100～2 200℃，年降水量为 510～520 毫米；无霜期为 105～110 天，有个别地方不足 100 天；冬季寒冷漫长，年平均温度为 1.4℃左右。土壤以暗棕壤为主，山地下部漫岗上分布一些白浆化暗棕壤和草甸土，现已开垦成农林地，土壤潜在养分含量较高。今后主要改良意见是：

积极开展植树造林，发挥人工林的样板作用，大搞人工林抚育，保护母树林，为国家提供优质树种，在深山沟里建立各种树木种子园，要培育发展杨、椴等阔叶速生林。

大搞农田基本建设，防止水土流失，要把石砬子沟合理开垦利用起来，对那些坡度大于 80°的坡耕地还林还牧，从而保护水土，提高土壤涵养水分能力，对山前坡耕地要挖截水沟，防止水土流失。

合理耕作，促进土壤熟化，提高地温，要以早熟品种为主，促进成熟，要把小麦、大豆、杂粮等作物实行三区三制耕作制度，达到均衡增产的目的。

2. 山前漫岗低地白浆土、草甸土亚区（Ⅱ2）　该亚区为青山乡亚河和大石砬子河流域，虎山畜牧场分布在这里，地势较低，丘陵漫岗较多，是发展农业，搞好畜牧业的好地方，虽然热量较少，≥10℃活动积温为 2 100℃左右，但是水量充足，草原质量较好，该区面积为 35 700 公顷，占本区 86.22%。开垦农用地面积为 4 088 公顷，占本区耕地面积 33.42%，占全县耕地面积的 3.34%。

本亚区土壤比较复杂，基本以白浆土、草甸土为主，还有零星的河淤土、沼泽土。土壤有机质和全氮含量较高，平均分别为 36.7 克/千克和 2.476 克/千克；碱解氮和有效磷偏低分别为 22.6 毫克/千克和 5.4 毫克/千克，尤其有效磷更低。为此，改良措施及利用方向应是：

加强水土保持工作，营造田间防护林和沟头防护林，增强土壤防风保土能力，对坡度较大，超过 80° 的坡耕地，要及时退耕还林、还牧，沟谷平地要取直河道，健全排灌设施，从而排降水位，熟化土壤，提高地温，释放速效养分。

实行有机改土，对一些黑土层薄、有机质含量较低的田块，应实行有机改土；增施有机肥，特别多施热性肥；大搞养猪积肥，要广泛增施磷肥，迅速把土壤贫磷的状态改变过来；要把大搞绿肥，发展畜牧业和多种经营结合起来。

（三）南部低山丘陵暗棕壤林农区（Ⅲ）

该区位于海林和穆棱之间，牡林铁路两侧，属中低山分布区，总面积为 292 061 公顷，占全县总面积的 43.66%。已开垦耕地面积为 41 895 公顷，占总耕地面积的 34.19%。该区西部高山较多，属深山区，东部属浅山区丘陵漫岗比例大，森林覆盖较低，多为次生阔叶林。该区根据地形地貌可分 2 个亚区：

1. 依林深山暗棕壤亚区（Ⅲ1） 该亚区位于牡林铁路的西侧，与海林市东部相依。总面积为 77 170 公顷，占本区 26.42%。现有耕地面积为 19 637 公顷，占本区耕地面积的 46.87%。本亚区属中低山地貌，地势较高，境内秃顶山，海拔为 800 多米；乱石砬子山，平均海拔为 600 多米，马当沟、牛心沟、曙光、四道林场皆属该亚区范围之内，该区热量充足，≥10℃活动积温为 2 300～2 400℃，年降水量为 530～550 毫米，无霜期在 120～125 天。该区主要特征是山峰大，坡长。北部曙光、四道一带老林多，林木贮量丰富，重点是柞、桦阔叶林，也有红松、冷杉等树种少量分布；南部幼林较多，人工林面积大。该区土壤为暗棕壤、沼泽土和草甸土。其改良利用方向是：

东北部应以封山育林为主，保护好森林资源，做到计划开发、边伐边造，在保护森林方面，应加强防虫防火等管理工作，促进林木速生丰产。

充分利用水热条件和土壤肥沃的优势，发展木耳、人参、养蜂、药材等多种经营生产。

2. 依穆浅山暗棕壤亚区（Ⅲ2） 该亚区位于林口的南部、牡佳铁路以东的山地，属低山丘陵地貌，包括林口营林局的中山阳、楚山、泉眼、柳树、柞木，亮子河、大矸、五林 8 个农场，以及柳树、朱家、宝林、龙爪、奎山、向阳养殖场和六合畜牧场等 62 个生产单位。该区为浅山区，面积为 21 489 公顷，占本亚区面积的 73.58%。其中，耕地面积的 22 258 公顷，占本区耕地面积的 53.13%。地理位置较低，平均海拔为 500～600 米，山地面积较大，次生阔叶林分布较广，人工营造落叶松面积也很大。本区气候较冷，≥10℃活动积温为 2 100～2 200℃，无霜期为 100～115 天。水源较充足，个别地方水质较差。土壤以暗棕壤为主，但在岗坡及山脚下也有草甸土，泥炭土，沼泽土零星分布。本区突出问题是水土流失严重，生态平衡遭到破坏，旱、涝、冰雹、早霜等多种灾害较多，但土壤潜在养分含量较高，因此，该区改良利用方向应是：

植树造林，加速林相更新。本区林业面积较大，但成材林较少，应大搞荒山育林，广造人工林，把现有的次生阔叶林管理好，促进速生丰产，为国家生产更多的小径木材，逐步更新落叶松、樟子松以及杨、椴等阔叶林。

绿化田间，防止水土流失。本区土壤因坡度大，管理不善，表土层已流失，因此对那些坡度较大的耕地，要退耕还林，大搞田间防护林、四旁绿化林和沟头防护林，改顺坡垄为横坡垄，挖田间截水沟和种植牧草等，从而达到固土保水、培肥地力的目的。

该区荒原较多，据调查，荒原面积为 10 993 公顷。其中，离林近、质量好的二三类荒原面积为 3 662 公顷。应及时挖排水沟，降低地下水位，开垦利用起来，有的可以直接建立旱涝保收农田，从而扩大耕地面积增加粮食产量。

（四）中南部丘陵漫岗白浆土旱作农业区（Ⅳ）

林中漫岗白浆土改良亚区（Ⅳ）　该区系指林口镇、古城、奎山、龙爪等山前漫岗地带。重点是白浆土分布区，面积为 43 965 公顷。其中，耕地面积为 18 019 公顷，占全县总耕地面积的 14.71%。该区受乌斯浑河水控制，东部大石砬子山、西部大楚山、中间形成漫岗盆地，因此，春季暖气来得慢，冷气团退得迟，冷暖交替明显。雨量适中，降水量为 550~600 毫米，≥10℃活动积温为 2 200~2 400℃。开发较早，人口稠密，该区是林口县的重点旱作农业区。其改土措施为：

保护土壤，防止水土流失。该区是水土流失严重地区，应植树种草，绿化荒山秃岭，增强土壤固土保水能力。在漫岗顶，坡度大的农田上部，应以营造水土保持林、田间防护林、水分涵养薪炭林为主，结合种植一年生和多年生牧草，防止水土流失，漫岗中部增加田间工程，挖田间截水沟，修造水平梯田等，在漫岗下部沟塘中挖排水沟，降低水位，建立旱涝保收农田。

实行有机改土，增肥地力。该区是林口县重点产粮区之一，又是白浆土集中分布区，因此改变土壤瘠薄、板结、冷凉等不良状况，将成为本区的主攻措施。如龙爪镇龙爪村、古城镇四村等，利用农家肥、草炭肥改良土壤，有机质平均增加 1%~1.5%，粮食产量连年丰收，可见有机改良白浆土的作用是十分明显的。

合理深耕深松。进行合理深耕深松，不断加深耕作层，打破犁底层、减少白浆层，可以改变白浆土物理性质，提高土壤蓄水供肥水平，深松改土要因地制宜，并与保土、防风、施肥等结合起来，要建立合理的耕作制度，尽量减少耕翻、增加夏季深松，抓好秋翻，以利于蓄水、保墒、熟化土壤。

（五）北部河谷河淤土、草甸土（Ⅴ）

该区分布在牡丹江与乌斯浑河沿岸，地势开阔低平，是新积土重点分布区，包括莲花、三道通、刁翎、建堂 4 个乡（镇）沿江河分布的所属村。本区面积 20 860.4 公顷，占全县总面积的 3.12%。现有耕地面积为 11 220.4 公顷，占全县总耕地面积的 9.16%。本区利用方向应以农业为重点，发展渔业生产，按其本区特点分为江岸新积土、草甸土和河岸新积土、草甸土 2 个亚区。

1. 江岸河淤土、草甸土亚区（Ⅴ1）　该亚区位于牡丹江沿岸，包括莲花、三道通 2 个乡（镇）18 个村，面积 11 407 公顷。其中，耕地面积为 5 035 公顷，占本区耕地面积的 44.87%。地形低平、冲积性土壤为主的河淤土和草甸土分布在这里。该区气候温暖，日照充足，≥10℃活动积温为 2 400~2 600℃，降水较多，年降水量为 550~600 毫米，素有林口小江南之称。土质较肥沃，各种养分含量，草甸土均高于河淤土，特别是物理性质较好，松散、热潮。因此，作物表现保苗率高，易发小苗。针对热量强、土质肥沃的有利条件，提出如下改良利用意见：

植树造林，保持水土。牡丹江沿岸春风大，固土防风十分重要。要大搞田间防护林，两岸营造护岸林，降低风速、保护土壤。要进一步搞好田间规划，采取山、水、林、田、路综合治理的方法，大搞方田化、园林化，加速园田建设，促进生态平衡。

大搞田间工程，加速水利建设。为发挥水源足、地势平坦的优势，要大搞田间水利工程建设，大力发展旱田灌溉事业，采取工程建设与改土培肥相结合的方法，促进种植业不断发展，也要适当扩大水田面积。

建立完整的耕作制度。要推行轮作、轮耕、轮施肥的四区三制配套的耕作制度，建立以玉米-大豆-杂粮为主的轮作制，要把深松纳入一个轮作周期，把种植绿肥当作一项内容，在种植比例上要以高产作物为主，适当搭配其他作物的比重。

增施肥料，夺取高产。该亚区水热条件好是个优势，但从土壤养分看，分解快、流失较多。因此，必须增施有机肥，提高土壤肥力，增强土壤保肥保水的能力，并要注意多用长效肥、以防后期脱肥。

2. 河岸河淤土草甸土亚区（Ⅴ2） 该亚区系指乌斯浑河沿岸，包括刁翎、建堂和古城，该亚区地势平坦、水热充足，是发展农业的好地方。总面积为 9 453.4 公顷，占本区面积的 45.32%。其中，耕地面积为 6 185.4 公顷，占本区耕地面积的 55.13%。以冲积土为主，其次是草甸土。该亚区的主要特征：气候条件好，≥10℃活动积温为 2 200～2 300℃，仅次于前区；降水量为 550～620 毫米，高于前区；土壤养分含量高，河淤土的表层有机质含量平均为 4.45%，全氮、碱解氮、全磷、有效磷含量也都十分理想。因此，今后主要改良利用意见是：

绿化田间和四旁。该亚区绿化基础较好应进一步搞好田间绿化，大搞农田防护林和四旁绿化林，结合搞好文明村建设，达到保水土、减少风害和水害的目的，以利于气候因素的平衡。

搞好农田基本建设，合理开采地下水源。要充分发挥该亚区地下水源足的优势，统筹安排电机井，合理开采地下水，同时要把田间工程修整好，达到配套，能灌能排，扩大水浇地面积，特别是对现有水田，应进一步修整田面，建立条田或方田，完善排灌系统，合理排灌，防止内涝和次生沼泽化，建立旱涝保收农田。

大力发展水田和经济作物生产。本亚区水田生产条件好，可大量发展水稻生产。重点是搞好田间工程、防止草荒、提高种植技术。同时，本区也是林口县经济作物的重点区，要进一步搞好烤烟、麻类等生产。

第七节　耕地土壤改良利用对策及建议

一、改良对策

（一）推广旱作节水农业

林口县为雨养农业区，积极推行旱作农业，充分利用天然降水，合理使用地表及地下水资源，实行节水灌溉，是解决县内干旱缺水问题的关键所在。

目前，林口县农田基础设施建设和灌溉方式仍比较落后，实现水浇地仅限于水田，而占耕地面积95%的旱田尚无灌溉条件。遇到春旱年份，旱田能做到催芽坐水种。在生产中仍然是靠天降水，易受春旱、伏旱、秋旱威胁。水田基本上仍然采用土渠自流灌溉方式，防渗渠道也极少。所以在输水过程中，渗漏严重。今后应不断完善农田基础设施建设，保证灌溉水源，并大力推广使用抗旱品种和抗旱肥料，推广秋翻秋耙春免耕技术、地膜集流增墒覆盖技术、机械化一条龙坐水种技术、苗带镇压技术、喷灌、滴灌和渗灌技术、苗期机械深松技术、化肥深施技术和化控抗旱技术。

（二）培肥土壤，提高地力

1. 平衡施肥 化肥是最直接最快速的养分补充途径，可以达到30%~40%的增产作用。目前林口县在化肥施用上存在着很大的盲目性，如氮、磷、钾比例不合理，施肥方法不科学，肥料利用率低。这次土壤地力调查与质量评价，摸清了土壤大量元素和中微量元素的丰缺情况，得知钾、锌元素较缺乏，在今后的农业生产中，应该大面积推广测土配方施肥，达到大、中、微量元素的平衡，以满足作物正常生长的需要。

2. 增施有机肥 大力发展畜牧业，增加有机肥源。畜禽粪便是优质的农家肥，应鼓励和扶持农户大力发展畜牧业，增加有机肥的数量，提高有机肥的质量。做到公顷施用农家肥30~45吨，有机质含量20%以上，3年轮施一遍。此外，要恢复传统的积造有机肥方法，搞好堆肥、沤肥、沼气肥、压绿肥，广辟肥源，在根本上增加农家肥的数量。除了直接施入有机肥之外，还应该加强"工厂化、商品化"的有机肥施用。

3. 秸秆还田 作物秸秆含有丰富的氮、磷、钾、钙、镁、硫、硅等多种营养元素和有机质，直接翻入土壤，可以改善土壤理化性状，培肥地力。推广生物腐烂剂（生物分解剂、生物酵素等）。

（三）种植绿肥

引导农民种植绿肥，既可以用于喂饲，实行过腹还田，又可以直接还田或堆沤绿肥，使土壤肥力有较大幅度的恢复和提高。

（四）合理轮作调整农作物布局

调整种植业结构要因地制宜，根据当地气候条件、土壤条件、作物种类、周围环境等，合理布局，优化种植业结构，要实行玉米、大豆、杂粮（或者经济作物）轮作制，推广粮草间作、粮粮间作、粮薯间作等，不仅可以使耕地地力得到恢复和提高，增加土壤的综合生产能力，还能够增加农民收入，提高经济效益。

（五）建立保护性耕作区

保护性耕作主要是免耕、少耕、轮耕、深耕、秸秆覆盖和化学除草等技术的集成。目前，已在许多国家和地区推广应用。农业部保护性精细耕作中心提供的资料表明，保护性耕作技术与传统深翻耕作相比，可降低地表径流60%，减少土壤流失80%，减少大风扬沙60%，可提高水分利用率17%~25%，节约人畜用工50%~60%，增产10%~20%，提高效益20%~30%。由此可见，实施保护性耕作不仅可以保持和改善土壤团粒结构，提高土壤供肥能力，增加有机质含量，蓄水保墒，而且能降低生产成本，提高经济效益，更有利于农业生态环境的改善。

尽快探索出符合现有经济发展水平和农业机械化现状的具有区域特色的保护性耕作模

式。在普及化学除草基础上，免耕、少耕、轮耕等方法互补使用。提高大型农机具的作业比例，实行深松耕法轮作制，使现有的耕层逐渐达到 25 厘米左右。

二、建　　议

（一）加强领导、提高认识，科学制定土壤改良规划

进一步加强领导，研究和解决改良过程中的重大问题和困难，切实制订出有利于粮食安全，农业可持续发展的改良规划和具体实施措施。财政、金融、土地、水利、计划等部门要协同作战，全力支持这项工作。鼓励和扶持农民积极进行土壤改良，兼顾经济、社会、生态效益，促使土壤良性循环，为今后农业生产奠定坚实基础。

（二）加强宣传培训，提高农民素质

各级政府应该把耕地改良纳入工作日程，组织科研院所和推广部门的专家，对农民进行专题培训，提高农民素质，使农民深刻认识到耕地改良是为了子孙后代造福，是一项长远的增强农业后劲的重要措施。农民自发的积极参与土壤改良，才能使这项工程长久地坚持下去。

（三）加大建设高标准良田的投资力度

抓住中央对农业、农村政策倾斜，对产粮大县给予资金支持的机遇，建设标准粮田，完善水利工程、防护林工程、生态工程、科技示范园区等工程的设施建设，防止水土流失。

（四）建立耕地质量监测预警系统

为了遏制基本农田的土壤退化、地力下降趋势，国家应立即着手建设耕地监测网络机构，组织专家研究论证，设立监测站和监测点，利用先进的卫星遥感影像作为基础数据，结合耕地现状和 GPS 定位仪观测，真实反映出耕地的生产能力及其质量的变化。

（五）建立耕地改良示范园区

针对各类土壤障碍因素，建立一批不同模式的土壤改良利用示范园区，抓典型、树样板，辐射带动周边农民，推进土壤改良工作的全面开展。

附　　录

附录1　林口县大豆适宜性评价专题报告

大豆是林口县的主栽作物，面积常年达62 000公顷左右。大豆富含蛋白质、脂肪，营养丰富，利于人体的吸收，是我国四大油料作物之一。大豆对土壤适应能力较强，几乎所有的土壤均可以生长，从土质来看，沙质土、壤土、轻碱土等都可以种植大豆。对土壤的碱度适应值（pH）为6.00～7.50，以排水良好、富含有机质、土层深厚、保水性强的土壤为最适宜。大豆在田间生长条件下，每生产100千克籽粒，须吸收氮素（N）7.20千克；五氧化二磷（P_2O_5）1.20～1.50千克；氧化钾（K_2O）2.50千克。比生产等量的小麦、玉米需肥都多。大豆虽然可以固定空气中的游离氮素，但仅能供给大豆生育所需氮素的1/2～2/3，其余还要从土壤中吸收，因此对氮肥的需求最高。大豆需水较多，每形成1千克物质，须耗水600～1 000g，比高粱、玉米还要多。大豆对水分的要求在不同生育期是不同的。种子萌发时要求土壤有较多的水分，以满足种子吸水膨胀萌芽之需。大豆是喜温作物，在温暖的环境条件下生长良好。发芽最低温度在6～8℃，以10～12℃发芽正常；生育期间以15～25℃最适宜；大豆进入花芽分化以后温度低于15℃发育受阻，影响受精结实；后期温度降低到10～12℃时灌浆受影响。整个生育期要求1 700～2 600℃的活动积温。大豆是林口县农业生产的主导产业，但是近几年来，部分地区盲目扩大大豆种植面积，产量低，效益极差。因此，我们根据地力评价结果，评价出适宜种植的区域，更好地发展林口县大豆生产，为林口县大豆生产提供技术指导具有重要意义。

一、评价指标评分标准

用1～9定为9个等级打分标准，1表示同等重要，3表示稍微重要，5表示明显重要，7表示强烈重要，9极端重要。2、4、6、8处于中间值。不重要按上述轻重倒数相反。

二、权重打分

1. 总体评价准则权重打分（附图1-1）

2. 评价指标分项目权重打分　立地条件权重打分窗口见附图1-2。养分状况权重打分窗口见附图1-3。理化性质权重打分窗口见附图1-4。

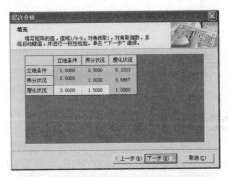

附图 1-1　总体评价准则权重打分窗口

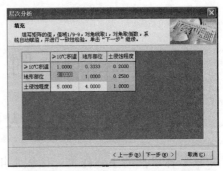

附图 1-2　立地条件权重打分窗口

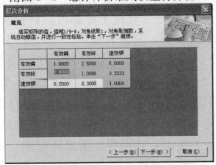

附图 1-3　养分状况权重打分窗口

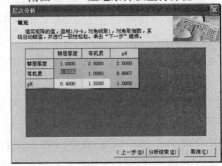

附图 1-4　理化性质权重打分窗口

三、大豆适宜性评价指标隶属函数的建立

1. pH

（1）pH 专家评估：土壤 pH 隶属度评估（数值型）见附表 1-1。

附表 1-1　土壤 pH 隶属度评估（数值型）

pH	<4.00	5.00	5.50	6.00	6.60	7.00	7.50	8.00	≥8.50
隶属度	0.35	0.60	0.70	0.90	1.0	0.95	0.80	0.60	0.40

（2）pH 隶属函数拟合：土壤 pH 隶属函数曲线（峰型）见附图 1-5。

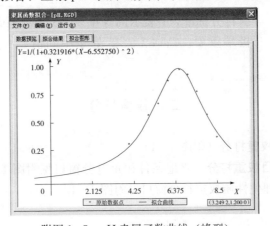

附图 1-5　pH 隶属函数曲线（峰型）

2. 地形部位（概念型）　地形部位隶属函数评估见附表 1 - 2。

附表 1 - 2　地形部位隶属函数评估

分类编号	地形部位	隶属度
1	河流宽谷坠地	1.00
2	沟谷地	0.85
3	岗坡地	0.60
4	低山丘陵地	0.40

四、大豆适应性评价层次分析

采用层次分析法确定每一个评价因素对耕地综合地力的贡献大小。构造评价指标层次结构图。

（一）构造评价指标层次结构图

根据各个评价因素间的关系，构造了层次结构图附图 1 - 6：

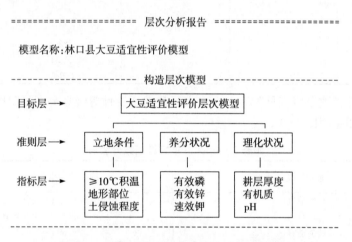

```
===================== 层次分析报告 =====================

模型名称:林口县大豆适宜性评价模型

--------------------- 构造层次模型 ---------------------
```

附图 1 - 6　大豆适宜性评价层次分析构造矩阵

（二）建立层判断矩阵

采用专家评估法，比较同一层次各因素对上一层次的相对重要性，给出数量化的评估。专家评估的初步结果经合适的数学处理后（包括实际计算的最终结果——组合权重）反馈给专家，请专家重新修改或确认。经多轮反复形成最终的判断矩阵。

（三）确定各评价因素的综合权重

利用层次分析计算方法确定每一个评价因素的综合评价权重（附图 1 - 7）。

得出层次分析结果（附表 1 - 3）。

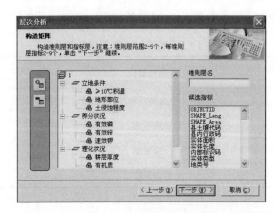

附图 1-7 层次分析计算方法确定各评价因素的综合权重

附表 1-3 层次分析结果

层次 A	立地条件 0.166 7	层次 C 养分状况 0.333 3	理化性状 0.500 0	组合权重 $\sum C_i A_i$
≥10℃积温	0.103 8			0.017 3
地形部位	0.231 1			0.038 5
土侵蚀程度	0.665 1			0.110 8
有效磷		0.606 2		0.202 1
有效锌		0.290 1		0.096 7
速效钾		0.103 7		0.034 6
耕层厚度			0.523 6	0.261 8
有机质			0.215 1	0.107 6
pH			0.261 3	0.130 6

大豆适宜性指数分级表见附表 1-4。大豆耕地适宜性等级划分图见附图 1-8。大豆适宜性评价等级图见附图 1-9。

附表 1-4 大豆适宜性指数分级表

地力分级	地力综合指数分级（IFI）
高度适宜	＞0.768 0
适宜	0.630 0～0.768 0
勉强适宜	0.608～0.630 0
不适宜	＜0.608

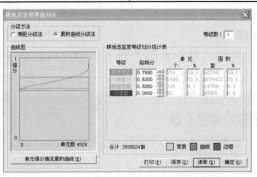

附图 1-8 大豆耕地适宜性等级划分图

附图 1-9　大豆适宜性评价等级

五、评价结果与分析

本次大豆适宜性评价将林口县耕地划分为 4 个等级：高度适宜耕地面积 17 301.82 公顷，占全县耕地总面积的 16.10%；适宜耕地面积 82 210.50 公顷，占全县耕地总面积 76.50%；勉强适宜耕地面积 6 018 公顷，占全县耕地总面积的 5.60%；不适宜耕地面积 1 934.40 公顷，占全县耕地总面积 1.80%（附表 1-5 至附表 1-7）。

附表 1-5 大豆不同适宜性耕地地块数及面积统计

适应性	地块个数	面积（公顷）	所占比例（%）
高度适宜	874	17 284.80	16.08
适宜	3 409	82 437.63	76.71
勉强适宜	194	5 856.20	5.45
不适宜	52	1 886.1	1.76
合计	4 529	107 464.73	100.00

附表 1-6 大豆适宜性乡（镇）面积分布统计

单位：公顷

乡（镇）	面积	高度适宜	适宜	勉强适宜	不适宜
三道通镇	6 016.03	784.60	5 125.93	105.50	0
刁翎镇	15 519.10	2 626.30	11 354.40	1 002.50	535.90
莲花镇	3 585.90	1 474.40	2 111.50	0	0
龙爪镇	15 209.00	178.80	13 907.50	788.80	333.90
古城镇	9 929.00	3 634.20	6 156.90	137.90	0
青山乡	9 562.00	0	8 250.00	1 010.70	301.30
奎山乡	10 846.00	2 133.90	8 098.10	614.00	0
林口镇	7 190.90	727.70	6 118.00	286.80	58.40
朱家镇	9 801.00	1 337.50	7 837.00	587.40	39.10
柳树镇	10 510.90	2 505.3	7 110.40	723.60	171.60
建堂乡	9 294.90	1 882.1	6 367.90	599.00	445.90
合计	107 464.73	17 284.8	82 437.63	5 856.2	1 886.1

附表 1-7 大豆适宜性土类面积分布统计

单位：公顷

乡（镇）	面积	高度适宜	适宜	勉强适宜	不适宜
暗棕壤	60 135.50	5 317.30	48 898.80	4 327.70	1 591.70
沼泽土	10 514.00	3 882.50	6 436.60	173.40	21.50
草甸土	5 771.10	1 822.50	3 730.20	137.70	80.70

（续）

乡（镇）	面积	高度适宜	适宜	勉强适宜	不适宜
新积土	8 521.80	2 828.90	5 622.90	25.70	44.30
白浆土	18 089.70	1 961.50	14 818.60	1 161.80	147.80
泥炭土	3 124.80	1 162.4	1 961.30	1.10	0
水稻土	1 307.80	309.9	969.4	28.5	0

从大豆不同适宜性耕地的地力等级的分布特征来看，耕地等级的高低与地形部位、土壤类型及土壤质地密切相关。高中产耕地从行政区域看，主要分布在中部、中北部、西部的5个乡（镇），这一地区土壤类型以暗棕壤、沼泽土、新积土、白浆土、草甸土为主，地势较平缓低洼，坡度较小；低产土壤则主要分布在西南部、东部的一部分地区，这些地区的耕地土层薄，质地差，地势起伏较大或者低洼，行政区域包括青山乡、龙爪镇、朱家镇等乡（镇），土壤类型主要是暗棕壤、白浆土、沼泽土等土壤类型（附表1-8）。

附表1-8　大豆不同适宜性耕地相关指标平均值

适宜性	有机质（克/千克）	碱解氮（毫克/千克）	有效磷（毫克/千克）	速效钾（毫克/千克）	有效锌（毫克/千克）	pH
高度适宜	54.30	224.10	45.03	137.00	2.70	5.96
适宜	39.20	188.60	37.32	119.00	1.82	5.82
勉强适宜	31.40	164.60	25.10	93.00	1.11	5.60
不适宜	27.70	147.00	21.86	92.00	0.83	5.62

1. 高度适宜　林口县大豆高度适宜耕地面积17 284.8公顷，占全县耕地总面积的16.08%。主要分布在刁翎镇、柳树镇、莲花镇、古城镇、建堂乡等乡（镇），面积大的是古城镇，其次是刁翎镇、柳树镇。土壤类型以暗棕壤、沼泽土、新积土为主。

大豆高度适宜耕地所处地形相对平缓，侵蚀和障碍因素很小。耕层各项养分含量高。土壤结构较好，质地适宜，一般为重壤土。容重适中，土壤pH在4.60～7.40。养分含量丰富，有机质平均54.30克/千克，有效锌平均2.70毫克/千克，有效磷平均45毫克/千克，速效钾平均137毫克/千克。保水保肥性能较好，有一定的排涝能力。该级地适于种植大豆，产量水平高（附表1-9）。

附表1-9　大豆高度适宜耕地相关指标统计

养　分	平均	最大	最小
有机质（克/千克）	54.30	102.70	17.70
碱解氮（毫克/千克）	224.10	656.10	100.90
有效磷（毫克/千克）	45.00	99.50	11.90
速效钾（毫克/千克）	137.00	380.00	42.00
有效锌（毫克/千克）	2.70	7.41	0.55
pH	6.00	7.40	4.60

2. 适宜 林口县大豆适宜耕地面积82 437.63公顷，占全县耕地总面积76.71%。主要分布在龙爪镇、刁翎镇、青山乡、奎山乡、朱家镇、柳树镇等乡（镇），面积最大为龙爪镇，其他依次是刁翎镇、青山乡、奎山乡、朱家镇等乡（镇）。土壤类型以暗棕壤、白浆土为主。

大豆适宜地块所处地形平缓，侵蚀和障碍因素小。各项养分含量较高。质地适宜，一般为中壤土、轻黏土。容重适中，土壤大都呈中性至微酸性，pH在4.30～8.00。养分含量较丰富，有机质含量平均为39.20克/千克，碱解氮平均为188.60毫克/千克，有效磷平均为37.30毫克/千克，速效钾平均119毫克/千克，有效锌平均1.82毫克/千克，保肥性能好。该级地适于种植大豆，产量水平较高（附表1-10）。

附表1-10 大豆适宜耕地相关指标统计

养　　分	平均	最大	最小
有机质（克/千克）	39.20	110.80	5.50
碱解氮（毫克/千克）	188.60	641.70	43.30
有效磷（毫克/千克）	37.30	96.10	2.10
速效钾（毫克/千克）	119.00	379.00	25.00
有效锌（毫克/千克）	1.82	8.93	0.10
pH	5.80	8.00	4.30

3. 勉强适宜 林口县大豆勉强适宜耕地面积5 856.2公顷，占全县耕地总面积的5.45%，主要分布在青山乡、刁翎镇、龙爪镇、柳树镇、奎山乡、建堂乡等乡（镇）。土壤类型以暗棕壤、白浆土、沼泽土为主。

大豆勉强适宜地块所处地形坡度大或低洼，侵蚀和障碍因素大。各项养分含量偏低。质地较差，一般为轻黏土或中黏土。土壤微酸性，pH在4.70～6.20。有机质含量平均为31.40克/千克，碱解氮平均为164.60毫克/千克，有效磷平均为25.10毫克/千克，速效钾平均为93毫克/千克，有效锌平均为1.11毫克/千克，养分含量较低。该级地勉强适于种植大豆，产量水平较低（附表1-11）。

附表1-11 大豆勉强适宜耕地相关指标统计

养　　分	平均	最大	最小
有机质（克/千克）	31.40	54.60	4.10
碱解氮（毫克/千克）	164.60	331.70	90.10
有效磷（毫克/千克）	25.10	49.80	8.70
速效钾（毫克/千克）	93.00	220.00	26.00
有效锌（毫克/千克）	1.11	3.88	0.10
pH	5.60	6.20	4.70

4. 不适宜 林口县大豆不适宜耕地面积1 886.1公顷，占全县耕地总面积1.76%。主要分布在刁翎镇、建堂乡、龙爪镇、青山乡、柳树镇、林口镇、朱家镇等乡（镇）。土

壤类型以暗棕壤、白浆土、草甸土、新积土、沼泽土为主。

大豆不适宜地块所处地形坡度极大或低洼地区，侵蚀和障碍因素大。各项养分含量低。土壤大都微酸性，pH 在 5.00～6.20。养分含量较低，有机质含量平均为 27.70 克/千克，碱解氮平均为 147 毫克/千克，有效磷平均为 21.90 毫克/千克，速效钾平均为 92 毫克/千克，有效锌平均为 0.83 毫克/千克。该级地不适于种植大豆，产量水平低（附表 1 - 12）。

附表 1 - 12　大豆不适宜耕地相关指标统计

养　分	平均	最大	最小
有机质（克/千克）	27.70	59.10	13.70
碱解氮（毫克/千克）	147.00	392.90	68.50
有效磷（毫克/千克）	21.90	35.70	6.60
速效钾（毫克/千克）	92.00	154.00	48.00
有效锌（毫克/千克）	0.83	2.08	0.12
pH	5.60	6.20	5.00

附录 2　林口县耕地地力评价与种植业布局报告

一、概　况

林口县位于黑龙江省东南部，牡丹江市北部，地处张广才岭、老爷岭和完达山脉交接处，北纬 44°38′～45°58′，东经 129°17′～130°46′。林口县境东西横距 113 千米，南北纵距 140 千米，周长 520 千米。东与鸡东县、鸡西市毗邻，西与方正县、海林市相连，南与牡丹江市、穆棱市交界，北与依兰县、勃利县接壤。县城林口镇位于县域中心，距省城哈尔滨公路 428 千米，距牡丹江市城区 110 千米。总面积 669 013 公顷。其中，耕地面积 122 524公顷，旱田 117 592 公顷，水田 4 932 公顷。

林口县辖 8 个镇，3 个乡，176 个行政村，8 个县属国有林场，6 个县属国有农牧场，3 个森工局。据 2009 年统计资料，粮食总产 46.70 万吨，地区生产总值 50.90 亿元，农村居民人均纯收入 7 240 元（此数据包括原五林镇，2010 年 5 月其行政完全归属牡丹江市，林口县所辖 9 个镇现为 8 个镇）。本次耕地地力评价涉及全县 11 个乡（镇）耕地面积为 107 464.73 公顷。

（一）气候条件

林口县属寒温带大陆性季风气候，处于西风环流控制下，季风显著，四季分明。春秋季短，气候多变；夏季温热多雨；冬季漫长，寒冷干燥。由于林口县属中低山丘陵漫岗地带，地势复杂，山区局部小气候比较明显。全县热量、水分、日照等气候条件，能够满足一年一熟农作物生长需要。牡丹江、乌斯浑河下游河谷平原地区，热量较高，雨量较多，无霜期长，最适宜农作物生长，被称为"林口小江南"。县域中部和南部丘陵漫岗坡地一带，一般年景都能获得较好收成；中低山区，高寒冷凉，气候条件较差，但一般年景，农作物也能成熟。

1. 气温与地温　林口县域 1958—2009 年，年平均温度 3℃；2007 年最高 4.70℃；1969 年最低 1.40℃。一般年份≥10℃年活动积温 2 000～2 600℃。1958—2009 年地面年平均温度 4.60℃；7 月最高 24.60℃；1 月最低 -20.10℃。初冻在 10 月下旬，封冻在 11 月中旬；全年土壤冻结期 150 天左右。冻土平均深度 1.72 米。4 月初土壤开始解冻，4 月中旬末可解冻 30 厘米；一般 5 月中、下旬化透，有些年份 6 月初化透。

2. 降水与蒸发　县域 1958—2009 年平均年降水量 533 毫米。年际变化较大，1960 年最高 720.60 毫米；1975 年最低 316.60 毫米。降水量分布由东南向西北逐渐增多。西北部三道通、莲花、刁翎和建堂 4 乡（镇），降水较多，是林口县降水中心，年均 540～570 毫米。中部和南部地区年均降水量 520 毫米。

县域 1957—1990 年平均蒸发量 1 246.20 毫米。1982 年蒸发量最大 1 540.70 毫米；1966 年蒸发量最小 1 068.80 毫米。一年之中，春季蒸发量最大，4～5 月平均蒸发 191.40 毫米。其中，5 月蒸发量最大时达 229.60 毫米；冬季蒸发量最小，11 月至翌年 3 月平均蒸发 32.70 毫米；6～8 月平均蒸发 105.40 毫米。

3. 风　县域受西南气流影响较大，历年盛行西风和西南风。春季多西南风和西风，冬季多偏西北风。1957—1990 年平均风速 2.50 米 / 秒。3～5 月出现大风次数最多,刮风期一般延续 14 天左右,由于县域处于山区,风灾的发生相对较少。

4. 日照　县域日照时间较长,强度较大。1958—2009 年平均年日照 2 590.30 小时,日照率 58%。日照时数春季最多,5 月达到 256.90 小时,夏季次之,秋季多于冬季。夏季昼长夜短,夏至日白昼日照时数 15 小时,接近长江中下游地区日照时数,可为农作物生长提供充足光照条件。

(二)水文情况

林口县水资源总量 171 819.20 万立方米,人均占有水量 4 066 立方米,公顷耕地均占有水量 10 200 立方米;水能蕴藏量 81 940.30 千瓦(不包括牡丹江),实际可开发量 24 582 千瓦。水质除县域中部和东北部部分地带离子超出标准规定、水质硬度大外,其他地方都适宜饮用与灌溉。在应用水中,75% 属好水质。

地表水,包括主要江河 105 条,较大泡沼 64 个,中小型水库 15 座。净水域面积 5 871.60 公顷。林口县多年平均降水量 530.30 毫米。地表水多年平均径流量 160 毫米,多年平均径流总量 147 560.20 万立方米,多年平均流量 47 180 立方米 / 秒,枯水期流量 17 226 立方米 / 秒。

地表水的水文特征是年内径流分配不均,夏季雨季大于冬春旱季,7～10 月径流量占全年的 69.70%。年际变化大,因隔年降水量多少而异。大盘道水文站测乌斯浑河年径流总量,1960 年 12.40 亿立方米,1977 年 1.31 亿立方米,前者比后者多 8.50 倍。地区间径流分布不均,整个趋势由西向东递减。西部降水多,年降水量 540～570 毫米,多年平均径流深 300 毫米;东部降水少,年降水量 460 毫米,多年平均径流深仅 130 毫米。县域河流属山区河流,河道比降大,流速快,宣泄洪水能力大,挟沙能力强,径流含沙量大,多年平均输沙量 5.62 千克 / 秒。

地下水基本上属第四系和第三系组成的承压水为主的双层含水岩层组,主要分布在县域西部和中部。地下水静储量 1 982 297.30 万立方米,年开采量 24 259 万立方米,年补给量 69 916.80 万立方米。其中,中低山区静储量 1 901 260.80 万立方米,年开采量 11 580.70 万立方米,年补给量 61 884.90 万立方米。主要是由岩石结构风化裂痕发育,局部有断层破碎带而形成的承压水。含水常带点线状分布,一般含水层厚度 0～40 米,埋深 10～50 米,单井出水量 240 立方米/天。坡地漫岗区静储量 36 905.10 万立方米,年开采量 4 958.50 万立方米,年补给量 3 369.20 万立方米。局部在黏性土中间和底部,分布有沙石透镜体,含弱承压水,埋深 3～10 米,含水层厚度为 0～2 米,单井出水量 550 立方米/天。部分地区埋深 50～100 米,属贫水区。河谷平原地下水较丰富,静储量 44 131.40 万立方米,年开采量 7 719.80 万立方米,年补给量 4 662.60 万立方米。含水层多由松散屑物沉积而成,由沙、沙粒石及黏土组成。厚度大于 8 米,渗漏较大,孔隙水丰富,一般埋深 1～7 米。成水条件好,单井出水量 1 500 立方米/天。

(三)地貌

地形地貌是形成土壤的重要因素,它可直接影响到土壤水、热及其养分的再分配,以及各种物质转化和转移。一般来说,地势越高,水分越少,温度越低,养分含量越少。因此,土壤的分布与地形地貌类型有明显的规律性。根据地形地貌形态特征、成因、物质组成及人为生产活动影响，可分为 4 种地形地貌区：低山丘陵区、山前漫岗坡地、河谷平原、山间沟谷低洼地。

二、种植业布局的必要性

种植业的布局，就是粮、经、饲及其他各种作物在一定空间的分布和区域组合。种植业结构是在一定区域内各作物之间的比例及组合类型，两者即有区别也有联系。合理安排种植业生产结构与布局，对于合理利用社会经济技术条件，充分发挥资源优势，提高经济效益，为社会提供量多，质优的农副产品，促进农村产业结构调整，农林牧副渔全面发展保持良好的农田生态环境，都具有重要意义。

林口县是农业县，也是黑龙江省商品粮生产基地之一，农业生产特别是粮食生产是县域经济发展的基础，是农民收入的最主要的来源。农业形势的好坏，粮食生产的丰歉，最直接地影响着林口县的农村经济发展。目前，我国农业生产已经进入了一个崭新的历史发展时期，种植业布局结构性矛盾日益显现出来，对于林口县来说结构性矛盾也更加突出。例如：就林口县粮食销售来说，价格偏低，农民卖粮难；另外，随着人们生活水平的提高，膳食结构改变以及食品加工业的发展，这些都要求林口县有合理的种植业布局。因此，大力进行农业种植业结构布局调整，是粮食生产适应市场和人民生活的需求，是作物生产优质、高效、健康的必由之路，是增加农民收入，加快林口县农村经济发展的重要举措。

三、现有种植业布局及问题

（一）种植业结构与布局现状及评价

1978 年，林口县耕地播种面积为 72 600 公顷。其中，粮豆播种面积 64 207.4 公顷，占总播种面积的 88.44%；20 世纪 80 年代后半期开始，以种植蔬菜、瓜果为主的庭院经济兴起。1992 年，经济作物播种面积达 5 545 公顷，比 1978 年增加 1.30 倍。进入 2000年后，种植比例再次发生变化，经济作物达到 18 613 公顷，占播种作物面积的 14%。2009 年，林口县农作物总播种面积为 129 696 公顷，粮豆薯总播种面积 110 997 公顷，占总播种面积的 85.58%。其中，大豆播种面积 62 494 公顷，占总播种面积 48.18%；玉米播种面积 38 435 公顷，占总播种面积 29.63%；水稻播种面积 5 313 公顷，占总播种面积4.10%；薯类播种面积 3 514 公顷，占总播种面积 2.71%。种植业结构仍以粮豆作物为主。产值结构也以粮豆作物比重最大。

20 年来，粮食内部结构演变的总趋势是，随着耕地面积的不断增加和机械化程度的不断提高，种植业结构由玉豆麦为主向以豆玉稻为主的格局转变，但由于经济作物产量及价格的影响，经济作物面积在不断加大。

（二）几种主要作物布局及评价和分区

农业生产是以各种作物为劳动对象，并通过它们的生长、发育过程将资源中的能量和物质转化、贮存、积累成人们的生活资料和原料的生产部门，是人类赖以生存的最基本的生产，作物生产是农业生产的基本环节。各种作物在一定区域内，形成了与之相适应的特点，而影响作物生长发育的主要因素各有不同。以下以作物布局和种植制度的演变过程为基础，阐明主要作物生产与生态分区。

1. 大豆　大豆历年来是林口县的主栽作物，也是一个优势很大的作物，种植面积始终占粮豆总播种面积的45%左右（附表2-1）。

附表2-1　大豆分布现状

区　号	乡（镇）	面积及占比		总产量（吨）
		面积（公顷）	占全县该作物（%）	
高度集中产区	建堂乡	4 799.00	7.68	10 865.00
	古城镇	4 406.00	7.05	9 913.00
	朱家镇	5 145.00	8.23	10 933.00
集中产区	莲花镇	1 428.00	2.29	3 246.00
	林口镇	2 003.00	3.21	4 435.00
	三道通镇	1 351.00	2.16	3 080.00
	龙爪镇	4 785.00	7.66	11 010.00
分散产区	奎山乡	2 514.00	4.02	5 843.00
	青山乡	4 330.00	6.93	9 642.00
	柳树镇	4 746.00	7.59	10 417.00
	刁翎镇	9 697.00	15.52	21 915.00

大豆有喜湿润气候的特点，林口县6~9月降水平均300~400毫米，基本上可满足大豆生育需要，大豆还有营养生长与生殖生长并进的生物特性，受冷害减产轻于玉米水稻。因其品种类型丰富，有着广泛的适应性，对土壤要求不严格，在白浆土及草甸土上均可栽培。大豆是肥茬作物，对下茬作物极为有利，在轮作中占有重要地位。种大豆消耗地力少，只有玉米的1/3，由于根瘤菌的固氮作物，可以提高地力，并且经济效益高，省工，机械化程度较高。

2. 玉米　玉米也是林口县主栽作物，到2009年占粮食作物播种面积的29.60%，仅次于大豆播种面积。见附表2-2。

附表2-2　玉米分布现状

区　号	乡（镇）	面积及占比		总产量（吨）
		面积（公顷）	占全县该作物（%）	
高度集中产区	刁翎镇	3 950.00	10.28	28 835.00
	三道通镇	2 320.00	6.04	16 194.00
	莲花镇	890.00	2.32	6 261.00
	建堂乡	2 798.00	7.28	19 250.00
集中产区	龙爪镇	4 912.00	12.78	34 752.00
	朱家镇	3 416.00	8.89	23 963.00
	古城镇	3 230.00	8.40	22 868.00

（续）

区　号	乡（镇）	面积及占比		总产量（吨）
		面积（公顷）	占全县该作物（%）	
分散产区	柳树镇	3 492.00	9.09	23 309.00
	林口镇	2 300.00	5.98	16 286.00
	奎山乡	2 003.00	5.21	14 436.00
	青山乡	2 314.00	6.02	16 129.00
	柳树镇	3 492.00	9.09	23 309.00

　　将林口县玉米分为 3 个区：①北部沿江河平原适宜区，土壤主要为冲积土和草甸土。②中西部丘陵漫岗次适宜区，主要为暗棕壤、白浆土。③东部、西南部低山丘陵区玉米不适宜区，主要为暗棕壤、白浆土和沼泽土。

　　3. 水稻　水稻是林口县最早栽培作物之一，随着面积的不断扩大，栽培技术水平也不断地改进，单产逐渐提高，成为林口县高产稳产作物（附表 2-3）。

附表 2-3　水稻分布现状

区　号	乡（镇）	面积及占比		总产量（吨）
		面积（公顷）	占全县该作物（%）	
高度集中产区	龙爪镇	1 021.00	19.22	7 107.00
	建堂乡	773.00	14.55	5 217.00
集中产区	三道通镇	525.00	9.88	3 596.00
	莲花镇	160.00	3.01	1 085.00
分散产区	奎山乡	576.00	10.84	3 935.00
	刁翎镇	372.00	7.00	2 511.00
	柳树镇	339.00	6.38	2 348.00
	朱家镇	330.00	6.21	2 264.00
	古城镇	276.00	5.19	1 900.00
零星产区	青山乡	229.00	4.31	1 603.00
	林口镇	67.00	1.26	447.00

　　将林口县水稻划分为 2 个区：①北部平原、中部沟谷自流灌溉稻作区，也是水稻高度集中产区，主要包括龙爪灌区的龙爪镇、建堂灌区的建堂乡，以及自流灌溉区的三道通镇、莲花镇。②分散、零星产区，主要是有水源和地下水位较高的地方。主要包括朱家镇、柳树镇、奎山乡、古城镇等。

　　（三）现有种植业布局存在的问题

　　1. 粮豆经作物比例失衡　受粮食市场价格的影响，林口县种植比例失调，大豆玉米播种面积过大，经济作物面积较小，出现"粮多经少"的局面。

　　2. 轮作不合理　林口县大豆播种面积大，玉米、杂粮、经济作物播种面积小，豆、玉种植比例为 1.00∶0.69，不利于耕地用地、养地的结合及病虫草害的防治。

　　3. 土壤耕作环境差　联产承包 30 多年以来，农民种地使用的都是小型机械，往往整地时达不到耕翻的标准，在耕层下形成坚硬的犁底层，使耕层环境内的水、肥、气、热条件发生了变化，不利于作物生长。

四、地力情况调查结果及分析

林口县总面积为 669 013 公顷。其中，耕地面积 122 524 公顷。主要是旱田、灌溉水田、菜地、苗圃等。本次耕地地力评价将全县 11 个乡（镇）耕地面积 107 464.73 公顷划分为 5 个等级：一级地 7 054.73 公顷，占耕地总面积的 6.57%；二级地 32 234.4 公顷，占 30%；三级地 41 153.70 公顷，占耕地总面积的 38.29%；四级地 15 954.20 公顷，占 14.84%；五级地 11 067.70 公顷，占 10.30%。一级、二级地属高产田土壤，面积共 39 289.13 公顷，占 36.57%；三级为中产田土壤，面积为 41 153.70 公顷，占耕地总面积的 38.29%；四级、五级为低产田土壤，面积 27 021.90 公顷，占耕地总面积的 25.14%。

（一）一级地地力情况分布

一级地耕地面积 7 054.73 公顷，占林口县耕地总面积的 6.57%。主要分布在古城镇、刁翎镇、莲花镇、奎山乡、建堂乡等乡（镇）。主要分布在暗棕壤、新积土、白浆土、草甸土等土壤类型。

（二）二级地地力情况分布

二级地耕地面积 32 234.4 公顷，占林口县耕地总面积的 30%。主要分布在古城镇、奎山乡、龙爪镇、刁翎镇、朱家镇等乡（镇）。主要分布在暗棕壤、白浆土、新积土、沼泽土等土壤类型。

（三）三级地地力分布情况

三级地耕地面积 41 153.70 公顷，占林口县耕地总面积的 38.29%。主要分布在龙爪镇、刁翎镇、柳树镇、奎山乡、朱家镇等乡（镇）。主要分布在暗棕壤、白浆土、沼泽土、新积土等土壤类型。

（四）四级地地力分布情况

四级地耕地面积 15 954.20 公顷，占林口县耕地总面积的 14.84%。主要分布在、龙爪镇、柳树镇、刁翎镇、青山乡、建堂乡等乡（镇）。主要分布暗棕壤、白浆土、沼泽土、新积土等土壤类型。

（五）五级地地力分布情况

五级地耕地面积 11 067.70 公顷，占林口县耕地总面积的 10.30%。主要分布在青山乡、刁翎镇、柳树镇、龙爪镇等乡（镇）。主要分布在暗棕壤、沼泽土、白浆土、草甸土等土壤类型。

五、作物适宜性评价结果

（一）大豆

根据本次耕地地力调查结果及作物适宜性评价，将林口县大豆适宜性划分为 4 个等级。具体请参阅附录 1。

(二) 玉米

根据本次耕地地力调查结果及作物适宜性评价，玉米适宜性评价将林口县耕地划分为4个等级：高度适宜耕地 22 711.80 公顷，占全县耕地总面积的 21.13%；适宜耕地 65 056.50 公顷，占全县耕地总面积 60.54%；勉强适宜耕地 13 823.40 公顷，占全县耕地总面积的 12.86%；不适宜耕地 5 872.60 公顷，占全县耕地总面积 5.46%（附表 2-4 至附表 2-6）。

附表 2-4　玉米不同适宜性耕地地块数及面积统计

适应性	地块个数	面积（公顷）	所占比例（%）
高度适宜	1 156	22 711.92	21.13
适宜	2 546	65 056.55	60.54
勉强适宜	561	13 823.51	12.86
不适宜	266	5 872.75	5.47
合计	4 529	107 464.73	100

附表 2-5　玉米适宜性乡（镇）面积分布统计

单位：公顷

乡（镇）	面积	高度适宜	适宜	勉强适宜	不适宜
三道通镇	6 016.03	2 523.54	2 981.92	444.18	66.39
刁翎镇	15 519.10	3 550.78	9 078.36	2 498.70	391.26
莲花镇	3 585.90	2 355.22	1 222.89	7.79	0
龙爪镇	15 209.00	3 213.57	9 927.76	1 971.16	96.51
古城镇	9 929.00	4 785.13	5 010.08	133.79	0
青山乡	9 562.00	34.88	1 699.82	3 010.94	4 816.36
奎山乡	10 846.00	1 924.90	8 310.53	610.57	0
林口镇	7 190.90	953.81	6 116.49	120.60	0
朱家镇	9 801.00	620.28	6 436.95	2 718.36	25.41
柳树镇	10 510.90	804.87	7 769.72	1 459.49	476.82
建堂乡	9 294.90	1 944.94	6 502.03	847.93	0
合计	107 464.7	22 711.92	65 056.55	13 823.51	5 872.75

附表 2-6　玉米适宜性土类面积分布统计

单位：公顷

乡（镇）	面积	高度适宜	适宜	勉强适宜	不适宜
暗棕壤	60 135.50	5 317.3	48 898.80	4 327.70	1 591.70
沼泽土	10 514.00	3 882.50	6 436.60	173.40	21.50

（续）

乡（镇）	面积	高度适宜	适宜	勉强适宜	不适宜
草甸土	5 771.10	1 822.50	3 730.20	137.70	80.70
新积土	8 521.80	2 828.90	5 622.90	25.70	44.30
白浆土	18 089.70	1 961.50	14 818.60	1 161.80	147.80
泥炭土	3 124.8	1 162.40	1 961.30	1.10	0
水稻土	1 307.80	309.90	969.4	28.50	0

1. 高度适宜　林口县玉米高度适宜耕地 22 711.92 公顷，占全县耕地总面积的 21.13%。行政区域包括古城镇、刁翎镇、龙爪镇、三道通镇、莲花镇、奎山乡、建堂乡等乡（镇），这一地区土壤类型以暗棕壤、沼泽土、新积土、白浆土、草甸土为主。

2. 适宜　林口县玉米适宜耕地 65 056.55 公顷，占全县耕地总面积 60.54%。主要分布在龙爪镇、刁翎镇、奎山乡、柳树镇、建堂乡、朱家镇、林口镇、古城镇等乡（镇）。土壤类型以暗棕壤、白浆土、沼泽土、新积土、草甸土为主。

3. 勉强适宜　林口县玉米勉强适宜耕地 13 823.51 公顷，占全县耕地总面积的 12.86%。主要分布在青山乡、朱家镇、刁翎镇、龙爪镇、柳树镇、建堂乡、奎山乡等乡（镇）。土壤类型以暗棕壤、白浆土为主。

4. 不适宜　林口县玉米不适宜耕地 5 872.75 公顷，占全县耕地总面积的 5.47%。主要分布在青山乡、柳树镇、刁翎镇、龙爪镇、三道通、朱家镇等乡（镇）。土壤类型以暗棕壤、白浆土、草甸土为主。

六、调整种植业结构，合理布局

（一）调整种植业结构的方向

种植业结构是农村产业结构的一个层次，合理调整种植业内部结构，是调整农村产业结构的一项重要内容，有计划有步骤地调整种植业结构和布局，选建商品粮基地，是加速种植业持续、稳定、协调发展的基础。种植业结构、布局和发展方向，要遵循"决不放松粮食生产，积极发展多种经营"的方针，本着"因地制宜、发挥优势、扬长避短、趋利避害"的原则，面向市场、社会需要，处理好粮食作物、经济作物和饲料作物之间的关系，处理好发挥本地优势和适应国家建设需要的关系，处理好种植业与林、牧、渔、工等其他各业之间的关系，处理好生产与生态的关系。

1. 逐步改粮-经二元结构为粮-经-饲三元结构　在保证粮豆不断增长的同时，积极增加经济作物和饲料作物面积，合理安排粮豆作物、经济作物和饲料作物内部比例，要使经、饲作物的产品数量和质量与轻工业发展相适应，与畜牧业的发展相适应，从而使种植业、畜牧业与轻工业之间相互促进，形成综合发展的动态平衡。

2. 坚持合理轮作，用地与养地相结合，促进农田生态由恶性循环向良性循环转化
目前主要考虑：一是坚持合理轮作，实行合理轮作在农业生产上的重要意义主要有 3 个：
①轮作是经济有效地持续增产的手段。只要把作物合理的轮换种植就可获得一定的经济效

益。②轮作能使用地与养地相结合，轮作的养地作用是化肥所不具备的。③轮作可以把作物从时间上隔开，起到隔离防病的作用，经济有效。所以种植业结构，必须考虑轮作问题。二是在轮作中要安排一定的养地作物，如豆科绿肥、饲草等，同时有利于与畜牧业有机结合。

（二）种植业结构调整意见

总的方针是保证粮豆产量稳定增长，扩大饲用玉米生产，合理利用水资源，扩种水稻，调整粮豆内部比例，搞好合理布局，主攻单产，不断改善品质。

1. 适当压缩粮豆薯种植比例，增加经济作物比重，开拓饲料生产，把粮、经二元结构调整为粮、经、饲三元结构。在今后一段时期，根据粮食市场的需求，粮豆薯播种面积保证 80％、经济作物 10％、饲料和绿肥要逐年扩大，比例增加到 10％。与此同时，要积极开发有机绿色农产品，使农产品提高质量、创名牌，加快农产品的市场流通，使农产品生产布局合理化，经济效益最大化。

2. 坚持粮食总产量稳定增长，逐步调整粮豆内部结构。

（1）大豆：根据此次大豆适宜性评价结果，林口县大豆适宜种植区分布广，林口县只有 1.80％的耕地不适宜种大豆，主要分布在刁翎镇、建堂乡、龙爪镇、青山乡、柳树镇等乡（镇）。勉强适宜的占 5.60％，主要也是分布在林口县的低山丘陵区，勉强适宜和不适宜区域主要是坡度大，活动积温低等条件所决定；全县面积 76.50％的土地适宜种大豆，主要适宜区分布在北部河谷平原地区和丘陵漫岗区，主要包括龙爪镇、刁翎镇、青山乡、奎山乡、朱家镇、柳树镇、莲花、三道通等乡（镇）。而根据林口县耕地地力评价结果，林口县中高产田，也主要集中在这一区域。因此，我们调整大豆种植区时，在适宜及高度适宜区应加大种植大豆比例，在勉强适宜区根据当地条件及时调整种植结构，增加粮食作物及经济作物比重，在不适宜区尽量安排其他作物种植，或退耕还林还草。

（2）玉米：根据此次玉米适宜性评价结果，林口县玉米适宜种植区域也比较广泛，全县不适宜耕地占 5.47％，主要分布在青山乡、柳树镇、刁翎镇等山区；勉强适宜的占 12.86％，主要分布在青山乡、朱家镇、柳树镇、刁翎镇、龙爪镇等东部、西南部、北部山区，这些区虽然土壤理化性状较好，但由于地处第四、第五积温带的山区半山区，积温及坡度对玉米生长影响较大，因此在此区种植作物应选择适应性广的作物，如大豆、薯类、药材等作物进行种植；适宜区和高度适宜区占总耕地的 81.67％，这一区域主要分布在林口县的中部漫岗区及北部平原地区，也是林口县耕地地力等级评价中的中高产地区，应加大玉米的种植面积。

（3）水稻：在此次水稻适宜性评价中，由于受地形地势、水源条件及活动积温等条件的制约，林口县适宜及高度适宜种植水稻面积仅占全县总耕地面积的 9.70％，主要分布在林口县的北部平原及县域内的沿河地区；勉强适宜、不适宜占 90.30％，主要分布在北部、东部低山丘陵区和中部及中西部的丘陵漫岗区。而适宜及高适区分布也是在林口县耕地地力评价结果中是中高产田区。在种植业布局中要充分考虑水稻适宜性评价结果，客观的安排水稻种植，不能盲目地根据价格的高低而种植。

（4）饲料及绿肥：根据耕地地力评价结果，在林口县的中低产区应减少粮豆的播种面积，扩大薯类、饲料作物及绿肥的播种面积，在有些地方应退耕还林及还草。

（三）选建商品粮基地

根据种植业区划要求，在调整种植业内部结构的同时，要选建商品粮基地，对确保粮食安全有重要意义。根据耕地地力评价结果及作物适宜性评价结果，林口县应建立玉、稻、豆基地。

玉米商品粮基地主要集中在北部和中部，有刁翎镇、建堂乡、三道通镇、莲花镇、古城镇。此地区土地连片，土壤属性良好，机械化程度高，是林口县玉米适宜及高度适宜区。

大豆商品基地有龙爪镇、奎山乡、古城镇、刁翎镇、青山乡、柳树镇、朱家镇等，是林口县大豆适宜及高度适宜区。

水稻商品粮基地集中在北部和中西部，包括建堂乡、朱家镇、龙爪镇。这一地区水稻连片种植，集约化程度较高，单产高而稳定，水源条件好。

七、种植业分区

1. 北部平原玉、豆、稻、经作区　此地区是耕地地力评价一级、二级、三级地集中区，也是林口县中高产田区，这个区域同时也是大豆、玉米、水稻适宜及高度适宜区，立地条件、土壤属性等条件良好，是林口县主要粮食主产区。在旱作时充分考虑轮作制度，本着用养相结合的原则，采用玉-玉-豆轮作方式，玉豆比例为2∶1。

2. 中西部丘陵漫岗玉、豆、稻、杂作区　此地区是耕地地力评价二级、三级、四级地集中区，也是林口县中产田区，在这个区域同时也是大豆、玉米适宜及勉强适宜区，立地条件、土壤属性等条件较好，是林口县次粮食产区。在旱作时同样充分考虑轮作制度，本着用养相结合的原则，采用玉-玉-豆、玉-豆-杂轮作方式，玉豆比例为2∶1。

3. 西南部、东部低山丘陵豆、薯、药区　此地区是耕地地力评价的四、五级地集中区，也是林口县低产田区，这个区域同时也是大豆、玉米勉强适宜及不适宜区，是林口县低产区。在旱作时充分考虑轮作制度，本着用养相结合的原则，采用玉-玉-豆轮作方式，玉豆比例为2∶1。特别是在五级地及作物不适宜区，就缩小种植面积及比例，适当的选择薯类、经济作物、药材及肥料作物，在适当地区（如坡度大于10°时）应退耕还林还草。

根据林口县农业生产现状，特别是林口县种植业结构现状，结合此次调查对耕地地力养分、地力等级和作物适应性的调查结果进行的分析，以及结合林口县的自然、气候条件、水文、土壤条件等因素，制定不同生产区域、不同土壤类型、不同气候条件等各种技术措施，发挥区域优势，得出适合林口县的作物生长的合理种植业结构总局，合理的种植结构将推进林口县农业生产快速发展，对增加林口县粮食总产量，加快全县经济建设具有非常重要的意义。

附录3　林口县耕地地力评价与平衡施肥专题报告

一、概　　况

林口县是国家重要的商品粮生产基地县，耕地总面积为 669 013 公顷，基本农田中旱田面积 117 592 公顷，占 96％；水田面积 4 932 公顷，占 4％。在国家及省、县的支持下，粮豆生产发展迅速，产量大幅度提高。1949 年，林口县粮食总产仅 6.09 万吨；1950—1953 年，4 年平均达到 7.92 万吨；1954 年 6.72 万吨，粮食生产出现滑坡；1955—1959 年，5 年粮食总产在不断增加，平均 9.44 万吨，1958 年首次达到 10 万吨；1960 年，受自然灾害影响，粮食总产下降到 4 万吨；1961—1965 年，粮食总产再次回升，平均 8.45 万吨；1966—1975 年，粮食总产平均达到了 10 万吨；1976—1983 年，粮食总产 13.09 万吨；1984 年，粮食总产上升到了 20 万吨；1993 年，突破了 35 万吨；2009 年，再次刷新粮食记录，总产达到了 46.70 万吨，是 1949 年的 7.70 倍，单产达到 4 207 千克/公顷，是 1949 年（单产 1 050 千克/公顷）的 4 倍。其中，化肥施用量的逐年增加是促使粮食增产的重要因素之一。1987 年，林口县化肥施用量为 7 582 吨，粮食总产为 19.90 万吨；1999 年，化肥施用量增加到 30 121 吨，粮食总产增加到 31.80 万吨；2009 年，化肥施用量增加到 57 433 吨，粮食总产更达到了 46.70 万吨。这 22 年间，化肥年用量增加了 49 851 吨，粮食总产增加了 267 941 吨。可以说，化肥的使用已经成为促进粮食增产不可取代的一项重要措施。

附表 3 - 1　化肥施用与粮食产量对照

年份	化肥施用量（吨）	粮食作物产量（吨）
1987 年	7 582	199 000
1999 年	30 121	318 000
2009 年	57 433	466 941

（一）开展专题调查的背景

林口县垦殖已有 100 多年的历史，肥料应用是在新中国成立以后才开始的，从肥料应用和发展历史来看，大致可分为 4 个阶段：

1. 20 世纪 70 年代前　早期农田多为新开垦土地，土质肥沃，主要靠自然肥力发展农业生产，均不施肥。多年耕种后，地力减弱，施少量农家肥即能保持农作物连续增产。林口县化肥施用历史较短。1960 年以前，为化肥施用试验阶段。1962 年，推广施用氮肥。1963 年以后，大面积施用氮肥。1964 年，开始氮磷肥配合施用，粮食产量大幅度增加，施用硫酸铵、硝酸铵和过磷酸钙。

2. 20 世纪 70 年代　施肥仍以有机肥为主、化肥为辅，但化学肥料有氮肥、钾肥、复合肥等开始普遍运用。开垦二三十年的农田土壤有机质明显下降，林口县耕地有机质含量普遍在 3％以下，严重影响粮食产量。为提高产量，林口县各公社改进积肥制度，确定施肥制度，大力开展积肥造肥活动，增加施肥量。此时期，全县农家肥施用量年均 77.60 万立方米，公顷施肥 15 吨左右，但施肥主要集中在近地和高产作物地里，且粪肥质量差，满足不了作物生长需要。到了 70 年代末，化学肥料"三料、二铵、尿素和复合肥"开始大量应用到耕地中，以氮肥为主，氮磷肥混施，有机肥和化肥混施，提高了化肥利用率，增产效果显著，粮食产量不断增长。

3. 20 世纪 80 年代至 90 年代　中共十一届三中全会后，农民有了土地的自主经营权，随着化肥在粮食生产中作用的显著提高，农民对化肥有了强烈需求。80 年代以来，林口县农业用肥发生了变化，从粪肥当家到有机肥与无机肥相结合，呈现出多元化的发展势头，使用化肥的品种和数量逐年增加，使用农家肥和秸秆还田以提高地力，也得到重视。这些都为农业增产增收创造了良好的条件，氮、磷、钾的配施在农业生产中得到应用，氮肥主要是硝酸铵、尿素、硫酸铵，磷肥以磷酸二铵为主，钾肥、复合肥、微肥、生物肥和叶面肥推广面积也逐渐增加。

4. 20 世纪 90 年代至今　随着农业部配方施肥技术的深化和推广，针对当地农业生产实际进行了施肥技术的重大改革，开始对林口县耕地土壤化验分析，根据土壤测试结果，结合 3414 等田间肥效研究试验，形成相应配方，指导农民科学施用肥料，实现了氮、磷、钾和微量元素的配合使用。2009 年，化肥施用量增加到 57 433 吨，从 1987—2009 年这 22 年间，化肥年用量增加了 49 851 吨，增长 657.49%。

（二）开展专题调查的必要性

耕地是作物生长的基础，了解耕地土壤的地力状况和供肥能力是实施平衡施肥最重要的技术环节，因此开展耕地地力评价，查清耕地的各种营养元素的状况，对提高科学施肥技术水平，提高化肥利用率，改善作物品质，防止环境污染，维持农业可持续发展等都有着重要的意义。

所谓平衡施肥，就是根据土壤测试、田间试验数据，吸收已有的施肥经验，根据农作物需肥规律，养分利用系数，合理确定适用于不同土壤类型、不同作物品种提出氮、磷、钾及中微量元素的适宜比例和肥料配方。

1. 开展耕地地力调查，提高平衡施肥技术水平，是稳定粮食生产、保证粮食安全的需要　保证和提高粮食产量是人类生存的基本需要。粮食安全不仅关系到经济发展和社会稳定，还有深远的政治意义。近年来，我国一直把粮食安全作为各项工作的重中之重，随着经济和社会的不断发展，耕地逐渐减少和人口不断增加的矛盾将更加激烈，21 世纪人类将面临粮食等农产品不足的巨大压力，林口县作为国家商品粮基地是维持国家粮食安全的坚强支柱，必须充分发挥科技保证粮食的持续稳产和高产。平衡施肥技术是节本增效、增加粮食产量的一项重要技术，随着作物品种的更新、布局的变化，土壤的基础肥力也发生了变化，在原有基础上建立起来的平衡施肥技术体系已不能适应新形势下粮食生产的需要，必须结合本次耕地地力调查和评价结果对平衡施肥技术进行重新研究，制订适合本地生产实际的平衡施肥技术措施。

2. 开展耕地地力调查，提高平衡施肥技术水平，是增加农民收入的需要　林口县是以农业为主的县级县，粮食生产收入占农民收入的比重很大，是维持农民生产和生活所需的根本。在现有条件下，自然生产力低下，农民不得不靠投入大量费用来维持粮食的高产。目前，化肥投入占整个生产投入的 50% 以上，但化肥效益却逐年下降。只有对林口县的耕地地力进行认真调查与评价，更好地发挥平衡施肥技术的增产潜力，提高化肥利用率，达到增产增收的目的。

3. 开展耕地地力调查，提高平衡施肥技术水平，是发展绿色农业的需要 中国加入WTO对农产品提出了更高的要求，农产品流通不畅的根本原因是质量低、成本高，农业生产必须从单纯地追求高产、高效向无公害、绿色、有机食品方向发展，这对施肥技术提出了更高、更严的要求，这些问题的解决都必须要求了解和掌握耕地土壤肥力状况，掌握无公害农产品、绿色食品、有机食品对肥料施用的质化和量化的要求，所以，必须进行平衡施肥的专题研究。

二、调查方法和内容

（一）布点与土样采集

依据《耕地地力调查与质量评价技术规程》，利用林口县归并土种后的数据的土壤图、基本农田保护图和土地利用现状图叠加产生的图斑作为耕地地力调查的调查单元。本次参与评价的林口县 11 乡（镇）基本农田面积 107 464.73 公顷，按照 65～100 公顷一个采样点的原则，样点布设覆盖了全县所有的村屯与土壤类型。土样采集是在春播前进行的。在选定的地块上进行采样，大田采样深 0～20 厘米，每块地平均选取 15 个点，用四分法留取土样 1 千克做化验分析，并用 GPS 定位仪进行定位，采集土壤样品 1 302 个。

（二）调查内容

布点完成后，按照农业部测土配方施肥技术规范中的《测土配方施肥采样地块基本情况调查表》《农户施肥情况调查表》内容，对取样农户农业生产基本情况进行了详细调查。

三、专题调查的结果与分析

（一）耕地肥力状况调查结果与分析

本次耕地地力调查与质量评价工作，共对 1 302 个土样的有机质、全氮、全磷、全钾、碱解氮、有效磷、速效钾、有效锌、pH 等进行了分析，统计结果见附表 3 - 2。

附表 3 - 2　林口县耕地养分含量统计值

	有机质 （克/千克）	碱解氮 （毫克/千克）	有效磷 （毫克/千克）	速效钾 （毫克/千克）	pH	全氮 （克/千克）
平均值	41.40	193.40	37.20	123.00	5.90	2.28
最大值	110.80	656.10	99.50	380.00	8.00	6.42
最小值	4.10	43.30	2.10	25.00	4.30	0.28
	全磷 （毫克/千克）	全钾 （克/千克）	Zn （毫克/千克）	Cu （毫克/千克）	Fe （毫克/千克）	Mn （毫克/千克）
平均值	1 158.00	24.70	1.96	1.32	48.60	28.50
最大值	2 144.00	32.10	8.93	3.73	579.00	74.90
最小值	725.00	12.30	0.10	0.08	1.60	1.50

　　与第二次土壤普查时相比较，只有有效磷有所增加，其余各项均为下降趋势。主要原因是地力过度消耗，重施无机肥，轻有机肥，施肥比例不合理，磷酸二铵施用量过大。26年后耕地养分变化情况见附表3-3及附图3-1。

附表3-3　林口县耕地养分平均值对照

调查时间	有机质 （克/千克）	碱解氮 （毫克/千克）	有效磷 （毫克/千克）	速效钾 （毫克/千克）	全氮 （克/千克）	全磷 （毫克/千克）
第二次土壤普查	46.90	220.90	17.60	162.50	2.86	2 055.00
本次土壤调查	41.40	193.40	37.20	123.20	2.28	1 158.00

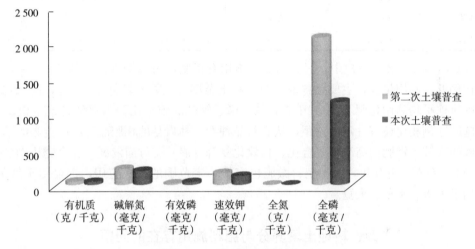

附图3-1　耕地养分变化对比图

　　1. 土壤有机质　调查结果表明：耕地土壤有机质平均含量41.40克/千克，变幅在4.10～110.80克/千克；第二次土壤普查时为46.90克/千克，有机质平均下降5.50克/千克，下降比例为11.73%。

　　2. 碱解氮　调查结果表明：耕地土壤碱解氮平均含量193.40毫克/千克，变幅在43.30～656.10毫克/千克；第二次土壤普查时为220.90毫克/千克，碱解氮平均下降27.50毫克/千克，下降比例为12.45%。

　　3. 有效磷　调查结果表明：耕地土壤有效磷平均含量37.20毫克/千克，变幅在2.10～99.50毫克/千克；第二次土壤普查时为17.60毫克/千克，有效磷平均上升19.60毫克/千克，上升比例111.36%。原因为施肥比例不合理，追求片面生产效益，磷酸二铵施用量过大，土壤产生颉颃作用，磷素长年累积形成。

　　4. 速效钾　调查结果表明：耕地土壤速效钾平均含量123.20毫克/千克，变幅在25～380毫克/千克；第二次土壤普查时为162.50毫克/千克，速效钾平均下降39.30毫克/千克，下降比例24.18%。

　　5. 土壤全氮　调查结果表明：耕地土壤全氮平均含量2.28克/千克，变幅在0.28～6.42克/千克；第二次土壤普查时为2.86克/千克，全氮平均下降0.58克/千克，下降比例20.28%。

6. 土壤全磷 调查结果表明：耕地土壤全磷平均含量 1 158 毫克/千克，变幅在 725～ 2 144 毫克/千克；第二次土壤普查时为 2 055 毫克/千克，全磷平均下降 897 毫克/千克，下降比例 43.65%。

（二）全县施肥情况调查结果与分析

以下为林口县本次调查农户肥料施用情况，共计调查 1 302 户农民（附表 3 - 4）。

附表 3 - 4 林口县各类作物施肥情况统计

单位：千克/公顷

施肥量	N	P$_2$O$_5$	K$_2$O	N∶P$_2$O$_5$∶K$_2$O
大豆	46.90	64.60	25.60	1.00∶1.38∶0.55
玉米	89.70	47.90	28.70	1.00∶0.53∶0.32
水稻	82.80	27.40	28.90	1.00∶0.33∶0.35

在调查的 1 302 户农户中，只有 352 户施用有机肥，占总调查户数的 27.04%，农肥施用比例低、施用量少，主要是禽畜过圈粪和土杂肥等。处于较低水平。林口县 2009 年每公顷耕地平均施用化肥 285.70 千克，氮、磷、钾肥的施用比例 1.00∶0.56∶0.39，与科学施肥比例相比还有一定的差距，从肥料品种看，林口县的化肥品种已由过去的单质尿素、磷酸二铵、钾肥向高浓度复合化、长效化复合（混）肥方向发展，复合肥比例已上升到 39.60% 左右。近几年，叶面肥、微肥也有了一定范围的推广应用，主要用于瓜菜类，其次用于玉米、水稻、大豆。

四、耕地土壤养分与肥料施用存在的问题

1. 耕地土壤养分失衡 本次调查表明，林口县耕地土壤中养分呈不平衡消涨，土壤有机质下降 11.70%，有效磷上升 111.40%，土壤速效钾下降 24.70%。

耕地土壤有机质不断下降的原因是：开垦的年限比较长，近些年有机肥施用的数量过少，而耕地单一施用化肥的面积越来越大、土壤板结、通透性能差、致使耕地土壤越来越硬；农机田间作业质量下降，耕层越来越浅，致使土壤失去了保肥保水的性能。

土壤有效磷含量增加的原因是以前大面积过量施用磷酸二铵，并且磷的利用率较低（不足 20%），使磷素在土壤中富集。

土壤速效钾含量下降的原因是以前只注重氮磷肥的投入，忽视钾肥的投入，钾素成为目前限制作物产量的主要限制因子。

2. 重化肥轻农肥的倾向严重，有机肥投入少、质量差 目前，农业生产中普遍存在着重化肥轻农肥的现象，过去传统的积肥方法已不复存在。由于农村农业机械化的普及提高，有机肥源相对集中在少量养殖户家中，这势必造成农肥施用的不均衡和施用总量的不足。在农肥的积造上，由于没有专门的场地，农肥积造过程基本上是露天存放，风吹雨淋造成养分的流失，使有效养分降低，影响有机肥的施用效果。

3. 化肥的使用比例不合理 部分农民不根据作物的需肥规律、土壤的供肥性能科学合理施肥，大部分盲目施肥，造成施肥量偏高或不足，影响产量的发挥，有些农民为了省

工省时，没有从耕地土壤的实际情况出发，采取一次性施肥不追肥，这样对保水保肥条件不好的瘠薄性地块，容易造成养分流失和脱肥现象，限制作物产量。

五、平衡施肥规划和对策

（一）平衡施肥规划

依据《耕地地力调查与质量评价规程》，林口县基本农田分为5个等级附表3-5。

附表3-5　各利用类型基本农田统计

地力分级	地力综合指数分级（IFI）	耕地面积	占基本农田面积（%）	产　　量
一级	>0.82	7 054.73	6.57	>8 000.00
二级	0.76~0.82	32 234.4	30.00	7 500.00~8 000.00
三级	0.70~0.76	41 153.7	38.29	6 000.00~7 500.00
四级	0.64~0.70	15 954.2	14.84	5 500.00~6 000.00
五级	<0.64	11 067.7	10.30	<5 500.00

根据各类土壤评等定级标准，把林口县各类土壤划分为3个耕地类型：

高肥力土壤：包括一级地和二级地。

中肥力土壤：包括三级地。

低肥力土壤：包括四级地和五级地。

根据3个耕地土壤类型制订林口县平衡施肥总体规划。

1. 玉米平衡施肥技术　根据林口县耕地地力等级、玉米种植方式、产量水平及有机肥使用情况，确定林口县玉米平衡施肥技术指导意见（附表3-6、附表3-7）。

附表3-6　北部河谷平原区玉米施肥模式

单位：千克/公顷

地力等级		目标产量	有机肥	N	P_2O_5	K_2O	N、P、K比例
高肥力区	一级二级	11 250.00	22 500.00	86.30	32.50	25.20	1.00：0.38：0.29
中肥力区	三级	8 400.00	22 500.00	105.60	51.60	35.80	1.00：0.49：0.34
低肥力区	四级五级	6 500.00	22 500.00	124.70	70.60	43.40	1.00：0.57：0.35

附表3-7　中西部漫岗区玉米施肥模式

单位：千克/公顷

地力等级		目标产量	有机肥	N	P_2O_5	K_2O	N、P、K比例
高肥力区	一级二级	9 500.00	22 500.00	82.30	32.50	25.00	1.00：0.39：0.30

（续）

地力等级		目标产量	有机肥	N	P_2O_5	K_2O	N、P、K 比例
中肥力区	三级	7 500.00	22 500.00	102.50	50.50	35.50	1.00：0.49：0.35
低肥力区	四级	6 000.00	22 500.00	122.50	68.50	41.50	1.00：0.56：0.34
	五级						

在肥料施用上，提倡底肥和追肥相结合。氮肥：全部氮肥的 1/3 做底肥，2/3 做追肥。磷肥：全部磷肥做底肥。钾肥：全部做底肥随氮肥和磷肥深层施入。

2. 水稻平衡施肥技术 根据林口县水稻土地力分级结果，作物生育特性和需肥规律，提出水稻土施肥技术模式（附表 3-8）。

附表 3-8 水稻施肥技术模式

单位：千克/公顷

地力等级		目标产量	有机肥	N	P_2O_5	K_2O	N、P、K 比例
高肥力区	一级	9 500.00	15 000.00	85.50	36.50	25.80	1.00：0.43：0.30
	二级						
中肥力区	三级	8 250.00	18 000.00	103.50	48.50	35.30	1.00：0.47：0.34
低肥力区	四级	6 500.00	22 500.00	120.50	56.80	46.50	1.00：0.47：0.39
	五级						

根据水稻氮素的两个高峰期（分蘖期和幼穗分化期），采用前重、中轻、后补的施肥原则。前期 40% 的氮肥做底肥，分蘖肥占 30%，粒肥占 30%。磷肥：做底肥一次施入。钾肥：底肥和拔节肥各占 50%。除氮、磷、钾肥外，水稻对硫、硅等中微量元素需要量也较大，因此要适当施用含硫和含硅等肥料，每公顷施用量 15 千克左右。

3. 大豆平衡施肥技术 根据林口县耕地地力等级、大豆种植方式、产量水平及有机肥使用情况，确定林口县大豆平衡施肥技术指导意见（附表 3-9、附表 3-10）。

附表 3-9 北部河谷平原区大豆施肥模式

单位：千克/公顷

地力等级		目标产量	有机肥	N	P_2O_5	K_2O	N、P、K 比例
高肥力区	一级	11 250.00	22 500.00	34.80	59.30	28.80	1.00：1.70：0.83
	二级						
中肥力区	三级	8 400.00	22 500.00	40.50	63.80	35.90	1.00：1.58：0.88
低肥力区	四级	6 500.00	22 500.00	46.50	70.50	45.80	1.00：1.52：0.98
	五级						

附表 3 - 10　中西部漫岗区大豆施肥模式

单位：千克/公顷

地力等级		目标产量	有机肥	N	P_2O_5	K_2O	N、P、K 比例
高肥力区	一级	9 500.00	22 500.00	32.60	58.60	26.60	1.00∶1.80∶0.82
	二级						
中肥力区	三级	7 500.00	22 500.00	37.80	61.90	35.80	1.00∶1.64∶0.95
低肥力区	四级	6 000.00	22 500.00	45.50	68.80	43.90	1.00∶1.51∶0.97
	五级						

在肥料施用上将全部的氮磷钾肥用做底肥，并在生育期间喷施二次叶面肥。

（二）平衡施肥对策

通过开展耕地地力调查与评价、施肥情况调查和平衡施肥技术，总结出林口县总体施肥概况为：总量偏高，比例失调，方法不尽合理。具体表现在氮肥普遍偏高，钾和微量元素肥料相对不足。根据林口县农业生产情况，科学合理施用的总的原则是：减氮、稳磷、增钾和补微。围绕种植业生产制订出平衡施肥的相应对策和措施。

1. 增施优质有机肥料，保持和提高土壤肥力　积极引导农民转变观念，从农业生产的长远利益和大局出发，加大有机肥积造数量，提高有机肥质量，扩大有机肥施用面积，制订出沃土工程的近期目标。一是在根茬还田的基础上，逐步实现高根茬还田，增加土壤有机质含量。二是大力发展畜牧业，通过过腹还田，补充、增加堆肥、沤肥数量，提高肥料质量。三是大力推广畜禽养殖场，将粪肥工厂化处理，发展有机复合肥生产，实现有机肥的产业化、商品化。四是针对不同类型土壤制订出不同的技术措施，并对这些土壤进行跟踪化验，建立技术档案，设置耕地地力监测点，监测观察结果。

2. 加大平衡施肥的配套服务　推广平衡施肥技术，关键在技术和物资的配套服务，解决有方无肥、有肥不专的问题。因此，要把平衡施肥技术落到实处，必须实行"测、配、产、供、施"一条龙服务。通过配肥站的建立，生产出各施肥区域所需的专用型肥料，农民依据配肥站贮存的技术档案购买到自己所需的配方肥，确保技术实施到位。

3. 制订和实施耕地保养的长效机制　尽快制定出适合当地农业生产实际，能有效保护耕地资源，提高耕地质量的地方性政策法规，建立科学耕地养护机制，使耕地利用向良性方向发展。

附录4 林口县耕地地力评价工作报告

林口县位于黑龙江省东南部，牡丹江市北部，地处张广才岭、老爷岭和完达山脉交接处，北纬 44°38′～45°58′，东经 129°17′～130°46′，是全国资源富县，全国优质烟生产基地县，是黑龙江省蚕业发源地，200 000 公顷人工林县，石材、大豆出口基地县。林口县共有 11 个乡（镇），176 个行政村，8 个县属国有林场，6 个县属国有农牧场，3 个森工局。全县总面积为 669 013 公顷，耕地面积为 122 524 公顷，2009 年粮食总产为 4.67 亿千克，人均收入 7 240 元。因五林镇 2010 年 5 月行政归属牡丹江市区，只有县属的 11 个乡（镇）纳入了此次耕地地力评价工作，县属其他国有林场、农牧场、森工局这次没有纳入评价范围。主要土壤类型有 7 个。其中，暗棕壤土类面积占总耕地面积的 56%。多年来，林口县的耕地质量经历了从盲目开发到科学可持续利用的过程，适时开展耕地地力评价是发展效益农业、生态农业、可持续发展农业的有力举措。

一、耕地地力评价的目的与意义

耕地地力评价是利用测土配方施肥调查数据，通过县域耕地资源管理信息系统，建立县域耕地隶属函数模型和层次分析模型而进行的地力评价。开展耕地地力评价是测土配方施肥补贴项目的一项重要内容，是摸清耕地资源状况，提高土地生产力和耕地利用效率的基础性工作。对促进和指导林口县现代农业发展具有一定的指导意义。

（一）耕地地力评价是深化测土配方施肥项目的必然要求

测土配方施肥不仅仅是一项技术，还是提高施肥效益、实现肥料资源优化配置的基础性工作。不论是面对千家万户还是面对规模化的生产模式，为生产者施肥提供指导都是一项任务繁重的工作，现在的技术推广服务模式从范围和效果上都难以适应。必须利用现代技术，采用多种形式为农业生产者提供方便、有效的咨询和指导服务。以县域耕地资源管理信息系统为基础，可以全面、有效地利用第二次土壤普查、肥料田间试验和测土配方施肥项目的大量数据，建立测土配方施肥指导信息系统，从而达到科学划分施肥分区、提供因土因作物的合理施肥建议，通过网络等方式为农业生产者提供及时有效的技术服务。因此，开展耕地地力评价是测土配方施肥不可或缺的环节。

（二）耕地地力评价是掌握耕地资源质量状态的迫切需要

第二次土壤普查结束近 30 年了，耕地质量状态的全局情况不是十分清楚，对农业生产决策造成了影响。通过耕地地力评价这项工作，充分发掘整理第二次土壤普查资料，结合这次测土配方施肥项目所获得的大量养分监测数据和肥料试验数据，建立县域的耕地资源管理信息系统，可以有效地掌握耕地质量状态，逐步建立和完善耕地质量的动态监测与预警体系，系统摸索不同耕地类型土壤肥力演变与科学施肥规律，为加强耕地质量建设提供依据。

（三）耕地地力评价是加强耕地质量建设的基础

耕地地力评价结果，可以很清楚地揭示不同等级耕地中存在的主导障碍因素及其对粮食生产的影响程度。因此，也可以说是一个决策服务系统。对耕地质量状态的全面把握，我们就能够根据改良的难易程度和规模，做出先易后难的正确决策。同时，也能根据主导的障碍因素，提出更有针对性的改良措施，决策更具科学性。

耕地质量建设对保证粮食安全具有十分重要的意义。没有高质量肥沃的耕地，就不可能全面提高粮食单产。耕地数量下降和粮食需求总量增长，决定了我们必须提高单产。1996年，我国耕地总面积为 1.30 亿公顷，2006 年年底降为 1.20 亿公顷，10 年净减少 8 267 000 公顷。从长远看，随着工业化、城镇化进程的加快，耕地减少的趋势仍难以扭转。受人口增长、养殖业发展和工业需求拉动，粮食消费快速增长，近 10 年我国粮食需求总量一直呈刚性增长，尤其是工业用粮增长较快，并且对粮食的质量提出新的更高要求。

随着测土配方施肥项目的常规化，我们不断地获得新的养分状况数据，不断更新耕地资源管理信息系统，使我们及时掌握耕地质量状态。因此，耕地地力评价是加强耕地质量建设的必不可少的基础工作。

（四）耕地地力评价是促进农业资源优化配置的现实需求

耕地地力评价因素都是影响耕地生产能力的土壤性状和土壤管理等方面的自然要素，如耕地的土壤养分含量、立地条件、剖面性状、障碍因素和灌溉、排水条件等，这些因素本身就是我们决定种植业布局时需要考虑的因素。耕地地力评价为我们调整种植业布局，实现农业资源的优化配置提供了便利的条件和科学的手段，使不断促进农业资源的优化配置成为可能。

林口县属于农业县，现有土地面积 669 013 公顷，基本农田 122 524 公顷。在国家的支持下，农业生产发展速度很快。在我国已加入 WTO 和国内的农业市场经济已逐步确立的新形势下，林口县的农业生产已经进入了一个新的发展阶段。近年来，林口县的种植业结构调整已稳步开始，无公害生产基地建设已开始启动，特别是 2004 年中央 1 号文件的贯彻执行，"一免两补"政策的落实，极大地调动了广大农民种粮的积极性。大力发展农业生产，促进农村经济繁荣，提高农民收入，已经变成了林口县广大干部和农民的共同愿望。但无论是进一步增加粮食产量，提高农产品质量，还是进一步优化种植业结构，建立无公害农产品生产基地以及各种优质粮食生产基地，都离不开农作物赖以生长发育的耕地，都必须了解耕地的地力状况及其质量状况。

在第二次土壤普查过后 20 多年的过程中，农村经营管理体制、耕作制度、使用品种、肥料使用数量和品种、种植结构、产量水平、病虫害防治手段等许多方面都发生了巨大的变化。这些变化对耕地的土壤肥力以及环境质量必然会产生巨大的影响。然而，在这 20 多年的过程中，对林口县的耕地土壤却没有进行过全面调查，只是在 20 世纪 90 年代进行了测土配方施肥。因此，开展耕地地力评价工作，对优化种植业结构，建立各种专用农产品生产基地，开发无公害农产品和绿色食品，推广先进的农业技术，不仅是必要的，而且是迫切的。这对于促进林口县农业生产的进一步发展，粮食产量的进一步提高，都具有现实意义。

二、工作组织与方法

开展耕地地力调查和质量评价工作，是林口县在农业生产进入新阶段的一项基础性的工作。根据农业部制定的《全国耕地地力评价总体工作方案》和《耕地地力调查与质量评价技术规程》的要求。我们从组织领导、方案制定、资金协调等方面都做了周密的安排，做到了组织领导有力度，每一步工作有计划，资金提供有保证。

（一）建立领导组织

1. 成立工作领导小组　本次耕地地力评价工作受到了林口县委、县政府的高度重视，按照黑龙江省土壤肥料管理站（以下简称土肥站）的统一要求，成立了林口县"耕地地力评价"工作领导小组，县政府副县长陈效杰为组长，县农委主任王业范和林口县农业技术推广中心主任孙万才为副组长。领导小组负责组织协调，制定工作计划，落实人员，安排资金，指导全面工作。

林口县耕地地力调查与评价组织

（1）林口县耕地地力调查与评价领导小组：

组　长：陈效杰	林口县人民政府		副县长
副组长：王业范	林口县农业委员会		主　任
孙万才	林口县农业技术推广中心		主　任

成　员：李品隽　孙加力　王凤文　刘小钰　李品著

（2）林口县耕地地力调查与评价实施小组：

组　长：孙万才	林口县农业技术推广中心		主　任
副组长：李品隽	林口县农业技术推广中心		副主任
李品著	林口县农业技术推广中心土肥站		站　长

成　员：顾彩艳　于晓凤　梁伟臣　邹本东　刘春明　赵书山　刘玉峰

　　　　罗立新　唐晓瑜　石佩军　韩福成　李洪良　刘洪国

①林口县耕地地力评价野外调查小组

组　长：李品著

成　员：顾彩艳　徐茂财　彭　峰　于晓凤　纪　成　于春玲　冀连英

　　　　姜　帆　李宏伟　赵文琦　郭鸿军

②林口县耕地地力调查与评价分析测试人员

组　长：李品著

成　员：顾彩艳　徐茂财　彭　峰　于晓凤　孙丽萍　张录焱　韩兴华

　　　　刘玉波　于春玲　刘玉芬　冀连英　王春鹏　李宏伟　赵文琦

　　　　于福明　万国伟　潘玉芳　纪　成　张立文　董宝龙　姜　帆

③林口县耕地地力调查与评价专家评价组成员

　　　　孙万才　李品隽　李品著

（3）林口县耕地地力评价顾问专家：辛洪生　汪君利　汤彦辉

2. 成立项目工作办公室　在领导小组的领导下，成立了"林口县耕地地力调查与评价"工作办公室，办公室设置在农业技术推广中心，由县农业技术推广中心主任任主任，推广中心副主任和土肥站站长任副主任，办公室成员由土肥站人员和各乡（镇）农技站长组成。工作办公室按照领导小组的工作安排具体组织实施。办公室制定了"林口县耕地地力调查与评价工作方案"，编排了"林口县耕地地力调查与评价工作日程"。办公室下设野外调查组、技术培训组、分析测试组、软件应用组、报告编写组，各组有分工、有协作。

野外调查组由县农业技术推广中心和乡（镇）的农技推广站人员组成。县农业技术推广中心有14人参加，每个乡（镇）抽调3人，分成11组，每个组负责1个乡（镇），全县11个乡（镇）共有47人参加了野外调查。主要负责样品采集和农户调查等。通过检查达到了规定的标准，即样品具有代表性，具有记录完整性（有地点、农户姓名、经纬度、采样时间、采样方法）等。

技术培训组负责参加省里组织的各项培训和对林口县参加耕地地力评价人员的技术培训。

分析测试组负责样品的制备和测试工作。严格执行国家或行业标准或规范，坚持重复试验，控制精密度，每批样品不少于10％～15％重复样，每批测试样品都有标准样或参比样，减少系统误差。从而提高检测样品的准确性。

软件应用组主要负责耕地地力调查与评价的软件应用。

报告编写组主要负责在开展耕地地力调查与评价的过程中，按照省土肥站《调查指南》的要求，收集林口县有关的大量基础资料，特别是第二次土壤普查资料。保证编写内容不漏项，有总结、有分析、有建议和有方法等，按期完成任务。

（二）技术培训

耕地地力调查是一项时间紧、技术强、质量高的业务工作，为了使参加调查、采样、化验的工作人员能够正确掌握技术要领。我们及时参加省土肥站组织的化验分析人员培训班和推广中心主任、土肥站长地力评价培训班的学习。继黑龙江省培训班之后林口县举办了2期培训班。第一期培训班，主要培训本县参加外业调查和采样的人员，第二期培训班，主要培训各乡（镇）、村级参加外业调查和采样的人员，以土样的采集为主要内容，规范采集方法。同时，林口县还选派1人去扬州学习地力评价软件和应用程序，为林口县地力评价打下了良好的基础。

（三）收集资料

1.数据及文本资料　主要收集数据和文本资料有：第二次土壤普查成果资料，基本农田保护区划定统计资料，林口县各乡（镇）、场、村近3年种植面积、粮食单产、总产统计资料，林口县乡（镇）、场历年化肥销售、使用资料，林口县历年土壤、植株测试资料，测土配方施肥土壤采样点化验分析及GPS定位仪定位资料，林口县农村及农业生产基本情况资料。同时，从相关部门获取了气象、农机、水产等相关资料。

2.图件资料　我们按照省土肥站《调查指南》的要求，收集了林口县有关的图件资料，具体图件是：林口县土壤图、林口县土地利用现状图、林口县行政区划图、地形图。

3.资料收集整理程序　为了使资料更好地成为地力评价的技术支撑，我们采取了收集-登记-完整性检查-可靠性检查-筛选-分类-编码-整理-归档等程序。

（四）聘请专家，确定技术依托单位

聘请黑龙江省土壤肥料管理站、农垦地理所作为专家顾问组，这些专家能够及时解决我们地力评价中遇到的问题，提出合理化的建议，在他们的帮助和支持下，使我们圆满地完成了林口县地力评价工作。

由省土肥站牵头，确定黑龙江极象动漫影视技术有限公司为技术依托单位，完成了图件矢量化和工作空间的建立。

（五）技术准备

1. 确定耕地地力评价因子　评价因子是指参与评定耕地地力等级的耕地诸多属性。影响耕地地力的因素很多，在本次耕地地力评价中选取评价因子的原则：一是选取的因子对耕地地力有比较大的影响；二是选取的因子在评价区域内的变异较大，便于划分耕地地力的等级；三是选取的评价因素在时间序列上具有相对的稳定性；四是选取评价因素与评价区域的大小有密切的关系。依据以上原则，经专家组充分讨论，结合林口县土壤和农业生产等实际情况，分别从全国共用的地力评价因子总集中选择出 9 个评价因子（pH、有机质、有效磷、速效钾、有效锌、≥10℃积温、耕层厚度、地形部位、土壤侵蚀程度）作为林口县的耕地地力评价因子。

2. 确定评价单元　评价单元是由对耕地质量具有关键影响的各耕地要素组成的空间实体，是耕地地力评价的最基本单位、对象和基础图斑。同一评价单元内的耕地自然基本条件、耕地的个体属性和经济属性基本一致，不同耕地评价单元之间，既有差异性，又有可比性。耕地地力评价就是要通过对每个评价单元的评价，确定其地力级别，把评价结果落实到实地和编绘的土地资源图上。因此，耕地评价单元划分的合理与否，直接关系到耕地地力评价的结果以及工作量的大小。通过图件的叠置和检索，将林口县耕地地力共划分为 4 529 个评价单元。

（六）耕地地力评价

1. 评价单元赋值　影响耕地地力的因子非常多，并且它们在计算机中的存贮方式也不相同，因此如何准确地获取各评价单元评价信息是评价中的重要一环。鉴于此，我们舍弃直接从键盘输入参评因子值的传统方式，根据不同类型数据的特点，通过点分布图、矢量图、等值线图为评价单元获取数据。得到图形与属性相连，以评价单元为基本单位的评价信息。

2. 确定评价因子的权重　在耕地地力评价中，需要根据各参评因素对耕地地力的贡献确定权重，确定权重的方法很多，本评价中采用层次分析法（AHP）来确定各参评因素的权重。

3. 确定评价因子的隶属度　对定性数据采用 DELPHI 法直接给出相应的隶属度；对定量数据采用 DELPHI 法与隶属函数法结合的方法确定各评价因子的隶属函数。用 DELPHI 法根据一组分布均匀的实测值评估出对应的一组隶属度，然后在计算机中绘制这两组数值的散点图，再根据散点图进行曲线模拟，寻求参评因素实际值与隶属度关系方程从而建立起隶属函数。

4. 耕地地力等级划分结果　采用累计曲线法确定耕地地力综合指数分级方案。这次耕地地力评价将林口县 11 个乡（镇）耕地面积 107 464.73 公顷划分为 5 个等级：一级地 7 054.73 公顷，占耕地总面积的 6.57%；二级地 32 234.4 公顷，占 30%；三级地 41 153.70 公顷，占耕地总面积的 38.290%；四级地 15 954.20 公顷，占 14.84%；五级地 11 067.70 公顷，占 10.30%。一级、二级地属高产田土壤，面积共 39 289.13 公顷，占 36.57%；三级为中产田土壤，面积为 41 153.70 公顷，占耕地总面积的 38.290%。四级、五级为低产田土壤，面积 27 021.90 公顷，占耕地总面积的 25.14%。

5. 成果图件输出　为了提高制图的效率和准确性，在地理信息系统软件 MAPGIS 的支持下，进行耕地地力评价图及相关图件的自动编绘处理，其步骤大致分以下几步：扫描矢量化各基础图件→编辑点、线→点、线校正处理→统一坐标系→区编辑并对其附属性→根据属性附颜色→根据属性加注记→图幅整饰输出。另外，还充分发挥 MAPGIS 强大的空间分析功能，用评价图与其他图件进行叠加，从而生成专题图、地理要素底图和耕地地力评价单元图。

6. 归入全国耕地地力等级体系　根据自然要素评价耕地生产潜力，评价结果可以很清楚地表明不同等级耕地中存在的主导障碍因素，可直接应用于指导实际的农业生产。农业部于 1997 年颁布了"全国耕地类型区、耕地地力等级划分"农业行业标准。该标准根据粮食单产水平将全国耕地地力划分为 10 个等级。以产量表达的耕地生产能力，年公顷单产大于 13 500 千克为一级地；年公顷单产小于 1 500 千克为十级地，每 1 500 千克为一个等级。因此，我们将耕地地力综合指数转换为概念型产量。在依据自然要素评价的每一个地力等级内随机选取 10％的管理单元，调查近 3 年实际的年平均产量，经济作物统一折算为谷类作物产量，将这两组数据进行相关分析，根据其对应关系，将用自然要素评价的耕地地力等级分别归入相应的概念型产量表示的地力等级体系。归入国家等级后，林口县只有五、六、七 3 个等级，五级地面积共 39 289.17 公顷，占耕地总面积的 36.56％；六级地面积为 41 153.70 公顷，占耕地总面积的 38.30％；七级地面积 27 021.90 公顷，占耕地总面积的 25.14％。

7. 编写耕地地力调查与质量评价报告　认真组织编写人员进行编写报告，严格按照全国农业技术推广服务中心《耕地地力评价指南》进行编写，共形成 40 多万字，使地力评价结果得到规范的保存。

三、主要工作成果

结合测土配方施肥开展的耕地地力调查与评价工作，获取了林口县有关农业生产大量的、内容丰富的测试数据、调查资料和数字化图件，通过各类报告和相关的软件工作系统，形成了对林口县农业生产发展有积极意义的工作成果。

（一）文字报告

《林口县耕地地力评价工作报告》《林口县耕地地力评价技术报告》《林口县耕地地力评价专题报告》。

（二）数字化成果图

林口县行政区划图、林口县土壤图、林口县土地利用现状图、林口县采样点位置图、林口县耕地地力评价等级图、林口县耕地土壤有机质分级图、林口县耕地土壤全氮分级图、林口县耕地土壤全磷分级图、林口县耕地土壤全钾分级图、林口县耕地土壤碱解氮分级图、林口县耕地土壤有效磷分级图、林口县耕地土壤速效钾分级图、林口县耕地土壤有效铜分级图、林口县耕地土壤有效铁分级图、林口县耕地土壤有效锰分级图、林口县耕地土壤有效锌分级图、林口县大豆适宜性评价图。

（三）进一步完善了第二次土壤普查数据资料，建立电子版数据资料库

新形成的耕地地力评价报告是二次土壤普查《林口县土壤》更新后的翻版，在内容上

比二次土壤普查更丰富了，更细化了。填补了二次土壤普查很多空白。在这次地力评价上土壤属性占的篇幅比较多，主要是为了更好地保存二次土壤普查资料。同时以电子版形式保存起来，随时查阅，改变过去以找书查资料的落后现象。

四、主要做法和经验

（一）主要做法

1. 运用高新技术，提高评价质量　为做好本次耕地地力评价工作，首先我们从最基础的工作做起，采样前一个月就着手采样布点的准备工作。运用最新的技术，通过土壤图、土地利用现状图与谷歌地球中的地形图叠加，按照土种、村屯，无一遗漏，每65～100公顷为一个采样单元的采样原则，均匀地布好点位。特别是，在2010年春季气温低、化冻晚、雨水大，采样难采样时间短的情况下，我们大大缩短了采样找点的时间，确保春季采样保质保量按时完成。

2. 统一计划，分工协作　耕地地力评价是由多项任务指标组成的，各项任务又相互联系成一个有机的整体，任何一个具体环节出现问题都会影响整体工作的质量。因此，在具体工作中，根据农业部制定的总体工作方案和技术规程，我们采取了统一计划，分工协作的做法。省里制定了统一的工作方案，按照这一方案，对各项具体工作内容、质量标准、起止时间都提出了具体而明确的要求，并作了详尽的安排。承担不同工作任务的同志都根据这一统一安排分别制订了各自的工作计划和工作日程，并实现了互相之间的协作和各项任务的完美衔接。

（二）主要经验

1. 领导重视，部门配合　进行耕地地力评价，需要多方面的资料图件，包括历史资料和现状资料，涉及国土、统计、农机、水利、畜牧、档案、气象等各个部门，在县域内进行这一工作，单靠农业部门很难在这样短的时间内顺利完成。此项工作得到了县委、县政府高度重视和支持，召开了测土配方施肥领导小组和技术小组会议，协调各部门的工作，职责明确，相互配合，形成合力，保证了在较短的时间内，把所有资料备齐，有力地促进了这项工作的开展。

2. 全面安排，突出重点　耕地地力评价这一工作的最终目的是要对调查区域内的耕地地力进行科学的实事求是的评价，这是开展这项工作的重点。我们在努力保证全面工作质量的基础上，突出了耕地地力评价这一重点。除充分发挥专家顾问组的作用外，还多方征求意见，对评价指标的选定、各参评指标的权重等进行了多次研究和探讨，提高了评价的质量。

五、资金管理

耕地地力调查与评价是测土配方施肥项目中的一部分，我们严格按照国家农业项目资金管理办法，实行专款专用，不挤不占。该项目使用资金23万元。其中，国投18万元，地方配套5万元附表4-1。

附表 4 - 1　耕地地力调查与评价经费使用明细

内　　容	使用资金	资金来源其中（万元）	
		国投	地方配套
野外调查采样费	1 500 样×20.00 元/样＝3.00 万元	4.00	0
样品化验费	1 500 样×60.00 元/样＝9.00 万元	4.00	5.00
培训、学习费	2.50 万元	2.50	0
图件矢量化	5.50 万元	5.50	0
报告编写材料费	2.00 万元	2.00	0
合　　　计	23.00 万元	18.00	5.00

六、存在的突出问题与建议

1. 耕地地力评价是一项任务比较艰巨的工作，目前经费严重不足，势必影响评价质量。

2. 原有图件陈旧，与现实的生产现状不完全符合，从最新的影像图可以看出，耕地面积和新建立图斑面积有的地方出入较大。

3. 时间紧任务重，在调查和评价过程中，很多需要再度细化的工作没有完全展开。

总之，本次的耕地地力调查和评价工作，由于人员的技术水平、时间有限，经费不足，有很多数据的调查分析工作不够全面。在今后的工作中，进一步做好此项工作，为保护和提高林口县耕地地力、保护土壤生态环境、为确保国家粮食安全生产做出新的贡献。

七、林口县耕地地力评价工作大事记

1. 2007 年 4 月 10 日，县农业技术推广中心主任和土肥站站长参加全省测土配方施肥新建项目县巴彦县采样现场会，林口县测土配方施肥工作拉开序幕。

2. 2007 年 4 月 21 日，开始了测土配方施肥第一次土样采集工作，全县农技人员全部参加，共采集土样 1 300 个，历时 16 天。

3. 2007 年 4 月 27 日，在县政府和县农委的组织下，在林口镇召开了"林口县测土配方施肥现场会"，全县 12 个乡（镇）的农业乡（镇）长、农技站长和县农业技术推广中心全部技术人员 50 多人参加了会议，会议由县农业技术推广中心主任孙万才主持，会上认真传达了《林口县二〇〇七年测土配方施肥工作方案》，县政府副县长任立军同志作了重要讲话，县农业技术推广中心土肥站站长李品著讲解并示范了土样采集技术。

4. 2007 年 6 月 21 日，对春季第一次采样开始化验测试，历时 30 天。

5. 2007 年 10 月 15 日，开始了测土配方施肥秋季第二次土样采集工作，共采集土样 2700 个，历时 21 天。

6. 2007 年 12 月 1 日，对秋季第二次采样开始化验测试，历时 53 天。

7. 2008 年 4 月 10 日，县政府召开了测土配方施肥工作会议，会议由县农业中心主任孙万才主持、县政府副县长任立军同志作了重要讲话，并对 2008 年测土配方施肥工作进行了总体部署。

8. 2008 年 10 月 16 日，开始了测土配方施肥第三次土样采集工作，共采集土样 2 093 个，历时 18 天。

9. 2008 年 12 月 2 日，对测土配方施肥第三次采样开始化验测试，历时 33 天。

10. 2009 年 4 月 16 日，县政府召开了测土配方施肥工作会议，会议由县农委副主任赵国发主持、县政府副县长陈效杰同志作了重要讲话，农业中心主任孙万才对 2009 年测土配方施肥工作做了具体部署。

11. 2009 年 4 月 18 日，开始了测土配方施肥第四次土样采集工作，共采集土样 1 920 个，历时 12 天。

12. 2009 年 12 月 2 日，对测土配方施肥第四次采样开始化验测试，历时 25 天。

13. 2009 年 12 月 1 日，土肥站的人员开始进行全县地力评价有关资料和图件的收集。

14. 2009 年 12 月 3～5 日，李品隽、李品著参加全省测土配方施肥 2007 年项目县第一次耕地地力评价项目培训班。

15. 2010 年 3 月 22～24 日，李品隽参加全省测土配方施肥 2007 年项目县第二次耕地地力评价项目培训班。

16. 2010 年 4 月 20 日，县政府召开了测土配方施肥工作会议，会议由县农委副主任赵国发主持、县政府副县长陈效杰同志作了重要讲话，农业中心主任孙万才对 2010 年测土配方施肥工作做了具体部署，并进行了地力评价土样采集技术培训。

17. 2010 年 4 月 23 日，省土肥站张晓伟科长及有关专家到林口县农业技术推广中心检查项目落实和执行情况。

18. 2010 年 4 月 30 日，开始了林口县耕地地力评价土样采集工作，共采集土样 1 530 个，历时 19 天。

19. 2010 年 7 月 2 日，对林口县耕地地力评价采样开始化验测试，历时 60 天。

20. 2010 年 9 月 10～18 日，李品著到扬州参加农业部组织的"县域耕地资源管理信息系统"应用技术培训班学习。

21. 2010 年 8 月 20 日，所有图件数字化完成。

22. 2010 年 10 月 22 日，耕地地力工作空间和评价图完成。

23. 2010 年 10 月 26 日至 11 月 15 日，开始耕地地力评价等级及作物产量核查。

24. 2010 年 12 月 20 日，项目工作报告、技术报告、专题报告的初稿完成。

附录 5　村级土壤养分统计表

附表 5-1　村级土壤养分统计表

乡(镇)	村名称	样本数	全氮 (克/千克)			全磷 (毫克/千克)			全钾 (克/千克)			有效氮 (毫克/千克)		
			平均值	最小值	最大值	平均值	最小值	最大值	平均值	最小值	最大值	平均值	最小值	最大值
刁翎	新合村	21	2.208	1.347	2.765	1 205	1 161	1 265	24.183	22.244	25.412	237.7	129.8	320.8
刁翎	五七村	13	2.287	1.347	2.582	1 208	1 181	1 233	24.434	23.339	25.412	238.2	146.9	320.8
刁翎	德胜村	54	1.517	0.960	2.593	1 198	1 130	1 348	25.384	24.201	26.007	164.6	104.5	245.1
刁翎	四合村	25	1.871	1.182	2.782	1 167	1 090	1 205	24.787	23.339	26.007	172.6	80.8	222.4
刁翎	保安村	33	1.617	0.940	2.263	1 233	1 161	1 303	25.584	24.879	26.007	121.2	116.7	230.7
刁翎	治安村	23	1.880	0.997	2.704	1 122	983	1 233	26.138	24.879	27.968	175.0	119.0	252.4
刁翎	兴龙村	17	1.944	0.988	3.895	1 148	1 071	1 205	25.534	21.590	26.757	180.2	115.4	270.4
刁翎	样子沟村	31	2.006	1.531	2.534	1 217	1 205	1 233	24.546	23.339	25.412	174.1	129.8	212.7
刁翎	胜利村	48	1.742	0.940	2.633	1 213	1 058	1 348	25.343	23.796	26.757	158.4	57.7	252.4
刁翎	永安村	37	1.609	0.813	2.998	1 191	1 007	1 348	26.031	24.560	27.968	147.6	57.7	252.4
刁翎	东沟村	25	1.908	1.132	5.687	1 197	1 161	1 265	26.134	24.560	26.757	185.8	99.8	302.8
刁翎	长青村	53	1.806	0.769	2.886	1 210	1 027	1 401	25.652	23.796	27.968	155.0	57.7	254.2
刁翎	中合村	26	2.401	1.015	3.563	1 139	1 081	1 205	25.388	20.020	27.290	170.6	68.5	216.3
刁翎	东岗子村	24	1.804	0.846	2.343	1 175	1 027	1 265	25.095	24.201	26.534	175.0	72.6	235.5
刁翎	三家子村	45	1.848	0.967	3.710	1 213	1 130	1 233	24.883	21.590	28.373	165.1	57.7	331.7
刁翎	双丰村	11	1.418	1.056	2.066	1 149	1 107	1 181	26.244	26.162	26.534	133.9	97.3	194.7
刁翎	生产村	53	2.155	2.024	2.359	1 190	1 144	1 233	25.924	25.412	26.337	166.8	158.6	184.7
刁翎	东风村	13	1.648	1.056	2.706	1 183	1 181	1 205	26.567	26.007	27.290	152.2	97.3	288.4
刁翎	东发村	4	2.870	2.704	3.035	1 275	1 265	1 303	26.162	26.162	26.162	272.3	250.7	293.8
刁翎	源发村	43	1.659	0.954	2.704	1 158	983	1 303	26.668	24.201	28.830	119.6	82.9	252.4

（续）

乡（镇）	村名称	样本数	全氮（克/千克）			全磷（毫克/千克）			全钾（克/千克）			有效氮（毫克/千克）		
			平均值	最小值	最大值	平均值	最小值	最大值	平均值	最小值	最大值	平均值	最小值	最大值
刁翎	上马蹄村	31	2.155	1.184	3.936	1 269	1 233	1 348	24.988	24.201	25.412	168.8	119.0	277.6
刁翎	下马蹄村	18	1.729	1.218	3.799	1 241	1 144	1 401	24.585	23.796	25.162	141.7	108.2	164.6
刁翎	互利村	15	2.182	1.147	2.868	1 218	1 161	1 265	20.381	16.833	23.796	162.0	97.3	198.3
刁翎	双发村	11	2.265	1.369	3.055	1 183	1 181	1 205	25.948	25.635	26.337	199.7	122.6	288.4
刁翎	二道村	11	1.741	0.936	2.994	1 177	1 098	1 233	27.883	26.162	30.579	141.9	79.3	216.3
刁翎	黑背村	35	2.018	0.958	2.778	1 183	1 144	1 233	26.350	25.412	29.345	157.5	97.3	223.5
古城	乌斯泽村	33	2.642	1.664	5.068	1 131	1 117	1 144	25.860	24.560	27.007	166.6	115.4	220.2
古城	湖北村	20	1.969	0.771	3.654	1 172	1 161	1 181	26.867	26.162	27.968	166.5	129.8	216.3
古城	河北村	30	4.252	2.144	5.492	1 140	1 044	1 205	28.290	26.757	28.830	174.2	128.6	230.7
古城	沿河村	22	2.619	1.095	4.839	1 312	1 161	1 463	25.739	23.339	28.373	200.1	162.0	248.7
古城	三村	22	2.760	1.436	4.784	1 065	923	1 161	24.810	22.244	28.373	183.8	121.9	234.3
古城	四间房村	7	2.214	2.005	2.895	1 143	1 130	1 161	27.336	27.290	27.609	185.4	179.1	187.5
古城	二村	30	3.026	1.815	5.636	1 053	923	1 161	26.377	24.879	27.609	182.7	144.2	237.9
古城	一村	6	3.334	1.623	4.705	1 086	1 027	1 130	26.107	25.635	26.337	180.3	162.2	194.7
古城	前进村	62	4.568	2.789	5.140	1 235	1 205	1 303	22.691	20.852	25.635	263.1	137.0	310.0
古城	湖水二村	53	4.296	2.275	5.740	1 131	1 058	1 233	27.021	25.162	28.830	231.8	115.4	320.8
古城	长安村	12	3.305	1.680	4.796	1 257	1 205	1 303	25.862	22.824	28.373	185.0	137.0	248.7
古城	安民村	21	3.552	1.757	5.270	1 190	955	1 348	22.242	20.020	24.879	174.9	115.4	245.1
古城	玉村	32	2.788	1.664	5.636	1 111	923	1 161	26.168	23.796	27.007	174.6	144.2	194.7
古城	马路村	18	3.220	1.459	5.652	1 110	1 007	1 233	24.620	22.244	27.968	195.6	144.2	302.8
古城	德安村	10	2.850	1.661	5.339	1 054	923	1 181	23.714	21.590	25.162	169.9	149.8	211.5
古城	四村	29	3.556	1.527	5.451	1 089	885	1 265	25.614	23.796	27.007	199.5	148.7	254.2
古城	红石村	10	3.431	2.861	4.927	1 262	1 233	1 303	23.546	22.824	24.201	257.3	160.5	295.6

（续）

乡（镇）	村名称	样本数	全氮（克/千克）			全磷（毫克/千克）			全钾（克/千克）			有效氮（毫克/千克）		
			平均值	最小值	最大值	平均值	最小值	最大值	平均值	最小值	最大值	平均值	最小值	最大值
古城	湖水一村	18	4.531	3.531	5.492	1 155	1 081	1 205	28.314	27.968	28.830	185.0	151.4	266.8
古城	新立村	18	3.734	1.771	5.155	1 026	923	1 081	26.427	25.635	27.290	158.5	93.7	320.8
建堂	北兴村	37	2.036	1.240	3.421	1 192	1 161	1 303	27.305	26.337	28.373	184.1	122.6	303.3
建堂	大盘道村	19	2.529	1.672	3.190	1 176	1 130	1 205	27.267	26.162	29.925	211.2	137.0	268.9
建堂	永进村	12	2.628	1.297	3.220	1 207	1 205	1 233	26.894	26.337	28.830	224.8	129.8	271.0
建堂	靠山村	25	2.136	1.529	3.013	1 173	1 117	1 265	28.680	27.609	29.925	177.5	135.2	230.7
建堂	河兴村	18	1.665	0.965	3.130	1 169	1 144	1 205	25.711	24.560	27.290	155.5	122.6	222.9
建堂	土城子村	23	2.026	1.121	3.867	1 189	1 144	1 205	25.929	25.412	26.337	184.0	100.9	379.9
建堂	通沟村	29	2.844	1.293	4.185	1 188	1 161	1 205	26.549	25.635	27.968	251.9	129.8	367.7
建堂	东兴村	14	2.117	0.336	3.130	1 264	1 161	1 463	26.627	24.201	28.373	174.5	68.5	222.9
建堂	马桥河村	25	2.457	1.526	2.768	1 469	1 233	1 841	25.936	23.796	27.968	201.3	129.8	266.8
建堂	小盘道村	24	2.333	0.822	2.899	1 274	1 161	1 463	23.151	20.020	26.757	183.7	79.3	283.1
建堂	红旗村	10	3.820	3.193	4.358	1 392	1 303	1 463	22.014	20.020	24.201	186.2	129.8	274.0
建堂	三合村	9	2.652	2.595	2.734	1 260	1 181	1 348	21.026	20.020	23.796	186.6	180.3	203.1
建堂	西北楞村	52	2.668	0.942	4.896	1 365	1 303	1 536	23.802	20.852	25.635	206.9	150.0	317.4
建堂	河西村	6	1.593	1.170	2.160	1 201	1 181	1 205	27.558	26.534	28.373	143.9	102.7	188.2
建堂	大百顺村	45	2.242	1.121	3.547	1 183	1 144	1 233	26.041	24.560	27.290	306.7	108.2	584.0
建堂	小百顺村	7	1.898	1.636	2.490	1 103	1 071	1 161	23.733	23.339	24.879	174.9	134.9	245.1
奎山	中三阳村	34	2.494	1.728	5.503	1 267	1 205	1 348	23.193	21.590	24.560	196.0	122.6	446.8
奎山	双龙村	22	1.935	1.613	2.192	1 227	1 181	1 265	24.509	23.796	25.162	177.0	138.6	208.7
奎山	安乐村	11	2.449	1.797	4.006	1 182	1 107	1 233	24.216	22.244	25.162	176.3	132.2	223.5
奎山	庆岭村	43	1.849	1.333	2.449	1 289	1 205	1 348	25.123	22.244	26.757	166.8	79.3	266.8
奎山	余庆村	25	2.034	1.193	2.267	1 177	1 081	1 205	23.812	22.244	24.201	226.0	100.9	299.2

（续）

乡（镇）	村名称	样本数	全氮（克/千克）			全磷（毫克/千克）			全甲（克/千克）			有效氮（毫克/千克）		
			平均值	最小值	最大值	平均值	最小值	最大值	平均值	最小值	最大值	平均值	最小值	最大值
奎山	长丰村	15	1.275	1.156	1.892	1 170	1 144	1 233	24.605	23.339	25.412	170.4	138.8	230.9
奎山	上三阳村	55	3.046	2.253	3.623	1 250	1 130	1 463	22.561	19.082	24.879	339.0	165.8	467.6
奎山	共禾村	15	3.091	1.825	5.583	1 291	1 233	1 536	24.929	23.796	25.832	257.4	147.7	450.6
奎山	太平村	14	2.489	1.634	3.037	1 181	1 117	1 303	25.376	24.560	26.007	200.8	121.8	259.7
奎山	奎山村	19	1.854	1.392	2.389	1 225	1 161	1 303	25.110	24.560	26.007	167.0	138.8	198.3
奎山	马安山村	29	2.392	1.381	3.689	1 315	983	1 463	24.992	22.244	28.830	211.6	129.8	295.6
奎山	安山村	19	1.697	1.381	2.048	1 274	1 205	1 463	25.082	24.201	25.412	171.4	153.9	201.9
奎山	吉庆村	24	2.441	1.116	3.140	1 201	1 181	1 205	25.640	24.879	26.757	189.2	108.2	266.8
奎山	后杨木村	12	1.769	1.470	2.048	1 237	1 144	1 348	26.698	25.635	29.345	149.6	127.6	187.1
奎山	林东村	12	1.897	1.277	2.560	1 194	1 107	1 303	26.383	25.635	29.345	176.9	147.8	247.5
奎山	前杨木村	13	2.462	1.564	3.815	1 158	1 044	1 303	26.576	25.832	28.373	140.0	59.4	174.6
莲花	大发村	7	2.403	0.801	3.484	1 198	1 181	1 205	25.636	25.412	26.337	190.2	144.2	245.1
莲花	东柳村	30	2.665	1.292	4.785	1 169	1 130	1 205	26.558	25.832	27.968	222.7	158.6	295.6
莲花	东河村	23	2.423	2.131	3.950	1 190	1 181	1 205	26.211	25.832	26.534	223.8	137.0	296.6
莲花	柳树村	13	1.661	1.371	2.007	1 077	1 027	1 117	26.747	26.534	27.290	173.5	134.0	213.7
莲花	江西村	35	2.153	0.888	4.264	1 048	923	1 144	27.243	26.534	27.968	213.5	135.1	353.3
莲花	莲花村	28	1.674	1.150	2.039	1 032	983	1 090	26.968	26.337	27.968	172.0	122.6	201.9
莲花	宇碇子村	23	1.307	0.560	3.218	1 055	955	1 130	26.894	26.534	27.290	167.0	115.4	255.4
莲花	新民村	11	1.058	0.761	1.341	1 026	983	1 044	26.922	26.757	27.290	138.8	132.9	147.8
莲花	新富村	18	2.685	1.554	3.382	1 002	885	1 107	27.558	26.757	28.830	231.2	176.1	263.2
林口	东关村	12	2.577	1.277	3.513	1 122	1 071	1 233	26.725	26.162	28.373	175.0	100.9	245.1
林口	镇东村	7	2.440	1.451	3.064	1 105	1 027	1 181	27.084	26.534	27.968	125.7	100.9	178.4
林口	友谊村	6	1.718	1.167	2.032	1 031	983	1 107	28.129	27.290	28.830	166.9	141.0	230.7

（续）

乡（镇）	村名称	栏本数	全氮（克/千克）			全磷（毫克/千克）			全钾（克/千克）			有效氮（毫克/千克）		
			平均值	最小值	最大值	平均值	最小值	最大值	平均值	最小值	最大值	平均值	最小值	最大值
林口	六合村	45	1.660	0.794	2.319	1 048	885	1 205	27.576	25.412	29.345	142.0	68.5	218.0
林口	七星村	18	2.139	1.470	4.693	926	787	1 071	27.508	25.832	29.925	168.5	124.4	201.4
林口	浪花村	13	1.290	0.745	2.150	968	885	1 044	26.937	25.832	27.968	140.1	93.7	219.9
林口	红升村	4	1.768	1.195	3.788	974	923	1 027	27.057	26.534	28.373	174.4	122.5	284.8
林口	阜隆村	6	1.546	1.133	2.096	954	923	983	27.890	27.007	28.373	149.8	110.0	184.4
林口	镇西村	20	1.725	1.449	2.066	936	840	1 044	28.603	27.290	29.345	164.0	113.6	219.9
林口	团结村	10	1.753	1.148	2.423	999	923	1 090	28.043	26.337	29.925	147.6	118.4	197.7
林口	兴华村	8	2.090	1.148	2.679	1 019	955	1 181	28.943	27.007	29.925	152.7	118.4	179.3
林口	新发村	5	1.560	1.185	2.153	917	840	955	28.208	27.609	29.345	135.8	79.3	201.9
林口	镇北村	13	1.748	1.475	2.267	1 041	955	1 081	27.370	27.007	28.830	163.5	115.4	196.5
林口	东丰村	8	1.841	1.157	2.753	1 052	923	1 117	27.181	26.337	28.373	165.3	115.4	199.2
林口	振兴村	13	1.614	0.851	2.062	947	840	1 058	27.789	25.162	29.345	168.2	79.3	227.1
柳树	万寿村	25	2.324	0.986	4.683	1 280	1 205	1 463	22.115	20.852	22.824	173.4	129.8	219.9
柳树	柳西村	13	1.678	1.291	2.333	1 249	1 130	1 348	23.003	22.244	23.796	168.3	140.6	198.3
柳树	复兴村	21	2.519	1.764	3.312	1 509	1 401	1 622	20.557	20.020	21.590	194.5	174.3	256.0
柳树	柳树村	53	1.904	0.693	2.854	1 223	1 058	1 622	22.816	20.852	27.007	164.0	75.7	206.6
柳树	双河村	51	2.763	1.438	3.865	1 320	1 303	1 348	21.782	21.590	22.244	246.0	122.6	285.7
柳树	嘎库村	29	1.344	0.280	3.100	1 483	1 130	1 723	21.091	20.020	22.244	144.1	43.3	256.0
柳树	柞木村	41	2.065	0.953	3.335	1 365	1 348	1 463	21.586	20.852	22.244	176.0	90.1	230.7
柳树	三道村	13	1.670	1.146	2.311	1 119	1 058	1 181	25.106	23.339	26.162	153.8	121.7	180.7
柳树	宝山村	33	2.260	0.831	3.442	1 165	1 107	1 303	24.108	20.852	26.007	263.3	108.2	656.1

（续）

乡（镇）	村名称	样本数	全氮（克/千克）			全磷（毫克/千克）			全钾（克/千克）			有效氮（毫克/千克）		
			平均值	最小值	最大值	平均值	最小值	最大值	平均值	最小值	最大值	平均值	最小值	最大值
柳树	土甸村	36	2.596	1.622	3.475	1 106	1 007	1 161	19.303	18.025	23.339	195.4	157.9	320.8
柳树	柳毛村	49	2.016	1.085	3.041	1 209	1 161	1 303	22.148	21.590	23.339	163.3	126.2	216.3
柳树	柳宝村	31	2.895	0.932	4.143	1 156	1 081	1 233	21.570	20.020	22.824	237.1	86.5	627.3
柳树	柳新村	17	2.140	1.481	5.643	1 306	1 265	1 348	21.821	21.590	22.244	151.4	115.4	248.7
柳树	榆树村	27	1.905	1.163	2.649	1 194	1 130	1 265	22.893	22.244	24.879	169.0	104.5	219.9
龙爪	龙山村	16	2.241	1.171	3.383	1 024	955	1 098	25.190	24.201	25.832	197.6	127.0	367.7
龙爪	龙爪村	66	1.818	1.019	4.014	979	840	1 071	24.117	23.339	25.162	153.5	115.4	288.4
龙爪	小龙爪村	64	2.564	1.239	4.014	1 049	983	1 144	24.463	23.796	25.635	243.0	115.4	511.9
龙爪	向阳村	40	2.349	1.685	3.221	1 059	1 007	1 117	24.494	23.796	25.162	296.2	173.0	511.9
龙爪	龙丰村	31	2.139	0.624	4.234	1 056	923	1 107	25.255	23.339	26.162	197.0	137.1	310.0
龙爪	湾龙村	19	1.395	1.083	1.731	1 033	1 007	1 071	25.428	24.560	26.534	160.1	115.4	201.9
龙爪	民主村	54	1.644	0.734	2.643	1 021	923	1 161	24.661	22.824	28.830	156.3	100.9	194.7
龙爪	高云村	43	2.153	1.292	3.265	1 114	1 058	1 161	24.461	22.244	26.337	190.9	134.7	310.0
龙爪	暖泉村	17	1.565	1.200	2.196	981	885	1 130	27.126	24.879	29.345	164.1	129.8	174.2
龙爪	山东会村	17	1.855	1.292	2.196	1 108	1 081	1 144	24.691	23.339	26.007	186.9	162.2	223.5
龙爪	红林村	14	2.029	1.221	3.194	1 078	1 058	1 107	25.959	24.201	26.534	181.8	133.4	274.0
龙爪	兴隆村	27	1.869	1.386	3.047	1 075	983	1 130	24.737	22.824	26.337	180.2	142.4	241.5
龙爪	泉眼村	42	2.532	0.902	3.456	1 361	1 265	1 401	21.858	20.852	22.244	321.3	108.2	641.7
龙爪	新龙爪村	63	1.986	0.721	3.059	1 131	955	1 265	23.538	21.590	24.879	168.4	86.5	251.3
龙爪	合发村	34	2.259	1.571	3.569	1 073	983	1 144	28.241	25.635	32.149	205.3	158.6	304.6
龙爪	植场村	13	1.730	0.820	2.453	968	923	1 027	24.166	23.796	25.412	149.3	124.2	229.5
龙爪	楚山村	40	2.377	1.435	2.931	1 191	1 144	1 265	24.551	23.339	26.162	219.8	180.3	292.0

（续）

乡（镇）	村名称	样本数	全氮（克/千克）			全磷（毫克/千克）			全钾（克/千克）			有效氮（毫克/千克）		
			平均值	最小值	最大值	平均值	最小值	最大值	平均值	最小值	最大值	平均值	最小值	最大值
龙爪	绿山村	24	2.377	1.653	4.282	1 457	1 303	1 622	22.251	21.590	23.339	198.0	165.8	278.0
龙爪	宝林村	54	2.743	1.718	3.455	1 483	1 233	1 980	21.627	20.020	23.796	278.8	144.2	656.1
龙爪	保安村	53	1.960	0.721	4.493	1 156	983	1 303	22.692	20.852	24.201	175.1	100.9	392.9
青山	亚东村	18	2.280	1.379	3.562	1 109	1 027	1 233	19.409	16.833	20.852	182.6	108.2	241.3
青山	虎山村	48	3.458	1.925	4.844	1 082	955	1 265	16.733	15.489	18.025	234.3	175.4	284.5
青山	联合村	50	2.989	0.888	4.920	954	787	1 233	16.931	12.266	19.082	229.3	122.6	288.4
青山	青山村	39	2.548	1.315	3.310	1 078	955	1 233	18.484	16.833	21.590	204.1	122.6	242.7
青山	新合村	19	2.505	1.270	3.868	1 138	1 044	1 205	15.081	13.974	16.833	206.8	133.4	288.4
青山	大二龙村	22	1.957	1.636	2.141	1 022	955	1 130	16.466	15.489	16.833	182.1	151.4	203.4
青山	亚河村	42	2.291	1.218	4.295	1 102	885	1 265	20.797	18.025	24.560	187.7	108.2	266.8
青山	永合村	47	2.401	1.379	3.442	1 093	923	1 233	17.878	16.833	20.020	180.3	108.2	230.7
青山	合乐村	39	2.575	1.152	5.192	1 272	1 181	1 401	17.035	13.974	19.082	210.1	72.1	288.4
青山	利民村	9	2.015	1.762	2.709	1 084	885	1 233	20.842	20.020	21.590	189.2	180.3	227.1
青山	小二龙村	16	2.456	1.940	3.392	890	787	1 107	17.685	15.489	20.020	212.4	173.0	350.3
青山	青平村	27	2.677	2.483	3.240	1 010	955	1 081	13.271	12.266	15.489	268.7	189.6	408.2
青山	青发村	31	2.448	1.587	2.800	889	725	983	17.878	13.974	20.852	257.7	151.4	393.7
三道通	江东村	37	1.802	1.341	2.148	1 219	1 107	1 303	27.455	26.534	27.968	155.9	122.6	252.4
三道通	大屯村	29	1.320	0.689	2.412	1 200	955	1 401	27.316	26.337	28.373	163.2	113.0	230.7
三道通	新青村	10	2.494	1.562	3.368	1 308	1 233	1 401	26.646	26.162	27.007	206.3	134.6	274.0
三道通	新建村	16	1.781	1.408	2.365	1 200	1 161	1 233	26.423	25.832	27.609	191.7	165.8	230.7
三道通	五道村	20	1.505	1.066	2.878	1 293	1 181	1 463	27.173	26.337	27.609	135.5	149.4	237.9

（续）

乡（镇）	村名称	样本数	全氮（克/千克）			全磷（毫克/千克）			全钾（克/千克）			有效氮（毫克/千克）		
			平均值	最小值	最大值	平均值	最小值	最大值	平均值	最小值	最大值	平均值	最小值	最大值
三道通	一村	32	1.171	0.634	2.093	1 267	1 181	1 401	30.500	29.925	31.317	156.1	100.9	194.7
三道通	曙光村	10	1.821	1.737	1.909	1 172	1 144	1 233	27.587	26.534	28.830	192.0	181.2	194.7
三道通	江南村	12	2.109	0.642	4.176	1 326	1 205	1 536	27.347	26.534	28.830	161.1	108.2	216.3
三道通	四道村	27	1.330	0.783	2.344	1 147	1 098	1 233	28.893	27.007	29.925	166.1	122.6	216.3
三道通	长胜村	19	2.455	0.885	4.763	1 173	1 130	1 233	28.298	27.609	28.830	216.2	140.6	268.6
三道通	二村	37	1.361	0.643	4.176	1 264	1 161	1 348	29.794	28.373	31.317	155.4	112.1	209.1
朱家	山河村	70	1.879	1.023	3.648	1 530	1 265	2 144	21.478	16.833	25.162	165.6	115.4	353.3
朱家	碱北村	33	3.716	1.730	6.119	1 535	1 463	1 622	20.731	20.020	21.590	253.9	165.8	360.5
朱家	万家村	26	3.749	1.419	5.357	1 405	1 233	1 463	22.922	22.244	24.201	315.5	172.9	439.8
朱家	牛心村	34	2.654	1.135	5.370	1 437	1 401	1 536	22.764	21.590	24.560	225.0	137.0	548.0
朱家	大碱村	54	3.095	1.703	4.868	1 438	1 348	1 536	22.171	20.852	22.824	265.9	194.7	360.5
朱家	新丰村	7	1.477	1.242	1.849	1 351	1 265	1 401	23.365	22.824	24.201	137.2	91.4	223.5
朱家	仙洞村	14	1.801	1.167	2.593	1 425	1 401	1 536	22.566	20.852	24.201	165.1	115.4	302.8
朱家	站前村	12	2.412	1.105	3.485	1 375	1 348	1 401	23.156	21.590	24.201	203.0	131.6	252.4
朱家	解放村	22	1.931	0.856	3.505	1 237	1 044	1 348	24.378	21.590	25.832	175.6	115.4	223.5
朱家	大安村	11	2.266	1.602	3.585	1 233	1 071	1 536	22.620	21.590	24.201	203.1	151.4	353.3
朱家	新胜村	10	1.829	1.560	2.153	1 199	1 044	1 265	24.485	23.796	25.832	186.4	158.6	223.5
朱家	小碱村	25	3.559	1.686	6.417	1 298	1 027	1 463	22.483	20.852	23.796	165.8	79.3	331.7
朱家	良种场村	2	2.840	2.766	2.914	1 348	1 348	1 348	23.082	22.824	23.339	246.2	242.7	249.6
朱家	新安村	2	2.416	2.400	2.431	1 432	1 401	1 463	22.244	22.244	22.244	230.3	229.0	231.6
朱家	新兴村	21	1.511	0.877	2.398	1 237	1 181	1 265	23.354	22.244	23.796	166.0	115.4	201.9
朱家	付家村	6	1.534	1.291	1.675	1 275	1 130	1 723	21.341	20.020	23.796	161.4	137.7	177.7
朱家	朱家村	4	2.356	1.351	3.038	1 432	1 401	1 463	19.944	19.082	21.590	205.0	182.7	235.9

附表 5－2　村级土壤养分统计表

乡（镇）	村名称	样本数	有效磷（毫克/千克）			速效钾（毫克/千克）			有机质（克/千克）			pH		
			平均值	最小值	最大值	平均值	最小值	最大值	平均值	最小值	最大值	平均值	最小值	最大值
刁翎	新合村	21	37.0	21.0	47.3	105	71	138	40.9	22.7	55.4	5.7	5.6	5.9
刁翎	五七村	13	38.3	22.5	44.4	99	71	106	41.3	22.7	48.0	5.8	5.6	6.2
刁翎	德胜村	54	37.3	14.1	72.6	109	76	191	27.9	17.3	43.9	5.8	5.5	6.1
刁翎	四合村	25	46.3	18.9	82.1	109	55	185	34.2	20.7	51.7	5.5	5.0	5.9
刁翎	保安村	33	53.5	34.7	71.8	150	94	268	29.8	15.7	42.5	5.9	5.6	6.3
刁翎	治安村	23	41.0	13.0	60.8	159	88	259	35.9	19.3	53.5	5.9	5.2	6.6
刁翎	兴龙村	17	46.0	20.2	63.9	122	68	185	36.0	17.9	67.5	5.8	5.6	6.2
刁翎	样子沟村	31	45.4	24.8	82.1	114	75	250	37.2	27.2	49.9	5.8	5.4	6.3
刁翎	胜利村	43	44.4	16.6	61.1	128	59	259	32.2	15.7	52.0	5.8	5.5	6.2
刁翎	永安村	37	33.9	13.0	60.8	132	59	290	30.0	14.6	55.7	5.9	5.5	6.8
刁翎	东沟村	25	42.5	25.2	58.9	136	94	257	35.0	20.3	100.6	5.7	5.5	6.0
刁翎	长青村	53	43.3	16.6	96.1	139	59	259	32.8	13.2	51.8	5.7	4.8	6.3
刁翎	中合村	26	41.7	10.4	66.5	123	69	146	47.4	18.8	73.5	5.7	5.5	6.2
刁翎	东岗子村	24	34.1	17.0	65.3	109	56	252	33.0	16.1	43.2	5.7	5.4	6.5
刁翎	三家子村	45	29.7	2.1	63.5	89	47	149	33.9	16.8	69.9	5.6	5.0	5.9
刁翎	双丰村	11	38.0	20.6	54.0	138	116	152	25.6	19.2	37.3	5.8	5.7	6.0
刁翎	生产村	53	83.6	43.3	92.5	130	126	165	40.7	34.0	43.3	5.5	5.5	6.1
刁翎	东风村	13	37.9	17.8	47.2	129	111	144	29.7	19.2	49.0	6.0	5.5	6.7
刁翎	东发村	4	39.6	39.0	40.1	150	147	152	56.3	52.8	59.8	5.4	5.3	5.5
刁翎	源发村	43	36.2	12.7	64.3	142	107	259	30.8	16.9	53.5	5.9	5.5	6.2
刁翎	上马蹄村	31	45.1	24.4	66.0	132	88	162	40.1	22.9	73.2	5.5	4.5	6.4
刁翎	下马蹄村	18	36.9	12.0	74.1	103	76	137	32.5	21.3	68.2	5.5	4.7	6.4
刁翎	互利村	15	32.4	26.2	41.1	101	87	128	37.5	20.6	47.9	5.6	5.3	5.8

（续）

乡（镇）	村名称	样本数	有效磷（毫克/千克）			速效钾（毫克/千克）			有机质（克/千克）			pH		
			平均值	最小值	最大值	平均值	最小值	最大值	平均值	最小值	最大值	平均值	最小值	最大值
刁翎	双发村	11	44.3	23.9	70.2	129	76	195	40.4	24.4	53.5	6.1	5.5	6.8
刁翎	二道村	11	35.6	21.9	55.8	126	81	144	31.7	18.2	51.8	6.0	5.7	6.3
刁翎	黑背村	35	49.7	24.9	67.1	126	89	165	35.3	18.5	47.4	5.5	5.1	6.2
古城	乌斯浑村	33	38.1	19.7	59.6	143	116	174	47.5	28.6	93.1	6.2	5.7	7.0
古城	湖北村	20	15.7	13.1	29.3	111	91	124	38.8	15.3	73.1	6.2	5.7	6.7
古城	河北村	30	28.6	16.1	55.6	136	68	192	75.4	39.0	94.0	6.2	5.1	6.9
古城	沿河村	22	21.3	16.6	38.5	101	48	244	48.4	19.3	90.4	5.8	5.4	6.2
古城	三村	22	34.2	19.7	50.8	125	61	204	50.3	28.0	93.8	6.0	5.5	6.7
古城	四间房村	7	50.7	40.4	54.8	135	130	152	37.6	33.8	49.7	6.0	5.8	6.0
古城	二村	30	38.2	23.9	67.7	156	96	206	53.3	32.6	95.7	6.0	5.6	6.6
古城	一村	6	50.2	24.3	59.6	166	117	250	63.6	29.7	91.2	6.6	6.0	7.0
古城	前进村	62	25.4	11.3	56.6	131	114	243	83.7	51.7	96.7	5.6	5.2	6.8
古城	湖水二村	53	31.4	15.3	49.2	159	74	254	78.3	43.0	98.1	6.1	5.3	7.3
古城	长安村	12	39.3	12.4	57.9	143	38	195	60.6	28.6	95.0	6.2	5.9	7.1
古城	安民村	21	40.3	18.2	72.7	124	64	303	63.6	32.6	94.5	6.2	5.4	6.8
古城	五村	32	43.4	19.7	67.7	142	112	186	50.4	28.6	95.5	6.2	6.0	7.0
古城	马路村	18	41.2	36.8	66.9	161	104	211	58.8	29.2	95.1	6.2	5.8	6.5
古城	德安村	10	36.8	20.6	61.1	153	124	226	50.0	28.6	95.9	6.2	5.8	7.0
古城	四村	29	41.9	26.0	66.2	162	90	255	64.8	29.0	93.2	6.6	5.9	7.7
古城	红石村	10	33.5	25.1	48.8	214	169	307	63.1	53.4	91.5	6.1	5.7	6.9
古城	湖水一村	18	31.4	23.2	49.2	141	74	192	78.5	61.5	94.0	6.0	5.3	6.5
古城	新立村	18	37.1	23.3	48.8	162	93	254	68.6	33.6	95.5	6.8	6.1	7.4
建堂	北兴村	37	26.3	16.8	46.5	109	81	184	36.9	23.1	65.5	6.1	5.5	7.4

（续）

乡（镇）	村名称	样本数	有效磷（毫克/千克）			速效钾（毫克/千克）			有机质（克/千克）			pH		
			平均值	最小值	最大值	平均值	最小值	最大值	平均值	最小值	最大值	平均值	最小值	最大值
建堂	大盘道村	19	35.9	23.8	56.9	127	76	198	46.3	31.8	58.8	6.0	5.5	6.4
建堂	永进村	12	30.8	19.5	49.1	120	63	181	49.0	22.6	59.4	5.9	5.7	6.0
建堂	靠山村	25	37.4	14.8	59.9	168	96	369	38.2	27.9	56.3	5.9	5.0	6.3
建堂	河兴村	18	26.5	12.7	49.1	112	83	181	30.3	17.4	56.9	5.8	5.7	5.8
建堂	土城子村	23	26.7	11.9	41.1	97	71	115	37.7	20.5	74.6	5.8	5.2	6.1
建堂	通沟村	29	36.8	24.9	56.1	122	95	152	53.5	24.8	81.1	5.8	4.8	6.2
建堂	东兴村	14	36.6	17.1	50.3	133	48	224	38.4	6.2	56.9	5.8	5.5	6.4
建堂	马桥河村	25	49.1	14.1	71.2	130	77	250	44.3	27.6	52.4	5.8	5.4	6.1
建堂	小盘道村	24	29.0	16.9	69.1	112	57	307	41.4	14.6	51.3	5.8	5.4	6.4
建堂	红旗村	10	35.9	23.1	55.6	93	71	127	65.7	55.8	76.9	5.4	5.2	5.6
建堂	三合村	9	31.1	20.3	48.3	98	81	122	47.9	44.8	52.1	5.7	5.6	5.8
建堂	西北壕村	52	34.9	15.4	63.0	99	54	137	49.3	16.9	95.7	5.6	5.0	6.1
建堂	河西村	6	30.7	19.0	40.2	99	76	119	29.6	22.3	40.1	5.9	5.5	6.1
建堂	大百顺村	43	31.7	15.8	45.2	103	83	127	42.1	20.5	68.3	5.6	5.0	6.2
建堂	小百顺村	7	40.3	29.0	65.2	105	92	122	35.0	30.5	44.5	6.0	5.5	7.0
奎山	中三阳村	34	44.2	33.3	58.5	111	61	151	44.8	31.9	93.6	6.1	5.5	6.7
奎山	双龙村	22	46.4	39.9	53.4	105	76	138	35.0	28.2	40.1	6.1	5.6	7.0
奎山	安乐村	11	60.4	46.4	91.1	185	108	380	45.2	33.8	72.4	6.5	5.6	7.3
奎山	庆岭村	43	47.3	24.4	62.0	84	64	125	32.8	22.9	47.4	6.2	5.5	6.4
奎山	余庆村	25	37.7	27.8	46.6	106	59	125	37.8	20.8	41.7	5.9	5.0	6.5
奎山	长丰村	15	26.0	24.5	31.8	60	53	83	23.8	21.8	34.8	5.8	5.7	5.9
奎山	上三阳村	55	39.7	33.3	51.3	97	83	211	53.7	39.8	62.5	5.9	5.5	6.0
奎山	共禾村	15	31.9	19.9	41.7	136	85	210	56.3	32.3	98.4	5.8	5.3	6.2

（续）

乡（镇）	村名称	样本数	有效磷（毫克/千克）			速效钾（毫克/千克）			有机质（克/千克）			pH		
			平均值	最小值	最大值	平均值	最小值	最大值	平均值	最小值	最大值	平均值	最小值	最大值
奎山	太平村	14	47.9	30.1	70.6	112	96	151	43.8	29.1	53.3	5.8	5.5	6.4
奎山	奎山村	19	37.7	25.5	66.7	112	77	167	33.9	25.6	43.7	5.7	5.4	6.0
奎山	马安山村	29	36.6	23.8	46.3	127	80	223	43.9	26.2	71.3	5.8	5.3	6.6
奎山	安山村	19	29.6	21.3	38.0	114	50	223	31.3	26.0	37.9	5.8	5.6	6.0
奎山	吉庆村	24	34.7	17.9	53.0	142	61	216	43.9	18.6	55.5	5.8	5.1	6.2
奎山	后杨木村	12	33.2	23.8	41.6	115	94	141	31.7	26.0	38.9	6.0	5.8	6.4
奎山	林东村	12	40.5	28.4	51.9	109	80	134	37.4	23.1	62.8	5.9	5.2	6.6
奎山	前杨木村	13	30.0	17.3	45.7	99	43	198	43.5	26.1	67.0	6.1	5.8	6.3
莲花	大发村	7	32.4	18.8	44.6	123	67	186	48.0	15.9	69.6	6.7	6.2	7.0
莲花	东柳村	30	27.4	15.0	35.9	147	109	310	53.1	25.7	95.6	6.3	5.3	6.7
莲花	东河村	23	32.4	26.9	34.0	125	119	143	48.3	42.4	78.8	6.4	6.3	6.5
莲花	柳树村	13	43.1	37.5	50.9	141	122	162	33.1	27.3	40.0	6.2	5.5	6.7
莲花	江西村	35	34.8	16.8	56.1	124	82	208	43.0	17.6	85.2	6.3	5.7	6.8
莲花	莲花村	28	41.9	21.2	68.8	182	140	318	33.3	22.8	40.7	6.3	5.7	7.0
莲花	宇砬子村	23	27.0	17.1	46.6	132	93	256	25.6	9.1	64.2	6.4	5.7	7.4
莲花	新民村	11	32.2	29.7	37.5	120	110	139	20.4	13.7	26.7	6.5	6.4	6.6
莲花	新富村	18	27.3	21.2	42.8	138	124	173	53.1	30.4	67.5	5.8	5.7	6.1
林口	东关村	12	28.1	17.0	40.9	117	67	174	43.3	16.0	76.0	6.3	5.7	6.9
林口	镇东村	7	22.6	16.2	29.5	90	61	128	22.8	16.0	34.6	6.1	5.7	6.4
林口	友谊村	6	26.1	18.4	35.7	67	54	106	18.5	4.1	32.9	5.8	5.5	6.0
林口	六合村	45	35.8	16.9	48.4	82	47	104	30.4	14.4	41.9	6.1	5.5	6.7
林口	七星村	18	27.4	18.5	39.9	137	77	325	40.0	28.0	93.8	6.7	6.3	8.0
林口	浪花村	13	33.3	15.2	50.2	108	83	151	23.6	13.2	42.0	5.8	5.4	6.0

附　录

（续）

乡（镇）	村名称	样本数	有效磷（毫克/千克） 平均值	最小值	最大值	速效钾（毫克/千克） 平均值	最小值	最大值	有机质（克/千克） 平均值	最小值	最大值	pH 平均值	最小值	最大值
林口	红升村	4	53.7	37.3	72.6	103	68	134	31.5	21.8	67.1	5.7	5.1	5.8
林口	阜隆村	6	30.3	13.8	46.3	91	78	129	26.7	21.1	37.8	5.8	5.7	6.0
林口	镇西村	20	37.6	20.6	63.5	95	72	125	30.3	24.6	38.2	5.8	5.5	6.4
林口	团结村	10	31.0	16.2	52.7	83	54	130	27.0	16.2	44.7	6.0	5.5	6.3
林口	兴华村	3	30.7	22.0	39.3	89	64	119	27.2	17.6	33.9	6.0	5.5	6.5
林口	新发村	5	29.9	12.7	58.3	109	55	157	28.8	23.0	37.1	6.6	5.9	7.3
林口	镇北村	13	21.3	14.4	31.0	89	56	109	29.6	12.1	39.4	6.4	5.7	6.9
林口	东丰村	88	28.2	14.4	42.3	108	59	134	35.7	22.3	48.2	6.5	5.8	6.9
林口	振兴村	13	39.8	15.5	63.5	104	72	141	29.3	14.9	36.2	6.0	5.4	6.8
柳树	万寿村	25	52.8	30.7	99.5	126	92	203	41.4	19.3	78.8	6.2	6.1	6.5
柳树	柳西村	13	52.4	38.6	67.5	83	50	154	29.6	22.2	39.6	6.0	5.4	6.2
柳树	复兴村	21	42.8	25.5	55.8	104	53	228	45.8	31.5	60.3	6.1	5.7	6.4
柳树	柳树村	53	34.4	14.2	55.8	98	48	228	34.2	11.8	54.0	6.2	5.8	6.5
柳树	双河村	51	29.8	18.6	59.6	98	71	210	51.3	24.5	65.0	5.9	5.7	6.3
柳树	嘎库村	25	30.5	10.4	95.4	62	25	140	24.9	5.5	59.2	6.0	5.4	6.5
柳树	桦木村	41	28.7	13.3	60.7	77	38	111	36.2	16.2	56.3	5.8	5.6	6.2
柳树	三道村	13	30.0	15.5	47.7	78	47	112	30.9	22.8	44.4	5.9	5.7	6.3
柳树	宝山村	33	28.4	10.8	46.0	86	55	154	41.6	15.7	66.1	6.0	5.6	6.5
柳树	土甸村	36	28.6	17.2	52.0	88	52	127	47.7	28.0	65.9	6.0	5.4	6.7
柳树	柳毛村	49	35.7	23.1	73.2	110	59	218	35.7	19.8	55.7	5.9	5.3	6.4
柳树	柳宝村	31	34.7	27.2	54.7	194	91	379	52.0	15.9	76.5	6.3	5.1	6.8
柳树	柳新村	17	20.9	14.3	43.6	60	46	113	37.2	26.1	95.0	5.6	5.5	5.9
柳树	榆树村	27	41.6	18.6	61.3	112	66	185	34.7	23.2	52.8	5.9	5.0	6.3

（续）

乡（镇）	村名称	样本数	有效磷（毫克/千克）			速效钾（毫克/千克）			有机质（克/千克）			pH		
			平均值	最小值	最大值	平均值	最小值	最大值	平均值	最小值	最大值	平均值	最小值	最大值
龙爪	龙山村	16	41.9	22.0	65.5	108	63	192	41.9	22.0	65.5	5.7	5.3	6.8
龙爪	龙爪村	66	33.4	19.7	73.7	79	43	126	33.4	19.7	73.7	5.7	5.0	6.3
龙爪	小龙爪村	64	45.7	24.1	73.7	108	66	178	45.7	24.1	73.7	5.7	5.0	6.3
龙爪	向阳村	40	40.7	31.6	47.5	106	62	127	40.7	31.6	47.5	5.5	5.2	5.9
龙爪	龙丰村	31	39.1	11.5	78.2	79	53	112	39.1	11.5	78.2	5.4	4.4	6.0
龙爪	湾龙村	19	25.4	20.5	33.4	78	26	113	25.4	20.5	33.4	5.6	5.0	6.1
龙爪	民主村	54	30.0	14.2	45.7	90	59	200	30.0	14.2	45.7	5.8	5.0	6.2
龙爪	高云村	43	38.9	24.6	61.5	105	59	164	38.9	24.6	61.5	5.7	5.0	6.1
龙爪	暖泉村	17	28.6	22.6	40.5	119	85	165	28.6	22.6	40.5	5.8	5.5	6.2
龙爪	山东会村	17	33.6	24.6	40.5	104	64	176	33.6	24.6	40.5	5.7	5.3	6.1
龙爪	红林村	14	36.5	22.4	54.7	115	53	154	36.5	22.4	54.7	5.6	5.2	6.0
龙爪	兴隆村	27	34.6	25.6	57.2	94	54	165	34.6	25.6	57.2	5.7	5.3	6.1
龙爪	泉眼村	42	48.2	16.8	65.3	131	53	268	48.2	16.8	65.3	5.8	5.1	7.3
龙爪	新龙爪村	63	35.0	14.1	54.6	96	72	171	35.0	14.1	54.6	5.8	5.3	6.4
龙爪	合发村	34	42.4	30.6	63.5	125	88	203	42.4	30.6	63.5	6.4	5.8	7.0
龙爪	植场村	13	31.4	13.7	45.4	82	42	128	31.4	13.7	45.4	5.7	5.3	6.1
龙爪	楚山村	40	43.7	26.2	53.0	77	63	133	43.7	26.2	53.0	5.5	5.2	6.6
龙爪	绿山村	24	43.7	30.1	79.3	96	62	297	43.7	30.1	79.3	5.7	5.2	6.5
龙爪	宝林村	54	50.6	32.0	66.1	85	53	164	50.6	32.0	66.1	5.7	5.2	6.1
龙爪	保安村	63	35.2	14.1	79.3	80	59	176	35.2	14.1	79.3	5.8	5.3	6.4
青山	亚东村	18	38.5	19.6	45.1	100	80	112	40.7	23.4	67.1	5.5	5.3	5.8
青山	虎山村	48	19.5	9.1	34.3	132	92	199	61.7	35.5	82.3	5.6	4.8	6.4
青山	联合村	50	26.9	12.7	46.6	122	66	167	53.0	17.6	83.4	5.4	4.7	6.8

（续）

乡（镇）	村名称	样本数	有效磷（毫克/千克）			速效钾（毫克/千克）			有机质（克/千克）			pH		
			平均值	最小值	最大值	平均值	最小值	最大值	平均值	最小值	最大值	平均值	最小值	最大值
青山	青山村	39	30.1	20.9	50.5	165	100	226	46.5	26.3	60.5	5.7	5.4	5.9
青山	新合村	19	18.3	6.6	25.6	118	96	139	45.0	24.5	67.9	5.7	5.5	6.1
青山	大二龙村	22	13.2	10.4	19.5	85	78	94	35.8	32.0	40.2	5.8	5.5	6.0
青山	亚河村	42	36.8	19.0	48.6	108	66	164	40.8	20.5	77.1	5.6	5.0	6.2
青山	永合村	47	37.3	22.7	66.3	110	74	190	44.1	23.4	64.6	5.4	4.9	5.9
青山	合乐村	39	27.7	14.2	50.8	108	65	173	47.3	20.5	99.0	5.7	5.0	6.2
青山	利民村	9	16.3	9.9	35.5	82	64	120	37.1	31.5	48.2	5.7	5.7	5.8
青山	小二龙村	15	15.4	8.7	28.6	108	76	156	43.6	35.9	60.3	5.7	5.3	6.0
青山	青平村	27	28.5	12.4	54.4	97	77	128	48.6	45.9	54.6	5.6	5.2	6.3
青山	青发村	31	22.5	10.4	32.4	111	76	168	44.4	30.9	50.3	5.7	5.4	6.0
三道通	江东村	37	39.5	23.0	50.3	184	136	321	32.0	24.6	39.2	6.3	5.9	6.8
三道通	大屯村	29	47.3	16.8	88.1	106	60	127	23.7	12.6	42.5	5.7	5.3	6.0
三道通	新青村	10	36.9	33.2	41.4	112	65	178	43.6	27.4	57.5	5.9	5.8	6.1
三道通	新建村	16	39.9	26.0	80.7	130	70	199	32.3	25.4	43.1	6.0	5.7	6.4
三道通	五道村	20	42.0	23.9	56.8	137	80	240	27.5	19.6	53.3	5.8	5.5	6.2
三道通	一村	32	42.5	31.6	75.9	121	87	206	21.0	11.9	36.8	5.8	5.4	6.4
三道通	曙光村	10	45.5	32.0	50.9	105	104	112	33.7	33.3	34.6	5.8	5.8	5.9
三道通	江南村	12	45.0	36.4	68.4	86	47	131	36.1	11.1	70.7	5.0	5.7	6.1
三道通	四道村	27	36.0	25.1	53.8	116	96	155	23.8	14.4	41.4	5.9	5.4	6.0
三道通	长胜村	19	29.0	15.9	42.7	107	74	128	44.3	17.1	83.4	5.8	5.3	6.0
三道通	二村	37	41.4	27.6	59.5	122	90	206	24.3	12.1	70.7	5.8	5.5	6.2
朱家	山河村	70	54.8	28.9	95.7	160	51	351	33.2	17.2	67.5	5.4	4.3	6.6
朱家	碱北村	33	63.1	28.9	77.6	237	101	326	64.6	29.7	106.2	5.7	4.8	6.2

（续）

乡（镇）	村名称	样本数	有效磷（毫克/千克）			速效钾（毫克/千克）			有机质（克/千克）			pH		
			平均值	最小值	最大值	平均值	最小值	最大值	平均值	最小值	最大值	平均值	最小值	最大值
朱家	万家村	26	44.8	36.8	60.5	243	172	290	66.6	27.0	94.9	4.7	4.4	6.1
朱家	牛心村	34	47.6	30.7	56.5	219	161	288	49.0	20.0	99.5	5.9	5.0	6.5
朱家	大碱村	54	44.6	32.5	58.3	217	144	340	56.8	33.1	96.6	5.2	5.0	5.5
朱家	新丰村	7	32.6	24.6	41.0	128	98	179	27.3	23.8	33.7	5.3	4.7	5.6
朱家	仙洞村	14	43.9	20.9	67.3	124	108	176	32.0	19.7	45.8	5.6	5.2	6.0
朱家	站前村	12	33.5	20.4	51.6	140	96	276	44.2	19.3	62.3	5.8	5.3	6.6
朱家	解放村	22	36.2	14.2	56.1	167	85	284	36.5	14.5	69.0	5.6	5.0	6.7
朱家	太安村	11	35.9	29.7	60.3	117	88	201	40.7	29.6	62.3	5.4	5.0	5.7
朱家	新胜村	10	36.2	14.2	52.6	197	87	252	34.7	30.3	42.3	5.5	5.1	6.3
朱家	小碱村	25	44.8	18.9	62.8	189	111	251	63.8	29.6	110.8	5.8	5.0	6.3
朱家	良种场村	2	52.1	51.7	52.4	173	170	176	54.4	53.0	55.8	5.5	5.4	5.5
朱家	新安村	2	48.3	47.2	49.3	209	208	209	43.9	43.5	44.2	5.7	5.7	5.7
朱家	新兴村	21	50.8	46.5	59.6	170	82	259	27.3	16.2	44.7	5.8	5.3	6.3
朱家	付家村	6	45.1	24.2	59.6	114	82	134	27.2	22.2	30.4	5.7	5.3	6.2
朱家	朱家村	4	39.0	27.9	62.8	161	115	220	41.8	24.5	53.7	5.2	4.8	5.4

附表 5-3　村级土壤养分统计表

乡（镇）	村名称	样本数	有效铜（毫克/千克）			有效铁（毫克/千克）			有效锰（毫克/千克）			有效锌（毫克/千克）		
			平均值	最小值	最大值	平均值	最小值	最大值	平均值	最小值	最大值	平均值	最小值	最大值
刁翎	新合村	21	1.32	0.63	1.60	59.9	41.8	69.7	33.9	30.4	44.2	1.66	0.54	2.35
刁翎	五七村	13	1.22	0.63	1.49	62.8	41.8	69.1	35.8	30.4	44.9	2.12	0.54	3.17
刁翎	德胜村	54	1.11	0.66	1.90	53.9	33.5	73.3	41.1	20.1	61.9	1.20	0.74	2.38
刁翎	四合村	25	1.21	0.71	1.71	50.8	29.9	68.0	39.8	19.4	59.6	1.20	0.76	1.77

附　录

（续）

乡（镇）	村名称	样本数	有效铜（毫克/千克）平均值	最小值	最大值	有效铁（毫克/千克）平均值	最小值	最大值	有效锰（毫克/千克）平均值	最小值	最大值	有效锌（毫克/千克）平均值	最小值	最大值
刁翎	保安村1	33	1.43	0.55	2.68	56.2	30.2	69.1	36.3	19.7	72.5	1.40	0.36	1.94
刁翎	治安村	23	1.28	0.32	1.85	52.9	34.8	68.4	31.6	11.0	46.5	1.56	0.10	2.61
刁翎	兴龙村	17	1.32	0.52	1.73	72.3	39.9	231.9	39.0	26.2	45.7	1.25	0.97	1.42
刁翎	样子沟村	51	1.25	0.84	1.56	54.9	48.3	64.6	36.5	27.6	40.8	1.22	0.73	1.59
刁翎	胜利村	48	1.22	0.68	2.61	55.0	30.2	69.6	36.0	19.7	73.1	1.44	0.60	2.50
刁翎	永安村	37	1.15	0.75	1.76	59.0	31.6	70.9	30.4	19.2	56.4	1.48	0.10	2.50
刁翎	东沟村	25	1.26	0.92	2.01	51.1	30.8	75.1	27.9	3.6	48.8	1.61	1.13	2.32
刁翎	长青村	53	1.30	0.32	2.53	76.0	35.1	579.0	32.9	11.0	74.9	1.21	0.10	2.38
刁翎	中合村	25	1.29	0.51	1.70	54.9	24.2	72.9	34.4	30.6	44.6	1.02	0.26	1.38
刁翎	东岗子村	24	1.28	0.80	1.57	58.6	46.2	66.4	32.5	19.3	44.6	1.58	0.84	2.76
刁翎	三家子村	45	1.24	0.75	2.48	61.1	52.4	74.0	31.5	19.6	46.5	1.29	0.69	2.70
刁翎	双丰村	11	1.08	0.50	2.13	55.5	24.2	112.1	38.3	32.8	44.8	1.10	0.12	1.61
刁翎	生产村	53	1.27	1.07	1.54	70.8	50.6	73.4	16.6	14.4	35.0	1.18	1.07	1.48
刁翎	东风村	13	1.17	0.92	1.56	46.9	37.9	59.1	38.5	28.6	44.2	1.49	0.94	2.66
刁翎	东发村	4	1.59	1.51	1.67	44.4	43.0	45.8	21.7	19.6	23.8	1.69	1.68	1.70
刁翎	源发村	45	1.25	0.89	2.27	49.5	30.1	68.4	31.0	13.0	44.3	1.53	0.91	2.61
刁翎	上马蹄村	31	1.04	0.32	1.27	67.5	35.1	76.0	28.0	11.0	44.3	1.74	0.10	2.06
刁翎	下马蹄村	18	0.99	0.40	1.32	60.1	38.5	76.2	28.4	12.1	46.2	1.11	0.20	1.46
刁翎	互利村	15	1.21	1.13	1.49	58.7	44.2	67.7	27.1	24.7	36.8	1.64	1.10	2.06
刁翎	双发村	11	1.21	0.87	1.56	49.6	40.1	60.7	40.2	32.8	45.6	1.84	0.86	2.66
刁翎	二道村	11	1.07	0.84	1.46	45.9	37.5	67.3	40.8	35.9	44.2	1.51	0.98	2.56
刁翎	黑背村	35	1.25	0.86	1.59	58.5	36.9	76.4	29.3	18.7	43.8	1.34	0.91	2.13
古城	乌斯泽村	33	1.48	1.02	1.69	43.4	19.9	60.6	20.4	11.4	35.8	2.25	1.58	2.80

253

（续）

乡（镇）	村名称	样本数	有效铜（毫克/千克）			有效铁（毫克/千克）			有效锰（毫克/千克）			有效锌（毫克/千克）		
			平均值	最小值	最大值	平均值	最小值	最大值	平均值	最小值	最大值	平均值	最小值	最大值
古城	湖北村	20	0.82	0.24	1.50	70.3	55.1	85.1	5.8	1.5	17.8	2.00	0.41	4.20
古城	河北村	30	1.47	0.83	2.14	55.1	33.7	78.5	29.0	13.7	47.2	1.99	0.81	3.23
古城	沿河村	22	0.82	0.53	1.37	36.8	26.7	72.2	15.9	9.3	32.7	1.53	0.58	3.63
古城	三村	22	1.43	0.45	2.89	52.4	15.3	74.8	24.0	7.5	53.6	2.42	0.98	5.01
古城	四间房村	7	1.42	1.39	1.52	63.1	58.4	64.1	21.2	19.5	21.9	3.38	2.54	3.67
古城	二村	30	1.74	0.78	3.25	56.2	15.8	77.6	20.3	6.7	29.5	2.98	1.99	4.98
古城	一村	6	1.69	1.60	1.81	48.2	41.1	65.5	17.3	11.4	22.9	2.64	2.04	3.44
古城	前进村	62	1.27	0.88	1.56	71.0	17.4	82.3	18.8	10.5	37.5	2.40	0.66	2.85
古城	湖水二村	53	1.56	1.00	2.01	66.1	22.7	84.6	20.1	10.7	31.8	3.11	1.05	4.73
古城	长安村	12	1.62	0.22	2.34	43.9	24.4	59.8	20.8	8.6	28.1	3.35	0.85	4.31
古城	安民村	21	1.08	0.31	2.15	59.9	23.9	87.5	23.9	2.4	54.3	2.21	1.05	4.01
古城	五村	32	1.50	0.90	3.25	52.7	15.8	74.8	18.2	6.7	23.5	2.86	1.58	5.01
古城	马路村	18	1.49	0.88	1.90	39.9	18.7	89.5	16.5	7.9	24.7	3.43	2.21	7.41
古城	德安村	10	1.55	1.30	2.02	34.3	13.5	63.5	15.2	5.6	23.1	3.16	1.64	5.44
古城	四村	29	1.71	0.97	2.89	45.5	13.5	74.8	17.0	5.6	36.6	3.21	1.87	5.01
古城	红石村	10	1.42	1.27	1.66	41.8	31.2	62.5	22.0	15.7	36.6	2.59	1.47	6.41
古城	湖水一村	18	1.76	1.40	2.23	73.1	66.8	83.6	24.4	12.4	34.7	2.12	1.54	2.57
古城	新立村	18	1.47	1.00	1.81	34.3	21.1	84.6	16.7	8.9	26.8	2.81	0.94	4.73
建堂	北兴村	37	1.72	0.89	3.02	37.6	32.4	44.5	25.5	7.2	46.9	1.07	0.25	2.44
建堂	大盘道村	19	1.50	1.23	1.65	30.9	20.6	38.1	32.0	20.3	38.4	1.71	1.15	1.95
建堂	永进村	12	1.66	0.98	2.98	41.3	38.1	60.9	37.9	24.1	41.2	2.29	1.48	6.05
建堂	靠山村	25	1.92	1.05	3.02	34.9	14.2	44.9	36.8	12.0	49.6	1.72	0.56	3.86
建堂	河兴村	18	1.40	0.98	1.93	39.7	25.2	60.9	32.5	24.1	38.1	1.43	0.82	1.74

（续）

乡（镇）	村名称	样本数	有效铜（毫克/千克）			有效铁（毫克/千克）			有效锰（毫克/千克）			有效锌（毫克/千克）		
			平均值	最小值	最大值	平均值	最小值	最大值	平均值	最小值	最大值	平均值	最小值	最大值
建堂	土城子村	23	1.55	0.40	2.27	37.5	28.7	47.3	31.6	20.3	40.0	1.57	0.46	2.64
建堂	通沟村	29	1.60	1.22	1.83	41.5	34.6	48.5	35.6	19.3	43.7	2.23	1.32	2.88
建堂	东兴村	14	1.53	0.82	3.02	39.3	28.1	60.9	31.7	22.1	46.9	1.58	0.93	1.89
建堂	马桥河村	25	1.42	0.82	2.32	39.7	32.5	42.7	24.6	17.4	40.8	1.82	1.23	2.51
建堂	小盘道村	24	1.43	0.68	2.65	35.4	10.1	43.5	32.3	5.7	49.6	1.60	0.97	2.37
建堂	红旗村	10	1.66	1.48	1.77	40.0	38.8	41.7	31.4	29.6	34.3	2.39	2.14	2.55
建堂	三合村	9	1.60	1.28	2.00	38.5	36.0	43.0	35.9	27.3	41.3	2.49	1.88	3.29
建堂	西北楞村	52	1.41	0.30	2.40	39.4	31.7	47.3	32.3	11.0	41.4	1.88	0.78	3.29
建堂	河西村	6	1.97	1.68	2.27	37.0	34.2	38.7	40.1	31.0	42.3	1.67	1.38	2.38
建堂	大百顺村	43	1.46	0.40	2.56	37.6	23.4	45.5	25.7	15.8	39.0	1.82	0.46	2.71
建堂	小百顺村	7	1.58	1.36	1.95	32.5	23.6	36.0	31.6	13.3	42.5	1.35	1.00	1.70
奎山	中三阳村	34	1.70	1.50	2.50	44.6	16.0	63.7	23.0	8.1	29.1	4.22	2.42	6.94
奎山	双龙村	22	1.73	1.44	2.03	48.2	38.2	57.0	38.2	24.4	47.4	2.87	2.09	3.99
奎山	安乐村	11	1.87	1.01	3.13	46.4	32.5	56.5	31.4	19.0	41.7	3.56	2.20	7.03
奎山	庆岭村	43	1.52	0.95	2.20	52.4	40.2	61.7	30.8	20.9	48.9	4.12	1.23	7.09
奎山	余庆村	25	1.80	0.88	2.13	50.2	43.7	57.3	30.9	25.2	35.8	4.06	1.49	5.48
奎山	长丰村	15	1.71	1.47	1.83	54.3	51.6	58.5	20.4	18.3	28.9	1.87	1.68	3.01
奎山	上三阳村	55	2.01	1.50	2.25	61.7	46.0	70.5	25.6	18.4	34.9	5.07	1.97	7.06
奎山	共禾村	15	1.81	1.22	3.11	49.5	36.2	62.5	26.0	16.4	39.0	3.80	2.23	4.81
奎山	太平村	14	1.60	1.43	1.97	47.1	32.5	57.6	16.1	11.9	24.0	3.33	1.91	4.08
奎山	奎山村	19	1.59	1.31	2.03	49.9	43.4	57.3	32.8	24.0	39.6	3.42	1.91	6.15
奎山	马安山村	29	1.72	0.84	2.67	49.9	32.2	60.5	19.4	7.5	26.9	3.71	1.69	5.40
奎山	安山村	19	1.75	1.45	2.31	43.5	28.3	54.7	29.7	19.5	38.3	3.66	2.72	6.18

（续）

乡（镇）	村名称	样本数	有效铜（毫克/千克）			有效铁（毫克/千克）			有效锰（毫克/千克）			有效锌（毫克/千克）		
			平均值	最小值	最大值	平均值	最小值	最大值	平均值	最小值	最大值	平均值	最小值	最大值
奎山	吉庆村	24	1.65	1.19	2.10	50.7	41.2	61.5	31.5	24.0	45.6	2.84	1.72	3.79
奎山	后杨木村	12	1.27	0.84	1.83	46.3	39.6	57.5	29.4	22.9	36.6	2.99	1.72	7.09
奎山	林东村	12	1.72	1.43	2.35	45.0	32.1	56.8	29.1	18.6	36.3	2.76	1.69	3.76
奎山	前杨木村	13	1.24	0.31	1.64	48.9	41.7	60.8	29.7	18.3	50.4	3.66	1.45	7.09
莲花	大发村	7	0.64	0.40	0.99	23.1	15.3	28.9	11.8	7.3	17.3	2.08	1.05	2.96
莲花	东柳村	30	1.10	0.58	1.57	32.7	23.2	61.0	14.5	7.4	38.1	1.36	0.48	2.89
莲花	东河村	23	1.26	1.22	1.36	31.3	30.0	33.7	14.7	14.3	15.8	0.63	0.58	0.84
莲花	柳树村	13	0.90	0.78	1.00	20.2	17.3	23.6	9.9	6.3	13.3	1.03	0.55	1.29
莲花	江西村	35	1.07	0.79	1.54	26.5	23.3	31.3	16.3	11.8	19.7	1.31	0.37	2.00
莲花	莲花村	28	1.44	0.84	1.98	25.3	17.6	28.9	15.1	9.1	17.9	1.03	0.62	2.61
莲花	宇砬子村	23	1.29	0.53	2.22	24.6	9.9	29.4	17.2	3.8	29.5	0.91	0.46	2.06
莲花	新民村	11	1.18	1.06	1.26	23.1	22.4	23.9	12.7	11.4	15.5	0.92	0.66	1.19
莲花	新富村	18	1.32	0.71	1.98	30.6	27.2	48.9	14.9	10.6	30.5	1.23	0.61	2.00
林口	东关村	12	1.99	0.84	3.36	35.4	16.2	74.8	23.9	9.6	36.3	3.28	1.05	6.93
林口	镇东村	7	1.41	0.84	3.36	25.6	24.2	29.4	21.7	20.4	22.9	1.30	0.57	1.96
林口	友谊村	6	1.56	1.03	2.01	27.9	24.9	29.1	27.4	23.3	30.4	0.71	0.15	1.06
林口	六合村	45	1.30	0.72	1.77	35.3	26.8	54.3	23.0	10.2	35.6	2.19	0.11	5.74
林口	七星村	18	1.59	1.08	2.89	27.0	15.3	74.8	15.1	6.3	26.5	2.82	1.44	5.01
林口	浪花村	13	1.62	1.31	3.73	30.8	27.6	37.2	31.6	28.9	33.9	1.79	0.14	3.55
林口	红升村	4	1.36	1.28	1.48	36.3	32.4	39.5	26.8	7.9	32.2	1.25	0.93	1.33
林口	阜隆村	6	1.87	1.44	2.28	31.2	28.8	34.7	25.4	19.5	32.0	1.15	0.86	1.60
林口	镇西村	20	1.77	0.72	2.36	31.5	26.8	44.1	26.2	10.2	43.0	2.02	1.28	2.92
林口	团结村	10	1.80	1.04	3.49	33.6	28.3	47.5	31.1	23.8	42.2	1.14	0.11	2.07

（续）

乡（镇）	村名称	样本数	有效铜（毫克/千克）			有效铁（毫克/千克）			有效锰（毫克/千克）			有效锌（毫克/千克）		
			平均值	最小值	最大值	平均值	最小值	最大值	平均值	最小值	最大值	平均值	最小值	最大值
林口	兴华村	8	1.51	1.12	2.23	29.4	24.1	37.2	25.7	20.8	30.4	1.36	0.11	2.15
林口	新发村	5	1.20	0.64	1.61	20.8	16.8	25.0	16.2	11.1	19.1	2.01	0.49	3.21
林口	镇北村	13	1.67	1.32	2.28	32.5	24.3	55.0	20.4	15.9	29.2	3.70	0.66	5.08
林口	东丰村	8	2.13	1.32	2.89	42.4	24.3	74.8	20.9	15.9	31.6	4.24	2.72	5.08
林口	振兴村	13	1.85	0.88	2.45	29.2	20.4	42.1	24.4	16.1	34.8	1.78	0.11	2.94
柳树	万寿村	25	1.12	0.71	1.41	49.6	32.2	61.8	27.1	15.4	40.5	2.47	1.60	4.25
柳树	柳西村	13	1.40	0.89	1.84	51.3	40.3	64.8	26.8	21.8	31.0	1.69	0.96	2.52
柳树	复兴村	21	1.55	1.12	1.77	53.8	47.8	63.3	21.2	8.8	29.3	1.82	0.63	4.33
柳树	柳树村	53	1.13	0.36	1.77	47.9	29.9	63.3	28.8	8.8	41.2	1.64	0.63	4.33
柳树	双河村	51	1.26	0.66	1.47	58.1	44.9	62.5	24.6	13.1	28.4	2.46	1.91	4.39
柳树	嘎库村	29	1.07	0.67	2.25	52.5	41.0	68.3	25.8	9.6	48.8	1.18	0.33	2.89
柳树	柞木村	41	0.98	0.46	1.60	51.5	33.4	65.9	21.1	7.6	39.1	1.36	0.64	2.23
柳树	三道村	13	0.84	0.46	1.10	49.7	41.9	57.1	28.9	18.0	37.1	1.53	0.89	2.03
柳树	宝山村	33	0.88	0.08	1.66	46.7	33.1	59.5	18.0	3.4	28.6	1.23	0.63	2.14
柳树	土甸村	36	0.95	0.53	1.39	50.1	35.0	69.5	18.0	10.4	55.0	1.58	0.73	2.36
柳树	柳毛村	49	1.14	0.61	1.46	53.9	41.9	64.3	28.2	18.1	35.4	1.67	0.90	2.52
柳树	柳宝村	31	1.10	0.18	1.61	51.5	32.4	56.9	16.3	8.0	22.6	0.97	0.37	1.99
柳树	柳新村	17	0.98	0.80	1.49	53.4	47.2	68.0	31.1	21.1	39.7	1.73	0.71	4.55
柳树	榆树村	27	1.02	0.54	1.59	45.4	28.7	59.0	27.8	17.1	40.8	1.70	0.53	3.21
龙爪	龙山村	16	1.35	0.79	1.69	58.8	49.6	71.1	42.5	26.4	67.3	1.98	0.45	2.71
龙爪	龙爪村	66	1.28	0.67	2.89	57.9	41.9	77.1	44.6	30.5	68.0	1.45	0.18	5.88
龙爪	小龙爪村	64	1.08	0.62	1.69	62.5	44.6	77.1	38.3	13.3	66.0	2.34	0.43	4.91
龙爪	向阳村	40	1.08	0.65	1.53	64.1	51.9	74.7	44.2	13.3	68.6	2.51	1.32	4.91
龙爪	龙丰村	31	1.51	0.87	1.95	61.8	43.7	68.9	35.7	26.6	55.8	2.21	0.80	4.06

（续）

乡（镇）	村名称	样本数	有效铜（毫克/千克）			有效铁（毫克/千克）			有效锰（毫克/千克）			有效锌（毫克/千克）		
			平均值	最小值	最大值	平均值	最小值	最大值	平均值	最小值	最大值	平均值	最小值	最大值
龙爪	湾龙村	19	1.15	0.76	1.59	50.7	41.9	63.3	40.6	28.7	68.0	1.24	0.34	2.24
龙爪	民主村	54	1.65	0.73	3.39	55.3	31.9	69.6	36.8	19.5	50.1	2.49	0.18	8.93
龙爪	高云村	43	1.18	0.38	2.03	59.0	33.9	78.5	36.4	3.8	55.5	1.51	0.45	3.88
龙爪	暖泉村	17	1.41	0.89	2.24	45.4	37.1	52.7	37.2	26.8	59.6	2.22	0.95	3.96
龙爪	山东会村	17	1.18	0.71	1.51	56.5	44.3	63.7	36.1	24.4	55.5	1.69	0.48	3.42
龙爪	红林村	14	1.49	1.18	1.85	63.3	45.2	67.2	35.6	26.6	46.8	2.76	0.33	4.06
龙爪	兴隆村	27	1.49	0.94	2.31	57.5	44.9	66.2	38.3	31.4	56.8	2.39	1.22	3.42
龙爪	泉眼村	42	1.04	0.63	2.22	58.5	37.0	74.9	22.2	2.3	37.8	1.86	0.37	4.33
龙爪	新龙爪村	63	1.16	0.42	2.02	55.3	33.4	72.9	32.3	18.5	52.4	1.49	0.30	3.26
龙爪	合发村	34	0.84	0.71	1.34	62.1	48.8	71.3	27.5	20.1	33.5	3.11	2.11	3.89
龙爪	植场村	13	1.23	0.67	1.80	58.7	48.0	67.5	46.1	33.3	74.8	0.71	0.35	1.94
龙爪	楚山村	40	1.13	0.78	1.69	64.7	49.5	69.0	43.8	26.9	48.0	2.08	1.33	4.61
龙爪	绿山村	24	1.06	0.94	1.48	62.7	40.7	66.9	44.7	26.1	52.6	1.98	1.43	5.20
龙爪	宝林村	54	1.06	0.08	2.22	57.3	33.1	71.8	25.7	3.4	45.3	1.65	0.63	2.80
龙爪	保安村	63	1.01	0.34	2.04	54.9	37.6	73.1	32.8	2.7	43.5	1.13	0.20	2.85
青山	亚东村	18	1.06	0.63	1.64	63.3	36.7	83.4	41.2	28.2	59.7	1.27	0.67	1.64
青山	虎山村	48	1.63	1.16	1.94	71.6	67.3	78.0	36.6	17.3	62.8	1.03	0.33	2.58
青山	联合村	50	1.35	0.63	1.88	64.5	36.8	78.6	29.9	12.2	56.8	1.70	0.34	2.68
青山	青山村	39	0.92	0.72	1.08	64.2	39.6	70.5	41.3	27.6	55.0	1.21	0.90	1.73
青山	新合村	19	1.25	0.74	1.50	61.7	52.0	66.8	32.8	26.2	38.0	0.61	0.15	0.84
青山	大二龙村	22	1.22	1.17	1.32	62.8	60.6	67.4	28.1	25.4	30.8	0.38	0.33	0.55
青山	亚河村	42	1.04	0.20	1.62	60.0	19.7	82.8	35.3	5.9	59.8	1.25	0.32	2.62
青山	永合村	47	1.17	0.63	1.77	61.9	36.7	76.8	42.9	30.1	57.3	1.09	0.77	1.78
青山	合乐村	39	1.07	0.20	1.71	70.2	41.4	82.8	38.4	5.9	52.3	1.66	0.32	2.48

附　录

（续）

乡（镇）	村名称	样本数	有效铜（毫克/千克）			有效铁（毫克/千克）			有效锰（毫克/千克）			有效锌（毫克/千克）		
			平均值	最小值	最大值	平均值	最小值	最大值	平均值	最小值	最大值	平均值	最小值	最大值
青山	利民村	9	1.19	0.63	1.63	72.0	60.6	82.3	39.3	17.2	54.3	1.60	0.38	3.88
青山	小二龙村	16	1.29	0.99	1.75	66.5	61.8	79.5	35.2	26.6	71.4	0.62	0.29	1.28
青山	青平村	27	1.10	0.71	1.31	67.7	52.3	75.8	27.0	14.5	33.5	1.35	0.52	2.41
青山	青发村	31	1.00	0.74	1.13	62.0	43.6	69.5	31.9	24.0	43.5	0.34	0.29	1.79
三道通	江东村	37	1.48	1.03	1.90	36.8	25.4	47.6	28.5	20.7	49.1	1.53	0.81	2.44
三道通	大屯村	29	1.17	0.86	1.90	46.3	34.0	77.6	41.5	18.9	49.8	1.77	0.86	3.78
三道通	新青村	10	1.19	0.86	1.55	48.1	31.3	63.9	26.2	17.8	41.1	1.36	0.69	2.26
三道通	新建村	16	1.08	0.85	1.49	49.4	45.1	53.3	31.1	24.5	36.3	1.22	0.86	2.35
三道通	五道村	20	1.27	0.98	2.10	46.3	33.1	64.0	34.0	24.9	47.0	1.95	1.28	3.47
三道通	一村 1	32	0.99	0.73	1.11	37.3	29.1	46.0	37.9	21.0	43.9	1.50	0.92	3.01
三道通	曙光村	10	1.49	1.29	1.71	53.5	49.0	55.5	28.7	27.0	31.1	3.99	1.47	5.08
三道通	江南村	12	0.96	0.80	1.65	50.3	45.5	54.7	29.5	21.0	38.3	2.12	1.38	2.40
三道通	四道村	27	1.07	0.87	1.24	39.7	35.1	51.1	37.0	16.4	43.7	1.38	0.64	3.07
三道通	长胜村	19	1.00	0.54	1.56	51.9	42.1	64.1	27.3	17.4	37.5	1.72	0.59	2.77
三道通	二村	37	0.97	0.80	1.25	38.3	29.1	47.0	35.6	21.0	40.9	1.61	0.90	3.01
朱家	山河村	70	1.11	0.59	2.99	52.2	24.6	71.8	35.7	18.7	58.9	2.14	0.67	5.29
朱家	碱北村	33	1.27	0.68	1.44	61.0	50.5	72.0	31.3	18.0	51.7	3.79	1.84	6.27
朱家	万家村	26	1.05	0.69	2.53	61.7	47.3	69.6	22.2	5.3	50.1	2.10	0.87	4.56
朱家	牛心村	34	0.94	0.59	1.55	51.9	32.4	68.2	36.4	26.7	53.9	2.61	1.13	5.01
朱家	大碱村	54	1.15	0.95	1.40	51.8	47.0	63.3	42.7	31.2	50.8	1.66	1.29	3.15
朱家	新丰村	7	1.17	0.83	1.65	53.0	44.0	58.3	39.4	27.1	46.0	1.74	1.52	1.92
朱家	仙洞村	14	1.25	0.86	1.59	49.6	25.1	61.4	32.5	16.9	49.7	2.25	0.76	3.53
朱家	站前村	12	1.46	0.91	2.99	54.4	1.6	71.8	32.6	17.5	51.5	2.36	1.43	5.29
朱家	解放村	22	1.63	0.85	2.41	57.7	33.1	67.0	39.9	13.8	57.0	2.63	1.64	4.43

（续）

乡（镇）	村名称	样本数	有效铜（毫克/千克）			有效铁（毫克/千克）			有效锰（毫克/千克）			有效锌（毫克/千克）		
			平均值	最小值	最大值	平均值	最小值	最大值	平均值	最小值	最大值	平均值	最小值	最大值
朱家	太安村	11	1.10	0.84	1.80	53.8	25.3	69.7	33.2	19.6	45.5	1.58	1.26	2.38
朱家	新胜村	10	1.98	1.24	2.41	61.2	50.7	70.3	43.2	34.2	57.0	3.39	1.69	5.14
朱家	小碱村	25	1.10	0.73	1.41	62.1	50.3	74.1	29.5	14.7	46.6	3.42	1.37	5.02
朱家	良种场村	2	0.95	0.91	0.98	60.7	59.7	61.7	37.0	36.1	37.8	1.76	1.71	1.80
朱家	新安村	2	1.00	0.97	1.03	58.9	57.1	60.7	37.8	37.6	37.9	1.95	1.95	1.95
朱家	新兴村	21	0.85	0.70	1.41	50.4	46.3	56.4	31.4	26.9	36.2	1.68	1.44	2.00
朱家	付家村	6	1.04	0.60	1.41	45.3	33.5	51.8	27.7	20.3	33.5	1.39	0.64	1.90
朱家	朱家村	4	1.09	0.79	1.63	47.4	25.0	65.6	26.6	16.2	48.5	2.39	1.05	3.77

附表 5 - 4　各乡（镇）耕地不同土壤类型面积比例统计表

乡（镇）	面积（公顷）	暗棕壤		沼泽土		草甸土		新积土		白浆土		泥炭土		水稻土	
		面积（公顷）	占比（%）	面积（公顷）	占比（%）	面积（公顷）	占比（%）	面积（公顷）	占比（%）	面积（公顷）	占比（%）	面积（公顷）	占比（%）	面积（公顷）	占比（%）
三道通镇	6 016.0	3 426.9	57.0	475.6	7.9	715.3	11.9	1 360.2	22.6	38.1	0.6	0.0	0.0	0.0	0.0
莲花镇	3 585.9	1 885.5	52.6	238.4	6.6	190.1	5.3	1 166.7	32.5	57.5	1.6	47.8	1.3	0.0	0.0
龙爪镇	15 209.0	9 067.7	59.6	1 532.5	10.1	0.0	0.0	744.5	4.9	2 766.1	18.2	785.4	5.2	312.9	2.1
古城镇	9 929.0	3 845.2	38.7	228.9	2.3	635.8	6.4	1 284.9	12.9	3 615.3	36.4	80.2	0.8	238.7	2.4
青山乡	9 562.0	3 627.3	37.9	1 837.3	19.2	1 712.8	17.9	639.2	6.7	1 712.4	17.9	0.0	0.0	33.0	0.3
奎山乡	10 846.0	5 607.5	51.7	1 572.9	14.5	0.0	0.0	0.0	0.0	3 460.0	31.9	53.3	0.5	152.4	1.4
林口镇	7 190.9	3 170.0	44.1	0.0	0.0	447.7	6.2	130.4	1.8	3 201.1	44.5	44.9	0.6	196.7	2.7
朱家镇	9 801.0	7 135.5	72.8	1 182.1	12.1	37.8	0.4	277.0	2.8	615.8	6.3	357.9	3.7	194.9	2.0
柳树镇	10 510.9	6 116.9	58.2	1 652.0	15.7	591.0	5.6	58.1	0.6	1 549.2	14.7	540.7	5.1	3.1	0.0
刁翎镇	15 519.1	10 231.5	65.9	1 166.7	7.5	949.7	6.1	1 485.0	9.6	771.1	5.0	876.9	5.7	38.2	0.2
建堂乡	9 294.9	6 035.2	64.9	536.9	5.8	529.3	5.7	1 385.1	14.9	316.4	3.4	353.5	3.8	138.6	1.5
合　计	107 464.7	60 149.0	56.0	10 423.1	9.7	5 809.6	5.4	8 531.0	7.9	18 103.0	16.8	3 140.6	2.9	1 308.4	1.2

林口县行政区划图

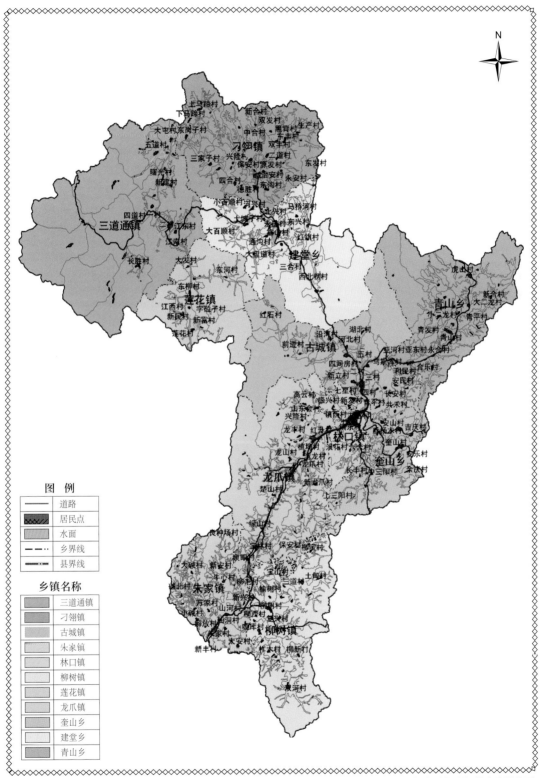

N

图　例

——	道路
▨	居民点
▨	水面
— · —	乡界线
——	县界线

乡镇名称

▨	三道通镇
▨	刁翎镇
▨	古城镇
▨	朱家镇
▨	林口镇
▨	柳树镇
▨	莲花镇
▨	龙爪镇
▨	奎山乡
▨	建堂乡
▨	青山乡

本图采用北京1954坐标系　　　比例尺　1：1 000 000　　　黑龙江极象动漫影视技术有限公司
哈尔滨万图信息技术开发有限公司

林口县土壤图

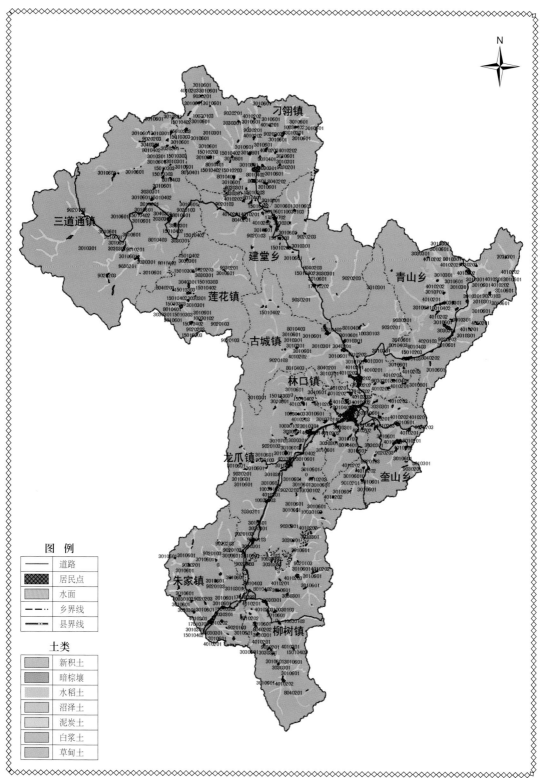

本图采用北京1954坐标系　　　　　比例尺　1：1 000 000　　　　黑龙江极象动漫影视技术有限公司
哈尔滨万图信息技术开发有限公司

林口县土地利用现状图

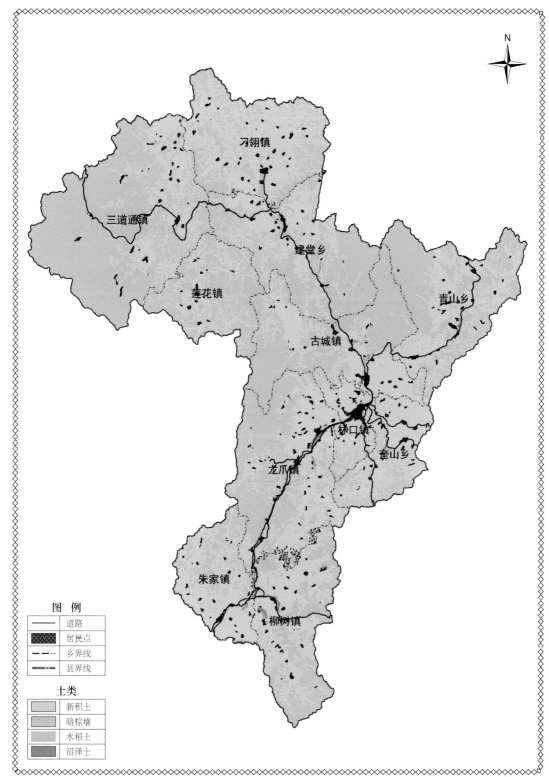

N

图 例

道路
居民点
乡界线
县界线

土类

新积土
暗棕壤
水稻土
沼泽土

刁翎镇
三道通镇
建堂乡
莲花镇
青山乡
古城镇
林口镇
奎山乡
龙爪镇
朱家镇
柳树镇

林口县耕地地力调查点分布图

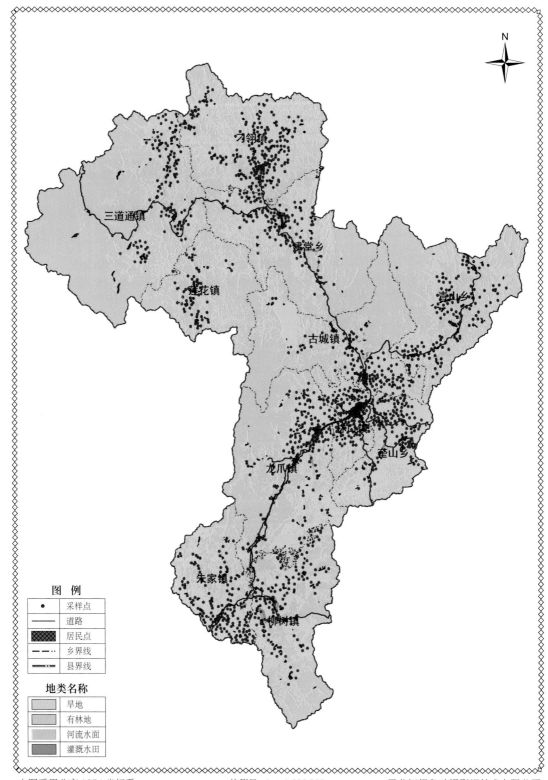

图 例

•	采样点
——	道路
▨	居民点
—·—	乡界线
—··—	县界线

地类名称

	旱地
	有林地
	河流水面
	灌溉水田

本图采用北京 1954 坐标系   比例尺 1：1 000 000   黑龙江极象动漫影视技术有限公司
哈尔滨万图信息技术开发有限公司

林口县耕地地力等级图

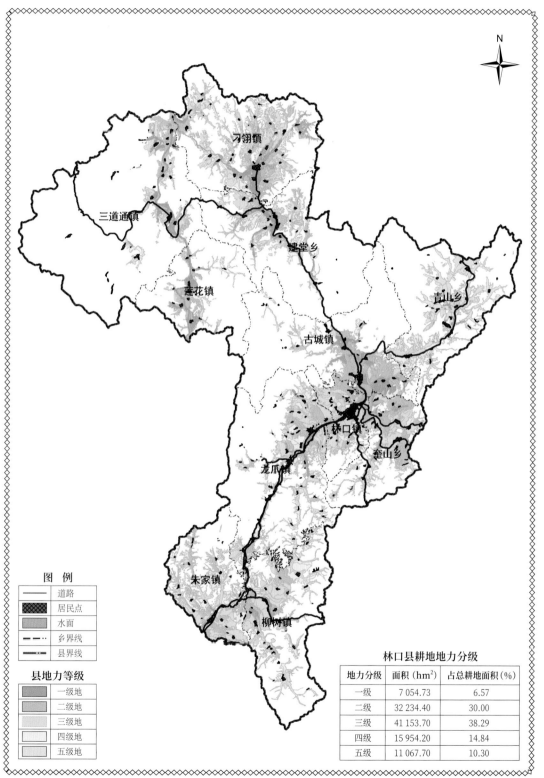

刁翎镇

三道通镇

建堂乡

青山乡

莲花镇

古城镇

林口镇

奎山乡

龙爪镇

朱家镇

柳树镇

图 例

——	道路
▓	居民点
▒	水面
— —	乡界线
—·—·—	县界线

县地力等级

▓	一级地
▒	二级地
░	三级地
□	四级地
□	五级地

林口县耕地地力分级

地力分级	面积 (hm²)	占总耕地面积 (%)
一级	7 054.73	6.57
二级	32 234.40	30.00
三级	41 153.70	38.29
四级	15 954.20	14.84
五级	11 067.70	10.30

本图采用北京 1954 坐标系   比例尺 1 : 1 000 000   黑龙江极象动漫影视技术有限公司
哈尔滨万图信息技术开发有限公司

林口县耕地土壤有机质分级图

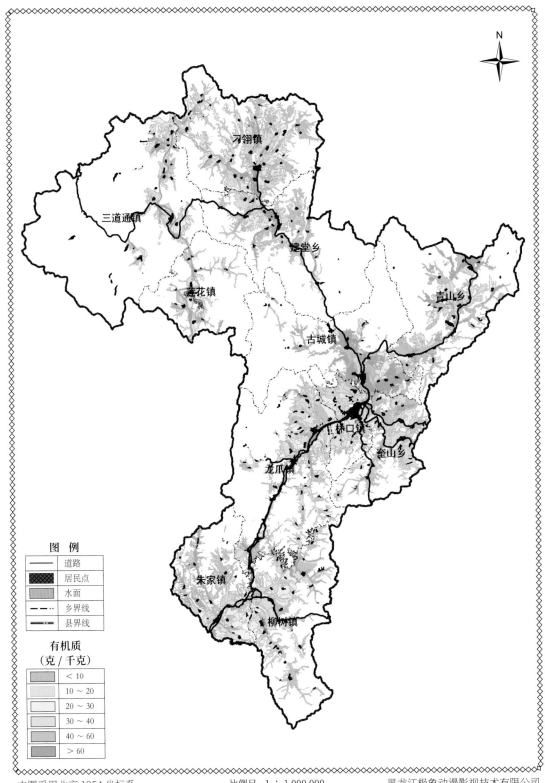

N

图 例

——	道路
▨	居民点
▨	水面
- · - ·	乡界线
——	县界线

有机质
（克／千克）

	< 10
	10 ～ 20
	20 ～ 30
	30 ～ 40
	40 ～ 60
	> 60

本图采用北京 1954 坐标系　　　　　比例尺　1：1 000 000　　　　黑龙江极象动漫影视技术有限公司
哈尔滨万图信息技术开发有限公司

林口县耕地土壤全氮分级图

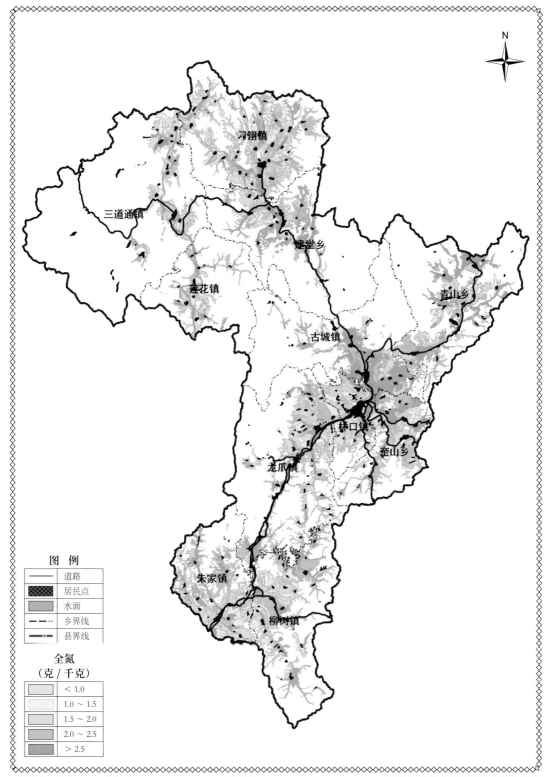

N

图 例

	道路
	居民点
	水面
	乡界线
	县界线

全氮
（克／千克）

	< 1.0
	1.0 ～ 1.5
	1.5 ～ 2.0
	2.0 ～ 2.5
	> 2.5

刁翎镇

三道通镇

建堂乡

莲花镇

青山乡

古城镇

林口镇

奎山乡

龙爪镇

朱家镇

柳树镇

本图采用北京 1954 坐标系　　　　比例尺　1：1 000 000　　　　黑龙江极象动漫影视技术有限公司
哈尔滨万图信息技术开发有限公司

林口县耕地土壤全磷分级图

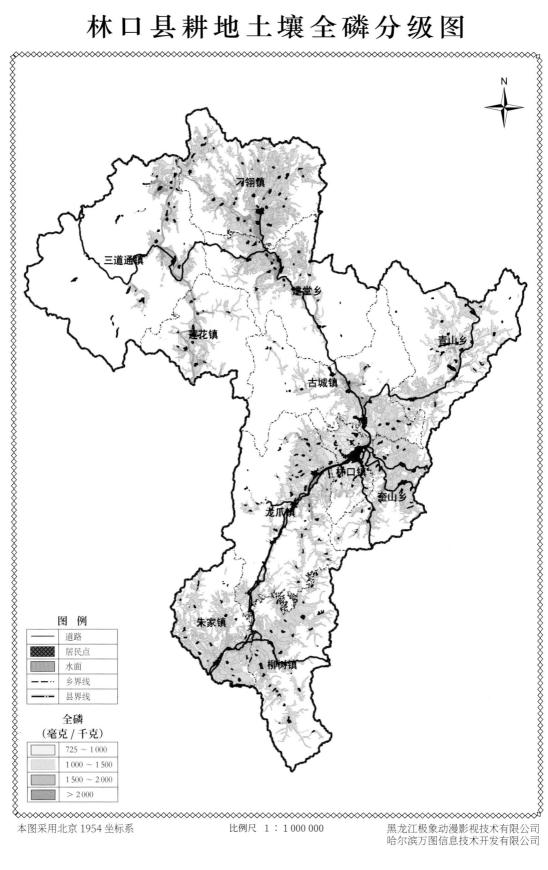

图 例

	道路
	居民点
	水面
	乡界线
	县界线

全磷
（毫克/千克）

	725 ~ 1 000
	1 000 ~ 1 500
	1 500 ~ 2 000
	> 2 000

本图采用北京 1954 坐标系　　　　比例尺 1 : 1 000 000　　　　黑龙江极象动漫影视技术有限公司
哈尔滨万图信息技术开发有限公司

林口县耕地土壤全钾分级图

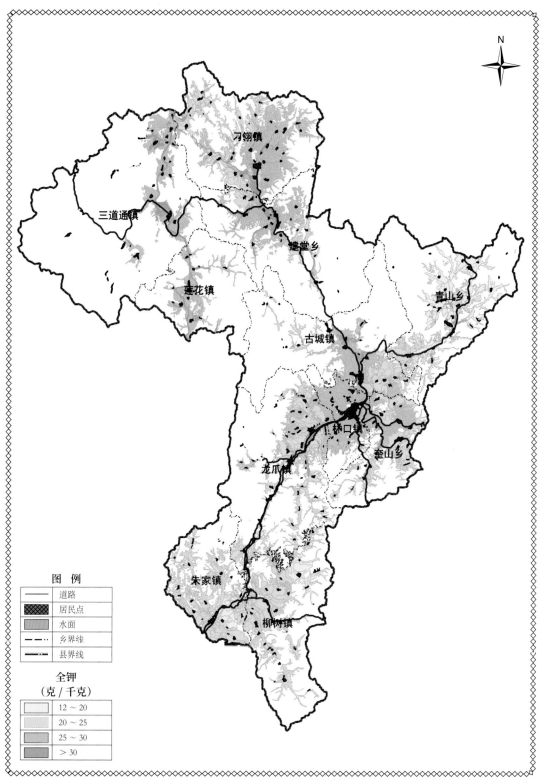

图例

	道路
	居民点
	水面
	乡界线
	县界线

全钾
（克／千克）

	12～20
	20～25
	25～30
	＞30

本图采用北京 1954 坐标系　　　　比例尺　1：1 000 000　　　　黑龙江极象动漫影视技术有限公司
哈尔滨万图信息技术开发有限公司

林口县耕地土壤碱解氮分级图

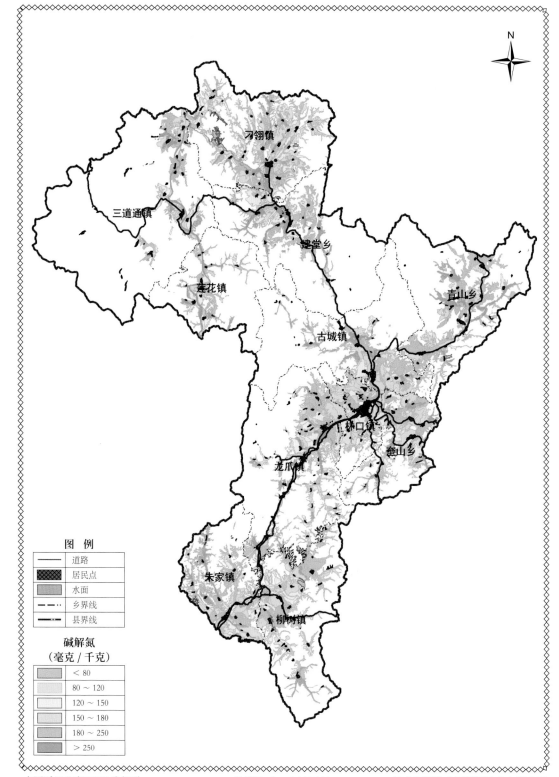

图 例

——	道路
	居民点
	水面
-·-·-	乡界线
———	县界线

碱解氮
（毫克／千克）

	< 80
	80 ～ 120
	120 ～ 150
	150 ～ 180
	180 ～ 250
	> 250

本图采用北京 1954 坐标系　　　　比例尺 1：1 000 000　　　　黑龙江极象动漫影视技术有限公司
哈尔滨万图信息技术开发有限公司

林口县耕地土壤有效磷分级图

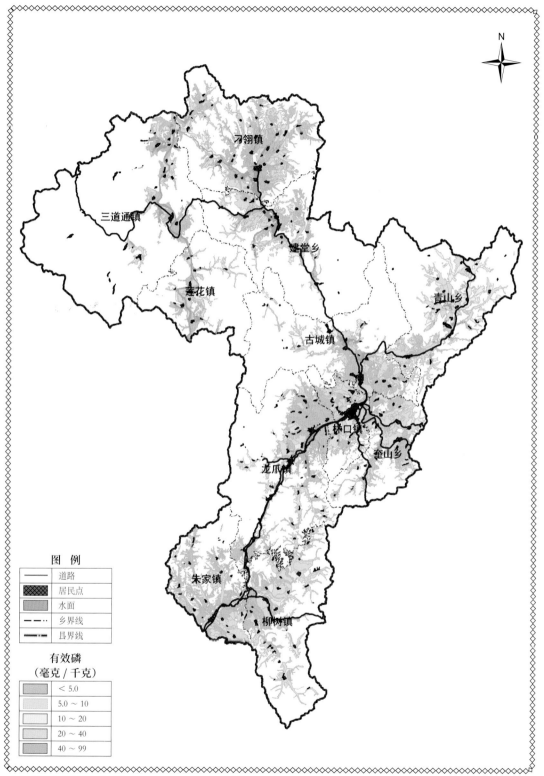

N

图 例

——	道路
▨	居民点
▨	水面
- - -	乡界线
━━	县界线

有效磷
（毫克／千克）

	< 5.0
	5.0 ～ 10
	10 ～ 20
	20 ～ 40
	40 ～ 99

本图采用北京 1954 坐标系   比例尺　1：1 000 000   黑龙江极象动漫影视技术有限公司
哈尔滨万图信息技术开发有限公司

林口县耕地土壤速效钾分级图

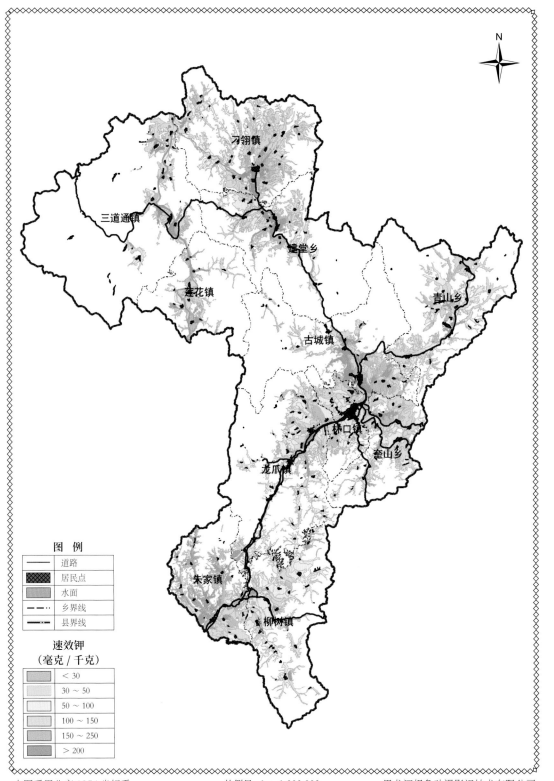

图 例

——	道路
▨	居民点
▨	水面
—·—·	乡界线
—··—··	县界线

速效钾
（毫克／千克）

▨	< 30
▨	30 ~ 50
▨	50 ~ 100
▨	100 ~ 150
▨	150 ~ 250
▨	> 200

本图采用北京 1954 坐标系　　　　比例尺　1：1 000 000　　　　黑龙江极象动漫影视技术有限公司
哈尔滨万图信息技术开发有限公司

林口县耕地土壤有效铜分级图

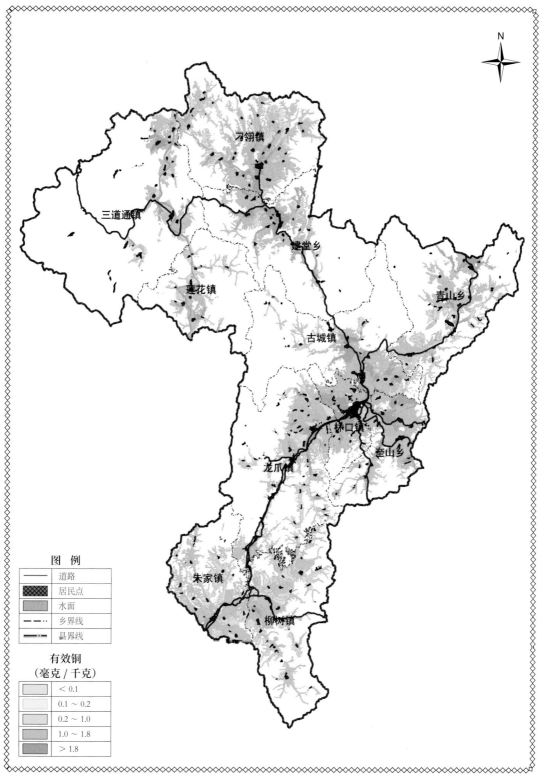

图 例

——	道路
▨	居民点
▨	水面
— · —	乡界线
——	县界线

有效铜
（毫克／千克）

	< 0.1
	0.1 ～ 0.2
	0.2 ～ 1.0
	1.0 ～ 1.8
	> 1.8

本图采用北京 1954 坐标系　　　　比例尺　1：1 000 000　　　　黑龙江极象动漫影视技术有限公司
哈尔滨万图信息技术开发有限公司

林口县耕地土壤有效铁分级图

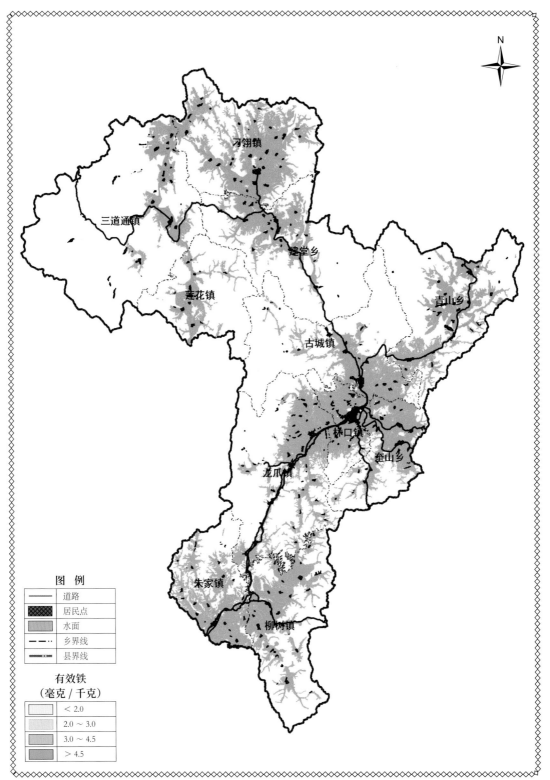

N

图 例
道路
居民点
水面
乡界线
县界线

有效铁
（毫克／千克）
< 2.0
2.0 ～ 3.0
3.0 ～ 4.5
> 4.5

刁翎镇
三道通镇
建堂乡
莲花镇
青山乡
古城镇
林口镇
奎山乡
龙爪镇
朱家镇
柳树镇

本图采用北京 1954 坐标系　　　　　比例尺　1：1 000 000　　　　黑龙江极象动漫影视技术有限公司
哈尔滨万图信息技术开发有限公司

林口县耕地土壤有效锰分级图

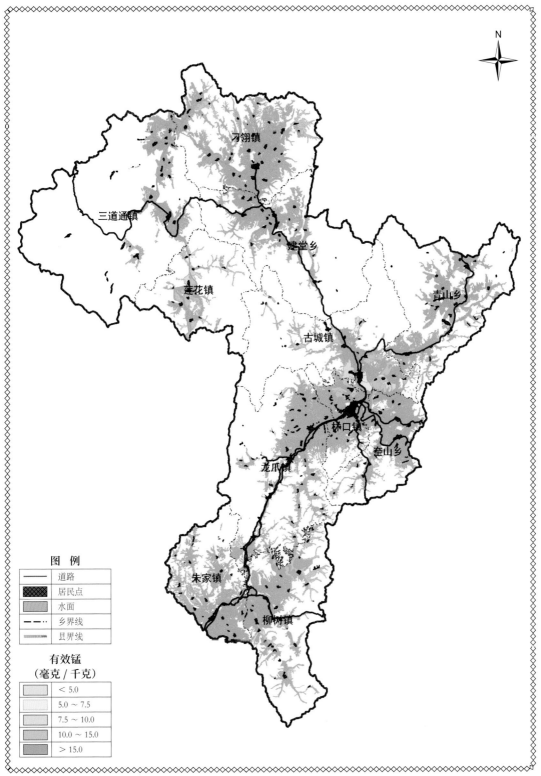

图 例

——	道路
▨	居民点
▨	水面
– – –	乡界线
——	县界线

有效锰
（毫克／千克）

	< 5.0
	5.0 ~ 7.5
	7.5 ~ 10.0
	10.0 ~ 15.0
	> 15.0

刁翎镇

三道通镇

建堂乡

莲花镇

青山乡

古城镇

林口镇

奎山乡

龙爪镇

朱家镇

柳树镇

本图采用北京 1954 坐标系　　　　　比例尺　1：1 000 000　　　　黑龙江极象动漫影视技术有限公司
哈尔滨万图信息技术开发有限公司

林口县耕地土壤有效锌分级图

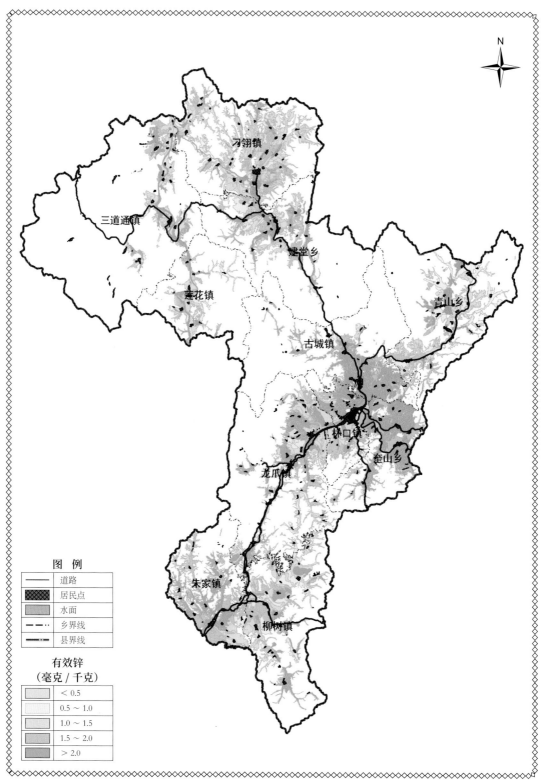

N

图 例

——	道路
▨	居民点
▨	水面
– · –	乡界线
——	县界线

有效锌
（毫克/千克）

	< 0.5
	0.5 ~ 1.0
	1.0 ~ 1.5
	1.5 ~ 2.0
	> 2.0

刁翎镇

三道通镇

建堂乡

莲花镇

青山乡

古城镇

林口镇

奎山乡

龙爪镇

朱家镇

柳树镇

本图采用北京 1954 坐标系　　　　　比例尺　1：1 000 000

黑龙江极象动漫影视技术有限公司
哈尔滨万图信息技术开发有限公司

林口县大豆适宜性评价图

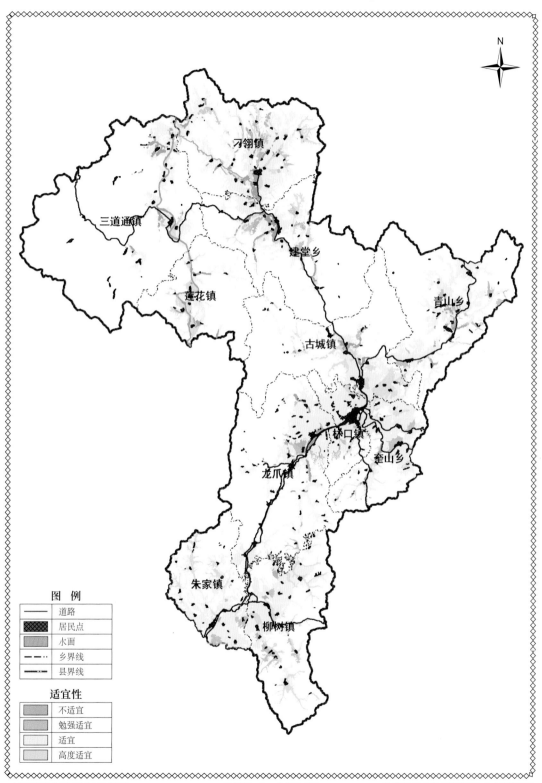

N

刁翎镇

三道通镇

建堂乡

莲花镇

青山乡

古城镇

林口镇

奎山乡

龙爪镇

朱家镇

柳树镇

图 例

——	道路
▨	居民点
▨	水面
– – –	乡界线
—··—	县界线

适宜性

▨	不适宜
▨	勉强适宜
▨	适宜
▨	高度适宜

本图采用北京 1954 坐标系　　　　　比例尺　1∶1 000 000　　　　黑龙江极象动漫影视技术有限公司
哈尔滨万图信息技术开发有限公司